普通高校"十二五"规划教材

TMS320X281x DSP 原理及 C 程序开发

（第 2 版）

苏奎峰　吕　强　常天庆　邓志东　编著

北京航空航天大学出版社

内 容 简 介

本书是在《TMS320X281x DSP 原理及 C 程序开发》的基础上,结合作者近年来在本领域的教学科研经验以及读者真诚的反馈意见修订而成。本书仍然以 TMS320F2812 数字信号处理器为主线,从 DSP 的基本开发方法入手,介绍基于 DSP 的系统软硬件开发方法。详细介绍处理器外设资源的使用、C 语言编程开发、浮点算法开发、程序固化等内容。此外还根据 DSP 的特点介绍基于定点处理器实现浮点算法的方法。在介绍功能的同时,列举了相应的应用实例,给出了硬件原理和 C 语言程序清单,并标有详细的程序说明,为用户快速掌握处理器各功能单元的使用提供了方便。附光盘 1 张,内含 C 语言程序代码。

本书可以作为大学本科和研究生的"数字信号处理器原理与应用"相关课程的教材,也可以作为数字信号处理器应用开发人员的参考书。

图书在版编目(CIP)数据

TMS320X281x DSP 原理及其 C 程序开发 / 苏奎峰等编著. --2 版. --北京：北京航空航天大学出版社，2011.9
　ISBN 978-7-5124-0586-8

Ⅰ.①T… Ⅱ.①苏… Ⅲ.①数字信号处理②数字信号—微处理器③C 语言—程序设计　Ⅳ.①TN911.72②TP332③TP312

中国版本图书馆 CIP 数据核字(2011)第 177569 号

版权所有,侵权必究。

TMS320X281x DSP 原理及 C 程序开发(第 2 版)
苏奎峰　吕　强　常天庆　邓志东　编著
责任编辑　张　楠　王　松
*
北京航空航天大学出版社出版发行

北京市海淀区学院路 37 号(邮编 100191)　http://www.buaapress.com.cn
发行部电话:(010)82317024　传真:(010)82328026
读者信箱: emsbook@gmail.com　邮购电话:(010)82316936
北京时代华都印刷有限公司印装　各地书店经销
*
开本:787×1 092　1/16　印张:29　字数:742 千字
2011 年 9 月第 2 版　2018 年 6 月第 4 次印刷　印数:12 001～14 000 册
ISBN 978-7-5124-0586-8　定价:59.00 元(含光盘 1 张)

若本书有倒页、脱页、缺页等印装质量问题,请与本社发行部联系调换。联系电话:(010)82317024

第 2 版前言

　　TMS320C2000 系列数字信号处理器是 32 位高性能微控制器,集微控制器和高性能 DSP 的特点于一身,具有强大的控制和信号处理能力,能够实现复杂的控制算法。TMS320C2000 系列 DSP 片上整合了 Flash 存储器、快速的 A/D 转换器、增强的 CAN 模块、事件管理器、正交编码电路接口、多通道缓冲串口等外设。此种整合使用户能够以很便宜的价格开发高性能数字控制系统,为此 TI 公司推出了 Piccolo、Delfino 浮点和 28x 定点三个系列处理器,从而满足不同应用系统的需求。

　　32 位的 TMS320X28xxx 系列 DSP 整合了 DSP 和微控制器的最佳特性,能够在一个周期内完成 32x32 位的乘法累加运算,或两个 16x16 位乘法累加运算,能够完成 64 位的数据处理,从而使该处理器能够实现更高精度的处理任务。为了提高浮点处理能力,快速的中断响应能够使 28xxx 保护关键的寄存器以及快速(更小的中断延时)的响应外部异步事件。28xxx 有 8 级带有流水线存储器访问流水线保护机制,流水线使得 28xx 高速运行时不需要大容量的快速存储器。专门的分支跳转(branch-look-ahead)硬件减少了条件指令执行的反应时间,条件存储操作更进一步提高了 28xx 的性能。

　　TMS320X28xxx 信号处理器集成了事件管理器、ePWM、eCAP、eQEP、模数转换模块、SPI 外设接口、SCI 通信接口、I^2C 总线、eCAN 总线通信模块、看门狗、通用目的数字量 IO、PLL 时钟模块、多通道缓冲串口、外部中断接口、存储器及其接口、内部集成电路等多种外设单元,为功能复杂的控制系统设计提供了方便。

　　本书是在《TMS320X281x DSP 原理及 C 程序开发》的基础上,结合作者近年来在本领域的教学科研经验以及读者真诚的反馈意见修订而成。本书仍然以 TMS320F2812 数字信号处理器为主线,介绍 DSP 的基本开发方法、处理器外设资源的使用、C 语言编程开发、浮点算法开发、程序固化等内容。在介绍各功能单元的同时提供了相关的应用实例,给出了硬件原理图和 C 语言程序清单及程序分析。在此基础上根据不同系列处理器的特点和应用,将相关内容推广到 C2000 系列处理器,除了部分内容根据整个系列处理器特点进行扩充外,新增加了在事件管理器一章新增加了与之相对应的 ePWM、eCAP、eQEP 原理和应用内容。并针对部分处理器具有 I2C 总线接口,增加了 I^2C 总线接口的原理及其与具有实时时钟功能的铁电存储器的扩展应用。

　　本书力求为学习 DSP 并希望使用 C 语言或 C 和汇编语言混合编程的人士提供有益的参考,为能够熟练使用 TMS320X28xx 处理器提供帮助。书中提供的所有程序都在 F2812 评估板上经过验证,部分程序在实际项目中也得到了充分的检验。有关评估板或本书内容方面的问题欢迎与作者及时沟通,邮箱地址:sukf@sina.com。

　　参加本书编写工作的有陈圣俭、张雷、武萌、杨国振、汤霞清、朱斌、王可可、宁固等同志。他们为本书提供了大量资料并进行了大量实验。本书的成书过程中还得到了装甲兵工程学院张蔚、邱晓波、单东升、王钦钊、陈玉强，清华大学郭晓梅等老师和姚文涛、杨博、黄振、周立谱、陈振华等同学的大力支持，他们参与了本书的编写和录入工作。本书在选题和出版过程中得到了北京航空航天大学出版社的大力支持，在此一并表示感谢。另外，还要感谢我的妻儿和父母，如果没有他们的关爱、鼓励和支持，此书难以完成。

本书先后得到国家自然科学基金"无人驾驶车辆人工认知关键技术与集成验证平台（90820305）"和国家自然科学基金"基于边界扫描的混合电路故障诊断（60871029）"等科研项目的共同资助。

限于编者水平，书中难免存在错误和不当之处，恳请读者批评指正。

苏奎峰

2011 年 6 月于装甲兵工程学院

目 录

第1章 绪 论
1.1 DSP 概述 ·· 2
　1.1.1 DSP 的发展 ··· 2
　1.1.2 DSP 结构和特点 ··· 3
　1.1.3 DSP 的选型 ··· 8
　1.1.4 TI 公司的 DSP ··· 9
　1.1.5 C2000 实时控制器平台 ··· 10
1.2 DSP 的典型应用 ··· 11
1.3 DSP 的发展 ··· 12
1.4 DSP 系统开发 ·· 13
　1.4.1 系统的需求分析 ··· 13
　1.4.2 系统的基本结构 ··· 14
　1.4.3 系统开发 ·· 15

第2章 CCS 软件应用基础
2.1 CCS 介绍 ·· 19
2.2 Code Composer Studio 3.1 的安装与配置 ······································· 19
　2.2.1 Code Composer Studio 3.1 的安装 ··· 19
　2.2.2 目标系统配置 ·· 20
　2.2.3 启动 GEL 文件 ·· 22
　2.2.4 主机开发环境设置 ·· 23
2.3 Step-by-Step 简单应用 ·· 24
　2.3.1 CCS 常用工具 ··· 24
　2.3.2 简单程序开发 ·· 25
2.4 代码创建 ··· 26
　2.4.1 新建一个工程 ·· 26
　2.4.2 工程配置 ·· 28
2.5 CCS3.1 基本应用 ·· 28
　2.5.1 编辑源程序 ··· 29
　2.5.2 查看和编辑代码 ··· 30
　2.5.3 查找替换文字 ·· 30
　2.5.4 书签的使用 ··· 31

2.5.5　全速运行(Running)/单步运行(Step Run) …………………………………… 31
　　2.5.6　断点设置 ………………………………………………………………………… 33
　　2.5.7　探针的使用 ……………………………………………………………………… 35
　　2.5.8　观察窗口 ………………………………………………………………………… 37
2.6　分析和调整 ……………………………………………………………………………… 38
　　2.6.1　应用代码分析 …………………………………………………………………… 39
　　2.6.2　应用代码优化 …………………………………………………………………… 40

第 3 章　C/C++程序编写基础

3.1　C/C++编辑器概述 …………………………………………………………………… 41
　　3.1.1　C/C++语言的主要特征 ………………………………………………………… 41
　　3.1.2　输出文件 ………………………………………………………………………… 41
　　3.1.3　编译器接口 ……………………………………………………………………… 42
　　3.1.4　编译器操作 ……………………………………………………………………… 42
　　3.1.5　编译器工具 ……………………………………………………………………… 44
3.2　TMS320X28xx 的 C/C++编程 ………………………………………………………… 44
　　3.2.1　概　述 …………………………………………………………………………… 44
　　3.2.2　传统的宏定义方法 ……………………………………………………………… 45
　　3.2.3　位定义和寄存器文件结构方法 ………………………………………………… 46
　　3.2.4　位区和寄存器文件结构体的优点 ……………………………………………… 53
　　3.2.5　使用位区的代码大小及运行效率 ……………………………………………… 54
3.3　C/C++程序结构及实例 ……………………………………………………………… 57
　　3.3.1　Include 文件 ……………………………………………………………………… 57
　　3.3.2　链接文件 ………………………………………………………………………… 58
　　3.3.3　程序流程 ………………………………………………………………………… 62
3.4　C/C++语言与汇编混合编程 ………………………………………………………… 63
3.5　TMS320X28xx 定点处理器算法实现 …………………………………………………… 70
　　3.5.1　定点与浮点处理器比较 ………………………………………………………… 70
　　3.5.2　采用 Iqmath 库函数实现定点处理器的运算 …………………………………… 71

第 4 章　TMS320X28xx 系列 DSP 综述

4.1　TMS320X28xx 系列 DSP 内核特点 …………………………………………………… 86
　　4.1.1　C28xx 系列定点处理器特点 …………………………………………………… 86
　　4.1.2　C28x 浮点处理器 ………………………………………………………………… 89
4.2　TMS320x28xxx 系列处理器比较 ……………………………………………………… 91
　　4.2.1　工作频率和供电 ………………………………………………………………… 91
　　4.2.2　存储器 …………………………………………………………………………… 91
　　4.2.3　外　设 …………………………………………………………………………… 96
4.3　TMS320X28xx 处理器外设功能介绍 …………………………………………………… 97
　　4.3.1　事件管理器(281x 处理器) ……………………………………………………… 97
　　4.3.2　ePWM、eCAP、eQEP(F2808、F2806、F2801 处理器) ……………………… 97

4.3.3 A/D 转换模块 …… 100
4.3.4 SPI 外设接口 …… 100
4.3.5 SCI 通信接口 …… 100
4.3.6 CAN 总线通信模块 …… 101
4.3.7 看门狗 …… 101
4.3.8 通用目的数字量 I/O …… 101
4.3.9 PLL 时钟模块 …… 101
4.3.10 多通道缓冲串口 …… 101
4.3.11 外部中断接口 …… 102
4.3.12 存储器及其接口 …… 102
4.3.13 内部集成电路(I^2C) …… 102
4.4 TMS320x281x 和 TMS320x2833x 的区别 …… 102
    4.4.1 概　述 …… 102
    4.4.2 中央处理单元(CPU) …… 103
    4.4.3 存储单元 …… 103
    4.4.4 时钟和系统控制 …… 106
    4.4.5 通用目的 I/O(GPIO) …… 108
    4.4.6 2833x 系列处理器新增外设 …… 108
    4.4.7 2833x 系列处理器改进外设 …… 112
    4.4.8 2833x 系列处理器未改动外设 …… 114
    4.4.9 中　断 …… 114
4.5 TMS320X28xx 的应用领域 …… 115
4.6 TMS320F2812 硬件平台 …… 116
    4.6.1 TMS320F2812 硬件描述 …… 121
    4.6.2 电源接口 …… 121
    4.6.3 复位电路 …… 121
    4.6.4 TMS320F2812 存储器接口 …… 123
    4.6.5 晶振选择 …… 124
    4.6.6 扩展总线 …… 125
    4.6.7 JTAG 接口 …… 125
    4.6.8 板上串行通信接口 …… 125
    4.6.9 CAN 总线接口 …… 126
    4.6.10 AD 变换单元 …… 126
    4.6.11 DAC 扩展 …… 126

第 5 章 双供电 DSP 电源设计

5.1 总线冲突 …… 128
5.2 内核和 I/O 供电次序控制策略 …… 129
    5.2.1 3.3 V 单电源上电次序控制 …… 129
    5.2.2 输入电压大于 3.3 V 的上电次序控制 …… 134

5.3　TMS320F28xx 电源设计 ·· 136

第 6 章　TMS320F2812 的时钟及看门狗

6.1　时钟单元 ··· 137
 6.1.1　时钟单元基本结构 ·· 137
 6.1.2　锁相环电路 ··· 137
 6.1.3　时钟单元寄存器 ·· 141
6.2　看门狗 ·· 144
 6.2.1　看门狗基本结构 ··· 145
 6.2.2　看门狗基本操作 ··· 145
 6.2.3　看门狗寄存器 ··· 147
 6.2.4　看门狗应用 ··· 149

第 7 章　可编程数字量通用 I/O

7.1　数字接口的结构和实现方法 ·· 150
 7.1.1　基本结构 ··· 150
 7.1.2　实现方法 ··· 151
7.2　DSP 数字量 I/O 功能概述 ·· 152
7.3　端口配置 ·· 152
7.4　数字量 I/O 寄存器及其应用 ·· 155
 7.4.1　I/O 复用寄存器及其应用 ······································ 155
 7.4.2　I/O 数据寄存器及其应用 ······································ 161
7.5　数字量 I/O 应用举例 ·· 163

第 8 章　中断系统及其应用

8.1　C28x 处理器中断概述 ·· 164
8.2　PIE 中断扩展 ··· 165
 8.2.1　外设级中断 ··· 166
 8.2.2　PIE 级中断 ·· 166
 8.2.3　CPU 级中断 ··· 167
8.3　中断向量 ·· 167
 8.3.1　中断向量的分配 ··· 167
 8.3.2　中断向量的映射方式 ··· 168
8.4　中断源 ·· 176
 8.4.1　复用中断处理过程 ··· 176
 8.4.2　使能和禁止外设复用中断过程 ································· 177
 8.4.3　从外设到 CPU 的复用中断请求流程 ···························· 178
8.5　可屏蔽中断处理 ·· 179
 8.5.1　中断标志设置(产生中断) ····································· 179
 8.5.2　中断使能(单独使能中断) ····································· 179
 8.5.3　全局使能(全局使能中断) ····································· 180
8.6　定时器中断应用举例 ·· 180

8.6.1　定时器基本操作 …………………………………… 180
　　8.6.2　定时器寄存器 ……………………………………… 181
8.7　定时器中断应用举例 ……………………………………… 184

第9章　事件管理器及其应用

9.1　事件管理器概述 …………………………………………… 185
9.2　通用定时器 ………………………………………………… 186
　　9.2.1　通用定时器计数模式 ………………………………… 187
　　9.2.2　定时器的比较操作 …………………………………… 189
　　9.2.3　通用定时器寄存器 …………………………………… 196
9.3　比较单元及 PWM 输出 ………………………………… 201
　　9.3.1　比较单元功能介绍 …………………………………… 201
　　9.3.2　PWM 信号 …………………………………………… 202
　　9.3.3　与比较器相关的 PWM 电路 ………………………… 203
　　9.3.4　PWM 输出逻辑及死区控制 ………………………… 204
　　9.3.5　PWM 信号的产生 …………………………………… 206
　　9.3.6　比较单元寄存器 ……………………………………… 211
9.4　捕获单元 …………………………………………………… 217
　　9.4.1　捕获单元的应用 ……………………………………… 217
　　9.4.2　捕获单元的结构 ……………………………………… 218
　　9.4.3　捕获单元的操作 ……………………………………… 218
　　9.4.4　捕获单元相关寄存器 ………………………………… 220
9.5　正交编码脉冲单元 ………………………………………… 222
　　9.5.1　光电编码器原理 ……………………………………… 222
　　9.5.2　正交编码脉冲单元结构及其接口 …………………… 223
　　9.5.3　QEP 电路时钟 ………………………………………… 224
　　9.5.4　QEP 的解码 …………………………………………… 224
　　9.5.5　QEP 电路的寄存器设置 ……………………………… 225
　　9.5.6　QEP 电路应用 ………………………………………… 225
9.6　事件管理器中断 …………………………………………… 227
　　9.6.1　中断产生及中断矢量 ………………………………… 229
　　9.6.2　定时器的中断 ………………………………………… 229
　　9.6.3　捕获中断 ……………………………………………… 230
　　9.6.4　中断寄存器 …………………………………………… 230
9.7　事件管理器应用举例 ……………………………………… 234
9.8　增强型外设 ………………………………………………… 236
　　9.8.1　ePWM 功能 …………………………………………… 236
　　9.8.2　增强捕捉单元 ………………………………………… 240
　　9.8.2　增强正交编码脉冲模块(eQEP) …………………… 248

第 10 章 SPI 接口及其应用

10.1 SPI 模块功能概述 ... 256
10.2 SPI 的数据传输 ... 258
10.2.1 主控制器模式 ... 259
10.2.2 从设备模式 ... 260
10.2.3 FIFO 操作 ... 260
10.3 SPI 寄存器 ... 261
10.3.1 SPI 配置控制寄存器(SPICCR) ... 261
10.3.2 SPI 操作控制寄存器(SPICTL) ... 263
10.3.3 SPI 状态寄存器(SPISTS) ... 265
10.3.4 SPI 波特率设置寄存器(SPIBRR) ... 266
10.3.5 SPI 仿真缓冲寄存器(SPIRXEMU) ... 267
10.3.6 SPI 串行接收缓冲寄存器(SPIRXBUF) ... 267
10.3.7 SPI 串行发送缓冲寄存器(SPITXBUF) ... 268
10.3.8 SPI 串行数据寄存器(SPIDAT) ... 268
10.3.9 SPIFFTX 寄存器 ... 269
10.3.10 SPIFFRX 寄存器 ... 270
10.3.11 SPIFFCT 寄存器 ... 271
10.3.12 SPI 优先级控制寄存器(SPIPRI) ... 272
10.4 应用实例 ... 273

第 11 章 I²C 总线接口及其应用

11.1 TMS320c28xxx 处理器 I²C 总线 ... 276
11.1.1 I²C 主要特点 ... 276
11.1.2 功能概述 ... 276
11.1.3 时钟产生 ... 277
11.2 I²C 总线操作 ... 278
11.2.1 输入和输出电平 ... 278
11.2.2 数据状态要求 ... 278
11.2.3 操作模式 ... 278
11.2.4 I²C 模块 START 和停止条件 ... 279
11.2.5 串行数据格式 ... 280
11.2.6 不响应信号(NACK)产生 ... 282
11.3 I²C 总线应用举例 ... 282

第 12 章 eCAN 总线及其应用

12.1 CAN 总线概述 ... 295
12.1.1 CAN 总线特点 ... 295
12.1.2 CAN 总线数据格式 ... 295
12.1.3 CAN 总线的协议 ... 297
12.2 C28x 的 eCAN 模块介绍 ... 301

12.2.1 eCAN 总线模块概述 ………………………………………………… 301
   12.2.2 eCAN 总线模块特点 ………………………………………………… 302
 12.3 eCAN 总线模块的使用 ……………………………………………………… 305
   12.3.1 eCAN 模块初始化 …………………………………………………… 305
   12.3.2 消息发送 ……………………………………………………………… 323
   12.3.3 消息接收 ……………………………………………………………… 327
   12.3.4 过载情况的处理 ……………………………………………………… 333
   12.3.5 远程帧邮箱的处理 …………………………………………………… 334
   12.3.6 CAN 模块中断及其应用 ……………………………………………… 336
   12.3.7 eCAN 模块定时器管理 ……………………………………………… 345
   12.3.8 CAN 模块的掉电模式 ………………………………………………… 348
 12.4 CAN 总线应用举例 ………………………………………………………… 349

第 13 章 SCI 接口应用

 13.1 SCI 接口特点 ………………………………………………………………… 351
 13.2 SCI 数据格式 ………………………………………………………………… 353
 13.3 SCI 增强功能 ………………………………………………………………… 356
   13.3.1 SCI 的 16 级 FIFO 缓冲 ……………………………………………… 356
   13.3.2 SCI 自动波特率检测 ………………………………………………… 357
   13.3.3 多处理器通信 ………………………………………………………… 358
 13.4 SCI 接口应用 ………………………………………………………………… 361
   13.4.1 硬件设计 ……………………………………………………………… 361
   13.4.2 SCI 寄存器 …………………………………………………………… 362
   13.4.3 SCI 初始化 …………………………………………………………… 363
   13.4.4 SCI 发送数据 ………………………………………………………… 369
 13.5 接收发送数据 ………………………………………………………………… 382

第 14 章 A/D 转换单元

 14.1 A/D 转换单元概述 …………………………………………………………… 390
 14.2 排序器操作 …………………………………………………………………… 392
   14.2.1 排序器操作方式 ……………………………………………………… 393
   14.2.2 排序器的启动/停止模式 ……………………………………………… 406
   14.2.3 输入触发源 …………………………………………………………… 407
   14.2.4 排序转换的中断操作 ………………………………………………… 407
 14.3 ADC 的时钟控制 …………………………………………………………… 409
 14.4 ADC 参考电压 ……………………………………………………………… 410
 14.5 ADC 单元寄存器 …………………………………………………………… 411
   14.5.1 ADC 模块控制寄存器 1 ……………………………………………… 411
   14.5.2 ADC 模块控制寄存器 2 ……………………………………………… 413
   14.5.3 ADC 模块控制寄存器 3 ……………………………………………… 416
   14.5.4 最大转换通道寄存器(MAXCONV) ………………………………… 418

14.5.5 自动排序状态寄存器（AUTO_SEQ_SR） ………………………………… 419
14.5.6 ADC 状态和标志寄存器（ADC_ST_FLG） ………………………………… 420
14.5.7 ADC 输入通道选择排序控制寄存器 ………………………………… 422
14.5.8 ADC 转换结果缓冲寄存器（RESULTn） ………………………………… 422
14.6 ADC 应用举例 ………………………………… 423

第 15 章 存储器应用及 Boot 引导模式

15.1 F28xx 映射空间概述 ………………………………… 424
15.2 XINTF 接口扩展 ………………………………… 426
    15.2.1 XINTF 接口概述 ………………………………… 426
    15.2.2 XINTF 接口操作 ………………………………… 427
    15.2.3 XINTF 接口应用举例 ………………………………… 428
15.3 Flash 及其应用 ………………………………… 429
    15.3.1 Flash 存储器特点 ………………………………… 429
    15.3.2 Flash 存储器寻址空间分配 ………………………………… 429
    15.3.3 C28x 启动顺序 ………………………………… 430
    15.3.4 Flash 初始化 ………………………………… 431
    15.3.5 Flash 编程 ………………………………… 432
15.4 其他引导方式 ………………………………… 438
    15.4.1 处理器引导配置 ………………………………… 438
    15.4.2 C28x 中断向量表 ………………………………… 440
    15.4.3 BOOTROM 基本情况介绍 ………………………………… 440
    15.4.4 BootLoader 数据流 ………………………………… 441
    15.4.5 BootLoader 传输流程 ………………………………… 443
    15.4.6 初始引导汇编函数 ………………………………… 443
    15.4.7 SCI 引导装载 ………………………………… 444
    15.4.8 并行 GPIO 装载 ………………………………… 444
    15.4.9 SPI 引导模式 ………………………………… 446

参考文献

第 1 章
绪 论

自上世纪 70 年代以来,可编程数字信号处理器(programmable digital signal processors, PDSP)在多媒体信号处理、通信、工业控制、雷达、天气预报等领域得到了广泛的应用,也正是数字信号处理技术的应用使得诸多领域取得了革命性的变化,数字信号处理技术本身也逐渐成为应用最广和最有潜力的技术之一。通常情况下可编程数字信号处理器在整个系统中扮演着双重角色:一方面作为可编程微处理器使用,完成通用微处理器实现的功能,另一方面,提供专门针对数字信号处理算法实现的特殊指令和结构,能够高效地完成数字信号处理算法。数字信号处理将信号以数字形式描述,然后针对数字化后的数据进行信号和信息处理。因此,在进行数字信号处理之前需要将信号从模拟域转换到数字域,这通常通过模数转换器实现。而数字信号处理的输出经常也要变换到模拟域,这是通过数模转换器实现的。数字信号处理的算法需要利用计算机或专用处理设备如数字信号处理器(DSP)和专用集成电路(ASIC)等。如图 1.1 所示为典型的数字信号处理系统结构框图。

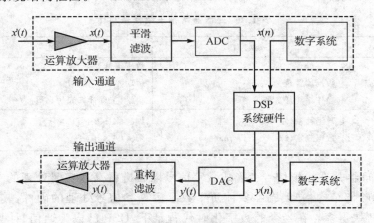

图 1.1 数字信号处理系统的结构框图

数字信号处理主要关注信号的数字描述,采用数字系统进行信号分析、调整、存储或信息特征提取等。绝大部分研究关注数字信号处理算法及其实时应用,而数字信号处理器则是根据通用数字信号处理算法的结构特点而设计的可编程处理器,为提高算法的执行效率、满足实时性要求,相对于通用处理器结构上做了适当的调整。近半世纪以来,由于集成电路技术的高速发展,使得用硬件来实现各种数字滤波和快速傅立叶变换成为可能,从而使 DSP 得到了极其迅速的发展和广泛的应用。在数字化的世界和互联网的时代,DSP 变得越来越重要,可以说是无处不在。

军事方面是 DSP 最早应用的领域。例如,侦察卫星收集到了由照相机或摄像机拍摄到的模拟图像资料后,必须对它们进行处理以便去除背景噪声,获得有用的信息,同时还要发回地面接收站。在整个过程中,以数字化形式处理信号具有显而易见的优势。DSP 可以使这些信号以加密的方式,高速传回地面。DSP 用于 GPS 制导系统中,可以高速分析定位卫星信号并将指令传给飞行器,大大提高了制导效率和精度。另外,军事通信、数据处理和传输都是 DSP 的应用范围。

在民用方面,数字移动蜂窝电话是 DSP 最重要的应用领域。DSP 强大的计算能力以及低廉的价格使得数字移动通信系统迅速普及,原来笨重、昂贵、功能单一的模拟机被小巧、廉价、功能丰富的手机取代。另外,由于采用 DSP 技术,蜂窝电话的升级换代更加方便,在统一的硬件平台上就可以通过软件设计进行,这也是新款手机不断推出的主要原因。

1.1 DSP 概述

在上世纪 60 年代,科学家曾经预测人工智能方法将会使人与计算机或其他设备之间的交互产生革命性的变化,他们相信到上世纪末可以实现机器人提供家庭服务,车辆自主驾驶、人机之间的语音交互等。然而这些诱人的愿景并没有完全实现,任务本身要远比想象的复杂得多,并不能单纯依赖计算机实现。但是在过去五十多年中,计算机本身在数据操作(如文字处理、数据库管理等)和数学运算(科学、工程计算和数字信号处理等)两个方面得到了广泛的应用。几乎所有微处理器都能完成上述两方面的工作,但很难做到两个方面工作都能够完成得很好。由于主要处理方法上的差异,如表 1.1 所列,处理器在设计上必须在指令集、中断处理、系统结构上进行折衷,而且受诸多市场因素的影响,如开发生产成本、竞争对象和市场定位、产品生存期等。综合上述多种因素,传统的微处理器,如 Pentium 系列主要专注于数据操作,而 DSP 则更擅长数学运算。

表 1.1 处理器两种主要任务对比

	数据操作	数学运算
典型应用	文字处理 数据库管理 操作系统任务调度等	数字信号处理 运动控制 科学、工程计算和仿真等
主要操作	数据移动($A \rightarrow B$) 数据判定($if(A=B)$ $then\cdots$)	加法($A+B=C$) 乘法($A \times B=D$)

数字信号处理器是在模拟信号变换成数字信号以后进行高速实时处理的专用处理器,由于 DSP 采用改进的哈佛结构,并集成了多种便于数字运算和信号处理的硬件,其数字信号处理速度比普通的 CPU 快得多。在当今的数字化时代背景下,DSP 已成为通信、计算机、消费类电子产品以及控制等领域的基础器件。

1.1.1 DSP 的发展

DSP 的发展历程大致分为 3 个阶段:20 世纪 70 年代理论先行,80 年代产品普及,90 年代突飞猛进。在 DSP 出现之前,数字信号处理只能依靠 MPU(微处理器)来完成,但 MPU 较低的处理速度无法满足高速实时的要求。直到 20 世纪 70 年代,才有人提出了 DSP 的理论和算法基础。那时的 DSP 仅仅停留在教科书上,即便是研制出来的 DSP 系统也是由分立元件组成的,其应用领域仅局限于军事及航空航天部门。

随着大规模集成电路技术的发展,1982年世界上诞生了首枚DSP芯片。这种DSP器件采用微米工艺NMOS技术制作,虽功耗和尺寸稍大,但运算速度却比MPU快了几十倍,在语音合成和编码解码器中得到了广泛应用。DSP芯片的问世标志着DSP应用系统由大型系统向小型化迈进了一大步。随着CMOS技术的进步与发展,第2代基于CMOS工艺的DSP芯片应运而生,其存储容量和运算速度成倍提高,成为语音处理、图像硬件处理技术的基础。20世纪80年代后期,第3代DSP芯片问世,运算速度进一步提高,其应用范围逐步扩大到通信和计算机领域。

20世纪90年代DSP发展最快,相继出现了第4代和第5代DSP器件。现在的DSP属于第5代产品,与第4代相比,系统集成度更高,将DSP内核及外围元件综合集成在单一芯片上。这种集成度极高的DSP芯片不仅在通信、计算机领域大显身手,而且逐渐渗透到人们的日常消费领域。经过20多年的发展,DSP产品的应用已扩大到人们的学习、工作和生活的各个方面,并逐渐成为电子产品更新换代的决定因素。目前,对DSP爆炸性需求的时代已经来临,前景十分可观。

1.1.2 DSP结构和特点

1. 系统结构

图1.2给出了典型的基于微处理器的运动控制系统基本结构,该结构适用于PC等类型的计算机系统和绝大多数嵌入式系统,其中CPU是从程序存储器读取指令并逐条执行的时序逻辑控制机,顺序时钟控制CPU的执行时序。程序存储器主要用于程序代码固化或缓冲,数据存储器主要完成数据缓冲或变量固化,而外设则是嵌入式系统和外部对象实现信息交换的接口,通过总线将上述模块连接起来,实现彼此之间的互联和信息交换。

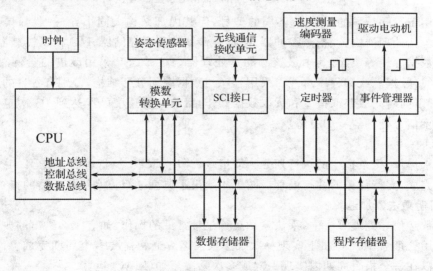

图1.2 基于数字信号处理器的运动控制系统结构

系统结构确定了系统各单元之间的互联和数据交换方式,决定了CPU访问外设或存储器的方法。目前微处理器主要包括冯·诺依曼(Von Neumann)和哈佛(Harvard)两种结构,冯·诺依曼结构是目前微处理器市场应用最广泛的结构,其采用单一总线系统,在一条总线上实现CPU与外设之间的指令和数据交换,如图1.2所示。哈佛结构和冯·诺依曼结构相比,采用两条独立的总线系统分别传输指令和数据,如图1.3所示。基于哈佛结构的微处理器能够同时访问指令和数据,从而提高了处理器的速度,并且独立的总线结构可以避免将数据写到程序存储空间,防止在系统运行过程中毁坏程序。然而由于哈佛结构必须采用独立的程序和数据存储空间,而且有些处理器两种存储空间不能互换,因此缺少灵活性。对于嵌入式系统而言,由于功能单一,且通常仅运行有限的应用程序,哈佛结构的程序和数据独立的存储空间影响不大。而对于计算机系统,由于需要运行多种应用程序,而且一般需要的程序和数据空间都比较大,冯·诺依曼结构可以实现程序和数据空间之间的灵活转换,因此更适合此类应用。近年来随着技术的发展,部分处理器采用程序、数据和输入/输出外设独立的增强哈佛结构,从而极大地提高了 CPU 的数据的吞吐能力。

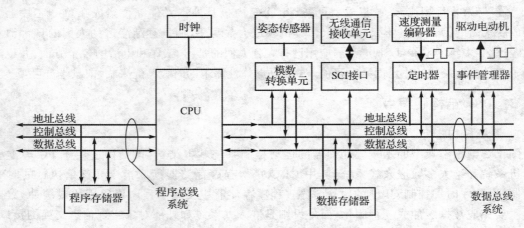

图 1.3 基于哈佛结构的系统结构

虽然应用于不同领域的 DSP 有不同的型号,但其内部结构大同小异,一般都具有哈佛结构的特征。它包括处理器内核、指令缓冲器、数据存储器和程序存储器、I/O 接口控制器、程序地址总线和程序数据总线等单元,其中最核心的是处理器内核。DSP 采用改进的哈佛总线结构,内部有两条总线:数据总线和程序总线。采用程序与数据空间分开结构,分别有各自的地址总线和数据总线,可以同时完成获取指令和读取数据操作,目前运行速度已经达到 1G 次定点运算/秒;概括起来数字信号处理器有如下特点:

2. 流水线

采用流水操作,每条指令的执行划分为取指令、译码、取数、执行等若干步骤,由片内多个功能单元分别完成,支持任务的并行处理。图 1.4 给出了典型 8 级流水线处理器的指令执行操作。

3. 单周期乘法累加运算

在通用数字信号处理算法中,乘法累加运算是最常见的操作,如表 1.2 给出的典型信号处理算法。在通用处理器,如 PC 机上实现一次乘法累加运算通常需要多个周期完成。而在 DSP 处理器上则可以在一个指令周期内实现一次或多次乘法累加(MAC)运算。

表 1.2 典型数字信号处理算法

算法名称	算法方程
FIR 滤波器	$y(n) = \sum_{k=0}^{M} a_k x(n-k)$
IIR 滤波器	$y(n) = \sum_{k=0}^{M} a_k x(n-k) + \sum_{k=1}^{N} b_k y(n-k)$

续表 1.2

算法名称	算法方程
卷积	$y(n) = \sum_{k=0}^{N} x(k)h(n-k)$
离散傅里叶变换	$X(k) = \sum_{n=0}^{N-1} x(n)\exp[-j(2\pi/N)nk]$
离散余弦变换	$F(u) = \sum_{x=0}^{N-1} c(u) \cdot f(x) \cdot \cos\left[\dfrac{\pi}{2N}u(2x+1)\right]$

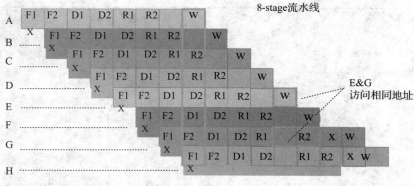

F1: 指令寻址　　　　　　　　F2: 指令获取
D1: 指令译码　　　　　　　　D2: 解析操作数地址
R1: 操作数寻址　　　　　　　R2: 获取操作数
X: CPU 完成指令操作　　　　W: 数据

图 1.4　典型 8 级流水线处理器的指令执行操作

例如,完成 4 次乘法累加运算,C 程序设计实现乘法累积运算代码如表 1.3 所列。

$$y = \sum_{i=0}^{3} data[i] * coeff[i]$$

表 1.3　乘法累加运算 C 程序及操作步骤

乘法累积 C 程序代码:
```
#include <stdio.h>
int data[4]={1,2,3,4};
int coeff[4]={8,6,4,2};
int main(void)
{
    int i;
    int result =0;
    for (i=0;i<4;i++)
        result += data[i] * coeff[i];
}
```
具体操作:
1. 设置数据指针 Pointer1→data[0]
2. 设置参数指针 Pointer2→coeff[0]
3. 读取数据 data[i]
4. 读取数据 coeff[i]
5. 乘法运算 data[i] * coeff[i]

6. 累加运算
7. 调整数据指针 Pointer1
8. 调整指针 Pointer2
9. 循环递增 i++

循环条件判定：If i<3，跳转到 step 3 继续

如果采用 DSP 实现，上述算法 3～8 步可以在一个周期内完成。Pentium 处理器和 TMS320F2812 处理器的相应机器码对比如表 1.4 所列。

表 1.4 Pentium 和 F2812 处理器乘法累积运算汇编程序对照表

Pentium 处理器汇编指令	F2812 处理器汇编指令
10: for (i=0;i<4;i++)	
mov dword ptr [i],0	
jmp main+22h (411972h)	
mov eax,dword ptr [i]	SPM 0
add eax,1	MOVL XAR1,#data
mov dword ptr [i],eax	MOVL XAR7,#coeff
cmp dword ptr [i],4	ZAPA
jge main+47h (411997h)	
11: result += data[i] * coeff[i];	RPT #1
mov eax,dword ptr [i]	||DMAC ACC:P,*XAR1++,*XAR7++
mov ecx,dword ptr [i]	ADDL ACC,P<<PM
mov edx,dword ptr[eax*4+425B40h]	MOVL XAR1,#y
imul edx,dword ptr[ecx*4+425B50h]	MOVL *XAR1,ACC
mov eax,dword ptr [result]	
add eax,edx	
mov dword ptr [result],eax	
jmp main+19h (411969h)	

4. 支持多种寻址方式

为了能够实现实时数字信号处理算法，在 DSP 中集成了多个地址产生单元，支持循环寻址 (Circular addressing)、位倒序 (bit-reversed) 等特殊指令使 FFT、卷积等运算中的寻址、排序等计算速度大大提高。1 024 点 FFT 的时间已小于 1 μs。如图 1.5 所示为典型实时 FIR 滤波器算法结构，为此必须访问最新的数据采集结果，如有 8 个滤波系数 $a_0, a_1, \cdots, a_7$，则每次运算必须利用最新的到的数据 $x[n], x[n-1], \cdots, x[n-7]$。因此，这 8 个最新数据必须放在缓存内并实时更新。为了更好地管理这些数据 DSP 处理器采用循环存执方式。如图 1.6 给出了 8 个深度的循环寻址配置空间，其中图 1.6(a) 表示在某一时刻的数据存放情况，而图 1.6(b) 是在下一时刻的数据更新后的存储情况。循环寻址的基本思想就是将线性序列寻址的结束地址和其起始地址相连，地址 0x20041 即是 0x20048 的下一个地址。在程序运行过程中采用指针直接指向最新的采样数据，如图 1.6(a) 中指针指向 0x20044，图 1.6(b) 中指针指向 0x20045，当得到新的采样数据后直接替代最老的数据，并将指针指向下一个地址。

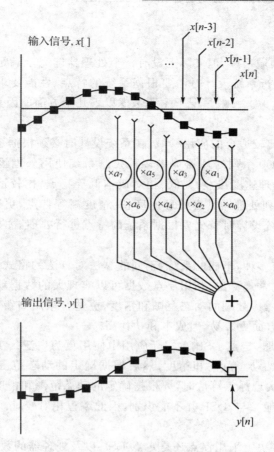

图 1.5　FIR 滤波器基本结构

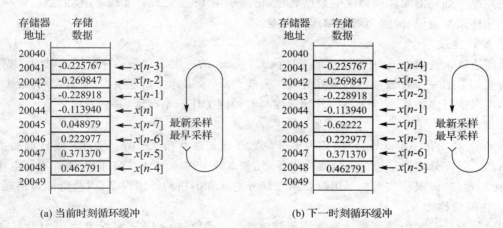

(a) 当前时刻循环缓冲　　　　　　　　(b) 下一时刻循环缓冲

图 1.6　8 个深度的循环寻址配置空间

1.1.3 DSP 的选型

DSP 处理器的应用领域很广,但实际上没有一个处理器能完全满足所有的或绝大多数的应用需要,在拟采用 DSP 进行系统设计时需要根据系统的特点、性能要求、成本、功耗以及技术开发周期等因素进行综合考虑。一般情况下主要考虑以下几个方面的因素。

1. 系统特点

每种 DSP 都有自己比较适合的应用领域,在系统设计时必须根据系统的特点进行选择。以 TI 公司的 DSP 为例,C2000 系列处理器提供多种控制系统使用外围设备,比较适合控制领域;C5000 系列处理器具有处理速度快、功耗低、相对成本低等特点,比较适合便携设备及消费类电子设备使用;而 C6000 系列处理器具有处理速度快、精度高等特点,更适合图像处理、通信设备等应用领域。因此,在系统设计时首先要根据系统的特点进行处理器的具体选择。

2. 算法格式

数字信号处理算法有多种,不同的系统、不同的算法对算法的格式和处理的精度要求不同。浮点算法是相对较复杂的常规算法,利用浮点数据可以实现大的数据动态范围。采用浮点 DSP 设计系统时,一般不需要考虑处理的动态范围和精度,更适合采用高级语言编程,因此浮点 DSP 比定点 DSP 在软件编写方面更容易,但成本和功耗高。

由于成本、功耗等问题,定点 DSP 在实际应用中使用更为广泛。工程技术人员可以通过分析和算法模拟,确定算法的动态范围和精度,然后根据确定的动态范围和精度确定选用的 DSP 类型。在采用定点 DSP 实现浮点算法时,要根据确定的动态范围和精度对数据进行合理的定标处理,这种处理必须人为地参与,DSP 并不能识别,因此编程相对较难。

3. 系统精度

系统的精度要求直接决定采用浮点还是定点 DSP 以及处理器的数据宽度,当然可以采用较低数据宽度的处理器实现高精度的数据处理,比如采用 16 位处理器实现 64 位的数据处理,但只能通过软件来实现,相应的会增加编程的难度。

4. 处理速度

处理速度是选用 DSP 时最重要的考虑因素。DSP 的速度通常是指令周期的时间,也有的指核心功能如 FIR 或 IIR 滤波器的运算时间。有些 DSP 采用特大指令字组(VLIW)的结构,在一个周期内可执行多条指令。DSP 的处理速度与时钟的工作频率有密切关系。

5. 功 耗

很多 DSP 用在手提式设备中,如手机、PDA、手提式声音播放机等。功耗是这些产品主要考虑的问题。很多处理器供应商降低工作电压,比如 3.3 V、2.5 V、1.8 V;同时增加电源电压管理功能,比如增加"睡眠模式",在不用时切断大部分电源和不用的外围设备,以降低能量消耗。

6. 性能价格比

在满足设计要求条件下要尽量使用低成本 DSP,即使这种 DSP 编程难度很大而且灵活性差。在处理器系列中,越便宜的处理器功能越少,片上存储器越小,性能也比价格高的处理器差。封装不同的 DSP 器件价格也存在差别,例如,PQFP 和 TQFP 封装比 PGA 封装便宜得多。

7. 支持多处理器

在某些数据计算量很大的应用中,经常要求使用多个 DSP 处理器。在这种情况下,多处理器互连和互连性能(关于相互间通信流量、开销和时间延迟)成为重要的考虑因素。如 ADI 的

ADSP-2106X 系列提供了简化多处理器系统设计的专用硬件。

8. 系统开发的难易程度

不同的应用,对开发简便性的要求不一样。对于研究和样机的开发,一般要求系统工具能便于开发,因此选择 DSP 时需要考虑的因素有软件开发工具(包括汇编、链接、仿真、调试、编译、代码库以及实时操作系统等部分)、硬件工具(开发板和仿真机)、高级工具(例如基于框图的代码生成环境)以及相应的技术支持情况。

1.1.4　TI 公司的 DSP

TI 公司于 1982～1983 年推出了 TMS 系列第 1 代 DSP 产品,可使调制解调器在 1 s 内处理 5 000 000 条指令,标志着实时信号处理技术的重大突破。从 TMS 系列的第 1 代产品 TMS32010 到今天的 TMS320C2000/5000/6000 产品系列,TI 公司的 DSP 产品结构更加合理,速度更快,性能更优越,DSP 系统的设计与开发环境也日趋完善。1988 年 TI 公司推出了第 1 代应用于高性能 3D 绘图和视频会议系统的 DSP 产品;1991 年,TI 公司突破了 $5 的价格壁垒,使 DSP 系列开始广泛应用于汽车(发动机控制、方向控制、防滑)和其他消费类产品;1994 年,TI 公司的 DSP 技术又取得了一个重大突破,实现了每秒 2 亿次运算,即运算速度达到了原来 DSP 芯片的 10 倍;此后,他们一直致力于将闪存(Flash Memory)和 DSP 集成在同一芯片上,这一举措使得芯片在速度被提高的同时,价格进一步下跌。总之,随着技术的改进和产量的增大,DSP 的成本与售价大幅下降,使其应用范围不断扩大,现已广泛使用于通用信号(数字滤波、FFT、生成波形等)和音频/视频信号处理、通信、控制、仪器、医学电子学、军事、计算机和消费类电子产品领域,蜂窝式电话是其中特别强大的一个市场。

根据不同的应用领域,TI 公司推出的三大指令集架构,一般称为"平台"(Platform),如图 1.7 所示。平台的指令核心是互相兼容的,但各平台有自己的特点和适合的应用领域。

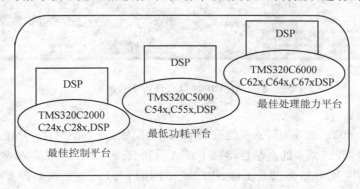

图 1.7　TMS320 系列 DSP 平台

1. 最佳控制:TMS320C2000 DSP 平台

TMS320C2000 DSP 平台将各种高级数字控制功能集成于一颗 IC 上。强大的数据处理和控制能力可大幅提高应用效率和降低功耗。TMS320C28x 系列 DSP 是目前控制领域最高性能的处理器,具有精度高、速度快、集成度高等特点,为不同控制领域提供了高性能解决方案。TMS320C24x 系列 DSP 则为不同应用平台提供了基本解决方案。

2. 最低功耗:TMS320C5000 DSP 平台

TMS320C5000 DSP 专门针对消费类数字市场而设计。最低耗电为 0.33 mA/MHz。

TMS320C55x 与 TMS320C54x DSP 均可用于便携式产品,如数字随身听、GPS 接收器、便携式医疗设备、3G 移动电话、数码相机等。TMS320C5000 DSP 平台也是特别注重运算速度和功耗的语音及资料应用产品的最佳解决方案。

3. 最佳处理能力:TMS320C6000 DSP 平台

TMS320C6000 DSP 是处理能力最强,易于采用高级语言编程的 DSP。定点及浮点 DSP 市场定位在网络交换、图像处理、雷达信号处理等高端应用领域。TMS320C64x DSP 的 CPU 运作速度超过 1 GHz,性能比第 1 代 TMS320C62x DSP 提高近 10 倍,为高端的应用提供了最佳解决方案。

1.1.5 C2000 实时控制器平台

C2000 数字信号处理器是 32 位高性能微控制器,为方便实时控制应用片上集成了多种外设,能够单片实现绝大多数典型控制系统。同时经过优化的内核可以有效地提高系统的可靠性和灵活性。目前提供 Piccolo、Delfino 浮点和 28x 定点三个系列处理器,如图 1.8 所示。

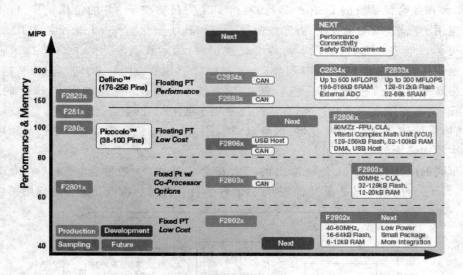

图 1.8 C2000 微处理器平台系列

1. Piccolo 系列

- TMS320F2802x:该系列 32 位处理器工作频率为 40～60 MHz,片上集成了 64 KB 的 Flash 存储器、150 ps 的高精度增强 PWM 模块、4.6 MPS 的 12 位模数转换模块、模拟比较器、高精度片上晶振以及 I^2C、SPI 和 SCI 接口等,且该系列处理器采用 38 引脚小封装,方便微小系统开发。
- TMS320F2803x:该系列 32 位系列定点处理器提供 60 MHz 的处理能力和 128 KB 的片上 Flash 存储空间,采用 64 或 80 引脚封装形式。F2803x 系列处理器除了集成了 2802x 系列处理器上所有的外设外,还增加了用于高效控制闭环的控制律加速器(CLA:control law accelerator)、正交编码接口模块、CAN 总线和 LIN 接口等。
- TMS320F2806x:F2806x 系列处理器是在 C2000 Piccolo MCU 系列处理器基础上增加浮点处理能力的高性能处理器,工作频率可以达到 80 MHz,并针对实时控制的复杂算法操作增加了控制律加速器和新的 VCU 单元(VCU:Viterbi,Complex Math,CRC)。片上集成了 256 KB 的 Flash 存储器和 100 KB 的 RAM 存储器，方便算法调试和产品最终定型。

2. Delfino 浮点处理器系列
- TMS320F2833x：F2833x 系列浮点处理器提供的浮点处理能力，极大地简化了开发周期，对控制应用平均处理能力提高了近 50%。F2833x 处理器工作频率为 150 MHz（300 MFLOPS）。F2833x 和 F2823x 两个系列的处理器引脚完全兼容，且片上集成了 512 KB 的 Flash 存储器和 DMA 高速直接存储器访问控制器。
- TMS320C2834x：该系列处理器在 F2833x 基础上开发，提供 600 MFLOPS 的浮点处理能力，偏上的 RAM 空间达 516 KB，集成了 65 ps 的超高速 PWM 模块。直接存储器访问功能和快速反映内核为实时控制系统应用提供了极佳的处理平台。

3. 28x 定点处理器系列
- TMS320F2823x：F2823x 些列处理器是同 F2833x 处理器引脚完全兼容的浮点处理器，除了内核是定点处理器外，其他外设和 F2833x 系列器件也完全兼容。
- TMS320F280x：F280xx 提供 60~100 MHz 的处理能力，片上集成了 12.5 MSPS 的 12 位模数转换单元、多通道高精度 PWM 模块、正交编码脉冲接口（QEP：quadrature encoder pulse）以及 256 KB 的 Flash 存储器。
- TMS320F281x：F281x 处理器的内核为 150 MHz，集成了定时器、比较/PWM 单元、捕捉单元和正交编码脉冲接口单元。

1.2 DSP 的典型应用

DSP 技术的迅猛发展以及应用领域的不断拓展，使得 DSP 的功能越来越多样。例如，厂商们新推出多种款式可选择的独立器件、DSP 与 MPU 相结合的器件、为执行 DSP 功能量身定做的 MPU 器件，以及许多公司为 ASIC 或 SoC 解决方案所提供的软/硬 DSP 内核。但无论是通用 DSP 还是专用的 DSP 器件，其应用可以归结为以下几个方面。

首先，目前通信领域中的通信基站、网络服务器等高端产品大多采用 DSP 技术实现，而且由于 3G 和 VoIP 将开始商业运营，3G 宽带无线基础通信系统、IP 电话系统、多信道调制解调器以及多信道 xDSL 也是高端 DSP 的主要应用领域，针对这些通信与网络基础设施应用的 DSP 也将得到迅猛增长。Freescale（原摩托罗拉半导体部）的 Onyx DSP 系列如 DSP563xx 系列 DSP 产品、TI 公司的 C6000 系列 DSP 产品将是上述广泛应用的最佳选择。

其次，DSP 是消费类电子产品中的关键器件，例如应用于 VoIP 网关产品。VoIP 包括压缩语音信号并将它们通过使用 IP、基于信息包的网络以数据的形式传送。拨号连接到 VoIP 网关的可以是 modem、传真或者话音，整个通路中的语音采集与压缩、数据转换与传输、数据获取与恢复等均采用 DSP 器件实现。音响产品也是 DSP 的巨大应用市场，例如 MP3/MP4 播放机、高保真音响设备等，DSP 算法允许将 CD 品质的录音从 Internet 下载到 PC，然后传送到便携式播放机，通过解压 DSP 芯片实现回放。这些强调性能、成本、功耗等综合性能指标的产品采用 DSP（比如 TI 公司的 C5000 系列）是非常理想的选择。

此外，原本基于 MCU 的家电、系统控制等应用领域现在越来越多地采用 DSP 器件。目前市场上的处理器多数是基于 MCU 的处理器。为了赢得市场，大多数客户正寻求更高性能的处理器产品，以加强家电及控制产品的功能和性能，采用 DSP 的家电产品将越来越多。在这方面，

Freescale 公司的 DSP56800 系列及 TI 公司的 C2000 系列具有 MCU 的简单易用性,可针对家电应用市场。

1.3 DSP 的发展

随着技术的发展和各种应用领域的需求,DSP 面临的要求是处理速度更高,性能更多更全,功耗更低,存储器用量更少,价格更低。专家认为,其技术发展将会有以下趋势。

1. 系统级集成 DSP 是潮流

缩小 DSP 芯片尺寸始终是 DSP 的技术发展方向。当前的 DSP 多数基于 RISC(精简指令集计算)结构,这种结构的优点是尺寸小,功耗低,性能高。各 DSP 厂商纷纷采用新工艺,改进 DSP 芯核,并将 DSP 芯核、MPU 芯核、专用处理单元、外围电路单元、存储单元统统集成在 1 个芯片上,成为 DSP 系统级集成电路。TI 公司的达芬奇处理器基于业界最高性能 DSP 平台——TI TMS320C6000,充分利用了 TI 最新的 C64x+DSP 内核,包含基于可扩展、可编程 DSP 的 SoC(可从 DSP 与 ARM 内核进行定制),同时还包含优化的加速器与外设,全方位满足各种数字视频终端设备对价格、性能以及功能等多方面的需求。

2. DSP 和微处理器的融合

微处理器是低成本的,主要执行智能定向控制任务的通用处理器能很好地执行智能控制任务,但是数字信号处理功能很差。DSP 正好与之相反,在许多应用中均需要同时具有智能控制和数字信号处理两种功能,如数字蜂窝电话就需要监测和声音处理功能。因此,把 DSP 和微处理器结合起来,用单一芯片的处理器实现这两种功能,将加速个人通信机、智能电话、无线网络产品的开发,同时简化设计,减小 PCB 体积,降低功耗和整个系统的成本。例如,有多个处理器的 Freescale 公司的 DSP5665x、有协处理器功能的 Massan 公司 FILU-200、把 MCU 功能扩展成 DSP 和 MCU 功能的 TI 公司的 TMS320C28xx 以及 Hitachi 公司的 SH-DSP,都是 DSP 和 MCU 融合在一起的产品。

3. DSP 和 FPGA 的融合

FPGA 是现场编程门阵列器件。它和 DSP 集成在一块芯片上,可实现宽带信号处理,大大提高信号处理速度。据报道,Xilinx 公司的 Virtex-II FPGA 对快速傅立叶变换(FFT)的处理速度可提高 30 倍以上,它的芯片中有自由的 FPGA 可供编程。Xilinx 公司还开发出一种称作 Turbo 卷积编译码器的高性能内核。

4. 可编程 DSP 是主导产品

可编程 DSP 给生产厂商提供了很大的灵活性。生产厂商可在同一个 DSP 平台上开发出不同型号的系列产品,以满足不同用户的需求。同时,可编程 DSP 也为广大用户提供了易于升级的良好途径。人们已经发现,许多微控制器能做的事情,使用可编程 DSP 将做得更好更便宜。冰箱、洗衣机这些原来装有微控制器的家电如今已换成可编程 DSP 来进行大功率电机控制。

5. 追求更高的运算速度

由于电子设备的个人化和客户化趋势,DSP 必须追求更高更快的运算速度,才能跟上电子设备的更新步伐。DSP 运算速度的提高,主要依靠新工艺改进芯片结构。目前,TI 公司的 TM320C6X 芯片由于采用 VLIW(Very Long Instruction Word,超长指令字)结构设计,其处理速度已高达 2 000 MIPS。

6. 定点 DSP 是主流

从理论上讲，虽然浮点 DSP 的动态范围比定点 DSP 大，且更适合于 DSP 的应用场合，但定点运算的 DSP 器件的成本较低，对存储器的要求也较低，而且耗电较小。因此，定点运算的可编程 DSP 器件仍是市场上的主流产品。据统计，目前销售的 DSP 器件中，80%以上属于 16 位定点可编程 DSP 器件，预计今后的比重将逐渐增大。

1.4 DSP 系统开发

如图 1.9 所示，数字信号处理系统设计一般由 5 个阶段构成：需求分析、体系结构设计、硬件/软件设计、系统集成以及系统测试。各个阶段之间往往要求不断地反复和修改，直至完成最终设计目标。

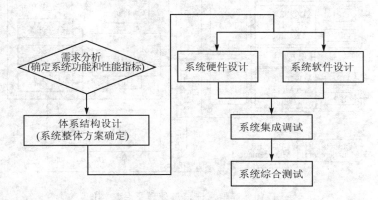

图 1.9 数字信号处理系统的设计流程

1.4.1 系统的需求分析

当今，在一个新的产品中，控制或处理系统的功能和数量越来越多，每个子系统也越来越复杂，然而产品的生命周期却越来越短。同时产品的风险变得越来越大，这就要求方案设计、系统实现、测试等工作并行处理。如何尽可能短时间、低风险地进行研究或产品开发是每个科研工作者和研发人员需要迫切解决的问题。快速原型技术能够更好地解决产品设计中的上述诸多问题。

TI TMS320C2000 DSP 嵌入式目标系统集成了 Simulink、MATLAB 和 eXpressDSP 工具于一体，让用户能够开发验证数字信号处理设计，并能够更快地完成从算法到应用代码的自动生成。TI TMS320C2000 DSP 嵌入式目标系统支持快速原型的 C2000 硬件目标系统，Real-Time Workshop 和 TI 公司的 DSP 开发系统自动为目标系统直接产生执行代码，并且 Real-Time Workshop 可以创建并装载代码于 C2000 系统当中。同时系统还可以加入设计的 S 函数，实现主机 Matlab 环境和 DSP 硬件之间实时的数据交换。这样可以充分利用仿真工具进行算法研究与仿真，并能够在目标硬件上得到部分验证，为制定良好可行的技术方案提供可靠的保证。

在设计需求规范，确定设计目标时，要解决信号处理和非信号处理两方面的问题。

- 信号处理的问题包括：输入、输出结果特性的分析、DSP 算法的确定，以及按要求对确定的性能指标在通用机上用高级语言编程仿真。
- 非信号处理问题包括：应用环境、设备的可靠性指标和可维护性、功耗、体积重量、成本、性能价格比等项目。

1.4.2 系统的基本结构

在数字信号处理系统设计之前,首先要确定系统的基本结构。当今数字信号处理技术广泛应用于电子通信、工业控制、信息家电、军事国防等领域。在不同的应用场合,数字信号处理系统呈现出不同的外观和形式。但通过对内部结构的分析可以发现,数字信号处理系统一般由信号处理单元和信息交互单元组成。图1.10为典型高速信息处理平台结构图,其中信号处理单元是整个数字信号处理系统的核心,由前端处理、核心算法以及后端处理组成。信息交互单元主要完成信号处理主机和处理对象之间的信息交换,通常情况包括信息的获取和输出两个部分,根据应用领域和应用场所的不同,信息的获取与输出有不同的形式。

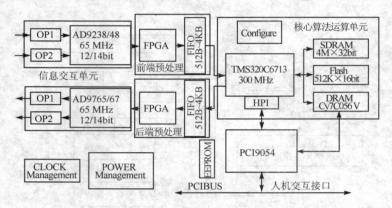

图1.10 典型高速信息处理平台结构图

随着DSP与MCU的融合,DSP除了基本的信息处理外,在控制领域也得到了广泛的使用。由于在控制领域中,系统更关注其控制性能并且针对的对象也有所区别,因此在结构上同信息处理系统也有所不同。图1.11给出了采用TMS320F2812处理器实现伺服控制的结构框图。

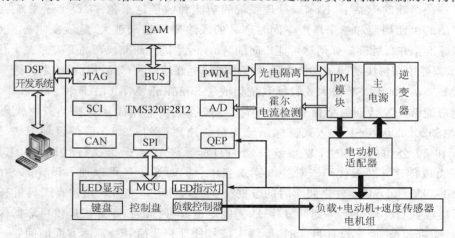

图1.11 DS-MCK系统功能结构框图

1.4.3 系统开发

在DSP系统开发过程中，除了要了解基本的系统需求、系统设计的基本结构和算法，能够熟练使用开发工具和开发环境也非常重要。TI公司及其第三方为DSP系统的集成和开发提供了多种开发工具。TI公司的DSP开发环境和开发工具主要包括：

- 系统集成及调试工具；
- 代码生成工具（编译器、链接器、优化器及转换工具等）；
- 简易操作系统（DSP/BIOS）。

1. 系统集成与调试工具

TI公司提供的DSP系统集成与调试的工具主要包括：

- 软件仿真器（Simulator）；
- DSK开发套件；
- 评估板（EVM）；
- 硬件仿真器（主要包括XDS510和XDS560）；
- 集成开发环境（Code Composer Studio）。

在确定DSP系统的基本结构和信号处理算法后，使用软件仿真器可以在没有目标系统的情况下，完成DSP软件的设计和调试，并在Simulator模式下仿真验证算法的准确性。Simulator使用编译器、链接器等工具产生目标代码，采用主机文件的形式为仿真器模拟硬件系统提供的数据。此外，在Simulator模式下，用户也可以设置断点及跟踪模式，调试跟踪程序的执行结果。

DSK开发套件和评估板是TI公司的第三方提供的一种简单的系统评估平台，DSK和EVM除了提供基本的硬件平台外，还提供完整的代码生成工具和调试工具。用户可以使用DSK或EVM完成需要设计系统的硬件性能、软件算法的评估，为确定系统的软/硬件方案提供可靠的依据。

硬件仿真器是功能强大的全速仿真器，用以完成系统的集成与调试。每个DSP器件都提供边界扫描接口（JTAG），通过XDS510或XDS560检测器件内部的寄存器、状态机以及引脚的状态，从而实现对DSP状态的监控。不过XDS510或XDS560硬件仿真器只是一个硬件平台，必须配合主机开发环境（Code Composer Studio）才能很好地实现系统的集成与调试工作，如图1.12所示。

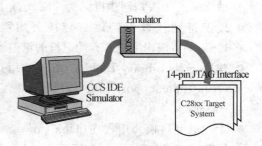

图1.12 系统集成与调试环境的构成

2. 代码生成工具

代码生成工具奠定了CCS所提供的开发环境的基础。图1.13是一个典型的软件开发流程图，图中阴影部分表示采用C语言开发的途径，其他部分是为了强化开发过程而设置的附加功能。

- C编译器（C Compiler）：将C语言程序代码编译成TMS320系列处理器对应的汇编语言代码，编译器包括外壳程序（Shell Program）、优化器和内部列表共用程序（Interlist Utility）。
- 汇编器（Assembler）：把汇编语言源文件转换成基于公用目标文件格式（COFF）的机器语言目标文件，也就是经常用到的.obj文件。

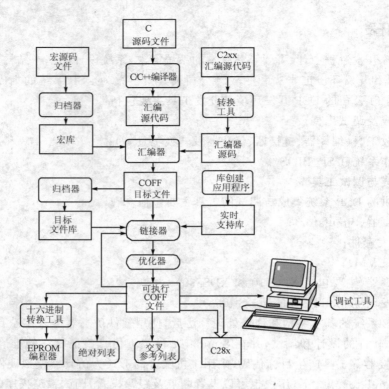

图 1.13 代码生成工具及软件开发流程图

- 链接器(Linker)：把多个目标文件组合成单个可执行目标模块。除了能够创建可执行文件外，还可以调整外部符号的引用。链接器输入的是可重新定位的目标文件和目标库文件。
- 归档器(Archiver)：允许用户将一组文件收集到一个归档文件中，也叫做归档库。归档器最常见的用法是创建目标文件库，也允许通过删除、替换、提取或添加文件操作来调整库。
- 助记符到代数汇编语言转换公用程序(Mnemonic-to-algebraic Assembly Translator Utility)：该程序把含有助记符的汇编语言源文件转换成含有代数指令的汇编语言源文件。
- 建库工具(Library Build Utility)：用户可以利用建库工具建立满足要求的运行支持库(Run-time-support Library)，标准的 C/C++ 运行实时支持库函数以源代码的形式放在 rts.src 文件中。
- 十六进制转换公用程序(Hex Conversion Utility)：十六进制转换工具把 COFF 目标文件转换成 TI-Tagged、ASCII-hex、Intel、Motorola-S 或 Tektronix 等目标文件格式，用户可以把转换好的文件下载到 EPROM 编程器。
- 交叉引用列表工具(Cross Reference Lister)：交叉引用列表工具接收已链接的目标文件作为输入，在交叉引用列表中列出了目标文件包含的所有符号，以及这些符号在被链接的源文件中的定义和引用情况。
- 绝对列表器(Absolute Lister)：输入目标文件，输出.abs 文件，通过汇编.abs 文件可产生含有绝对地址的列表文件。如果没有绝对列表器，这些操作将需要冗长乏味的手工操作才能完成。

3. 简易操作系统(DSP/BIOS)

DSP/BIOS 是一个简易的嵌入式操作系统,能够大大地方便用户开发多任务的应用程序。使用 DSP/BIOS 还可以提高对代码执行效率的监控。TI 公司提供的 DSP/BIOS 插件支持实时分析,可用于探测、跟踪和监视具有实时性要求的应用例程。DSP/BIOS API 具有下列实时分析功能:

- 程序跟踪(Program Tracing):显示写入目标系统日志(Target Log)的事件,反映程序执行过程中的动态控制流。
- 性能监视(Performance Monitoring):跟踪反映目标系统资源利用情况,如处理器负荷和线程时序等。
- 文件流(File Streaming):把目标系统的 I/O 对象与主机上的文件关联起来。

通过使用 DSP/BIOS 配置工具,可以快速设置以下 DSP/BIOS 服务:

- 抢先式多线程;
- 线程间通信机制;
- 中断处理;
- 实时分析。

第 2 章
CCS 软件应用基础

为使用户快速开发基于 DSP 的应用系统，TI 公司提供了多种开发工具，包括代码编写与调试分析、代码优化调整等。TI 公司提供的实时 eXpressDSP 软件和开发工具可以加快相关产品的开发过程，为用户提供良好的工作平台。eXpressDSP 软件和开发工具主要包括 3 个部分：

（1）具有强大功能的集成开发环境 Code Composer Studio IDE。

（2）eXpressDSP 软件，包括：
- 简易实时操作系统：DSP/BIOS 内核；
- 具有较强交互能力和可重用的 TMS320 DSP 算法标准；
- 众多可用的通用数字信号处理算法：eXpressDSP 参考架构。

（3）能够方便系统集成的 TI 公司第三方产品（软件算法和硬件开发平台）。

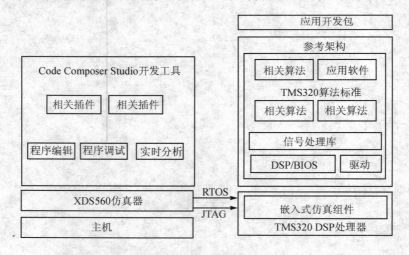

图 2.1　TI 公司提供的实时 eXpressDSP 软件和开发工具

在采用 Code Composer Studio 集成开发环境开发调试数字信号处理产品时，基本上分为以下几个步骤：应用设计、代码编辑、编译和链接、调试和分析调整，如图 2.2 所示。

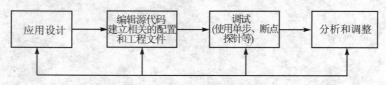

图 2.2　采用 CCS 系统调试过程

2.1 CCS 介绍

如果已经熟悉了 PC 机中的某些软件集成开发环境,如 Microsoft 的 Visual Studio,将会发现 CCS 的使用同这些集成开发环境基本相同。区别只在于 PC 机使用的开发环境不需要连接硬件,可执行代码在 PC 机上直接运行;而采用 CCS 软件开发产品,需要在 PC 机上使用 CCS 编辑、编译和链接产生可执行代码,然后下载到带有 DSP 的实时硬件上运行调试。当然用户也可以将 CCS 配置在 Simulator 模式下调试程序,不需要连接硬件。但对于某些同硬件关系紧密的程序可能不会出现正确的结果。因此,采用 Simulator 往往只是调试一些基本信号处理或控制算法,代码执行效率的评估和优化则很难实现。采用 CCS 工具开发 DSP 系统各阶段采用的工具和各种工具能够实现的功能如表 2.1 所列。

表 2.1 各工具实现的功能表

Application Design	Code & Build	Debug	Anaiyze & Tune
选择目标	代码生成工具	调试器	实时分析
DSP/BIOS 配置	项目管理器	模拟	描述器
eXpressDSP 算法标准	编辑器	多处理器	可视化数据
功耗规划	电源管理	数据输入/输出与 RTDX	代码大小调优
		高级事件触发	代码覆盖
		脚本编写	高速缓存分析
		链接/断开	调优显示板
		回卷	编译器咨询

2.2 Code Composer Studio 3.1 的安装与配置

2.2.1 Code Composer Studio 3.1 的安装

在 Windows 环境下安装 Code Composer Studio 3.1 软件后,在桌面上会出现 Setup 和应用程序的两个快捷按钮。Setup CCStudio v3.1 应用程序主要用来配置所需要开发的处理器类型、硬件设备的选择情况等,CCStudio 3.1 启动 CCS IDE 开发环境,编写、调试以及优化代码。为了使开发环境能够通过仿真器同目标硬件系统建立可靠的联系,必须安装相关的驱动程序。运行驱动程序安装软件,出现相应的安装界面,根据需要安装即可。需要说明的是,不同版本的驱动支持的软/硬件有所区别,下面给出 setupCCSPlatinum_v30104C 版本支持的处理器、硬件仿真器以及 DSK 硬件。

1. 支持的处理器

TMS320F24x,TMS320LF24xx,TMS320F28xx;
TMS320C54X,TMS320C55X;
TMS320C6X0X,TMS320C6X1X,TMS320C672X,TMS320C64xx;
TMS470R1x,TMS470R2x(ARM915/ARM925/ARM926),OMAP2420。

2. 支持的仿真器

XDS510PP,SPI510,SPI515,XDS510PP_PLUS,SPI525,XDS510USB。

3. 支持的 DSK 及 eZdsp 硬件评估板

DSK5416,DSK5510,DSK6713,DSK6416;

eZdspF2401A,eZdspF2407A,eZdspF2812,eZdspR2812,eZdspF2808。

2.2.2 目标系统配置

本小节主要介绍单处理器和多处理器开发环境的配置以及 IDE 集成开发环境的基本设置。Code Composer Studio Setup 应用程序允许用户针对不同的硬件或者仿真目标系统配置软件,在启动 Code Composer Studio IDE 之前必须利用该应用程序进行配置。用户可以使用系统提供的标准配置文件创建配置,也可以利用自己创建的配置文件进行配置。

1. 单处理器配置方法

(1) 运行桌面上的 Code Composer Studio Setup 应用程序,出现系统配置窗口,如图 2.3 所示。

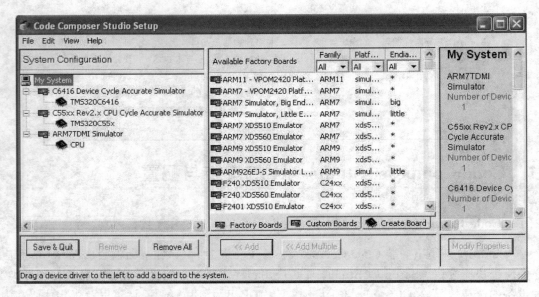

图 2.3 CCS 配置窗口

(2) 在配置前可以通过选择 File→Remove all 清除以前的设置。

(3) 在 Available Factory Boards 栏中选择需要调试的目标板或仿真器。为了方便找到相应的硬件配置,可以在右上侧的过滤栏中根据需用的处理器所属系列(Family)、处理器平台类型(Platform)、字节模式(Endian)等进行过滤。确定相应的配置后直接拖到左侧的 System Configuration 栏中,或者选中需要的目标配置文件后单击下面的 Add 按钮添加,如图 2.4 所示。如果 Available Factory Boards 栏中不存在用户需要的标准配置,可以自己创建配置文件进行配置。

(4) 选择 System Configuration 栏中的系统硬件,单击右键并选择属性,可以查看和编辑相关属性,如图 2.5 所示;根据需要可以针对不同的选型作适当的调整。

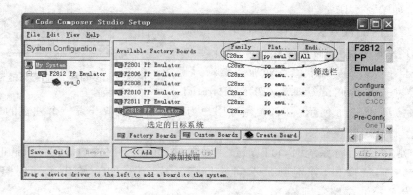

图 2.4　在 CCS 配置窗口中添加目标系统

(5) 选择系统平台下的 CPU,单击右键并选择属性,可以查看和编辑 CPU 的属性。主要包括启动的 GEL 文件、主/从设置、启动模式(实时或停止模式)等,如图 2.6 所示。

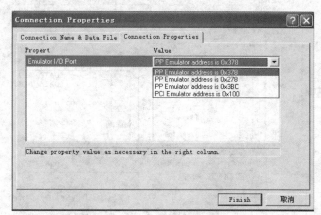

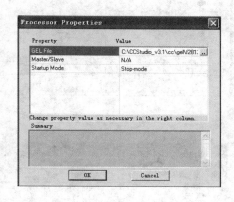

图 2.5　查看配置属性　　　　　　　　　　图 2.6　设置 GEL 文件

(6) 单击 Save & Quit 按钮保存配置并退出配置程序,下次选用相同的平台开发时不需要重新配置。

(7) 退出配置程序后弹出 Code Composer Studio IDE 启动的判断按钮,选择 Yes 即可运行 CCS。如果配置的是硬件平台,在运行 CCS IDE 之前,应该检查硬件系统的连接状况和目标系统的供电情况。

2. 多处理器配置方法

通常情况下,系统只需要配置一个 Simulator 或目标系统,但有时也需要在一个 IDE 开发环境中配置多个目标系统,主要包括以下几种情况:

- 计算机上连接多个仿真器,每个仿真器都有自己独立的目标系统;
- 在一个仿真器上连接多个目标板;
- 在一个目标板上有多个 CPU,CPU 可以是相同类型也可以是不同类型(各处理器工作在并行调试模式)。

在一些复杂系统中采用多处理器,以方便调试和节省资源。多处理器的 JTAG 口采用菊花链的形式连接,如图 2.7 所示。

采用单处理器的配置方法在 My System 下增加多个 CPU,如图 2.8 所示,保存配置退出系统并选择运行 CCS。一旦 CCS 配置工作在多处理器模式,启动 CCS 将直接进入并行调试管理器(PDM,Parallel Debug Manager),如图 2.9 所示。PDM 允许用户为每个目标设备开设一个独立的 CCS 窗口,应用 PDM 并行控制特定的设备。

在利用 PDM 调试目标系统时,可以通过主菜单的 Open 下配置的目标系统同时打开多个处理器的 CCS IDE 调试窗口,分别调试不同的目标系统。图 2.10 给出了同时打开 C6713 和 F2812 两个开发平台的应用实例。

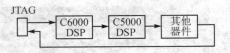

图 2.7　多目标系统菊花链连接方式

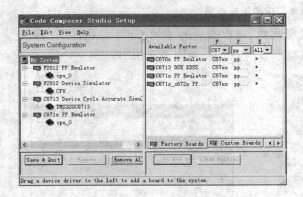

图 2.8　多目标系统设置

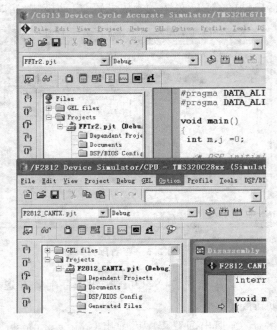

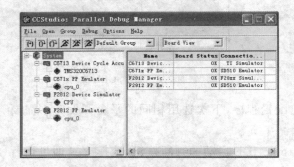

图 2.9　并行调试管理器窗口

图 2.10　调试管理器同时管理的 C6713 和 F2812 两个目标系统的开发环境

2.2.3　启动 GEL 文件

通用扩展语言(GEL)是一种解释语言,类似于 C 语言。GEL 函数可以用来配置 CCS 开发环境,也可以用来初始化目标 CPU。CCS 提供丰富的内嵌 GEL 函数,用户也可以定义自己的 GEL 函数。在处理器属性的 GEL 文件窗内为每个处理器选择用户的 GEL 文件(扩展名为 .gel),如图 2.11 所示。

当启动 CCS 时,扫描启动的 GEL 文件并加载文件中包含的 GEL 函数。如果文件中包含 StartUp(),则包含的所有函数都将执行。例如,GEL 存储空间映射函数可以用来描述处理器的

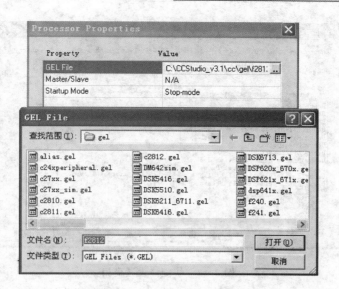

图 2.11 目标系统的 GEL 设置

存储空间映射。

```
StartUp()
{ /* startup 函数内的所有函数都会执行 */
    GEL_MapOn();
    GEL_MapAdd(0, 0, 0xF000, 1, 1);
    GEL_MapAdd(0, 1, 0xF000, 1, 1);
}
```

GEL 文件是异步而不是同步的，也就是说，GEL 文件中的函数按照先后顺序执行。关于 GEL 更详细的信息，请参考 Help→Contents→Making a Code Composer Project→Building & Running Your Project→Automating Tasks with General Extension Language (GEL)。

2.2.4 主机开发环境设置

运行 Code Composer Studio 后，用户可以根据自己的工作习惯设置开发环境的参数，比如字体、显示颜色和快捷键等。字体和颜色可以通过选择 Option→Font→Editor 和 Option→Color→Editor 进行设置。此外，CCS 开发环境本身提供 80 个预先定义好的快捷键，用户也可以根据需要更改快捷键的定义或者增加新的功能快捷键，用户快捷键的配置方法如下。

(1) 选择 Option→Customize，如图 2.12 所示。
(2) 在快捷键设置窗口观察或者设定快捷键，各子窗口或按钮功能如下。

Filename   CCS 启动时显示开发环境的默认快捷键的设置文件，如果用户需要加载自己定义的快捷键文件可以设置相应的路径。
Commands   选择需要分配快捷键的命令。
Assigned   显示所选择命令已经分配的快捷键。
Add   单击 Add 按钮对选定的命令分配新的快捷键。
Remove   删除选定命令的快捷键。

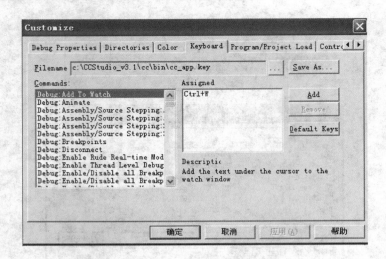

图 2.12 快捷建设置窗口

Default Keys　　立即调取默认的快捷键。
Save As　　将原有的快捷键分配文件另存为其他文件,用户可以将自己专用的快捷键保存在该文件内,设置开发环境的快捷键。

2.3 Step-by-Step 简单应用

2.3.1 CCS 常用工具

为使用户尽快熟悉并能够使用 CCS 开发环境,下面简要介绍 CCS 常用的工具按钮及 Step-by-Step 程序开发步骤。

　　Code Composer Studio 应用程序按钮(在桌面上)。
　　全部重新编译。
　　只编译更改过的代码文件。
　　设置断点。
　　停止程序运行。
　　断续运行(遇到断点后短暂停止刷新观察变量,然后程序继续运行)。
　　连续运行程序。
　　源代码单步运行(遇到函数调用时,进入被调用函数并单步运行函数的程序)。
　　源代码单步运行(遇到函数调用时整个函数作为一条程序处理)。
　　程序运行在函数内部时,执行该操作会执行函数内的所有剩余操作。
　　程序运行到光标位置。
　　将程序计数指针(PC)直接指向光标位置。

寄存器窗口。

观察存储空间。

观察堆栈空间。

观察反汇编代码。

2.3.2 简单程序开发

(1) 如果已经在 C:\CCStudio_v3.1 目录下安装了 CCS 开发环境,则在 C:\CCStudio_v3.1\MyProjects 目录下创建开发文件夹 sinewave。

(2) 将 C:\CCStudio_v3.1\tutorial\dsk2812\sinewave 目录下的.c、.cmd 以及.h 文件复制到创建的目录,然后运行 CCS。

(3) 依据工程的创建方法,创建新的工程(参考 2.4.1 小节)。

(4) 选择 Project→Add Files to Project,添加.c、.cmd 以及 rt_2800ml.lib 文件,然后选择 hello.c,加入文件中。

(5) 双击项目管理窗口下的 sine.c 文件浏览程序源代码,单击 Rebuild All 编译程序,如图 2.13 所示。

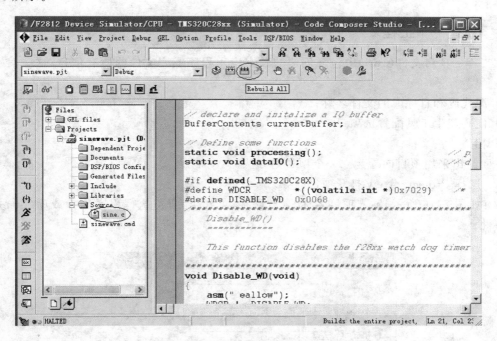

图 2.13 浏览代码并编译

(6) 编译、链接通过后,CCS 下面的状态输出窗口将显示相应的状态。如果 CCS 的编译链接过程出现问题,CCS 会给出提示,用户可以通过阅读提示,寻找问题出现在什么地方。如果是语法上的错误,请查阅相关的语法资料;如果是环境参数设置上有问题,一般应选择 Project→Options 进行相应的修改(新安装程序时的默认设置,不熟悉的用户最好不要随意修改);如果是下载过程中出现问题,可以尝试选择 Debug→Reset DSP 或按下硬件上的复位键。

(7) 选择 File→Load Program 装载应用程序,如图 2.14 所示。

(8) 运行程序,如图 2.15 所示。

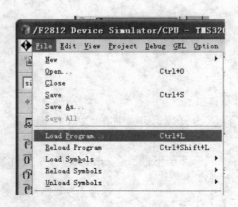

图 2.14 装载程序

图 2.15 运行程序

2.4 代码创建

2.4.1 新建一个工程

在工程的项目文件(.prj)中包含创建的独立应用程序或库文件的所有信息,这些信息主要包括:

- 源代码和目标库的文件名称;
- 代码产生工具配置选项;
- 相关的头文件。

下面给出采用项目向导建立一个项目的方法。

(1) 选择 Project→New 打开项目向导。

(2) 如图 2.16 所示,输入项目名称、存放路径、创建类型(可执行程序.out 或库.lib)并选择目标器件。

图 2.16 创建新的工程文件

(3) 单击"完成",创建一个空的项目,如图 2.17 所示。

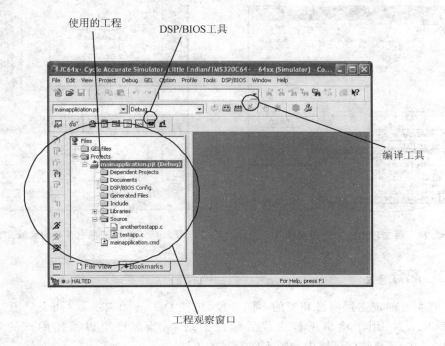

图 2.17　创建空的工程环境

(4) 项目创建完成后需要向其中增添文件,选择 Project→Add File 可以添加多种文件,如图 2.18 所示。

(5) 确定增加的文件,分别增加到项目中。

在使用 CCS 前,应该先了解以下软件的文件名约定:

project.pjt	CCS 定义的工程文件。
program.c	C 程序文件。
program.a* 或 .s*	汇编语言程序文件。
filename.h	C 语言的头文件,包括 DSP/BIOS API 模块。
filename.lib	库文件。
project.cmd	链接命令文件。
program.obj	编译后的目标文件。
program.out	可在目标 DSP 上执行的文件,可在 CCS 监控下调试/执行。
project.wks	工作空间文件,可以记录用户的工作环境设置。
program.cdb	CCS 的设置数据库文件,是使用 DSP/BIOS API 必需的,其他没有使用 DSP/BIOS API 的程序也可以使用;当新建一个设置数据库时,会产生配置文件。

(6) 如果希望将增加到项目中的文件删除,可以选择相关文件单击右键删除,如图 2.19 所示。

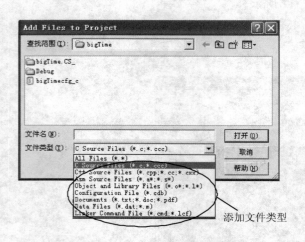

图 2.18 向工程中添加代码文件

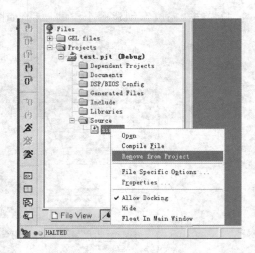

图 2.19 将原工程中存在的代码文件删除

2.4.2 工程配置

工程配置主要确定工程项目开发的不同阶段,包括 Debug 和 Release 两个阶段。Debug 用于调试程序,Release 用于输出工程完成后最终的结果,当然也可以根据用户的需要确定。图 2.20 给出了在 CCS 软件环境中选择不同配置的方法。

图 2.20 工程配置选择

2.5 CCS3.1 基本应用

图 2.21 给出了一个典型的 CCS3.1 集成开发环境窗口。整个窗口由菜单栏、工具栏、工程窗口、编辑窗口、图形显示窗口、内存单元显示窗口、寄存器显示窗口以及状态窗口等构成。

工程窗口用来组织用户的若干程序构成一个项目,用户可以从工程列表中选择需要编辑和调试的特定程序。在源文件窗口中用户既可以编辑程序,又可以设置断点、探针以调试程序。反汇编窗口(图 2.21 中未显示)可以帮助用户查看机器指令,查找错误,优化代码。寄存器观察窗口可以查看、编辑内存单元和寄存器。图形显示窗口(图 2.21 中未显示)可以根据用户需要,直接或经过处理后显示数据。通过菜单栏中的 Window 来管理各个窗口。

利用 CCS 集成开发环境,用户可以在一个开发环境下完成工程定义、程序编辑、编译链接、调试和数据分析等工作。在 CCS 集成开发环境中,很多功能是所有 DSP 平台都需要而且常用的,这些功能是调试一个 DSP 系统的基本环境基础。本小节重点介绍这些工具的使用方法,其中绝大部分都可以在工具栏中找到。如果工具栏中不存在,可以通过 View→Debug Toolbars

第 2 章 CCS 软件应用基础

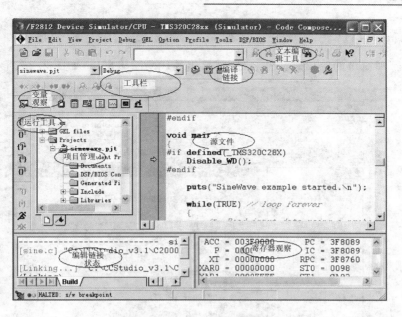

图 2.21 典型的 CCS3.1 集成开发环境窗口

打开相应的快捷工具,如图 2.22 所示。

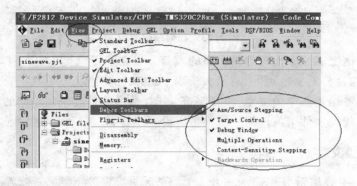

图 2.22 调试工具

2.5.1 编辑源程序

CCS3.1 集成编辑环境可以编辑文本文件,编写 C 程序和汇编程序代码,还可以彩色高亮显示关键字、注释和字符串。CCS 的内嵌编辑器支持如下功能:

(1) 语法高亮度显示:对关键字、注释、字符串和汇编指令采用不同的颜色显示以相互区分;

(2) 查找和替换:可以在一个文件和一组文件中查找或替换字符串;

(3) 文件比较:可以将两个文件进行逐行比较;

(4) 多窗口显示:可以打开多个窗口或对同一文件打开多个窗口;

(5) 可以利用标准工具栏和编辑工具栏帮助用户快速使用编辑功能;

(6) 作为 C 语言编辑器,可以判别圆括号或大括弧是否匹配,排除语法错误;

(7) 所有编辑命令都有快捷键对应。

2.5.2 查看和编辑代码

双击项目管理窗口的源代码文件名称，就会出现代码编辑窗口，如图 2.23 所示。

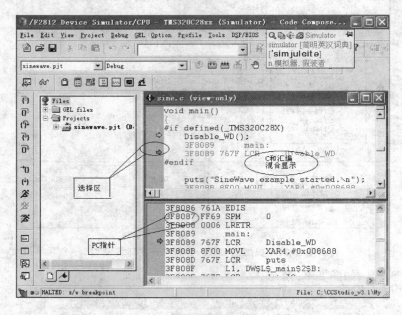

图 2.23 代码编辑窗口

选择区：默认情况下位于代码编辑窗口的左侧。当在某行设置断点时对应的选择区显示红色，探针显示蓝色，黄色的箭头代表 PC 指针的位置。

关键字：在文本编辑器中关键字、注释字符、GEL 命令等都会采用不同的颜色显示。

书签： 在源代码文件中的任何一行都可以设置书签，以便后面再次用到时查找。

2.5.3 查找替换文字

CCS 除具有与一般编辑器相同的查找、替换功能，还提供了一种"在多个文件中查找"功能。这对在多个文件中追踪、修改变量和函数特别有用。

选择 Edit→Find in Files 或单击标准工具栏中"多个文件中查找"按钮，弹出如图 2.24 所示对话框。分别在 Find、In files of 和 In folder 中键入要查找的字符串、搜寻目标文件类型以及文件所在目录，然后单击 Find 按钮即可。

查找的结果显示在输出窗口中，按照文件名、字符串所在行号和匹配文字行依次显示。

图 2.24 查找对话框

2.5.4 书签的使用

书签的作用在于帮助用户标记代码重点。CCS 允许用户在任意类型文件的任意一行设置书签,书签随 CCS 工作空间(Workspace)保存,在下次载入文件时被重新调入。

1. 设置书签

将光标移到需要设置书签的文字行,在编辑视窗中单击右键,弹出快捷菜单,从"Bookmarks"子菜单中选中"Set a Bookmark"或者单击编辑工具栏的"设置或取消标签"按钮。光标所在行被高亮标识,表示标签设置成功。

设置多个书签后,用户可以单击编辑工具栏的"上一书签"、"下一书签"快速定位书签。

2. 显示和编辑书签列表

以下两种方法都可以显示和编辑书签列表。

(1) 在工程窗口中选择 Bookmark 标签,得到书签列表,如图 2.25 所示。用户可以双击某书签,则在编辑窗口,光标跳转至相应书签所在行。右击该行,则可从弹出窗口中编辑或删除此书签。

(2) 选择 Edit→Bookmarks 或单击编辑工具栏上的"编辑标签属性"按钮,得到图 2.25 所示书签编辑对话框。双击某书签,则在编辑窗口内光标跳转至该书签所在行,同时关闭对话框。用户也可以单击某书签进行编辑或删除。

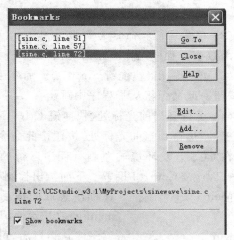

图 2.25 显示书签标识

2.5.5 全速运行(Running)/单步运行(Step Run)

在调试程序时,用户会经常用到复位、运行、单步运行等命令,统称为程序运行控制。下面依次介绍 CCS 的目标板(包括仿真器)复位、运行和单步运行操作。

1. CCS 提供了 3 种方法复位目标板

(1) Reset DSP:Debug→Reset DSP 命令初始化所有的寄存器内容并暂停运行中的程序。

(2) Restart:Debug→Restart 命令将 PC 恢复到当前载入程序的入口地址。此命令不运行当前程序。

(3) GoMain:Debug→GoMain 命令在主程序入口处设置一个临时断点,然后开始运行。当程序被暂停或遇到断点时,临时断点被删除。此命令提供了一个快速方法来运行用户应用程序。

2. CCS 提供了 4 种程序运行操作

(1) 运行程序。命令为 Debug→Run,或单击调试工具栏上的"运行程序"按钮。程序运行直到遇见断点为止。

(2) 暂停运行。命令为 Debug→Halt,或单击调试工具栏上的"暂停运行"按钮。

(3) 断续运行。命令为 Debug→Animate,或单击调试工具栏上的"动画运行"按钮。用户可以反复运行程序,直到遇到断点为止。

(4) 自由运行。命令为 Debug→Run Free。此命令禁止所有断点,包括探针断点和 Profile

断点,然后运行程序。在自由运行中对目标处理器的任何访问都将恢复断点。若用户在基于 JTAG 设备驱动上使用模拟时,此命令将断开与目标处理器的连接,用户可以拆卸 JTAG 或 MPSD 电缆。在自由运行状态下用户也可以对目标处理器进行硬件复位。注意在仿真器中 Run Free 无效。

3. CCS 提供的单步运行操作

CCS 提供的单步运行操作有 4 种类型,它们在调试工具栏上分别有对应的快捷按钮。

(1) 单步进入(快捷键 F8)。命令为 Debug→Step Into,或单击调试工具栏上的"单步进入"按钮。当调试语句不是最基本的汇编指令时,此操作将进入语句内部(如子程序或软件中断)调试。

(2) 单步运行。命令为 Debug→Step Over,或单击调试工具栏上的"单步运行"按钮。此命令将函数或子程序当作一条语句执行,不进其内部调试。

(3) 单步跳出(快捷键 Shift+)。命令为 Debug→Step Out,或单击调试工具栏上的"单步跳出"按钮。此命令将从子程序中跳出。

(4) 运行到当前光标处(快捷键 Ctfi+F10)。命令为 Debug→Runto Cursor,或单击调试工具栏上的"运行到当前光标处"按钮。此命令使程序运行到光标所在的语句处。

在 CCS 开发环境的左侧有程序运行的快捷工具,如果没有可以通过 View→Debug Toolbars→Target Control 设置。下面给出控制程序运行的命令:

Main	在程序装载完成后可以通过 Debug→Go Main 使程序指针直接跳到 main 函数开始处,开始调试程序。
Run	程序停止运行后,可以单击 Run 继续运行程序。
Run to Cursor	如果希望程序运行到某一指定的位置,可以将光标放在确定的位置,然后单击按钮。
Set PC to Cursor	在调试程序时,有时需要跳过一些程序段直接将 PC 指针指向某个位置,则可以将光标指向确定的位置,然后单击按钮。
Animate	该命令使控制程序运行,当运行到断点时暂停运行并刷新所有图形和相关的窗口,然后程序继续运行。Animate 运行的速度可以在 Option 中设置。
Halt	停止程序运行。

在调试程序时,如果停止程序运行则可以使用源代码或汇编程序单步运行。源代码单步运行是指每次运行源代码,编辑窗口显示一条源程序;汇编程序单步运行是指每次运行一条汇编程序。可以通过 View→Mixed Source/ASM 命令同时显示源代码和对应的汇编程序。归纳起来有以下几种单步运行命令:

- Single Step 或 Step Into 运行一条程序然后停止运行;
- Step Over 运行函数在函数返回后停止运行;
- Step Out 运行当前的子程序然后返回到调用函数,返回调用函数后程序停止运行。

若使用并行调试管理器(PDM),所有的运行/单步运行命令都会向所有处于当前组内的目标处理器广播,如图 2.26 所示。下面的每一个命令都会在所有处理器上同步启动。

- 使用 Locked Step (Step Into)使所有没有运行的处理器单步运行;
- 使用 Step Over 使所有没有运行的处理器运行 Step over 操作;

- 如果所有处理器都处在一个子程序内部,可以使所有没有运行的处理器运行 Step Out 命令;
- PDM 的 Run 命令向所有没有运行的处理器发出运行命令;
- Animate 启动所有没有运行的处理器运行 Animate 命令;
- Run Free 禁止所有断点(包括探针),从当前的 PC 开始运行当前装载的程序。

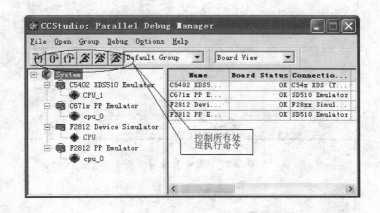

图 2.26　PDM 控制处理器程序运行

2.5.6　断点设置

断点的作用在于暂停程序的运行,以便观察程序的状态,检查或调整变量/寄存器的值。可以在源代码编辑窗口的源代码的某一行或汇编窗口中设置断点。断点设置完成后可以使能也可以禁止。如果在程序某行源代码上设置了断点,相应的汇编代码也会设置断点。如果选用了编辑器的优化功能,则很多源代码行不允许设置断点。为了察看可以设置断点的行,可以将编辑窗口设置成混合显示模式。

CCS 提供了两种断点:软件断点和硬件断点。可以在断点属性中进行设置。设置断点应避免以下两种情形:

(1) 将断点设置在属于分支或调用的语句上。

(2) 将断点设置在块重复操作的倒数第一或第二条语句上。

1. 软件断点

只有当断点被设置而且被允许时,断点才能发挥作用。下面依次介绍断点的设置、删除和使能。

(1) 断点设置

有 3 种方法可以增加断点。

① 选择 Debug→Breakpoints,弹出如图 2.27 所示对话框。

在 Breakpoint 下拉列表框中可以选择 Break at Location(无条件断点)或 Break at Location if expression is TURE(有条件断点)。在 Location 下拉列表框中填写需要中断的指令地址。用户可以观察反汇编窗口,确定指令所处地址。断点类型和位置设置完成后,依次单击 Add 和 OK 按钮即可。断点设置成功后,相应行的左侧对应位置会出现实心红点,如图 2.28 所示。

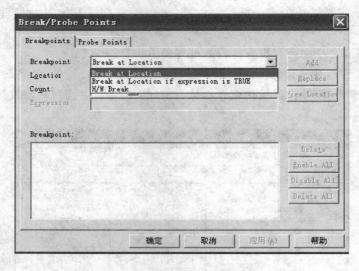

图 2.27 断点设置对话框

图 2.28 断点在程序中的显示

② 直接用鼠标设置

直接将光标移到需要设置断点的行,在该行左侧的空栏处双击鼠标左键即可快速设置断点。如果在已经设置断点行的左侧空栏处双击鼠标左键则可以取消断点。

③ 采用工程工具栏

将光标移到需要设置断点的语句上,单击工程工具栏上的"设置断点"按钮,则在该语句位置设置一个断点,默认情况下为"无条件断点"。用户也可以使用断点对话框修改断点属性,例如将"无条件断点"改变为"有条件断点"。

(2) 断点的删除

在图 2.27 所示对话框中,单击 Breakpoint 列表中的一个断点,然后单击 Delete 按钮即可删除该断点。单击 Delete All 按钮或工程工具栏上的"删除所有断点"按钮,将删除所有断点,如图 2.29 所示。

(3) 允许和禁止断点

在图 2.27 所示对话框中,单击 Enable All 或 Disable All 按钮将允许或禁止所有断点。"允许"状态下,断点位置前的复选框中有"对勾"符号。注意只有当设置断点,并使其"允许"时,断点才发挥作用。

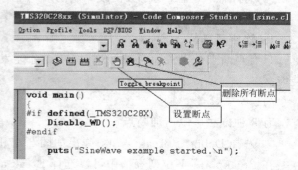

图 2.29 断点设置工具

2. 硬件断点

硬件断点与软件断点的区别在于硬件断点不需要修改目标程序,并且可以充分利用处理器上的硬件资源。在 ROM 存储器或存储器访问时经常采用硬件断点。硬件断点还可以根据特殊的存储器读、存储器写或存储器读/写来进行设置。很多存储器访问的断点在源程序或存储器窗口是看不见的,而且硬件断点的数量和目标处理器有关。此外,硬件断点还可以设置计数值,从而可以确定在断点产生之前访问某个空间的次数。如果计数只等于 1,则每次产生断点。注意在 Simulator 中不能设置硬件断点。

添加硬件断点的命令为 Debug→Breakpoint。对两种不同的应用目的,其设置方法为:

(1) 对指令拦截的中断(ROM 程序中设置断点),在 Breakpoint Type(断点类型)下拉列表框中选择 Breakpoint at location。Location 下拉列表框中填入语句的地址,其方法与前面所述软件断点地址设置一样。Count 框中填入计数值,即此指令运行多少次后断点才发生作用。依次单击 Add 和 OK 按钮即可。

(2) 对内存读/写的中断,在 Breakpoint Type 下拉列表框中选择＜Bus＞或＜Read/Write/R/W＞。Location 下拉列表框中填入存地址,Count 框中填入计数值 N。当读/写此内存单元 N 次后,硬件断点发生作用。

硬件断点的允许/禁止和删除方法与软件断点的相同,不再赘述。

2.5.7 探针的使用

1. 探针的作用

探针主要用来从 PC 机的数据文件中读取数据,提供给算法或其他程序使用,从而有利于 DSP 的算法开发或参考数据的生成。可以使用探针完成下列任务:

- 从主机的数据文件中读取数据,然后传送到目标处理器的存储缓冲,以便算法程序使用主机的数据;
- 从目标处理器的存储缓冲中读取数据并存放到 PC 机的指定文件中,以便进一步分析;
- 刷新带有数据的图形窗口。

2. 探针和断点的区别

探针和断点在完成其操作时都会停止目标处理器,但还是有一定的区别,具体如下:

- 探针停止目标设备,完成一个动作,即刻恢复目标系统的运行;
- 断点停止目标设备,直到手动恢复并且打开的窗口刷新后才恢复目标系统的运行;
- 探针允许自动完成文件的输入和输出,断点不可以。

3. 使用探针向目标传送数据

下面介绍如何使用探针从 PC 机的数据文件向目标传送数据。当运行到探针设置处时,采用断点刷新所有窗口。

(1) 选择 File→Load Program 装载应用程序;
(2) 双击项目窗口的 sine.c 文件,显示源文件;
(3) 将光标放置在主函数的 dataio()函数条一行;
(4) 单击 Toggle Probe Point 按钮,如图 2.30 所示;
(5) 从菜单栏中选择 File→File I/O,出现 File I/O 对话框,如图 2.31 所示,从而可以选择输入/输出文件;

图 2.30 探针工具栏

(6) 选择 Add File 按钮,并到相应的路径添加需要增加的数据文件、起始地址和数据长度等,如图 2.32 所示;

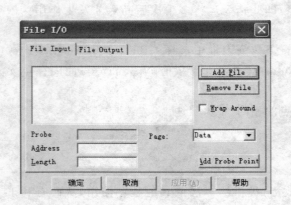

图 2.31 输入/输出文件设置

图 2.32 增加数据文件装载数据

(7) 选择 Debug→Probe Point 弹出如图 2.33 所示的 Break/Probe Points 对话框;

(8) 在探针类型列表中选择探针,并在 Connect 下拉列表框中选择数据文件 sine.dat;

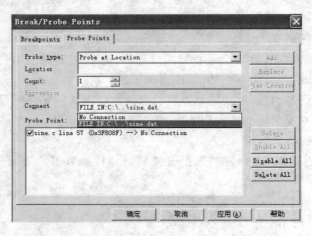

图 2.33 关联数据文件

(9) 单击 Replace 按钮,探针将连接到数据文件上,单击"确定"按钮,File I/O 对话框连接到探针;

（10）选择 File→File I/O 确认输入文件对应的起始地址和长度，确认后 PC 机的数据文件就直接连接到应用程序上，如图 2.34 所示；

（11）在设置探针处增加断点，然后断续运行程序并观察输入/输出的数据波形，如图 2.35 所示。

图 2.34　加载数据

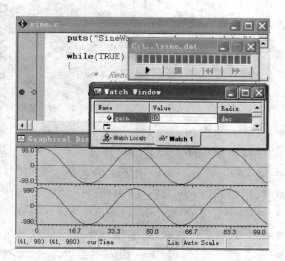

图 2.35　显示数据波形

2.5.8　观察窗口

1. 观察窗口跟踪变量的值

当调试程序时，了解程序运行过程中变量的变化情况是非常必要的。CCS 集成开发环境允许用户监测 C/C++ 语言中的局部或全局变量。下面介绍观察变量的基本操作。

（1）选择 View→Watch 弹出相应窗口，观察窗口包含两部分，即局部观察（Watch Locals）和观察窗口 1（Watch 1）。

● 局部观察：自动显示当前 PC 所处理函数的局部变量的名称、值、数据格式和显示格式；

● 观察窗口 1：用户确定的全局或局部变量的名称、值、数据格式和显示格式。

（2）装载程序，查看源文件并在合适的位置设置断点（根据需要观察变量在程序中的位置）。

（3）选择 Debug→Go Main，PC 指针运行 main 函数。

（4）在变量观察窗口中输入变量名称，以 Animate 方式运行程序。如图 2.36 所示，观察相应变量的变化情况，或设置某些输入变量的值。

2. 观察存储空间的内容

存储器观察窗口允许用户观察确定的存储空

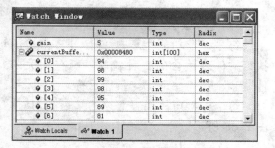

图 2.36　观察变量

间的内容，如图 2.37 所示。可以根据需要设置存储空间数据显示的格式，具体设置如下：

● 标题（Title）　输入能够代表本显示窗口的名称，以便后面观察多个窗口时进行区分。

● 地址（Address）　要观察存储空间的起始地址。

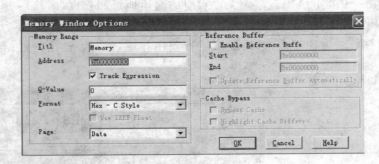

图 2.37 观察存储空间

- 跟踪表达式（Track Expression） 选中该选项,在起始地址处可以输入相应的变量名,软件将自动根据变量名给出地址。
- Q 值（Q-Value） 采用定点格式显示数据时,需要在这里确定定标方式。
- 数据格式（Format） 从中选择需要的数据格式。
- 使能参考缓冲（Reference Buffer） 存放在一个制定的区域,以便后面进行数据的比较。
- 起始地址（Start） 输入作为参考缓冲存储空间的起始地址。
- 截止地址（End） 输入作为参考缓冲存储空间的结束地址。
- 自动刷新参考缓冲（Update Reference Buffer Automatically） 选择该选项,指定存储空间的内容自动将参考缓冲空间的内容覆盖。当选择该选项时,只要存储器观察窗口刷新,参考缓冲的内容也会刷新。如果不选择该选项,参考缓冲的内容将不变。
- Cache 直通（Bypass Cache） 该选项强制存储器总是从物理存储空间读取数据,通常情况下,如果一个存储空间的内容放在高速缓冲内,返回的值将显示缓冲的值而不是物理存储空间的值。如果该选项使能,CCS 将忽略高速缓冲内的值而直接显示物理空间的内容。
- 突出缓冲的差别（Highlight Cache Difference） 当缓冲内的值和物理空间的值不同时,将采用不同的颜色显示。

3. 符号显示

符号显示功能主要现实 COFF 格式的可执行文件内包含的 5 种符号：所有相关的文件、函数、全局变量、类型、标示符。

每个标签窗口代表上述的某一类,具体如图 2.38 所示。

图 2.38 观察程序中的符号

2.6 分析和调整

为编写高效的应用程序,要根据应用的需要对系统软件的性能、功耗、代码尺寸和开发时间综合考虑。应用代码分析就是获取并分析应用代码的相关数据,从而得到代码效率的相关数据。

应用代码调整就是为了提高代码的效率,对代码进行调整。CCS 软件为分析和调整代码的效率提供了众多工具,方便用户使用。

2.6.1 应用代码分析

为实现高效的应用设计,工程师需要根据拟定的设计目标不断地关注系统的性能、功耗、代码尺寸以及价格等因素。应用代码分析工具主要是在系统设计调试过程中不断地收集相关系统性能的信息,为工程师提供良好的参考和调整策略。而应用代码调整则是提高代码效率的有效手段。CCS 集成开发环境提供的分析工具主要用来收集代码及程序的相关数据,为用户提供开发和调整代码优化程序的信息。

1. 数据的可视化

Code Composer Studio IDE 可以将处理过的数据以不同的形式进行图形化处理,主要包括时间/频率、眼图、星图和图像等。可以在集成开发环境的主菜单中选择 View→Graph 对数据进行图形可视化,并可根据需要选择适当的显示类型。图 2.39 给出了观察单通道以时间/频率形式显示的设置。

配置完成后便可以显示相应缓冲区的数据,如图 2.40 所示。如果系统中存在断点,可以利用间断运行模式在程序运行过程中动态地刷新需要显示的缓冲区的数据。

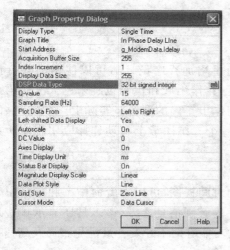

图 2.39 图形观察设置

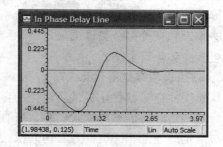

图 2.40 数据可视化事例

2. Simulator 分析工具

Simulator 分析工具提供系统事件的相关信息,用户可以准确地监测程序的运行,并可以确定系统的性能。Simulator 分析工具主要包括:

- 使能/禁止分析;
- 对选定事件的产生次数进行计数;
- 当某个事件发生时停止程序运行;
- 删除计数或终止运行事件;
- 创建报告文件;
- 事件计数复位。

可以采用下列方法使用 Simulator 分析工具：
(1) 装载应用程序；
(2) 启动分析工具，选择 Tools→Simulator Analysis，如图 2.41 所示；
(3) 在 Simulator 分析窗口使能相应的分析功能；
(4) 运行或单步运行程序；
(5) 分析 Simulator 分析工具的输出结果。

3. Emulator 分析工具

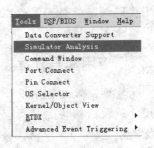

图 2.41　启动 Simulator 分析的方法

Emulator 分析工具可以建立、监测、设置硬件断点并对事件进行计数。为使用 Emulator 分析工具，首先装载应用程序，然后选择 Tools→Emulator Analysis。Emulator 分析工具主要包括如下内容：

事件：事件名称；
类型：该事件类型是中止还是计数；
计数：在程序停止前事件发生的次数；
中止(Break)地址：程序中止的地址；
程序：中止事件发生所在的程序。

2.6.2　应用代码优化

1. 代码大小优化调整

随着实时处理需求的不断提高，DSP 结构继续通过增加程序设计器可以使用的并行性数量，来推动性能的发展。同时，应用程序变得越来越复杂，作用域和代码也越来越大。代码大小优化旨在帮助软件开发者自动在代码大小和性能之间作出正确的取舍。实际上，CCS 提供的界面能够编译和评价多个编译选项集，然后允许用户在一个二维图形上自动选择应用程序所需要的期望性能和代码大小。

2. 高速缓冲存储器优化

高速缓冲存储器优化提供高速缓冲存储器访问的时间视图，可以查看命中率和未命中率以地址为基础随时间推移的模式。除为所有访问提供源码级别信息之外，该工具还显示哪些地址可能与给定的地址相冲突。查看访问模式以及冲突的功能有助于开发者最优化布局及高速缓冲存储器使用的算法。

此工具在突出显示非最优高速缓冲存储器使用(由于冲突的代码布局及低效的数据访问模式等因素)方面非常有效。所有内存访问都是按类型使用颜色进行编码的。各种滤波、摇动和缩放功能方便快速深入挖掘(Drill-down)以查看特定区域。此高速缓冲存储器访问的可视化/时间视图实现了问题区域的快速识别，问题区域就是与冲突、容量或强制缺失等相关的区域。使用此工具，开发者可以显著地最优化高速缓冲存储器效率，从而降低内存子系统所消耗的周期。所有这些功能有助于用户极大地改进高速缓冲存储器的效率。

第 3 章

C/C++程序编写基础

3.1 C/C++编辑器概述

TMS320X28xx 的 C 编译器是一个功能齐全的优化编译器,可以利用该编译器将标准的 ANSI C/C++程序直接转换成 TMS320X28xx 处理器的汇编代码。下面介绍 TMS320X28xx 的 C 编译器的主要特征。

3.1.1 C/C++语言的主要特征

1. 标准的 ANSI C/C++语言

TMS320X28xx 编译器符合 ANSI 定义的 ANSI C 标准,该标准在 Kernighan 和 Ritchie 编写的 *C Programming Language*,2e 中有详细的定义,国内出版的 C 语言编程的书籍中也有详细的编程方法。此外,TMS320X28xx 编译器还支持 ISO/IEC 14882—1998 标准定义的 C++规范,可以采用 C/C++编写 DSP 代码。

2. ANSI 标准实时运行支持

TMS320X28xx 编译器工具为各种处理器提供完整的实时运行库,库中包括标准输入/输出函数、字符串操作函数、动态分配存储空间函数、数据格式转换函数、时间记录函数、三角运算函数、指数运算函数和双曲线运算函数等。在实时运行库中不提供信号处理函数,因为这些函数是与目标系统有关的。扩展的实时运行库还包含 rts 函数,可以利用这些函数访问大范围(far)的存储空间。

3.1.2 输出文件

TMS320X28xx 编译器输出下列代码:
- 汇编源代码输出。TMS320X28xx 编译器可以产生汇编语言源码文件,方便用户查看由 C/C++产生的汇编源代码。
- COFF 目标文件。通过目标文件格式(COFF)允许用户在连接时定义系统的存储器映射(Memory Map)。这样能够把 C/C++的代码和数据对象连接到指定的存储器区域,最大限度地提高代码的效率。COFF 文件还支持源文件级调试。
- ROM 数据格式转换。对于独立(Stand-alone)的嵌入式应用系统,编译器能够把所有代码和初始化数据写入 ROM 中,使 C/C++代码能够在系统复位完成后运行。编译器输出的COFF文件能够被十六进制转换工具转换为ROM编程器数据格式。

3.1.3 编译器接口

TMS320X28xx编译器的接口有以下特点。

1. 编译器shell程序

编译器包含一个shell程序(cl2000-v28)，可以用来单步完成程序的编译、汇编和链接。shell程序通过下列工具实现一个或多个代码模块的操作，如图3.1所示。

- C编译器(C Compiler)：产生汇编语言源代码，其细节参见TMS320C54x最优化C编译器用户指南。
- 汇编器(Assembler)：把汇编语言源文件翻译成机器语言目标文件，机器语言格式为公用目标格式(COFF)，其细节参见TMS320C54x汇编语言工具用户指南。
- 链接器(Linker)：把多个目标文件组合成单个可运行目标模块。它一边创建可运行模块，一边完成重定位以及决定外部参考。链接器输入的是可重定位的目标文件和目标库文件，有关链接器的细节参见TMS320C54x最优化C编译器用户指南和汇编语言工具用户指南。

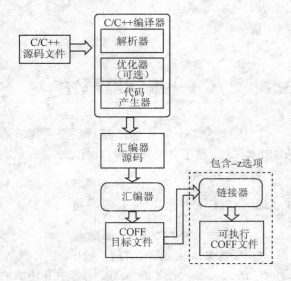

图3.1 Shell程序结构图

2. 灵活的汇编语言接口

编译器为用户提供了灵活方便的函数调用接口，可以非常方便地实现C/C++函数和汇编语言的相互调用。通常情况下，程序的主架构采用C/C++编写，对于代码的效率要求较高的程序段采用汇编语言。在C/C++程序中调用汇编主要有以下3种实现方法。

- 使用独立的汇编语言模块或文件，在目标代码链接过程中将汇编代码链接到C/C++程序模块中，这种方法也是最通用的方法。
- 直接在C/C++程序中嵌入汇编程序。
- 直接在C/C++程序中调用汇编函数。

3.1.4 编译器操作

1. 集成的预处理器(Integrated Preprocessor)

C/C++的预处理器集成在分析器工具中，可以提高代码的编译速度。用户可以只进行预处理也可以将预处理列表保存在文件中。TMS320X28xx的C/C++编译器包含标准的预处理功能，这些功能主要完成下列预处理任务：

- 宏定义和扩展；
- #include文件处理；

- 条件编译处理；
- 其他预处理标识(在原代码文件中以♯字符开始的特定的代码段)。

2. 代码优化

编译器采用先进的优化技术对 C/C++源代码进行优化,如图 3.2 所示,从而减小代码的尺寸,提高代码的效率和运行速度。C28x 优化器充分利用 C28x 的结构特点对其代码进行优化,生成更高效率的代码。优化器是位于分析器和代码产生器中间的优化工具,最简单的方法就是使用 cl2000-v28 shell 程序,并通过-o 选项确定优化级别。

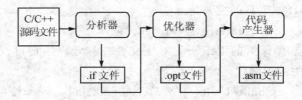

图 3.2 带有优化的编译操作

优化器总计有 4 个优化级别,分别对应不同的优化程序。

(1) -o0
- 简化控制流图(Control-flow-graph);
- 将变量分配到寄存器;
- 完成循环旋转(Loop Rotation);
- 删除未使用的代码;
- 简化表达式和语句;
- 内联声明未 inline 的函数。

(2) -o1
- 完成所有-o0 的优化操作;
- 运行局部复制/常数传递;
- 删除未使用的赋值语句;
- 删除局部公共表达式(Local Common Expression)。

(3) -o2
- 完成所有-o1 的优化操作;
- 完成循环优化;
- 删除全局公共子表达式(Global Common Expression);
- 删除全局未使用的赋值语句;
- 如果使用-o 优化但不标注优化的级别,则系统默认为-o2 优化。

(4) -o3
- 完成所有-o2 的优化操作;
- 删除未使用的函数;
- 当函数的返回值没有用到时,简化函数的返回形式;
- 内联小的函数;
- 记录函数声明以便当优化调用时知道调用函数的属性;

- 当所有调用都传递一个相同的参数时,把这个参数直接放在函数体中,不通过寄存器/存储器的方式传递这个参数;
- 识别文件级变量特性。

上述各级别的优化都是通过优化器来实现的,此外代码生成器也要运行其他优化,尤其是和处理器相关的优化。而代码生成器的优化操作总会被运行,与是否运行优化器没有关系。

3.1.5 编译器工具

下面说明源代码编译器工具的主要特点。

- 源代码交叠工具(Source Interlist Feature)。编译器工具中包含一个源代码交叠工具,它把C/C++语句和编译后的汇编语句对应交叠在一起。用户可以使用这个工具观察与C/C++语句相关的汇编代码。
- 创建库工具(Library-build Utlity)。建库工具(mk2000-v28)使用户能够利用运行时支持库的源文件,从中抽取需要的部分,产生自己的库文件。
- 独立(Stand-alone)软件仿真器。独立软件仿真器加载和运行可运行的COFF文件(.out)。在使用C I/O库时,软件仿真器支持所有的C I/O函数,把标准的输出信息显示到调试上位机上。
- C++名变换工具(C++ Name Demangler)。C++名变换工具是一个辅助调试工具,它检查被变换(Mangled)的名字,并将其转换为C++源代码中的最初名字。

3.2 TMS320X28xx 的 C/C++编程

3.2.1 概 述

TMS320X28xx 和 TMS320X28xxx 系列 DSP 主要应用于嵌入式控制系统中。为了方便用户开发,提高C/C++代码的运行效率和可维护性,TI公司为访问外设寄存器提供了硬件抽象层的方法。该方法采用寄存器文件结构和位定义的形式,可以方便地访问寄存器以及寄存器中的某些位,同传统的宏定义形式访问寄存器相比具有简便明了的特点。

本小节讨论的硬件抽象层方法主要依据TI公司已经定义好的头文件和外设编程实例。为了简化编程,用户可参考下列文件:

- Piccolo 系列微控制器
  ◇ 2802x C/C++ Header Files and Peripheral Examples(SPRC832)
  ◇ 2803x C/C++ Header Files and Peripheral Examples(SPRC892)
- Delfino 浮点系列微控制器
  ◇ C2833x/C2823x C/C++ Header Files and Peripheral Examples(SPRC530)
  ◇ C2834x C/C++ Header Files and Peripheral Examples(SPRC892)
- C28x 定点系列微控制器
  ◇ C2833x/C2823x C/C++ Header Files and Peripheral Examples(SPRC530)
  ◇ C281x C/C++ Header Files and Peripheral Examples(SPRC097)
  ◇ C280x,C2801x C/C++ Header Files and Peripheral Examples(SPRC191)

◇ C2804x C/C++ Header Files and Peripheral Examples (SPRC324)

3.2.2 传统的宏定义方法

传统的 C/C++编程访问处理器的硬件寄存器主要采用♯define 宏的方式。为了说明宏定义方法，下面以 SCI 接口的编程为例进行介绍。表 3.1 给出了 SCI-A 和 SCI-B 的寄存器文件及相关的地址。

用户可以采用宏定义(♯define macros)的方式在头文件中定义 SCI 的寄存器，每个宏定义为相关的寄存器提供地址标识或指针，确定寄存器的物理地址。具体方法如例 3.1 所示。

表 3.1 SCI-A 和 SCI-B 的寄存器文件及相关的地址

寄存器名称	地址	功能描述	寄存器名称	地址	功能描述
SCI-A 寄存器			SCI-B 寄存器		
SCICCRA	0x7050	SCI-A 通信控制寄存器	SCICCRB	0x7750	SCI-B 通信控制寄存器
SCICTL1A	0x7051	SCI-A 控制寄存器 1	SCICTL1B	0x7751	SCI-B 控制寄存器 1
SCIHBAUDA	0x7052	SCI-A 波特率设置寄存器,高位	SCIHBAUDB	0x7752	SCI-B 波特率设置寄存器,高位
SCILBAUDA	0x7053	SCI-A 波特率设置寄存器,低位	SCILBAUDB	0x7753	SCI-B 波特率设置寄存器,低位
SCICTL2A	0x7054	SCI-A 控制寄存器 2	SCICTL2B	0x7754	SCI-B 控制寄存器 2
SCIRXSTA	0x7055	SCI-A 接收状态寄存器	SCIRXSTB	0x7755	SCI-B 接收状态寄存器
SCIRXEMUA	0x7056	SCI-A 接收仿真数据缓冲寄存器	SCIRXEMUB	0x7756	SCI-B 接收仿真数据缓冲寄存器
SCIRXBUFA	0x7057	SCI-A 接收数据缓冲寄存器	SCIRXBUFB	0x7757	SCI-B 接收数据缓冲寄存器
SCITXBUFA	0x7059	SCI-A 发送数据缓冲寄存器	SCITXBUFB	0x7759	SCI-B 发送数据缓冲寄存器
SCIFFTXA	0x705A	SCI-A FIFO 发送寄存器	SCIFFTXB	0x775A	SCI-B FIFO 发送寄存器
SCIFFRXA	0x705B	SCI-A FIFO 接收寄存器	SCIFFRXB	0x775B	SCI-B FIFO 接收寄存器
SCIFFCTA	0x705C	SCI-A FIFO 控制寄存器	SCIFFCTB	0x775C	SCI-B FIFO 控制寄存器
SCIPRIA	0x705F	SCI-A 优先级控制寄存器	SCIPRIB	0x775F	SCI-B 优先级控制寄存器

【例 3.1】 SCI 寄存器的宏定义

```
/***************************************************************
* 采用宏定义的方法定义的头文件
***************************************************************/
♯define Uint16 unsigned int
♯define Uint32 unsigned long

                                    //存储器映射
                                    // 地址寄存器
♯define SCICCRA      (volatile Uint16 * )0x7050    // 0x7050 SCI-A 通信控制寄存器
♯define SCICTL1A     (volatile Uint16 * )0x7051    // 0x7051 SCI-A 控制寄存器 1
♯define SCIHBAUDA    (volatile Uint16 * )0x7052    // 0x7052 SCI-A 波特率设置寄存器,高位
♯define SCILBAUDA    (volatile Uint16 * )0x7053    // 0x7053 SCI-A 波特率设置寄存器,低位
♯define SCICTL2A     (volatile Uint16 * )0x7054    // 0x7054 SCI-A 控制寄存器 2
♯define SCIRXSTA     (volatile Uint16 * )0x7055    // 0x7055 SCI-A 接收状态寄存器
```

```
#define SCIRXEMUA    (volatile Uint16 *)0x7056    // 0x7056 SCI-A 接收仿真数据缓冲寄存器
#define SCIRXBUFA    (volatile Uint16 *)0x7057    // 0x7057 SCI-A 接收数据寄存器
#define SCITXBUFA    (volatile Uint16 *)0x7059    // 0x7059 SCI-A 发送数据缓冲
#define SCIFFTXA     (volatile Uint16 *)0x705A    // 0x705A SCI-A FIFO 发送
#define SCIFFRXA     (volatile Uint16 *)0x705B    // 0x705B SCI-A FIFO 接收
#define SCIFFCTA     (volatile Uint16 *)0x705C    // 0x705C SCI-A FIFO 控制
#define SCIPRIA      (volatile Uint16 *)0x705F    // 0x705F SCI-A 优先级控制
#define SCICCRB      (volatile Uint16 *)0x7750    // 0x7750 SCI-B 通信控制
#define SCICTL1B     (volatile Uint16 *)0x7751    // 0x7751 SCI-B 控制寄存器 1
#define SCIHBAUDB    (volatile Uint16 *)0x7752    // 0x7752 SCI-B 波特率设置寄存器,高位
#define SCILBAUDB    (volatile Uint16 *)0x7753    // 0x7753 SCI-B 波特率设置寄存器,低位
#define SCICTL2B     (volatile Uint16 *)0x7754    // 0x7754 SCI-B 控制寄存器 2
#define SCIRXSTB     (volatile Uint16 *)0x7755    // 0x7755 SCI-B 接收状态
#define SCIRXEMUB    (volatile Uint16 *)0x7756    // 0x7756 SCI-B 接收仿真数据缓冲
#define SCIRXBUFB    (volatile Uint16 *)0x7757    // 0x7757 SCI-B 接收数据缓冲
#define SCITXBUFB    (volatile Uint16 *)0x7759    // 0x7759 SCI-B 发送数据缓冲
#define SCIFFTXB     (volatile Uint16 *)0x775A    // 0x775A SCI-B FIFO 发送
#define SCIFFRXB     (volatile Uint16 *)0x775B    // 0x775B SCI-B FIFO 接收
#define SCIFFCTB     (volatile Uint16 *)0x775C    // 0x775C SCI-B FIFO 控制
#define SCIPRIB      (volatile Uint16 *)0x775F    // 0x775F SCI-B 优先级控制
```

在编程过程中,上述的每一个宏定义都可以用作指向寄存器的指针,直接访问相关的寄存器。例 3.2 采用宏定义方法访问 SCI 寄存器。

【例 3.2】 采用宏定义方法访问 SCI 寄存器

```
/******************************************************************
* 采用 #define macros 访问寄存器
******************************************************************/
...
*SCICTL1A = 0x0003;        //写整个控制寄存器 1
*SCICTL1B |= 0x0001;       //使能 RXX
```

采用传统的宏定义方法访问寄存器有以下优点:
- 宏定义相对比较简单,快捷并容易输入相关的代码;
- 变量名可以根据寄存器的名称匹配,方便编程时使用。

采用传统的宏定义方法访问寄存器有以下缺点:
- 不方便位操作,为了独立的操作寄存器中的某些位必须屏蔽其他位;
- 在 CCS 开发环境中不能显示每个位的定义;
- 不能充分利用 CCS 开发环境的自动完成输入的特点;
- 不方便外设的重复使用。

3.2.3 位定义和寄存器文件结构方法

相对 #define macros 方法访问寄存器,位定义和寄存器文件结构的方法在使用上更加灵活方便,可以有效地提高编程效率。

(1) 寄存器文件结构

寄存器文件实际上就是将某些外设的所有寄存器采用一定的结构体在一个文件中定义,这些寄存器在 C/C++中采用一定的结构分组,这就是所谓的寄存器文件结构。每个寄存器文件结构在编译时都会直接将外设寄存器直接映射到相应的存储空间,这种映射关系允许编译器采用 CPU 的数据页指针访问寄存器。

(2) 位区定义

位区定义可以为寄存器内的特定功能位分配一个相关的名字和相应的宽度,允许采用位区定义的名字直接操作寄存器中的某些位。例如,可以直接利用状态寄存器的位定义的名字直接读取状态寄存器中相应的位。

下面以 SCI 的操作为例,介绍寄存器文件结构和位区定义的使用,在使用过程中主要完成下列操作:

- 为 SCI 的使用创建新的数据类型;
- 将寄存器文件结构变量映射到使用的第一个寄存器地址;
- 为指定的 SCI 寄存器增加位区定义;
- 为访问位区或整个寄存器增加共同体定义;
- 重新编写寄存器文件结构体类型,使其包含位区定义和共同体定义。

1. 定义寄存器文件结构

前面给出了采用宏定义的方法操作外设寄存器,下面介绍采用寄存器文件结构的方法访问外设。表 3.2 给出了所有 SCI 寄存器及相应的地址偏移量。

表 3.2 SCI-A 和 SCI-B 的公共寄存器文件

名 称	长度/bit	地址偏移量	功能描述
SCICCR	16	0	SCI 通信控制寄存器
SCICTL1	16	1	SCI 控制寄存器 1
SCIHBAUD	16	2	SCI 波特率设置寄存器,高位
SCILBAUD	16	3	SCI 波特率设置寄存器,低位
SCICTL2	16	4	SCI 控制寄存器 2
SCIRXST	16	5	SCI 接收状态寄存器
SCIRXEMU	16	6	SCI 接收仿真数据缓冲寄存器
SCIRXBUF	16	7	SCI 接收数据缓冲寄存器
SCITXBUF	16	9	SCI 发送数据缓冲寄存器
SCIFFTX	16	10	SCI FIFO 发送寄存器
SCIFFRX	16	11	SCI FIFO 接收寄存器
SCIFFCT	16	12	SCI FIFO 控制寄存器
SCIPRI	16	15	SCI 优先级控制寄存器

例 3.3 给出了采用 C/C++结构体方式将 SCI 寄存器分组定义的方法,低地址的寄存器在结构体的开始位置,高地址的寄存器放在结构体的后面。对于保留的地址空间可采用不使用的变量保留相应的空间,比如 rsvd1、rsvd2、rsvd3 等。寄存器所占的数据位宽度由数据类型定义,

Uint16 表示 16 位，Uint32 表示 32 位。

【例 3.3】 SCI 寄存器文件结构定义

```
/*********************************************************************
* SCI 头文件
* 为 SCI 外设定义寄存器文件架构
*********************************************************************/
#define Uint16 unsigned int
#define Uint32 unsigned long
struct SCI_REGS {
            Uint16 SCICCR_REG SCICCR;           // 通信控制寄存器
            Uint16 SCICTL1_REG SCICTL1;         // 控制寄存器 1
            Uint16 SCIHBAUD;                    // SCI 波特率设置寄存器,高位
            Uint16 SCILBAUD;                    // SCI 波特率设置寄存器,低位
            Uint16 SCICTL2_REG SCICTL2;         // 控制寄存器 2
            Uint16 SCIRXST_REG SCIRXST;         // 接收状态寄存器
            Uint16 SCIRXEMU;                    // 接收仿真数据缓冲寄存器
            Uint16 SCIRXBUF_REG SCIRXBUF;       // 接收数据缓冲寄存器
            Uint16 rsvd1;                       // 保留存储空间
            Uint16 SCITXBUF;                    // 发送数据缓冲寄存器
            Uint16 SCIFFTX_REG SCIFFTX;         // FIFO 发送寄存器
            Uint16 SCIFFRX_REG SCIFFRX;         // FIFO 接收寄存器
            Uint16 SCIFFCT_REG SCIFFCT;         // FIFO 控制寄存器
            Uint16 rsvd2;                       //保留存储空间
            Uint16 rsvd3;                       //保留存储空间
            Uint16 SCIPRI_REG SCIPRI;           // FIFO 优先级控制寄存器
};
```

在例 3.3 中创建了一个新的结构体 struct SCI_REGS,而未定义任何相关变量。例 3.4 中给出了结构体变量的定义方法,在 C281x 处理器中有 2 个 SCI 通信接口,因此在编程过程中定义寄存器结构体变量可以采用例 3.4 中的方式。

【例 3.4】 SCI 寄存器文件结构变量

```
/*********************************************************************
* 采用寄存器文件结构的源码文件
* 为每个 SCI 寄存器文件创建一个变量
*********************************************************************/
volatile struct SCI_REGS SciaRegs;
volatile struct SCI_REGS ScibRegs;
```

2. 寄存器文件结构的空间分配

编译器产生可重新定位的数据和代码模块,这些模块称为段。这些段根据不同的系统配置分配到相应的地址空间,各段的具体分配方式在连接命令文件(.cmd)中定义。默认情况下,编译器将全局和动态变量分配到.ebss 或.bss 段,比如 SciaRegs 和 ScibRegs。若采用硬件抽象层设计方法,寄存器文件变量同外设寄存器文件不同,每个变量采用"#pragma DATA_SECTION"命令分配到数据空间(.ebss 或.bss 段)。在 C 语言中"#pragma DATA_SECTION"的

编程方式如下:

```
#pragma DATA_SECTION (symbol,"section name")
```

在 C++ 语言中"#pragma DATA_SECTION"的编程方式如下:

```
#pragma DATA_SECTION ("section name")
```

例 3.5 采用"#pragma DATA_SECTION"将变量 SciaRegs 和 ScibRegs 分配到名字为 SciaRegsFile 和 ScibRegsFile 的数据段。然后这两个数据段直接映射到 SCI 寄存器所占的存储空间。

【例 3.5】 将变量分配到数据段

```
/*************************************************************************
 * 使用#pragma 将变量分配到数据段
 * C 和 C++ 采用不同的 #pragma 形式
 * 当编译一个 C++ 程序时,编译器将自动定义__cplusplus
 *************************************************************************/
//-----------------------------------------
#ifdef __cplusplus
    #pragma DATA_SECTION("SciaRegsFile")
#else
    #pragma DATA_SECTION(SciaRegs,"SciaRegsFile");
#endif
volatile struct SCI_REGS SciaRegs;
//-----------------------------------------
#ifdef __cplusplus
    #pragma DATA_SECTION("ScibRegsFile")
#else
    #pragma DATA_SECTION(ScibRegs,"ScibRegsFile");
#endif
volatile struct SCI_REGS ScibRegs;
```

可以采用上述方法将每个外设的寄存器变量分配到数据段。链接命令文件会将每个数据文件直接映射到相应的存储空间。表 3.1 给出了 SCI-A 寄存器映射到起始地址为 0x7050 的存储空间。使用分配好的数据段,变量 SciaRegs 将会分配到起始地址为 0x7050 的存储空间。相关的链接命令文件定义如例 3.6 所示。

【例 3.6】 将数据段映射到寄存器对应的存储空间

```
/******************************************************
 * 存储器 linker.cmd 文件
 * 将 SCI 寄存器文件结构分配到相应的存储空间
 ******************************************************/
MEMORY
{
    ...
    PAGE 1:
    SCIA : origin = 0x007050, length = 0x000010 /* SCI-A 寄存器 */
```

```
        SCIB : origin = 0x007750, length = 0x000010 /* SCI - B 寄存器 */
        ...
}
SECTIONS
{
        ...
        SciaRegsFile : > SCIA, PAGE = 1
        ScibRegsFile : > SCIB, PAGE = 1
        ...
}
```

将寄存器文件结构变量直接映射到外设寄存器的地址,用户只需要对结构体的变量进行简单的调整,就可以在 C/C++代码中直接使用这些变量访问相应的寄存器。比如,要向 SCI-A 控制寄存器(SCICCR)写数据,只需要采用下列方式即可。

```
...
SciaRegs.SCICCR = SCICCRA_MASK;
ScibRegs.SCICCR = SCICCRB_MASK;
...
```

3. 增加位区定义

在使用处理器的外设时,经常需要直接操作寄存器中的某些位,而采用位区定义的方法实现寄存器位的直接操作对编程来讲十分方便。在 C/C++结构体中列出位区的名称定义位,每个位区定义的名称后面带有一个冒号,冒号后面紧跟相应位的长度。由于在各硬件平台之间采用位区定义的方法缺乏通用型,因此在 C28x 信号处理器上位区定义需要遵循如下原则:
- 位区成员在存储空间中由右向左排列,也就是说寄存器的低有效位或者是第 0 位存放在位定义区的第一个位置;
- C28x 编译器限制定义的位区长度最大不超过一个整数大小,位区最长不超过 16 位;
- 如果需要定义的位区大于 16 位,则在另一个存储空间存放其余的位。

以通信控制寄存器(SCICCR)和控制寄存器 1(SCICTL1)为例,图 3.3 和图 3.4 给出了两个寄存器的各位具体功能分布,例 3.7 给出了在 C/C++编程中位区的定义方法。

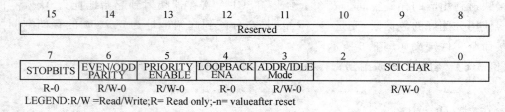

图 3.3 通信控制寄存器

【例 3.7】 通信控制器和控制寄存器 1 的位定义

```
/***************************************************************
* SCI header file
***************************************************************/
```

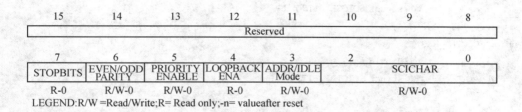

图 3.4　控制寄存器

```
// ----------------------------------------------------------------
// SCICCR 通信控制寄存器位定义:
//
struct SCICCR_BITS {            //位功能描述
    Uint16 SCICHAR:3;           // 2:0 字节长度控制
    Uint16 ADDRIDLE_MODE:1;     // 3 ADDR/IDLE 模式控制
    Uint16 LOOPBKENA:1;         // 4 循环自检模式选择
    Uint16 PARITYENA:1;         // 5 极性使能控制
    Uint16 PARITY:1;            // 6 奇偶极性选择
    Uint16 STOPBITS:1;          // 7 停止位长度
    Uint16 rsvd1:8;             // 15:8 保留
};
// ----------------------------------------------------------------
// SCICTL1 控制寄存器 1 位定义:
//
struct SCICTL1_BITS {           //位功能描述
    Uint16 RXENA:1;             // 0 SCI 接收模式
    Uint16 TXENA:1;             // 1 SCI 发送器使能
    Uint16 SLEEP:1;             // 2 SCI 睡眠
    Uint16 TXWAKE:1;            // 3 发送唤醒方法
    Uint16 rsvd:1;              // 4 保留
    Uint16 SWRESET:1;           // 5 软件复位
    Uint16 RXERRINTENA:1;       // 6 接收中断使能
    Uint16 rsvd1:9;             // 15:7 保留
};
```

4．共同体的使用

位区定义方法允许用户直接对寄存器的某些位进行操作,但有时还是需要将整个寄存器作为一个值操作。为此引入共同体,使寄存器的各位可以作为一个整体操作。在例 3.8 中给出了通信控制寄存器和控制寄存器 1 的共同体声明。

【例 3.8】 通信控制器和控制寄存器 1 的共同体定义

```
/***************************************************************
*  SCI header file
***************************************************************/
union SCICCR_REG {
                Uint16 all;
```

```
                    struct SCICCR_BITS bit;
            };
union SCICTL1_REG {
                    Uint16 all;
                    struct SCICTL1_BITS bit;
};
```

一旦寄存器的位区和共同体定义确定,SCI 寄存器文件结构就可以采用共同体的形式定义,如例 3.9 所示。需要说明的是,并不是所有寄存器都有位区定义,比如 SCITXBUF 总是整个寄存器访问,因此位区定义就没有必要了。

【例 3.9】 使用共同体定义寄存器文件结构体

```
/********************************************************************
* SCI header file
********************************************************************/
//---------------------------------------------------
// SCI Register File:
//
struct SCI_REGS {
union SCICCR_REG SCICCR;        // 通信控制寄存器
union SCICTL1_REG SCICTL1;      // 控制寄存器 1
Uint16 SCIHBAUD;                // 波特率设置寄存器,高位
Uint16 SCILBAUD;                // 波特率设置寄存器,低位
union SCICTL2_REG SCICTL2;      // 控制寄存器 2
union SCIRXST_REG SCIRXST;      // 接收状态寄存器
Uint16 SCIRXEMU;                // 接收仿真数据缓冲寄存器
union SCIRXBUF_REG SCIRXBUF;    // 接收数据缓冲寄存器
Uint16 rsvd1;                   // 保留存储空间
Uint16 SCITXBUF;                // 发送数据缓冲寄存器
union SCIFFTX_REG SCIFFTX;      //  FIFO 发送寄存器
union SCIFFRX_REG SCIFFRX;      //  FIFO 接收寄存器
union SCIFFCT_REG SCIFFCT;      //  FIFO 控制寄存器
Uint16 rsvd2;                   // 保留存储空间
Uint16 rsvd3;                   // 保留存储空间
union SCIPRI_REG SCIPRI;        //  FIFO 优先级控制寄存器
};
```

同其他结构体操作一样,结构体的每个成员(.all 或.bit)在 C/C++中都采用·操作,如例 3.10 所示。如果使用.all 可以操作整个寄存器,如果是.bit 则操作指定的位。

【例 3.10】 在 C/C++中使用位区操作寄存器

```
/********************************************************************
* 用户程序源代码
********************************************************************/
// 不使用位区定义访问寄存器(.all,.bit 不使用)
    SciaRegs.SCIHBAUD = 0;
```

```
    SciaRegs.SCILBAUD = 1;
// 向 SCI-A SCICTL1 寄存器的位区写配置信息
    SciaRegs.SCICTL1.bit.SWRESET = 0;
    SciaRegs.SCICTL1.bit.SWRESET = 1;
    SciaRegs.SCIFFCT.bit.ABDCLR = 1;
    SciaRegs.SCIFFCT.bit.CDC = 1;
// Poll (i.e., read) a bit
    while(SciaRegs.SCIFFCT.bit.CDC == 1) { }
// 向 SCI-B SCICTL1/2 寄存器写配置信息(使用.all)
    ScibRegs.SCICTL1.all = 0x0003;
    ScibRegs.SCICTL2.all = 0x0000;
```

3.2.4 位区和寄存器文件结构体的优点

位区定义和寄存器文件结构方法有以下优点：

（1）TI 公司为用户提供写好的文件结构体和位区定义,可以在其网站下载。
- C281x C/C++ Header Files and Peripheral Examples（SPRC097）
- C280x, C2801x C/C++ Header Files and Peripheral Examples（SPRC191）
- C2804x C/C++ Header Files and Peripheral Examples（SPRC324）

（2）使用位区方便编写代码,可读性强,易于升级。

（3）位区定义可以充分利用 Code Composer Studio 编辑器的自动代码输入功能,方便用户输入代码。当使用寄存器文件结构和位区时,很多变量名很长,难于记忆而且输入非常困难。当输入代码时,Code Composer Studio 编辑器提供可能的结构体或位区列表,这样用户可以很容易地使用输入编辑程序代码。CPU 定时器的 TCR 寄存器自动输入功能如图 3.5 所示。

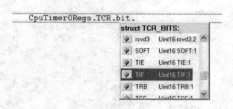

图 3.5 Code Composer Studio 编辑器自动代码输入功能

（4）方便 Code Composer Studio 的 Watch 窗口观察变量。用户可以在 Code Composer Studio 的 Watch 窗口增加扩展寄存器文件结构体,直接观察相应的位区定义的参数值,如图 3.6 所示。

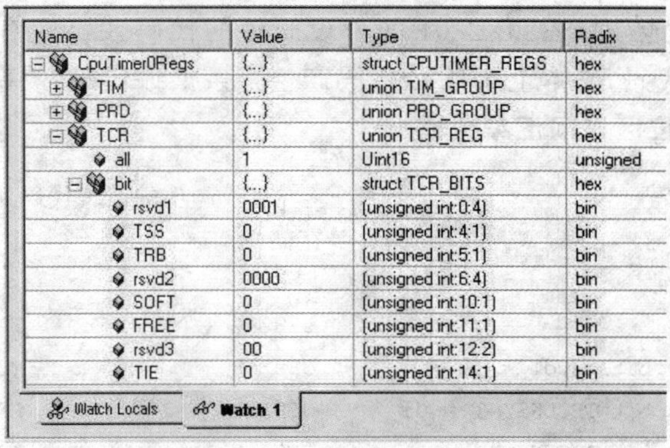

图 3.6 Code Composer Studio 的观察窗口

3.2.5 使用位区的代码大小及运行效率

当访问寄存器中的单个或者某些位时，使用位区和寄存器文件结构体的方法非常方便，例如，初始化 TMS320X280x 处理器的外设时钟控制寄存器 PCLKCR0，如图 3.7 和例 3.11 所示。TMS320X280x、2801x 及 2804x 的 PCLKCR0 请参考 SPRU712 文件。

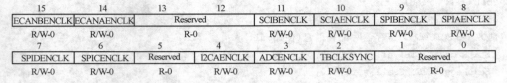

图 3.7 外设时钟控制寄存器 0（PCLKCR0）

【例 3.11】 TMS320X280x PCLKCR0 位区定义

```
// 外设时钟控制寄存器 0 (PCLKCR0):
struct PCLKCR0_BITS {           // 位描述
    Uint16 rsvd1:2;             // 1:0 保留
    Uint16 TBCLKSYNC:1;         // 2 eWPM 模块 TBCLK 使能/同步
    Uint16 ADCENCLK:1;          // 3 使能 ADC 的高速时钟
    Uint16 I2CAENCLK:1;         // 4 使能 SYSCLKOUT 为 I2C-A 提供时钟
    Uint16 rsvd2:1;             // 5 保留
    Uint16 SPICENCLK:1;         // 6 使能 SPI-C 的低速时钟
    Uint16 SPIDENCLK:1;         // 7 使能 SPI-D 的低速时钟
    Uint16 SPIAENCLK:1;         // 8 使能 SPI-A 的低速时钟
    Uint16 SPIBENCLK:1;         // 9 使能 SPI-B 的低速时钟
    Uint16 SCIAENCLK:1;         // 10 使能 SCI-A 的低速时钟
    Uint16 SCIBENCLK:1;         // 11 使能 SCI-B 的低速时钟
    Uint16 rsvd3:2;             // 13:12 保留
    Uint16 ECANAENCLK:1;        // 14 使能 SYSCLKOUT 为 I eCAN-A 提供时钟
    Uint16 ECANBENCLK:1;        // 15 使能 SYSCLKOUT 为 I eCAN-A 提供时钟
};
```

例 3.12 中给出了使能 TMS320X2801 的外设时钟的代码，C28x 编辑器将访问寄存器的 C 代码编译器产生出汇编代码，基本上每条 C 代码产生 1 条汇编代码，效率非常高。

【例 3.12】 产生的位区访问汇编代码

C 源代码	产生的汇编代码	
	存储空间	汇编指令
// 使能 2801 的外设时钟		
EALLOW;	3F82A7	EALLOW
SysCtrlRegs.PCLKCR0.bit.rsvd1 = 0;	3F82A8	MOVW DP,#0x01C0
SysCtrlRegs.PCLKCR0.bit.TBCLKSYNC = 0;	3F82AA	AND @28,#0xFFFC
SysCtrlRegs.PCLKCR0.bit.ADCENCLK = 1;	3F82AC	AND @28,#0xFFFB

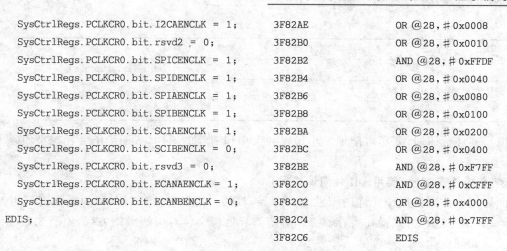

为了计算上述代码运行的周期，需要知道访问 PCLKCR0 寄存器需要多少等待周期，在器件的数据手册中给出了所有存储器模块和外设帧的访问周期参数。PCLKCR0 寄存器位于外设帧 2 内，该外设帧的读操作需要 2 个等待周期，写操作不需要等待。此外，只有前面的写操作完成后才能启动对 PCLKCR0 的新访问。这种内嵌的保护机制消除了流水线效应，保证了正确的操作顺序，所有外设寄存器都具有这种保护机制。在例 3.12 中每个 PCLKCR0 寄存器访问都需要 6 个时钟周期，具体操作流水线和时序如表 3.3 所列。

表 3.3 操作流水线和时序

读1——开始读	读2——锁存数据	执行——调整后的值	写——写入的值	周期
AND @28,#0xFFFC				1
AND @28,#0xFFFC				2
AND @28,#0xFFFC				3
	AND @28,#0xFFFC			4
		AND @28,#0xFFFC		5
			AND @28,#0xFFFC	6
AND @28,#0xFFFB				7
AND @28,#0xFFFB				8
AND @28,#0xFFFB				9
	AND @28,#0xFFFB			10
		AND @28,#0xFFFB		11
			AND @28,#0xFFFB	12
OR @28,#0x0008				13
OR @28,#0x0008				14
OR @28,#0x0008				15
	OR @28,#0x0008			16
		OR @28,#0x0008		17

续表 3.3

读 1——开始读	读 2——锁存数据	执行——调整后的值	写——写入的值	周期
			OR @28,#0x0008	18
OR @28,#0x0010				
⋮				

在编写程序代码时,要尽可能地减小代码的大小和消耗的周期,下面给出 2 种减小代码大小的方法。

1. 整个操作寄存器(使用.all 共同体成员)

前面讨论的共同体操作允许访问整个寄存器,使用.all 实现整个寄存器的操作就可以减小程序代码,但采用这种方式操作寄存器必须确定寄存器每个位对应的操作关系,如例 3.13 所示,不便于编写和阅读代码。

【例 3.13】 使用.all 共同体成员优化代码

```
     C 源代码                               产生的汇编代码
                                     存储空间         汇编指令
EALLOW;                              3F82A7          EALLOW
   SysCtrlRegs.PCLKCR0.all = 0x47D8; 3F82A8          MOVW DP,#0x01C0
EDIS;                                3F82AA          MOV @28,#0x47D8
                                     3F82AC          EDIS
```

2. 使用 shadow 寄存器并使能编译器的优化器

这种方法可以在操作代码尺寸和操作灵活性上达到很好的效果,寄存器的内容可以装载到 shadow 寄存器中,如例 3.14 所示,然后使用位区调整 shadow 寄存器的内容。由于 shadow 寄存器不是动态的,当使能优化器时编译器会将位区关联使用,不过所有保留的空间也会被初始化。采用这种方法保留了位区定义的优点,方便代码的编写和维护。

【例 3.14】 使用 Shadow 寄存器优化代码

```
     C 源代码                                    产生的汇编代码
                                          存储空间         汇编指令
// 使能 2801 的外设时钟
union PCLKCR0_REG shadowPCLKCR0;
EALLOW;                                   3F82A7          EALLOW
  shadowPCLKCR0.bit.rsvd1 = 0;            3F82A8          MOV @AL,#0x47D8
  shadowPCLKCR0.bit.TBCLKSYNC = 0;        3F82AA          MOVW DP,#0x01C0
  shadowPCLKCR0.bit.ADCENCLK = 1; // ADC  3F82AC          MOV @28,AL
  shadowPCLKCR0.bit.I2CAENCLK = 1; // I2C 3F82AD          EDIS
  shadowPCLKCR0.bit.rsvd2 = 0;
  shadowPCLKCR0.bit.SPICENCLK = 1; // SPI-C
  shadowPCLKCR0.bit.SPIDENCLK = 1; // SPI-D
  shadowPCLKCR0.bit.SPIAENCLK = 1; // SPI-A
  shadowPCLKCR0.bit.SPIBENCLK = 1; // SPI-B
  shadowPCLKCR0.bit.SCIAENCLK = 1; // SCI-A
  shadowPCLKCR0.bit.SCIBENCLK = 0; // SCI-B
```

```
shadowPCLKCR0.bit.rsvd3 = 0;
shadowPCLKCR0.bit.ECANAENCLK = 1; // eCAN-A
shadowPCLKCR0.bit.ECANBENCLK = 0; // eCAN-B
SysCtrlRegs.PCLKCR0.all = shadowPCLKCR0.all;
EDIS;
```

3.3 C/C++程序结构及实例

采用 C/C++ 进行程序设计的基本结构都相似，主要包括和具体应用相关的源代码、程序共享代码、头文件和链接命令文件等。TI 公司为其生产的 MCU 处理器提供了相应的基本程序架构，内部包含的处理器相关的外设相关程序可以极大缩短开发时间，图 3.8 给出了一个结构实例。

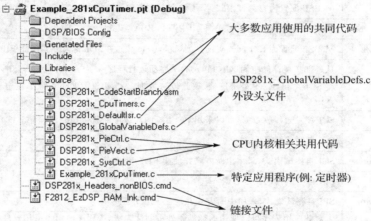

图 3.8 C/C++程序基本结构

3.3.1 Include 文件

TI 公司提供的程序参考开发实例框架包含了硬件支持层得绝大部分功能，其中头文件不仅包含基本的 CPU 初始化功能，还有内部集成的外设单元基本应用所必须的配置信息。具体如表 3.4 所列。

表 3.4 常用头文件及其说明

例程头文件名称	功能描述
adc_seqmode_test	ADC Seq Mode 测试程序，通道 A0 总是被转换并锁存到缓冲中
adc_seq_ovd_tests	采用排序方式实现 ADC 测试
adc_soc	ADC 双通道转换实例：ADCINA3 和 ADCINA2 两个通道被转换，采用中断模式并利用时间管理器 A 产生周期的 ADC 启动转换信号
cpu_timer	配置 CPU 定时器 0，进入定时器中断服务程序计数器加 1
Ecan_back2back	eCAN 自测试模式，高速 CAN 总线发送数据测试
ev_pwm	事件管理器产生 PWM 信号，该程序利用事件管理器定时器产生 PWM 信号，用户可以利用示波器观察产生的波形

续表 3.4

例程头文件名称	功能描述
ev_timer_period	事件管理器定时器实例：设置事件管理器 EVA 和 EVB 以固定溢出计数产生中断，每次进入中断服务程序相应的中断计数值加 1
Flash	事件管理器定时器例程从 Flash 存储器启动运行，包括程序代码定位到 Flash 存储器，为了提高程序的运行速度，将部分中断服务程序从 Flash 存储器拷贝到 SARAM 存储器中
gpio_loopback	通用目的 I/O 自测试模式(loop back test)
gpio_toggle	采用不同方法将 I/O 引脚状态切换：DATA、SET/CLEAR 和 TOGGLE 寄存器实现
lpm_haltwake	低功耗模式测试，XNMI 配置为从外部中断唤醒引脚，当该引脚有下降沿变化时将设备从低功耗模式唤醒
lpm_idlewake	将器件配置为低功耗空闲模式，GPIOE0 配置为 XINT1 引脚，当该引脚存在下降沿时器件被从空闲模式唤醒
lpm_standbywake	将器件配置为低功耗待机模式，看门狗中断将器件从待机模式唤醒
mcbsp_loopback	McBSP 配置为自测试模式，采用轮询方式实现
mcbsp_loopback_interrupts	McBSP 配置为自测试模式，利用中断和 FIFO 模式
mcbsp_spi_loopback	McBSP 配置为 SPI 模式实现自测试(loop-back)，并采用轮询方式使能 FIFO
run_from_xintf	从外部扩展存储空间 XINTF zone 7 启动运行程序
sci_autobaud	将 SCI-A 和 SCI-B 外部连接，彼此传送数据。利用 SCI 自动波特率锁定模式测试不同的传输速率
sci_echoback	SCI-A 发送接收数据，可以采用 PC 主机的超级中断或串口调试程序测试
sci_loopback	SCI 自测试模式
sci_loopback_interrupts	SCI 自测试模式，采用中断方式并使能 FIFO 缓冲
spi_loopback	SPI 自测试模式发送数据
spi_loopback_interrupts	SPI 自测试模式，采用中断方式并使能 FIFO 缓冲
sw_prioritized_interrupts	大对数应用程序可以使用的标准硬件中断优先级，该程序给出了采用软件按重新定义中断优先级的方法
watchdog	给出了"喂狗"和重新引导到一个看门狗中断的方法

3.3.2 链接文件

TI 公司的 DSP 处理器的执行文件最终采用目标文件格式(Common Object File Format，简称 COFF)，这种格式有利于程序的模块化设计，并为程序的代码和存储器管理提供了灵活的手段。采用 COFF 格式开发程序时，不需要为程序代码或变量指定目标地址，而是通过链接器利用汇编器的输出结果和链接配置文件自动分配。

编译器生成的代码和数据需要由链接器分配到期望的地址空间，此功能则是通过链接器的命令文件.cmd 文件实现，称之为链接器配置文件。采用 Harvard 总线结构的 C2000 数字信号处理器的存储空间分为程序空间、数据空间和 I/O 空间，其中程序存储器存放应用程序指令和与程序有关的参数，可以定位在片内或片外的 RAM、ROM；数据存储器存放程序执行过程中产生的数据，可使用片内或片外的 RAM 和 ROM 来存放；I/O 存储器存放与映象外围接口相关的数据，也可以作为附加的数据存储空间使用。通常情况下在程序调试阶段，将程序和数据空间都映射到片内或片外的 RAM 存储器中，其优点就是每次调试不需要程序烧录。而调试完成后根据程序的特点和系统的存储空间配置，将程序和定常变量固化到 Flash 或其他掉电不丢失的空间,而临时变量则分配到 RAM 空间。

COFF 文件采用块(section)管理程序代码和数据,块是目标文件中最小的管理单位,一般就是存储空间中占据连续空间的一块代码或数据。目标文件中每个块都是独立的,一般 COFF 至少包含三个缺省的块:

- .text 块,可执行代码。
- .data 块,已经初始化的数据。
- .bss 块,未初始化的数据保留空间。

链接器其中一个功能就是将块定位到目标存储器中,在汇编器会变成的目标文件中,除了.asect 确定的块外,其他块都是靠链接器确定具体的位置。由于大部分系统包含多种存储器,而每种存储器的地址分布有时不连续,尤其是内部的 RAM 空间更是地址分散,采用块模式分配地址空间则可以有效地提高存储器的利用效率。

在利用 cmd 文件分配块空间时,常用 MEMORY 和 SECTIONS 两个伪指令指定实际应用中的存储器结构和地址映射。Memory 定义所有存储器相应的结构,具体结构则是通过 PAGE 对独立的存储空间进行标记。通常情况下,PAGE0 定义程序存放的地址空间,PAGE1 定义数据存放的地址空间。编译器产生的可重定位的代码和数据块叫做块(SECTIONS),SECTIONS 控制块的长度和地址分配。

```
MEMORY
{
PAGE 0 :

    RAMM0        : origin = 0x000000, length = 0x000400
    BEGIN        : origin = 0x3F8000, length = 0x000002
    PRAMH0       : origin = 0x3F8002, length = 0x000FFE
    RESET        : origin = 0x3FFFC0, length = 0x000002

PAGE 1 :

    RAMM1        : origin = 0x000400, length = 0x000400
    EXTRAM       : origin = 0x3FC000, length = 0x00ffff
    DRAMH0       : origin = 0x3f9000, length = 0x001000
}

SECTIONS
{
    codestart    : > BEGIN,      PAGE = 0
    ramfuncs     : > PRAMH0,     PAGE = 0
    .text        : > EXTRAM,     PAGE = 1
    .cinit       : > PRAMH0,     PAGE = 0
    .pinit       : > PRAMH0,     PAGE = 0
    .switch      : > RAMM0,      PAGE = 0
    .reset       : > RESET,      PAGE = 0, TYPE = DSECT

    .stack       : > RAMM1,      PAGE = 1
```

```
    .ebss          :> DRAMH0,      PAGE = 1
    .econst        :> DRAMH0,      PAGE = 1
    .esysmem       :> DRAMH0,      PAGE = 1
}
```

cmd 文件由三部分组成：输入/输出定义、MEMORY 命令和 SECTION 命令。输入/输出定义可以通过 ccs 的"Build Option……"菜单设置：
- .obj,链接的目标文件。
- .lib,链接的库文件。
- .map,生成的交叉索引文件。
- .out,生成的可执行代码。

MEMORY 命令描述系统实际的硬件资源，SECTION 命令块定位方式。汇编器和链接器允许程序开发人员创建、定位自己的块，所有的块基本上可以分成两大类，即初始化块和未初始化块。其中初始化块主要包含数据表和可执行代码，常用的主要包括：
- .text,可执行程序代码和常数。
- .cinit,已经初始化的变量和常量表。
- .pinit,包括全局构造器(C++)初始化的变量和常量表。
- .const,包括字符串、声明以及被明确初始化过的全局和静态变量。
- .econst,在使用大存储器模式时使用的，包括字符串、声明以及被明确初始化过的全局变量和静态变量，可以放在数据页的任何地方。
- .switch,包括为转换声明设置的表格，可以放在程序页也可以放在低地址的数据页。

未初始化的块主要用于为程序运行创建和存放的变量在存储器中包括空间，主要包括：
- .bss,为全局变量和静态变量保留空间。
- .ebss,大存储模式下使用，它为全局变量和静态变量保留空间。
- .stack,为 C 系统堆栈保留空间。
- .system,动态存储器分配保留空间。
- .esystem,动态存储器分配保留空间。

除了上述基本的存储空间分配外，绝大多数应用系统都会应用到 DSP 的外设，为了方便系统使用，在编程过程中除了需要使用上述存储空间分配的 cmd 文件外，还需要有外设寄存器空间分配，如下所示：

```
MEMORY
{
 PAGE 0:     /* Program Memory */

 PAGE 1:     /* Data Memory */

    DEV_EMU         : origin = 0x000880, length = 0x000180 /* Emulator 寄存器 */
    PIE_VECT        : origin = 0x000D00, length = 0x000100 /* 中断向量表 */
    FLASH_REGS      : origin = 0x000A80, length = 0x000060 /* FLASH 寄存器 */
    CSM             : origin = 0x000AE0, length = 0x000010 /* 代码保护寄存器 */
    XINTF           : origin = 0x000B20, length = 0x000020 /* 外部接口寄存器 */
```

```
    CPU_TIMER0        : origin = 0x000C00, length = 0x000008 /* CPU Timer0 寄存器 */
    PIE_CTRL          : origin = 0x000CE0, length = 0x000020 /* PIE 控制寄存器 */
    ECANA             : origin = 0x006000, length = 0x000040 /* eCAN 控制、状态寄存器 */
    ECANA_LAM         : origin = 0x006040, length = 0x000040 /* eCAN 局部访问屏蔽 */
    ECANA_MOTS        : origin = 0x006080, length = 0x000040 /* eCAN 消息目标标签 */
    ECANA_MOTO        : origin = 0x0060C0, length = 0x000040 /* eCAN 目标超时寄存器 */
    ECANA_MBOX        : origin = 0x006100, length = 0x000100 /* eCAN 消息邮箱 */
    SYSTEM            : origin = 0x007010, length = 0x000020 /* 系统控制寄存器
    SPIA              : origin = 0x007040, length = 0x000010 /* SPI 寄存器 */
    SCIA              : origin = 0x007050, length = 0x000010 /* SCI-A 寄存器 */
    XINTRUPT          : origin = 0x007070, length = 0x000010 /* 外部中断寄存器 */
    GPIOMUX           : origin = 0x0070C0, length = 0x000020 /* GPIO 复用寄存器 */
    GPIODAT           : origin = 0x0070E0, length = 0x000020 /* GPIO 数据寄存器 */
    ADC               : origin = 0x007100, length = 0x000020 /* ADC 寄存器 */
    EVA               : origin = 0x007400, length = 0x000040  /* 事件管理器 A 寄存器 */
    EVB               : origin = 0x007500, length = 0x000040  /* 事件管理器 B 寄存器 */
    SCIB              : origin = 0x007750, length = 0x000010  /* SCI-B 寄存器 */
    MCBSPA            : origin = 0x007800, length = 0x000040  /* McBSP 寄存器 */
    CSM_PWL           : origin = 0x3F7FF8, length = 0x000008  /* FLASHA.CSM 密码位置 */
}


SECTIONS
{
    PieVectTableFile          :> PIE_VECT,              PAGE = 1

/*** 外设帧 0(PF0) 配置结构  ***/
    DevEmuRegsFile            :> DEV_EMU,               PAGE = 1
    FlashRegsFile             :> FLASH_REGS,            PAGE = 1
    CsmRegsFile               :> CSM,                   PAGE = 1
    XintfRegsFile             :> XINTF,                 PAGE = 1
    CpuTimer0RegsFile         :> CPU_TIMER0,            PAGE = 1
    PieCtrlRegsFile           :> PIE_CTRL,              PAGE = 1

/*** 外设帧 1(PF1) 配置结构  ***/
    SysCtrlRegsFile           :> SYSTEM,                PAGE = 1
    SpiaRegsFile              :> SPIA,                  PAGE = 1
    SciaRegsFile              :> SCIA,                  PAGE = 1
    XIntruptRegsFile          :> XINTRUPT,              PAGE = 1
    GpioMuxRegsFile           :> GPIOMUX,               PAGE = 1
    GpioDataRegsFile          :> GPIODAT,               PAGE = 1
    AdcRegsFile               :> ADC,                   PAGE = 1
    EvaRegsFile               :> EVA,                   PAGE = 1
    EvbRegsFile               :> EVB,                   PAGE = 1
    ScibRegsFile              :> SCIB,                  PAGE = 1
```

```
    McbspaRegsFile              : > MCBSPA,              PAGE = 1

/***外设帧2(PF2)配置结构***/
    ECanaRegsFile               : > ECANA,               PAGE = 1
    ECanaLAMRegsFile            : > ECANA_LAM,           PAGE = 1
    ECanaMboxesFile             : > ECANA_MBOX,          PAGE = 1
    ECanaMOTSRegsFile           : > ECANA_MOTS,          PAGE = 1
    ECanaMOTORegsFile           : > ECANA_MOTO,          PAGE = 1

/***代码保护模块***/
    CsmPwlFile                  : > CSM_PWL,             PAGE = 1
}
```

3.3.3 程序流程

无论是在基于参考框架下开发应用程序，还是直接构建程序框架，在整个 DSP 程序开发过程中基本上遵循相同的流程，如图 3.9 所示。

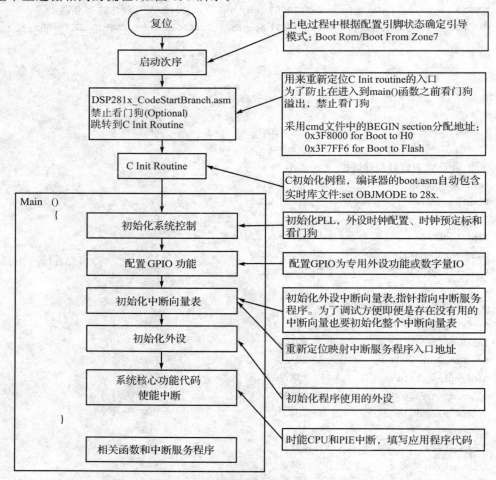

图 3.9 程序开发结构和基本流程

3.4 C/C++语言与汇编混合编程

在创建 C 语言调用汇编函数时,用户必须明确函数调用过程中的参数传递过程。而确定函数参数的传递方式也是容易混淆和比较难的工作。首先在 C 代码中编写一个 C 函数的框架,然后再确定其参数传递的方法,这样相对会容易一些。如图 3.10 所示,在 C 环境下编写程序采用下列步骤:

(1) 编辑 C 代码:如果原始的 C 代码效率足够高,可满足系统需求,就不必进一步优化处理。

(2) 优化 C 代码:采用各种方法对 C 代码进行优化,以满足系统对软件的要求。

(3) 应用内联函数:编辑器支持 Built-in 功能,允许用户更接近于汇编语言编程。可以进一步对代码的大小和速度优化。

(4) 应用 C 调用汇编函数:经过上述优化还不能满足系统要求的情况下,就需要采用 C 调用汇编函数进一步优化。

图 3.10 C 语言调用汇编函数流程

使用 C 语言调用汇编函数时,主要采用下列步骤:

(1) 建立一个 C 函数原型

在函数的开始建立一个 C 可以调用汇编的函数原型,通常称之为"CcA"。

```
int slope(int,int,int);
```

(2) 在 C 语言中调用汇编函数

下面给出一个调用 slope 函数的例子:

```
int y = 0;
int x = 1,b = 2,m = 3;
y = slope(b,m,x);
```

(3) 创建 C 函数

```
slope (b,m,x){
}
```

图 3.11 为编写 C 代码窗口。

在本例中建立 C 语言调用汇编函数需要采用下列步骤:

① 建立一个工程项目 ccallasm.pjt;
② 创建源代码文件 ccallasm.c;
③ 创建链接文件 DSP28_link.cmd。

(4) 编译 C 文件

为了正确地编译 C 嵌入汇编的程序,必须正确地配置 CCS 的编译和链接环境。

图 3.12 为基本配置,从该图中可以看出如下设置:

-k   允许程序中增加汇编文件;
-ss   运行 C 嵌入汇编;
-al   创建汇编列表;

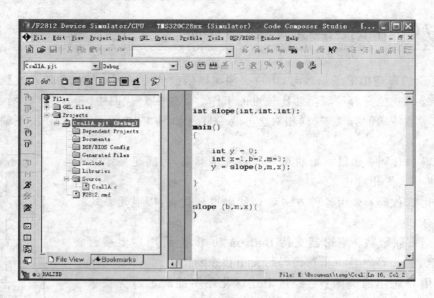

图 3.11　编写 C 代码

-v28　配置处理器版本信息 C28x。

① 编辑器基本配置

选择 Project→Build Options→Compiler→Basic，如图 3.12 所示。选择 C28xx 目标设备，-d "LARGE_MODEL" 和 -ml 命令行为默认设置，选用最大的存储器模式可以更方便地访问和分配整个存储空间。

图 3.12　基本配置设置

图 3.13　编译器 Advanced 设置

② 编辑器高级配置

选择 Project→Build Options→Compiler→Advanced，如图 3.13 所示。确认 -d "LARGE_

MODEL"和-ml 命令行为默认设置。

③ 编辑器返回配置

选择 Project→Build Options→Compiler→Feedback,如图 3.14 所示。选择内嵌选项 Interlisting,允许采用 C 和汇编嵌入编程方法。

④ 文件编辑器配置

选择 Project→Build Options→Compiler→Files,如图 3.15 所示。

图 3.14 编译器 Feedback 设置   图 3.15 编译器 Files 选项设置

⑤ 汇编编辑器配置

选择 Project→Build Options→Compiler→Assembly,如图 3.16 所示。

图 3.16 编译器 Assembly 选项设置

(5) 查看 C 框架内的嵌入汇编文件

下面给出内联函数产生的代码段:

```
;******************************************************************
; * TMS320C2000 ANSI C Codegen Version 3.00 *
;******************************************************************/
FP              .set        XAR2
                .file       "ccallasm.c"
                .global     _x
_x:             .usect      .ebss,1,1,0
                .sym        _x,_x, 4, 2, 16
                .global     _b
_b:             .usect      .ebss,1,1,0
                .sym        _b,_b, 4, 2, 16
                .global     _m
_m:             .usect      .ebss,1,1,0
                .sym        _m,_m, 4, 2, 16
                .global     _y
_y:             .usect      .ebss,1,1,0
                .sym        _y,_y, 4, 2, 16
;编译器配置
;c:\tic28x\c2000\cgtools\bin\ac2000.exe  -qq -D_DEBUG -DLARGE_MODEL
—ml  —version = 28  -Ic:/tic28x/c2000/cgtools/include -D_DEBUG  -DLARGE_MODEL
—ml  —version = 28  —keep_unneeded_types  -m  —i_output_file
C:\DOCUME~1\a0192828\LOCALS~1\Temp\TI1404_2   —template_info_file
C:\DOCUME~1\a0192828\LOCALS~1\Temp\TI1404_3   —object_file ccallasm.obj
—opt_shell 20 ccallasm.c-g-k-q-ss-al-d_DEBUG-dLARGE_MODEL-ml-v28
-g-k-q-ss-al-ic:/tic28x/c2000/cgtools/include-d_DEBUG-dLARGE_MODEL
-ml-v28 ccallasm.c
                .sect       ".text"
                .global     _main
                .sym        _main,_main, 36, 2, 0
                .func 4
;----------------------------------------------------------------------
; 4 | main();
;**************************************************************
; * 文件名称:_main                      FR SIZE:    0         *
; *                                                           *
; *                                                           *
; * 0 Parameter,  0 Auto,   0 SOE                             *
;**************************************************************
_main:
                .line2
;----------------------------------------------------------------------
;   6 | int slope(int,int,int);
;----------------------------------------------------------------------
```

```
        .line5
;----------------------------------------------------------------
;   8 | y = 0;
;----------------------------------------------------------------
        MOVW        DP,#_y
        MOV         @_y,#0              ;|8|
        .line6
;----------------------------------------------------------------
;   9 | x = 1;b = 2;m = 3;
;----------------------------------------------------------------
        MOVB        AL,#3               ;|9|
        MOV         @_b,#2
        MOV         @_m,AL              ;|9|
        MOV         @_x,#1
        .line7
;----------------------------------------------------------------
;   10 | y = slope(m,x,b);
;----------------------------------------------------------------
        MOVZ        AR4,@_b             ;|10|
        MOV         AH,@_x              ;|10|
        LCR         #_slope             ;|10|
; call occurs [#_slope]                 ;|10|
        MOVW        DP,#_y
        MOV         @_y,AL              ;|10|
        MOVB        AL,#0
        .line9
        LRETR
; return occurs
        .endfunc 12,000000000h,0
```

在汇编器内联选项中选择 C 和 O 两个编译配置，产生 ccallasm.asm 文件。不过编译器自动增加了很多在 C 调用汇编时不需要的汇编语言，比如.func/.endfunc、.sym 和.line。这些不需要的代码可以直接删除。最终由编辑器产生的_slope 函数的汇编代码如下：

```
        .sect       ".text"
        .global     _main
        .sym        _main,_main,36,2,0
        .func 14
;----------------------------------------------------------------
;   14 | slope(m,x,b);函数
;----------------------------------------------------------------
_slope:
        .line2
; * AL    assigned to _m
        .sym _m,0,4,17,16
; * AH    assigned to _x
```

```
            .sym_x,1, 4, 17, 16
; * AR4   assigned to _b
            .sym_b,10, 4, 17, 16
            .sym_m,-1, 4, 1, 16
            .sym_x,-2, 4, 1, 16
            .sym_b,-3, 4, 1, 16
            .sym_y,-4, 4, 1, 16
            ADDB    SP,#4
;----------------------------------------------------------------
;   16 | int y;
;----------------------------------------------------------------
            MOV     *-SP[1],AL              ;|15|
            MOV     *-SP[2],AH              ;|15|
            MOV     *-SP[3],AR4             ;|15|
            .line4
;----------------------------------------------------------------
;   17 | y = m * x + b;
;----------------------------------------------------------------
            MOV     T, *-SP[2]              ;|17|
            MPY     ACC,T, *-SP[1]          ;|17|
            ADD     AL, *-SP[3]             ;|17|
            MOV     *-SP[4],AL              ;|17|
            .line5
;----------------------------------------------------------------
;   18 | return(y);
;----------------------------------------------------------------
            .line6
            SUBB    SP,#4                   ;|18|
            LRETR
; return occurs. endfunc19,000000000h,4
;****************************************************************
; * TYPE INFORMATION                                             *
;****************************************************************
```

(6) 内联函数中建立.asm 文件

下面给出的是内联函数 slope 的汇编语言框架, 在这种情况下, 处理器使用高位半字累加器和 AR4 传递参数。

```
;****************************************************************
; * FNAME: _slope                  FR SIZE:   4                  *
;****************************************************************
_slope:
; * AL     assigned to _m
; * AH     assigned to _x
; * AR4    assigned to _b
            ADDB           SP,#4
```

```
;----------------------------------------------------------------
;  16 | int y;
;----------------------------------------------------------------
        MOV         *-SP[1],AL              ;|15|
        MOV         *-SP[2],AH              ;|15|
        MOV         *-SP[3],AR4             ;|15|
;----------------------------------------------------------------
;  17 | y = m * x + b;
;----------------------------------------------------------------
        MOV         T,*-SP[2]               ;|17|
        MPY         ACC,T,*-SP[1]           ;|17|
        ADD         AL,*-SP[3]              ;|17|
        MOV         *-SP[4],AL              ;|17|
;  18 | return(y);
;----------------------------------------------------------------
        SUBB        SP,#4                   ;|18|
        LRETR
```

编译器产生的汇编语言代码还可以进一步优化。由于采用 AL、AH 和 AR4 传递参数,不需要再使用堆栈,因此代码调整如下:

```
;****************************************************************
;* FNAME: _slope                                                 *
;****************************************************************
    .def    _slope_slope:
;* AL       assigned to _m
;* AH       assigned to _x
;* AR4      assigned to _b
;----------------------------------------------------------------
;  y = m * x + b;
;----------------------------------------------------------------
        MOV         T,AL            ;装载参数_m
        MPY         ACC,T,AH        ;乘以_x
        ADD         ACC,AR4         ;加_b
;----------------------------------------------------------------
;  return(y);
;----------------------------------------------------------------
        LRETR                       ;返回累加器的值
```

(7) 定义外部函数原型

在 C 语言中调用汇编函数必须定义相应的函数原型:

function.extern int slope(int,int,int);

在 C 代码中使用 extern 定义外部函数,这样就可以将 C 代码中完成相应功能的代码段去掉。最终的 C 代码如下:

```
            int y;
            int m,x,b;
        main()
            {
            extern int slope(int,int,int);
            y = 0;
            x = 1,b = 2,m = 3;
            y = slope(b,m,x);
            }
```

(8) 将汇编文件加到 CCS 的项目中

完成上述操作后,就完成了所有代码的编写(包括 C 函数框架、外部函数声明和汇编函数等)。为了能够在开发中正常使用这些代码,必须将产生的.asm 汇编代码加载到工程项目中进行编译,产生可运行文件。

总之,采用上述方法可以快速有效地产生 TMS320C28xx 系列 DSP 的 C 调用汇编函数。在上面给出的 C 代码中,如果直接使用 C 语言产生汇编语言需要 10 条汇编语句,而经过转换后仅需要 4 条。可以看出用 C 调用汇编函数既可以优化代码的大小,又可以提高代码的效率。

3.5 TMS320X28xx 定点处理器算法实现

3.5.1 定点与浮点处理器比较

定点与浮点 DSP 的基本差异在于它们对数据的数字表示法不同。定点 DSP 硬件严格运行整数运算,而浮点 DSP 既支持整数运算又支持实数运算,后者以科学计数法进行了标准化。字长为 16 位的定点 DSP 实现(Rovide)64K 的精度,带符号整数值范围为 $-2^{15} \sim 2^{15}-1$。

与此相对比,浮点 DSP 将数据路径分为两部分:一是可用作整数值或实数基数的尾数,二是指数。在支持业界标准单一精确运算的 32 位浮点 DSP 中,尾数为 24 位,指数为 8 位。由于其较长的字长与取幂范围,该器件支持 16M 的精度范围,这样的动态范围大大高于定点格式可提供的精确度。实施业界标准双精度(64 位,包括 53 位的尾数与 11 位的指数)的器件还可实现更高的精确度。

浮点 DSP 提供的计算能力更高,这也是其与定点 DSP 功能的最大差异所在。但在浮点 DSP 刚刚出现的 20 世纪 90 年代初期,其他因素往往掩盖了基本的数学计算问题。浮点功能需要的内部电路多,32 位数据路径比当时可用的定点器件要宽 1 倍。晶片面积越大,引脚数量就越多,封装也越大,大大提高了新款浮点器件的成本,因此,数字化语音与电信集成卡(Concentration Card)等高产量应用仍倾向于采用较低成本的定点器件。

当时,方便易用性抵消了成本问题带来的不利影响。浮点器件是最早支持 C 语言的 DSP 之一,而定点 DSP 则仍需在汇编代码级上进行编程。此外,对浮点格式而言,实数运算可直接通过代码加入硬件运算中,而定点器件必须通过软件才能间接运行实数运算,增加了算法指令并延长了开发时间。由于浮点 DSP 易于编程,因此,其最初主要用于开发工作强度较大的情况,如研究、原型开发、影像识别、工作站的三维图像加速器以及雷达等军用系统。

目前,早先在成本与易用性间的差异已经不那么明显了。总体说来,定点 DSP 仍然在成本上有优势,而浮点 DSP 则在易用性上有优势,但差别已经缩小很多,因此,上述因素已经不再起决定作用了。

3.5.2 采用 Iqmath 库函数实现定点处理器的运算

1. Iqmath 简介

TI 公司提供的经过优化,具有高精度的 TMS320C28x Iqmath 库可以用来在定点 DSP TMS320C28x 上实现精确的浮点运算,方便用户采用 C/C++编写浮点处理程序。对于要求高实时和高精度的系统,这些函数库尤其有用。使用这些库函数完成算法运算同直接采用 ANSI C 编写程序相比速度上有明显的提高,而且可以获得很好的精度。

（1）组　成

Iqmath 主要由 5 部分组成:
- Iqmath 头文件:IQmathLib.h。
- Iqmath 包含所有函数和数据表的目标库文件:IQmath.lib。
- 链接文件:IQmath.cmd。
- Iqmath 调试的 GEL 文件:IQmath.gel。
- 样例程序。

（2）使用方法

Iqmath 函数的输入是 32 位定点数,输出则是从 Q1 到 Q30 定标可变的 Q 格式的定点数。下面给出 IQ 数据类型的定义符号,以方便用户在应用程序中使用。

```
typedef long _iq;        /* 定点数据类型: GLOBAL_Q 格式 */
typedef long _iq30;      /* 定点数据类型: Q30 格式 */
typedef long _iq29;      /* 定点数据类型: Q29 格式 */
typedef long _iq28;      /* 定点数据类型: Q28 格式 */
typedef long _iq27;      /* 定点数据类型: Q27 格式 */
typedef long _iq26;      /* 定点数据类型: Q26 格式 */
typedef long _iq25;      /* 定点数据类型: Q25 格式 */
typedef long _iq24;      /* 定点数据类型: Q24 格式 */
typedef long _iq23;      /* 定点数据类型: Q23 格式 */
typedef long _iq22;      /* 定点数据类型: Q22 格式 */
typedef long _iq21;      /* 定点数据类型: Q21 格式 */
typedef long _iq20;      /* 定点数据类型: Q20 格式 */
typedef long _iq19;      /* 定点数据类型: Q19 格式 */
typedef long _iq18;      /* 定点数据类型: Q18 格式 */
typedef long _iq17;      /* 定点数据类型: Q17 格式 */
typedef long _iq16;      /* 定点数据类型: Q16 格式 */
typedef long _iq15;      /* 定点数据类型: Q15 格式 */
typedef long _iq14;      /* 定点数据类型: Q14 格式 */
typedef long _iq13;      /* 定点数据类型: Q13 格式 */
typedef long _iq12;      /* 定点数据类型: Q12 格式 */
typedef long _iq11;      /* 定点数据类型: Q11 格式 */
typedef long _iq10;      /* 定点数据类型: Q10 格式 */
```

```
typedef long _iq9;        /* 定点数据类型: Q9 格式 */
typedef long _iq8;        /* 定点数据类型: Q8 格式 */
typedef long _iq7;        /* 定点数据类型: Q7 格式 */
typedef long _iq6;        /* 定点数据类型: Q6 格式 */
typedef long _iq5;        /* 定点数据类型: Q5 格式 */
typedef long _iq4;        /* 定点数据类型: Q4 格式 */
typedef long _iq3;        /* 定点数据类型: Q3 格式 */
typedef long _iq2;        /* 定点数据类型: Q2 格式 */
typedef long _iq1;        /* 定点数据类型: Q1 格式 */
```

2. Iqmath 各种类型数据表示的范围和精度

表 3.5 给出了各种 Q 格式数据的范围和精度,一般情况下 Iqmath 函数都支持 Q1~Q30 格式的数据,但有些函数(如 IQNsin、IQNcos、IQNatan2、IQNatan2PU 和 Iqatan)不支持 Q30 格式的数据,因此这几个函数的输入数据范围必须在 $-\pi \sim \pi$。

表 3.5 Q 格式数据的范围和精度

数据类型	表示范围		精 度
	最小值	最大值	
_iq30	−2	1.999 999 999	0.000 000 001
_iq29	−4	3.999 999 998	0.000 000 002
_iq28	−8	7.999 999 996	0.000 000 004
_iq27	−16	15.999 999 993	0.000 000 007
_iq26	−32	31.999 999 985	0.000 000 015
_iq25	−64	63.999 999 970	0.000 000 030
_iq24	−128	127.999 999 940	0.000 000 060
_iq23	−256	255.999 999 981	0.000 000 119
_iq22	−512	511.999 999 762	0.000 000 238
_iq21	−1024	1023.999 999 523	0.000 000 477
_iq20	−2048	2047.999 999 046	0.000 000 954
_iq19	−4096	4095.999 998 093	0.000 001 907
_iq18	−8192	8191.999 996 185	0.000 003 815
_iq17	−16384	16383.999 992 371	0.000 007 629
_iq16	−32768	32767.999 984 741	0.000 015 259
_iq15	−65536	65535.999 969 482	0.000 030 518
_iq14	−131072	131071.999 938 965	0.000 061 035
_iq13	−262144	262143.999 877 930	0.000 122 070
_iq12	−524288	524287.999 755 859	0.000 244 141
_iq11	−1048576	1048575.999 511 719	0.000 488 281
_iq10	−2097152	2097151.999 023 437	0.000 976 563
_iq9	−4194304	4194303.998 046 875	0.001 953 125

续表 3.5

数据类型	表示范围		精 度
	最小值	最大值	
_iq8	−8388608	8388607.996 093 750	0.003 906 250
_iq7	−16777216	16777215.992 187 500	0.007 812 500
_iq6	−33554432	33554431.984 375 000	0.015 625 000
_iq5	−67108864	67108863.968 750 000	0.031 250 000
_iq4	−134217728	134217727.937 500 000	0.062 500 000
_iq3	−268435456	268435455.875 000 000	0.125 000 000
_iq2	−536870912	536870911.750 000 000	0.250 000 000
_iq1	−1073741824	1 073741823.500 000 000	0.500 000 000

3. C 程序中调用 Iqmath 函数

如果在 C 程序中调用 Iqmath 函数,除了安装 Iqmath 软件外,还必须对程序作如下调整:

- 包含相关的头文件。
- 代码链接时需要将 Iqmath 的目标代码库 IQmath.lib 同时链接。
- 在链接命令文件.cmd 文件中分配 IQmath 程序段。
- IQmathTables 包含 Iqmath 函数使用的所有查表数据,在 F281x 出厂时已经固化在 BOOTROM 中。因此,在链接命令文件.cmd 文件中,该段必须定义为 NOLOAD 类型。这样在程序运行过程中就会自动定位查表符号。

链接命令文件.cmd 文件:

```
MEMORY
{
PAGE 0:
    BOOTROM (RW):    origin = 0x3ff000, length = 0x000fc0
    RAMH0 (RW):      origin = 0x3f8000, length = 0x002000
}
SECTIONS
{
IQmathTables:      load = BOOTROM,    type = NOLOAD, PAGE = 0
IQmath:            load = RAMH0,                     PAGE = 0
}
```

例程:包含 IQ29sin 函数的 C 代码

```
#include<IQmathLib.h>          /* IQmath 的头文件 */
#define PI 3.14159
_iq input, sin_out;
void main(void)
{
    input = _IQ29(0.25 * PI);    /* 将 0.25π 转换为 Q29 格式 */
    sin_out = _IQ29sin(input);
}
```

4. Iqmath 函数类型

每个 Iqmath 函数提供 2 种类型的操作功能：

(1) GLOBAL_Q 函数，输入和输出都采用 GLOBAL_Q 格式。例如：

```
_IQsin(A) /* 高精度 SIN */
_IQcos(A) /* 高精度 COS */
```

(2) 确定的 Q 格式函数，Q1～Q30 的数据格式。例如：

```
_IQ29sin(A) /* 高精度,SIN,输入/输出采用格式：Q29 */
_IQ28sin(A) /* 高精度,SIN,输入/输出采用格式：Q28 */
_IQ27sin(A) /* 高精度,SIN,输入/输出采用格式：Q27 */
_IQ26sin(A) /* 高精度,SIN,输入/输出采用格式：Q26 */
_IQ25sin(A) /* 高精度,SIN,输入/输出采用格式：Q25 */
_IQ24sin(A) /* 高精度,SIN,输入/输出采用格式：Q24 */
```

5. GLOBAL_Q 格式的选择

由于应用领域、系统要求的不同，不同系统对数据的精度和动态范围的要求也不同。采用 Iqmath 库函数可以更方便地在定点 DSP 上实现浮点运算，尤其是在 32 位定点 DSP F2812 上实现高精度浮点算法更方便快捷。针对不同系统或同一系统不同模块的需求，工程师可以利用 Iqmath 库函数更灵活地选择合适的数据格式。但由于数据精度和动态范围本身就是两个相互矛盾的指标，在软件设计时就需要工程师根据具体要求来确定，进行数据精度和动态范围的折中以便达到系统本身的最优。在程序中采用 GLOBAL_Q 格式可以方便整个系统的调试，一般有 2 种情况。

情况 1

默认的 GLOBAL_Q 格式设置为 Q24，用户根据需要通过编辑 IQmathLib.h 头文件进行调整，可以选择 Q1～Q29 作为 GLOBAL_Q 格式。需要注意的是，一旦调整了该值，所有 GLOBAL_Q 函数的输入/输出都使用更改后的 Q 格式，除非在程序源代码中有再次定义。

编辑 IQmathLib.h 定义 GLOBAL_Q 格式：

```
#ifndef GLOBAL_Q
#define GLOBAL_Q 24 /* Q1～Q29 */
#endif
```

情况 2

通常情况下一个系统中包含各种模块，各个模块对于数据的精度和动态范围的要求往往也不一样。因此，在这种情况下就需要定义局部 Q 格式，以便在具体的模块中取代全局 GLOBAL_Q 格式。只要在相应的原文件中包含声明 IQmathLib.h 定义就可以实现。

```
#define GLOBAL_Q 27 /* 设置局布 Q 格式 */
#include <IQmathLib.h>
```

6. 使用 IQmath GEL 文件调试程序

IQmath GEL 文件中包含的 GEL 函数有助于用户在观察窗口观察和设置 IQ 变量，具体方法如下。

(1) 定义 GlobalQ 变量

在用户的应用代码中,必须定义下面的全局变量。GEL 函数使用这个变量确定当前 GLOBAL_Q 的设置情况。

```
long GlobalQ = GLOBAL_Q;
```

(2) 装载 GEL 文件

装载 IQmath.gel 文件到用户的项目中,自动加载 GEL 函数后就可以在 GEL 工具菜单中设置观察窗口的变量显示格式。

(3) 观察 Iqmath 变量

在观察窗口观察变量,只需要在观察窗口中输入命令,就会将 IQ 格式的变量变换成浮点数显示在观察窗口,如图 3.17 所示。

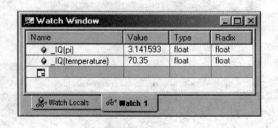

图 3.17 观察窗口

对于 C 变量:

```
_IQ(VarName)     ;GLOBAL_Q value
_IQN(VarName)    ;N = 1 to 30
```

对于 C++ 变量:

```
IQ(VarName)      ;GLOBAL_Q value
IQN(VarName)     ;N = 1 to 30
```

(4) 调整 Iqmath 变量

观察窗口不允许调整局部变量,因此需要在 GEL 工具的帮助下进行调整,如图 3.18 所示。

① IQ C 支持(如图 3.19 所示)。
- Set_IQvalue   ;GLOBAL_Q 格式
- Set2_IQvalues
- Set3_IQvalues
- Set_IQNvalue   ;IQN 格式
- Set2_IQNvalues
- Set3_IQNvalues

② IQ C++ 支持(如图 3.20 所示)。
- SetIQvalue   ;GLOBAL_Q 格式
- Set2IQvalues
- Set3IQvalues
- SetIQNvalue   ;IQN 格式
- Set2IQNvalues
- Set3IQNvalues

IQ 变量的变换和调整都是通过 GEL 函数实现的。对于 Iqmath.ge 中的 GEL 函数主要实现上述 2 个图示功能,具体操作如下:

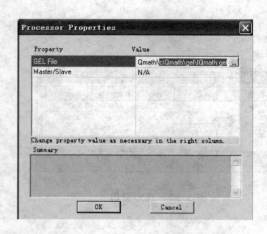

图 3.19　IQ C 支持

图 3.18　GEL 文件的建立　　　　　　　　　图 3.20　IQ C++支持

```
//*************************************************************************
// 文件名称：IQmath.gel
// IQ Math C 和 C++ Gel 支持函数
//*************************************************************************
// Function： _IQ(), _IQN()
// 该函数将 C 变量的浮点值变换成等效的 IQ 值
//*************************************************************************
_IQ(float f)
        { return (float)(f/(pow(2,GlobalQ))); }
_IQ1(float f)
        { return (float)(f/(pow(2,1))); }
_IQ2(float f)
        { return (float)(f/(pow(2,2))); }
_IQ3(float f)
        { return (float)(f/(pow(2,3))); }
              ⋮
_IQ28(float f)
{ return (float)(f/(pow(2,28))); }
_IQ29(float f)
{ return (float)(f/(pow(2,29))); }
_IQ30(float f)
{ return (float)(f/(pow(2,30))); }
//*************************************************************************
// Function：_IQ(), _IQN()
// 该函数将 C++ 变量的浮点值变换成等效的 IQ 值
//*************************************************************************
IQ(float f)
{ return (float)(f.val/(pow(2,GlobalQ))); }
```

```
IQ1(float f)
{ return (float)(f.val/(pow(2,1))); }
IQ2(float f)
{ return (float)(f.val/(pow(2,2))); }
IQ3(float f)
{ return (float)(f.val/(pow(2,8))); }
          ⋮
IQ28(float f)
{ return (float)(f.val/(pow(2,28))); }
IQ29(float f)
{ return (float)(f.val/(pow(2,29))); }
IQ30(float f)
{ return (float)(f.val/(pow(2,30))); }
//*************************************************************************
// Function: pow()
// 该函数用来计算 e 指数,它使用 2 个参数:基数和指数,返回指数幂
//*************************************************************************
pow(double base, double exp) {
    double answer = 1;              //初始化
    int i;                          //计数
    for (i = 1; i<= exp; i++)       //指数次数
        answer = answer * base;
    return answer;                  //返回值
}


//*************************************************************************
// 菜单 IQ C Support
//*************************************************************************
menuitem "IQ C Support"
dialog Set_IQvalue(variableName "_iq C Variable Name", floatValue "Float Value")
{
    variableName = (long) ( ((double) floatValue) * (pow(2, GlobalQ)) );
}
dialog Set2_IQvalues(variableName2 "1._iq C Variable Name", floatValue1 "1.Float Value",
                     variableName2 "2._iq C Variable Name", floatValue2 "2.Float Value")
{
    variableName1 = (long) ( ((double) floatValue1) * (pow(2, GlobalQ)) );
    variableName2 = (long) ( ((double) floatValue2) * (pow(2, GlobalQ)) );
}

dialog Set3_IQvalues(variableName2 "1._iq C Variable Name", floatValue1 "1.Float Value",
                     variableName2 "2._iq C Variable Name", floatValue2 "2.Float Value",
                     variableName3 "3._iq C Variable Name", floatValue3 "3.Float Value")
{
    variableName1 = (long) ( ((double) floatValue1) * (pow(2, GlobalQ)) );
    variableName2 = (long) ( ((double) floatValue2) * (pow(2, GlobalQ)) );
```

```
        variableName3 = (long) ( ((double) floatValue3) * (pow(2, GlobalQ)) );
    }
    dialog Set_IQNvalue(variableName "_iqN C Variable Name", Qvalue "N Value", floatValue "Float Value")
    {
        variableName = (long) ( ((double) floatValue) * (pow(2, Qvalue)) );
    }
    dialog Set_2IQNvalues(variableName1 "1._iqN C Variable Name", Qvalue1 "1.N Value", floatValue1 "1.Float Value", variableName2 "2._iqN C Variable Name", Qvalue2 "2.N Value", floatValue2 "2.Float Value")
    {
        variableName1 = (long) ( ((double) floatValue1) * (pow(2, Qvalue1)) );
        variableName2 = (long) ( ((double) floatValue2) * (pow(2, Qvalue2)) );
    }
    dialog Set_3IQNvalues(variableName1 "1._iqN C Variable Name", Qvalue1 "1.N Value", floatValue1 "1.Float Value", variableName2 "2._iqN C Variable Name", Qvalue2 "2.N Value", floatValue2 "2.Float Value", variableName3 "3._iqN C Variable Name", Qvalue3 "3.N Value", floatValue3 "3.Float Value")
    {
        variableName1 = (long) ( ((double) floatValue1) * (pow(2, Qvalue1)) );
        variableName2 = (long) ( ((double) floatValue2) * (pow(2, Qvalue2)) );
        variableName3 = (long) ( ((double) floatValue3) * (pow(2, Qvalue3)) );
    }
//****************************************************************************
// 菜单 IQ C++ Support
//****************************************************************************
menuitem "IQ C++ Support"
dialog SetIQvalue(variableName "iq C++ Variable Name", floatValue "Float Value")
{
    variableName.val = (long) ( ((double) floatValue) * (pow(2, GlobalQ)) );
}
dialog Set2IQvalues(variableName1 "1.iq C++ Variable Name", floatValue1 "1.Float Value",
                    variableName2 "2.iq C++ Variable Name", floatValue2 "2.Float Value")
{
    variableName1.val = (long) ( ((double) floatValue1) * (pow(2, GlobalQ)) );
    variableName2.val = (long) ( ((double) floatValue2) * (pow(2, GlobalQ)) );
}
dialog Set3IQvalues(variableName1 "1.iq C++ Variable Name", floatValue1 "1.Float Value",
                    variableName2 "2.iq C++ Variable Name", floatValue2 "2.Float Value",
                    variableName3 "3.iq C++ Variable Name", floatValue3 "3.Float Value")
{
    variableName1.val = (long) ( ((double) floatValue1) * (pow(2, GlobalQ)) );
    variableName2.val = (long) ( ((double) floatValue2) * (pow(2, GlobalQ)) );
    variableName3.val = (long) ( ((double) floatValue3) * (pow(2, GlobalQ)) );
}
dialog SetIQNvalue(variableName "iqN C++ Variable Name", Qvalue "N Value", floatValue "Float Value")
{
    variableName.val = (long) ( ((double) floatValue) * (pow(2, Qvalue)) );
```

}
dialog Set2IQNvalues(variableName1 "1.iqN C++ Variable Name", Qvalue1 "1.N Value", floatValue1 "1.Float Value",
        variableName2 "2.iqN C++ Variable Name", Qvalue2 "2.N Value", floatValue2 "2.Float Value")
{
        variableName1.val = (long) (((double) floatValue1) * (pow(2, Qvalue1)));
        variableName2.val = (long) (((double) floatValue2) * (pow(2, Qvalue2)));
}
dialog Set3IQNvalues(variableName1 "1.iqN C++ Variable Name", Qvalue1 "1.Q Value", floatValue1 "1.Float Value", variableName2 "2.iqN C++ Variable Name", Qvalue2 "2.Q Value", floatValue2 "2.Float Value", variableName3 "3.iqN C++ Variable Name", Qvalue3 "3.Q Value", floatValue3 "3.Float Value")
{
        variableName1.val = (long) (((double) floatValue1) * (pow(2, Qvalue1)));
        variableName2.val = (long) (((double) floatValue2) * (pow(2, Qvalue2)));
        variableName3.val = (long) (((double) floatValue3) * (pow(2, Qvalue3)));
}
```

#### 7. Iqmath 函数

在 Iqmath 库中主要包括如下函数：

- 格式变换函数：atoIQ、IqtoF、IQtoIQN 等，如表 3.6 所列。
- 算术运算函数：Iqmpy、IQdiv 等，如表 3.7 所列。
- 三角运算函数：Iqsin、Iqcos、IQatan2 等，如表 3.8 所列。
- 数学计算函数：Iqsqrt、IQisqrt 等，如表 3.9 所列。
- 其他函数：Iqabs、IQsat 等，如表 3.10 所列。

表 3.6 格式变换函数

| 函 数 | 描 述 | IQ format |
|---|---|---|
| _iq  _IQ(float F)<br>_iqN  _IQN(float F) | Converts float to IQ value | Q=GLOBAL_Q<br>Q=1:30 |
| float _IQtoF(_iq A)<br>float _IQNtoF(_iqN A) | IQ to Floating point | Q=GLOBAL_Q<br>Q=1:30 |
| _iq  _atoIQ(char *S)<br>_iqN  _atoIQN(char *S) | Float ASCII string to IQ | Q=GLOBAL_Q<br>Q=1:30 |
| long _IQint(_iq A)<br>long _IQNint(_iqN A) | extract integer portion of IQ | Q=GLOBAL_Q<br>Q=1:30 |
| _iq  _IQfrac(_iq A)<br>_iqN  _IQNfrac(_iqN A) | extract fractional portion of IQ | Q=GLOBAL_Q<br>Q=1:30 |
| _iqN _IQtoIQN(_iq A) | Convert IQ number to IQN number (32-bit) | Q=GLOBAL_Q |
| _iq  _IQNtoIQ(_iqN A) | Convert IQN (32-bit) number to IQ number | Q=GLOBAL_Q |
| int _IQtoQN(_iq A) | Convert IQ number to QN number (16-bit) | Q=GLOBAL_Q |
| _iq  _QNtoIQ(int A) | Convert QN (16-bit) number to IQ number | Q=GLOBAL_Q |
```

表 3.7 算术运算函数

函 数	描 述	IQ format
_iq _IQmpy(_iq A, _iq B) _iqN _IQNmpy(_iqN A, _iqN B)	IQ Multiplication	Q=GLOBAL_Q Q=1:30
_iq _IQrmpy(_iq A, _iq B) _iqN _IQNrmpy(_iqN A, _iqN B)	IQ Multiplication with rounding	Q=GLOBAL_Q Q=1:30
_iq _IQrsmpy(_iq A, _iq B) _iqN _IQNrsmpy(_iqN A, _iqN B)	IQ multiplication with rounding & saturation	Q=GLOBAL_Q Q=1:30
_iq _IQmpyI32(_iq A, long B) _iqN _IQNmpyI32(_iqN A, long B)	Multiply IQ with "long" integer	Q=GLOBAL_Q Q=1:30
long _IQmpyI32int(_iq A, long B) long _IQNmpyI32int(_iqN A, long B)	Multiply IQ with "long", return integer part	Q=GLOBAL_Q Q=1:30
long _IQmpyI32frac(_iq A, long B) long _IQNmpyI32frac(_iqN A, long B)	Multiply IQ with "long", return fraction part	Q=GLOBAL_Q Q=1:30
_iq _IQmpyIQX(_iqN1 A, N1, _iqN2 B, N2) _iqN _IQNmpyIQX(_iqN1 A, N1, _iqN2 B, N2)	Multiply two 2-different IQ number	Q=GLOBAL_Q Q=1:30
_iq _IQdiv(_iq A, _iq B) _iqN _IQNdiv(_iqN A, _iqN B)	Fixed point division	Q=GLOBAL_Q Q=1:30

表 3.8 三角运算函数

函 数	描 述	IQ format
_iq _IQsin(_iq A) _iqN _IQNsin(_iqN A)	High precision SIN(Input in radians)	Q=GLOBAL_Q Q=1:29
_iq _IQsinPU(_iq A) _iqN _IQNsinPU(_iqN A)	High precision SIN(input in per-unit)	Q=GLOBAL_Q Q=1:30
_iq _IQcos(_iq A) _iqN _IQNcos(_iqN A)	High precision COS (Input in radians)	Q=GLOBAL_Q Q=1:29
_iq _IQcosPU(_iq A) _iqN _IQNcosPU(_iqN A)	High precision COS(input in per-unit)	Q=GLOBAL_Q Q=1:30
_iq _IQatan2(_iq A, _iq B) _iqN _IQNatan2(_iqN A, _iqN B)	4-quadrant ATAN(output in radians)	Q=GLOBAL_Q Q=1:29
_iq _IQatan2PU(_iq A, _iq B) _iqN _IQNatanPU(_iqN A, _iqN B)	4-quadrant ATAN(output in per-unit)	Q=GLOBAL_Q Q=1:29
_iq _IQatan(_iq A, _iq B) _iqN _IQNatan(_iqN A, _iqN B)	Arctangent	Q=GLOBAL_Q Q=1:29

第3章 C/C++程序编写基础

表 3.9 数学计算函数

函 数	描 述	IQ format
_iq _IQsqrt(_iq A) _iqN _IQNsqrt(_iqN A)	High precision square root	Q=GLOBAL_Q Q=1:30
_iq _IQisqrt(_iq A) _iqN _IQNisqrt(_iqN A)	High precision inverse square root	Q=GLOBAL_Q Q=1:30
_iq _IQmag(_iq A, _iq B) _iqN _IQNmag(_iqN A, _iqN B)	Magnitude Square：sqrt(A^2+B^2)	Q=GLOBAL_Q Q=1:30

表 3.10 其他函数

函 数	描 述	IQ format
_iq _IQsat(_iq A, long P, long N)	Saturate the IQ number	Q=GLOBAL_Q
_iq _IQabs(_iq A)	Absolute value of IQ number	Q=GLOBAL_Q

8. C 语言编程举例

在使用 Iqmath 库函数编写 C 语言程序时，必须要正确地设置项目配置，主要包括库文件和链接文件，具体如图 3.21 所示。

由于 IQmathTables 包含 Iqmath 函数使用的所有查表数据，在 F281x 出厂时已经固化在芯片的 BOOTROM 中。因此，在链接命令文件 .cmd 文件中，该段必须定义为 NOLOAD 类型。这样在程序运行过程中就会自动定位查表符号。在使用 Simulator 调试程序时，由于没有直接连接硬件，因此必须将库中的数据表一并加载。.cmd 文件具体如下：

图 3.21 使用 Iqmath 库函数编写 C 语言例程文件结构

```
/****************************************************************/
/* cmd 链接文件实例
/****************************************************************/
MEMORY
{
PAGE 0 : RAMH0   (RW)      : origin = 0x3f8000,   length = 0x002000
         BOOTROM (RW)      : origin = 0x3ff000,   length = 0x000fc0
         VECTORS (RW)      : origin = 0x3fffc2,   length = 0x00003e
         RESET   (RW)      : origin = 0x3fffc0,   length = 0x000002
PAGE 1 : RAMM0M1 (RW)      : origin = 0x000000,   length = 0x000800
         RAML0L1 (RW)      : origin = 0x008000,   length = 0x002000
}
SECTIONS
{
    .reset         : load = RESET,        type = DSECT, PAGE = 0
```

```
                /* 为使 H0 正确 boot 引导并能够正常工作,需要将.text 分配在 RAMH0 */
        .text        : load = RAMH0,      PAGE = 0
        .cinit       : load = RAMH0,      PAGE = 0
        .econst      : load = RAMH0,      PAGE = 0
        .bss         : load = RAML0L1,    PAGE = 1
        .ebss        : load = RAML0L1,    PAGE = 1
        .data        : load = RAML0L1,    PAGE = 1
        .const       : load = RAML0L1,    PAGE = 1
        .stack       : load = RAMM0M1,    PAGE = 1
        .sysmem      : load = RAML0L1,    PAGE = 1
/********************************************************************/
/* Iqmath 函数查表定位 functions                                     */
/********************************************************************/
/* 对于 boot ROM 中没有数据表                                        */
    IQmathTables  : load = BOOTROM, PAGE = 0
/* 对于带有数据表的目标系统,如 F2810/12 使用下面
/*
    IQmathTables  : load = BOOTROM, type = NOLOAD, PAGE = 0
*/
    IQmath        : load = RAMH0, PAGE = 0
}
```

采用 Iqmath 函数产生正弦数据波形,分别计算波形的幅值和相位,具体代码如下:

```
/********************************************************************/
// 文件名称:IQsample.c
//            IQ Math Sample Program In C (for V1.4+ of library)
// 目标设备:simulator 或 F2812
//            对于 simulator 或 F2812 选用不同的.cmd 分配方式
/********************************************************************/
// 选择将要使用的全局 Q 值
#define     GLOBAL_Q        24
long GlobalQ = GLOBAL_Q;          // GEL & Graph 调试使用
// 需要的头文件
#include <stdio.h>
#include <stdlib.h>
#include "IQmathLib.h"
// 定义数据记录长度
#define     DATA_LOG_SIZE       256
// 定义使用的常数
#define     PI2             1.570796327
#define     PI              3.141592654
#define     STEP_X_SIZE     0.314159265
#define     STEP_Y_SIZE     0.314159265
// 分配数据缓冲
```

```c
struct    DATA_LOG_C {
                  _iq    Xwaveform[DATA_LOG_SIZE];
                  _iq    Ywaveform[DATA_LOG_SIZE];
                  long   Phase[DATA_LOG_SIZE];
                  _iq    Mag[DATA_LOG_SIZE];
             } Dlog;

// 定义波形全局变量
struct    STEP {
                  _iq    Xsize;
                  _iq    Ysize;
                  _iq    Yoffset;
                  _iq    X;
                  _iq    Y;
                  _iq    GainX;
                  _iq    GainY;
                  _iq    FreqX;
                  _iq    FreqY;
             } Step;

/**********************************************************************/
// main 函数
/**********************************************************************/
int main(void)
{
    unsigned int   i;
    float gain = 5.5;
    _iq    w = 5.5;
    _iq    tempX, tempY, tempP, tempM, tempMmax;
    char buffer[20];
    int * WatchdogWDCR = (void *) 0x7029;
    // 关闭看门狗
    asm(" EALLOW ");
    * WatchdogWDCR = 0x0068;
    asm(" EDIS ");
    Step.Xsize = _IQ(STEP_X_SIZE);
    Step.Ysize = _IQ(STEP_Y_SIZE);
    Step.Yoffset = 0;
    Step.X = 0;
    Step.Y = Step.Yoffset;
    for(i = 0; i < DATA_LOG_SIZE; i++)
       {
       Dlog.Xwaveform[i] = 0;
       Dlog.Ywaveform[i] = 0;
       Dlog.Phase[i]     = 0;
```

```
            Dlog.Mag[i]        = 0;
            }
    // 用户输入 X 和 Y 波形的增益
    printf("\nEnter waveform X gain (default = 1.0) = ");
    gets(buffer);
    Step.GainX = _atoIQ(buffer);
    if( Step.GainX == 0 )
        Step.GainX = _IQ(1.0);
    printf("\nEnter waveform X freq (default = 1.0) = ");
    gets(buffer);
    Step.FreqX = _atoIQ(buffer);
    if( Step.FreqX == 0 )
        Step.FreqX = _IQ(1.0);
    printf("\nEnter waveform Y gain (default = 1.0) = ");
    gets(buffer);
    Step.GainY = _atoIQ(buffer);
    if( Step.GainY == 0 )
        Step.GainY = _IQ(1.0);
    printf("\nEnter waveform Y freq (default = 1.0) = ");
    gets(buffer);
    Step.FreqY = _atoIQ(buffer);
    if( Step.FreqY == 0 )
        Step.FreqY = _IQ(1.0);
    // 计算最大幅值
    tempMmax = _IQmag(Step.GainX, Step.GainY);
for(;;)
{
    Step.GainX = _IQ(gain);    //设置断点,改变 gain 观察波形变化情况
    tempMmax = _IQmag(Step.GainX, Step.GainY);
    for(i = 0; i < DATA_LOG_SIZE; i++)
        {
        // 计算波形
        Step.X = Step.X + _IQmpy(Step.Xsize, Step.FreqX);
        if( Step.X > _IQ(2 * PI) )
            Step.X -= _IQ(2 * PI);
        Step.Y = Step.Y + _IQmpy(Step.Ysize, Step.FreqY);
        if( Step.Y > _IQ(2 * PI) )
            Step.Y -= _IQ(2 * PI);
        Dlog.Xwaveform[i] = tempX = _IQmpy(_IQsin(Step.X), Step.GainX);
        Dlog.Ywaveform[i] = tempY = _IQmpy(_IQabs(_IQsin(Step.Y)), Step.GainY);
        // 计算规格化的幅值
        // Mag = sqrt(X^2 + Y^2)/sqrt(GainX^2 + GainY^2);
        tempM = _IQmag(tempX, tempY);
        Dlog.Mag[i] = _IQdiv(tempM, tempMmax);
        // 计算规格化的相位
```

```
        // Phase = (long)(atan2PU(X,Y) * 360);
        tempP = _IQatan2PU(tempY,tempX);
        Dlog.Phase[i] = _IQmpyI32int(tempP, 360);
    }
}
}
```

加载程序后可以在程序中指定的行设置断点(如上面给出的例子程序),改变 gain 的值并观察产生的数字波形。假定两个增益分别是 5.5 和 1.0,则 Dlog.Xwaveform 和 Dlog.Ywaveform 的波形如图 3.22、图 3.23、图 3.24 和图 3.25 所示。

此外还可以在观察窗口观察 IQ 数据,如图 3.26 所示。

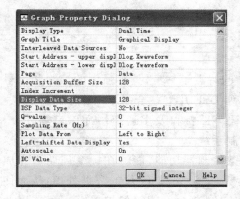

图 3.22 图形观察窗口设置

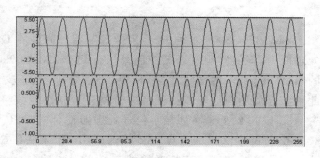

图 3.23 计算获得的两个波形图

图 3.24 幅值和相角图形窗口设置

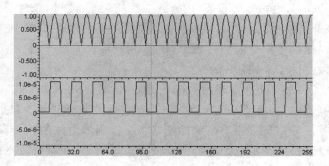

图 3.25 幅值和相角波形

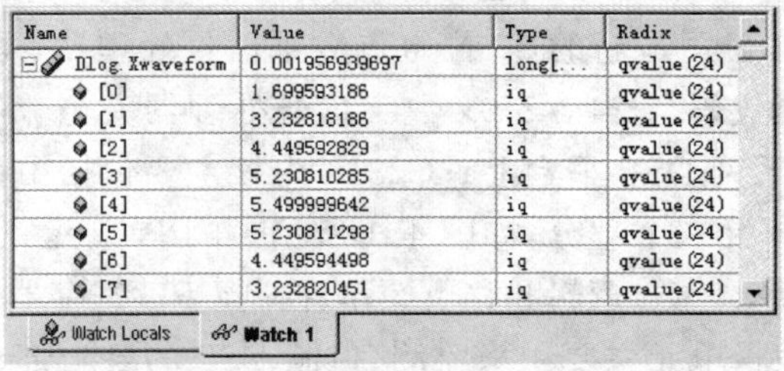

图 3.26 观察窗口观察 IQ 数据

第 4 章

TMS320X28xx 系列 DSP 综述

4.1 TMS320X28xx 系列 DSP 内核特点

TMS320C2000 系列 DSP 集微控制器和高性能 DSP 的特点于一身,具有强大的控制和信号处理能力,能够实现复杂的控制算法。TMS320C2000 系列 DSP 片上整合了 Flash 存储器、快速的 A/D 转换器、增强的 CAN 模块、事件管理器、正交编码电路接口及多通道缓冲串口等外设,此种整合使用户能够以很便宜的价格开发高性能数字控制系统。

32 位的 28xxx 系列数字信号处理器整合的 DSP 和微控制器功能,能够在一个周期内完成 32×32 位的乘法累加运算,或两个 16×16 位乘法累加运算,能够完成 64 位的数据处理,从而使该处理器能够实现更高精度的处理任务。快速的中断响应使 28xxx 能够保护关键寄存器以及快速(更小的中断延时)响应外部异步事件。28xxx 有 8 级带有流水线存储器访问保护机制,流水线操作使 28xxx 在高速运行时不需要大容量的快速存储器。专门的分支跳转(branch-look-ahead)硬件减少了条件指令执行的跳转时间,条件存储操作更进一步提高了 28xx 的性能。28xx 控制器中许多独特的功能,如在任何内存位置中进行单周期读—修改—写操作的能力,不仅提供了指令的执行效率,还提供了高效的操作指令。28xxx 控制器系列在一个闪存节点上可以提供 150 MIPS 的性能。

28xx 处理器采用 C/C++ 编写的软件效率非常高,因此,用户不仅可以应用高级语言编写系统程序,也能够采用 C/C++ 开发高效的数学算法。C281x 系列 DSP 完成数学算法和系统控制等任务都具有相当高的性能,C28x 控制器内核的独特设计支持 IQ-math 库调用,让设计人员可以轻松地在定点处理器上开发浮点算法,并在符合成本效益的情况下与定点机器无缝结合。

4.1.1 C28xx 系列定点处理器特点

C281x 系列 DSP 是 TI 公司最新的 32 位定点数字信号处理器,是基于 TMS320C2000 数字信号处理器平台开发的,其代码与 24x/240x 数字信号处理器完全兼容,因此,240x 的用户能够轻松地移植到新的 C281x 系列 DSP 平台上。C281x 内核主要包括中央处理单元(CPU)、测试单元和存储器及外设的接口单元三个部分,如图 4.1 所示。CPU 单元完成数据/程序存储器的访问地址的产生、译码和执行指令、算数、逻辑和移位操作、控制 CPU 寄存器以及数据/程序存储器之间的数据传输等操作。测试逻辑单元主要用来监测、控制 DSP 的各个部分及其运行状态,以方便调试。而接口信号单元完全是存储器、外设、时钟、CPU 以及调试单元之间的信号传输通道。

第 4 章 TMS320X28xx 系列 DSP 综述

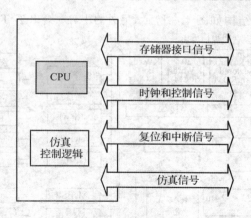

图 4.1　CPU 内核功能框图

CPU 单元主要包括以下几个部分,如图 4.2 所示。

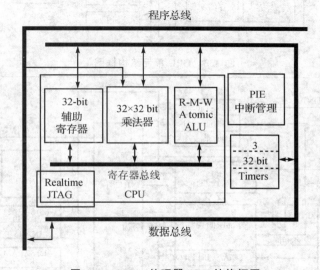

图 4.2　C281x 处理器 CPU 结构框图

(1) 算术逻辑单元(ALU):32 位 ALU 完成 2 的补码的算术运算和布尔运算。通常情况下,中央处理单元对于用户是透明的。例如,完成一个算术运算,用户只需要写一个命令和相应的操作数据,读取相应的结果寄存器的数据就可以了。

(2) 乘法器:乘法器完成 32×32 位的 2 的补码的乘法运算,产生 64 位的乘法结果。乘法器能够完成两个符号数、两个无符号数或一个符号数和一个无符号数的乘法运算。

(3) 移位器:完成数据的左移或右移操作,最大可以移 16 位。在 C281x 的内核中,总计有 3 个移位寄存器:输入数据定标移位寄存器、输出数据定标移位寄存器和乘积定标移位寄存器。

(4) 寻址运算单元(ARAU):主要完成数据存储器的寻址运算以及地址的产生。

(5) 独立的寄存器空间:CPU 内的寄存器包含独立的寄存器,并不映射到数据存储空间。寄存器主要包括系统控制寄存器、算术寄存器和数据指针。系统控制寄存器可以通过专用的指令访问,其他的寄存器可以采用专用的指令或特定的寻址模式(寄存器寻址模式)来访问。

(6) 带保护流水线:带保护的流水线能够防止同时对一个地址空间的数据进行读/写。

C281x 处理器的 CPU 结构如图 4.3 所示,另外,图 4.4 给出了 TMS320C2812 内部结构图。

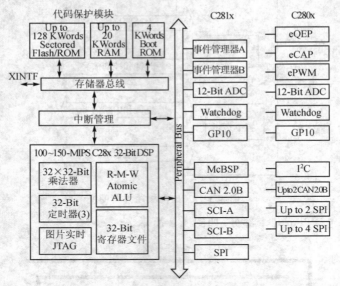

图 4.3 CPU 单元结构框图

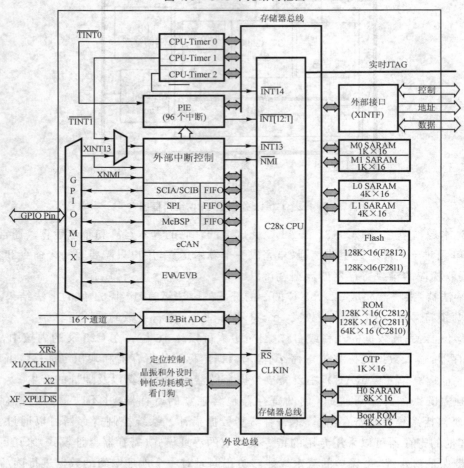

图 4.4 C2812 内部结构图

4.1.2 C28x 浮点处理器

C28x+FPU 内核能够支持两种运算：
- 所有 C28x CPU 内核能够实现的定点运算；
- 支持 IEEE 32 位浮点运算。

C28x+FPU 内核是一个能够支持 IEEE 32 位浮点运算的 32 位定点数字信号控制器(DSC)，该系列处理器继承了数字信号处理器的众多优点，主要包括精简指令结构(RISC)、系统固件以及相关开发工具等。在此基础上 DSC 还包含一个调整的哈佛结构和循环寻址模式。精简指令能够支持单周期执行指令，寄存器到寄存器操作以及调整的哈佛总线结构 RISC。采用此种结构的微处理器通过灵活的指令系统，更方便用户的使用和操作，能够完成字节的封装以及位操作等操作。调整后的哈佛结构能够实现数据和指令的并行装载。通过流水线，数据在写数据的同时也可以读取指令和数据。此类 CPU 提供 6 个独立的地址、数据总线。C28x+FPU 内核结构图如图 4.5 所示，从图中可以看出此系列的 C28x 内核设计在以下各方面并未做任何改动：
- C28x 指令；
- C28x 流水线；
- C28x 调试单元；
- 存储器总线结构。

在原有 C28x 指令系统的基础上增加了支持浮点运算的新的指令，因此原针对 C28x 处理器编写的程序能够 100% 和 C28x+FPU 内核兼容，同时改进的系统结构既可以采用定点编程，也可以采用浮点运算编程。内核为 C28x+FPU 的处理器有浮点上溢和下溢两个中断连接到外设中断扩展模块，从而使针对浮点程序的上溢和下溢问题编程更加方便。TMS320F2833x 系列处理器上包含了 C28x+FPU 内核，图 4.6 给出了 TMS320C2834x 处理器功能结构图。

增加浮点处理单元可以有效地提高处理器的性能，能够利用 C2000 处理器更好地完成控制类算法。由于 C28x+FPU 内核结构和 C28x 内核结构指令上完全兼容，因此用户可以根据需要自由地选择适当的数据类型。采用浮点运算实现算法有以下优点：

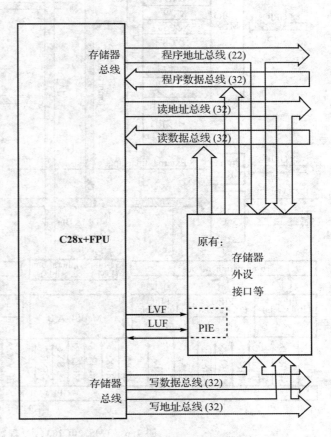

图 4.5　C28x+FPU 内核功能模块

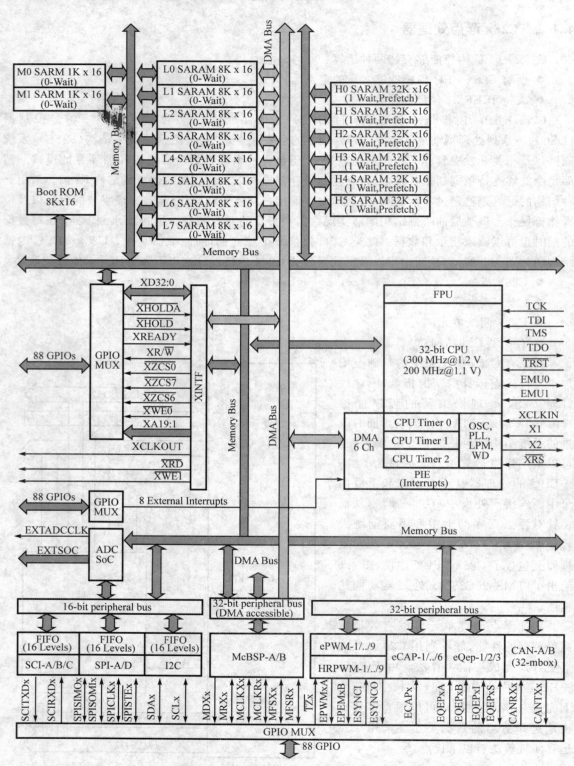

图 4.6 TMS320C2834x 处理器功能结构图

- 控制应用领域众多算法采用浮点运算要比定点运算性能好，如除法、开方、正弦、余弦、FFT、IIR 等。
- 采用浮点处理器开发软件想都简单，尤其是采用 C/C++ 语言编程更加方便。
- 通常软件设计人员在浮点环境下验证算法，然后再将经过验证的算法移植到定点处理器上。而在移植过程中必须考虑定标、溢出以及精度等问题，这些问题会直接影响移植后算法的正确性和精度，而采用浮点处理器则不需要浮点环境到定点环境的移植。

4.2 TMS320x28xxx 系列处理器比较

28xxx 处理器提供 Piccolo、Delfino 浮点和 28x 定点三个系列处理器。Piccolo 系列的 32 位处理器以小封装高性能为特点，包含 TMS320F2802x、TMS320F2803x、TMS320F2806x 三种类型；Delfino 属高性能浮点处理器，包含 TMS320F2833x 和 TMS320C2834x 两个系列；而 28x 定点处理器在单一处理器上集成了多种外设资源，有利于系统的多功能集成开发，且 TMS320F2823x 定点处理器与 TMS320F2833x 浮点处理器引脚完全兼容，可以根据设计需要进行替代设计。表 4.1 给出了三个系列处理器的资源特点（见第 92 页）。

4.2.1 工作频率和供电

为了满足不同应用领域的需求，281x 系列 DSP 的工作频率、内核电压等都有所区别。当 281x 处理器工作在 150 MHz 时，内核电压为 1.9 V；工作在 135 MHz 以下时，要求内核电压为 1.8 V。而 280x(280x/2801x/2804x) 系列 DSP 在所有工作频率下，内核电压都要求 1.8 V，最高工作频率为 100 MHz，TI 公司也提供 60 MHz 的 280x 处理器。281x 和 280x 的 I/O 电压都是 3.3 V。此外，280x 系列处理器对内核和 I/O 电源上电次序要求有所降低。281x 系列处理器要求 3.3 V 必须先于 1.8 V(1.9 V) 的内核上电，而 280x 处理器对于供电次序没有特定的要求。TMS320X2834X 系列处理器具有 200 或 300 MHz 的处理能力，为了降低系统功耗，其内核电压采用 1.1 V 或 1.2 V。

4.2.2 存储器

281x 和 280x 处理器的存储器处理除以下几个方面外基本相同。

1. SARAM

H0 SARAM 在 281x 内部位于 0x3F 8000，而 280x 处理器将其移到了 0x3F A000 地址，并同时映射到 0x00 A000 低位地址空间。此外，L0 和 L1 在 280x 处理器中采用双地址映射方式，如表 4.2 所列。

表 4.2　281x 和 280x 处理器 SARAM 地址映射

存储器块	281x 单地址映射	280x 双地址映射	
L0	0x00 8000～0x00 8FFF	0x00 8000～0x00 8FFF	0x3F 8000～0x3F 8FFF
L1	0x00 9000～0x00 9FFF	0x00 9000～0x00 9FFF	0x3F 9000～0x3F 9FFF
H0	0x3F 8000～0x3F 9FFF	0x00 A000～0x00 BFFF	0x3F A000～0x3F BFFF

表 4.1 28xxx 系列处理器功能比较表

CPU	DMA (Ch)	McBSP	PWM (Ch)	Timers	ADC	Core Supply (V)	SPI	EMIF	Frequency (MHz)	I2C	UART (SCI)	CAN	OTP ROM (KB)	RAM (KB)	GPIO	FPU	CAP/QEP	Peak MMACS	IO Supply (V)	Flash (KB)
C2000 32 位 28x Delfino 浮点系列																			
TMS320C28341	C28x 1 6-Ch DMA	1	12	3 32-Bit CPU,1 WD		1.1	2	1 32/16-Bit	200	1	3	2		196	88	Yes	4/2	200	3.3	
TMS320C28342	C28x 1 6-Ch DMA	1	12	3 32-Bit CPU,1 WD		1.2	2	1 32/16-Bit	300	1	3	2		196	88	Yes	4/2	300	3.3	
TMS320C28343	C28x 1 6-Ch DMA	2	18	3 32-Bit CPU,1 WD		1.1	2	1 32/16-Bit	200	1	3	2		260	88	Yes	6/3	200	3.3	
TMS320C28344	C28x 1 6-Ch DMA	2	18	3 32-Bit CPU,1 WD		1.2	2	1 32/16-Bit	300	1	3	2		260	88	Yes	6/3	300	3.3	
TMS320C28345	C28x 1 6-Ch DMA	2	18	3 32-Bit CPU,1 WD		1.1	2	1 32/16-Bit	200	1	3	2		516	88	Yes	6/3	200	3.3	
TMS320C28346	C28x 1 6-Ch DMA	2	18	3 32-Bit CPU,1 WD		1.2	2	1 32/16-Bit	300	1	3	2		516	88	Yes	6/3	300	3.3	
TMS320F28332	C28x 1 6-Ch DMA	1	16	3 32-Bit CPU,1 WD	1 16-Ch 12-Bit	1.9	1	1 32/16-Bit	100	1	2	2	2	52	88	Yes	4/2	100	3.3	128
TMS320F28334	C28x 1 6-Ch DMA	2	16	3 32-Bit CPU,1 WD	1 16-Ch 12-Bit	1.9	1	1 32/16-Bit	150	1	3	2	2	68	88	Yes	4/2	150	3.3	256
TMS320F28335	C28x 1 6-Ch DMA	2	18	3 32-Bit CPU,1 WD	1 16-Ch 12-Bit	1.9	1	1 32/16-Bit	150	1	3	2	2	68	88	Yes	6/2	150	3.3	512
C2000 32 位 28x Piccolo 系列																			
TMS320F28020	C28x		8	3 32-Bit GP,1 WD	13	1.8	1		40	1	1		2	6	22		1/0	40	3.3	32
TMS320F28021	C28x		8	3 32-Bit GP,1 WD	7/13	1.8	1		40	1	1		2	10	20/22		1/0	40	3.3	64
TMS320F28022	C28x		8	3 32-Bit GP,1 WD	7/13	1.8	1		50	1	1		2	12	20/22		1/0	50	3.3	32
TMS320F28023	C28x		8	3 32-Bit GP,1 WD	7/13	1.8	1		50	1	1		2	12	20/22		1/0	50	3.3	64
TMS320F28026	C28x		8	3 32-Bit GP,1 WD	7/13	1.8	1		60	1	1		2	12	20/22		1/0	60	3.3	32

第4章 TMS320X28xx系列DSP综述

续表 4.1

CPU	DMA (Ch)	McBSP	PWM (Ch)	Timers	ADC	Core Supply (V)	SPI	EMIF	Frequency (MHz)	I2C	UART (SCI)	CAN	OTP ROM (KB)	RAM (KB)	GPIO	FPU	CAP/QEP	Peak MMACS	IO Supply (V)	Flash (KB)
TMS320F28027 C28x			8	3 32-Bit GP,1 WD	7/13	1.8	1		60	1	1		2	12	20/22		1/0	60	3.3	64
TMS320F28030 C28x			12/14	3 32-Bit GP,1 WD	14/16	1.8	1/2		60	1	1	1	2	12	33/45		1/1	60	3.3	32
TMS320F28031 C28x			12/14	3 32-Bit GP,1 WD	14/16	1.8	1		60	1	1	1	2	16	33/45		1/1	60	3.3	64
TMS320F28032 C28x			12/14	3 32-Bit GP,1 WD	14/16	1.8	1/2		60	1	1	1	2	20	33/45		1/1	60	3.3	64
TMS320F28033 C28x			12/14	3 32-Bit GP,1 WD	14/16	1.8	1/2		60	1	1	1	2	20	33/45		1/1	60	3.3	64
TMS320F28034 C28x			12/14	3 32-Bit GP,1 WD	14/16	1.8	1		60	1	1	1	2	20	33/45		1/1	60	3.3	128
TMS320F28035 C28x			12/14	3 32-Bit GP,1 WD	14/16	1.8	1/2		60	1	1	1	2	20	33/45		1/1	60	3.3	128
TMS320F28062 C28x			15	3 32-Bit GP,1 WD	12/16	1.8	2		80	1	1	1	2	52	40	Yes	7/2	80	3.3	128
TMS320F28063 C28x			19	3 32-Bit GP,1 WD	12/16	1.8	2		80	1	1/2	1	2	68	54	Yes	7/2	80	3.3	128
TMS320F28064 C28x			15	3 32-Bit GP,1 WD	12/16	1.8	2		80	1	1	1	2	100	40	Yes	7/2	80	3.3	128
TMS320F28065 C28x			19	3 32-Bit GP,1 WD	12/16	1.8	2		80	1	1/2	1	2	100	54	Yes	7/2	80	3.3	128
TMS320F28066 C28x			15	3 32-Bit GP,1 WD	12/16	1.8	2		80	1	1	1	2	68	40	Yes	7/2	80	3.3	256
TMS320F28067 C28x			19	3 32-Bit GP,1 WD	12/16	1.8	2		80	1	1/2	1	2	100	54	Yes	7/2	80	3.3	256
TMS320F28068 C28x			15	3 32-Bit GP,1 WD	12/16	1.8	2		80	1	1	1	2	100	40	Yes	7/2	80	3.3	256
TMS320F28069 C28x			19	3 32-Bit GP,1 WD	12/16	1.8	2		80	1	1	1	2	100	54	Yes	7/2	80	3.3	32
TMS320F280200 C28x			8	3 32-Bit GP,1 WD	7/13	1.8	1		40	1	1		2	6	20/22		0/0	40	3.3	16

续表 4.1

	CPU	DMA (Ch)	McBSP	PWM (Ch)	Timers	ADC	Core Supply (V)	SPI	EMIF	Frequency (MHz)	I2C	UART (SCI)	CAN	OTP ROM (KB)	RAM (KB)	GPIO	FPU	CAP/QEP	Peak MMACS	IO Supply (V)	Flash (KB)
28x 定点系列																					
TMS320C2802	C28x			8	3 32-Bit GP 1 WD	1 16-Ch 12-Bit	1.8	2		100	1	1	1		12	35		2/1	100	3.3	
TMS320C2810	C28x		1	16	3 32-Bit GP 1 WD	1 16-Ch 12-Bit	1.9	1		150	1	2	1	2	36	56		6/2	150	3.3	128
TMS320C2811	C28x		1	16	3 32-Bit GP 1 WD	1 16-Ch 12-Bit	1.9	1		150	1	2	1	2	36	56		6/2	150	3.3	256
TMS320F2811																					
TMS320R2811																					
TMS320C2812	C28x		1	16	3 32-Bit GP 1 WD	1 16-Ch 12-Bit	1.9	1	1 16-Bit	150	1	2	1	2	36	56		6/2	150	3.3	256
TMS320F2812																					
TMS320R2812																					
TMS320F2801-60/100	C28x			8	3 32-Bit GP 1 WD	1 16-Ch 12-Bit	1.8	2		60/100	1	1	1	2	12	35		2/1	60	3.3	32
TMS320F2802-60/100	C28x			8	3 32-Bit GP 1 WD	1 16-Ch 12-Bit	1.8	2		60/100	1	1	1	2	12	35		2/1	60	3.3	64
TMS320F2808	C28x			16	3 32-Bit GP 1 WD	1 16-Ch 12-Bit	1.8	4		100	1	2	2	2	36	35		4/2	100	3.3	128
TMS320F2809	C28x			16	3 32-Bit GP 1 WD	1 16-Ch 12-Bit	1.8	1		100	1	2	2	2	36	35		4/2	100	3.3	256
TMS320F28015	C28x			8	3 32-Bit GP 1 WD	1 16-Ch 12-Bit	1.8			60	1	1	1	2	12	35		2/0	60	3.3	32
TMS320F28016	C28x			8	3 32-Bit GP 1 WD	1 16-Ch 12-Bit	1.8			60	1	1	1	2	12	35		2/0	60	3.3	32
TMS320F28044	C28x			16	3 32-Bit GP 1 WD	1 16-Ch 12-Bit	1.9			100	1	2	2	2	20	35		4/2	100	3.3	128
TMS320F28232	C28x	1 6-Ch DMA	1	16	3 32-Bit CPU 1 WD	1 16-Ch 12-Bit	1.9		1 32/16-Bit	100	1	3	2	2	52	88	No	4/2	100	3.3	128
TMS320F28234	C28x	1 6-Ch DMA	2	16	3 32-Bit CPU 1 WD	1 16-Ch 12-Bit	1.9		1 32/16-Bit	150	1	3	2	2	68	88	No	4/2	150	3.3	256
TMS320F28235	C28x	1 6-Ch DMA	2	18	3 32-Bit CPU 1 WD	1 16-Ch 12-Bit	1.9		1 32/16-Bit	150	1	3	2	2	68	88	No	6/2	150	3.3	512

配置 H0 和其他两个双地址映射模块可以构建 1 个 16K 的 SARAM 存储空间,这对于要求较大连续存储空间的数据结构体非常有用。同时双存储空间映射为需要分段地址存储空间的应用提供了方便。如果系统运行 24x 兼容的代码,则需要高 64K 的存储空间。如果在 280x 上运行 281x 器件的代码,则需要根据新的存储器映射编译代码。由于 H0 的映射空间不同,并且 L0 和 L1 采用双映射方式,因此如果 281x 的代码不做任何改动就在 280x 上运行,0x3F 8000～0x3F 9FFF 地址空间的数据或代码很有可能被 L0 和 L1 存储空间的数据覆盖掉。实际上,并不是所有处理器都有 H0、L0 和 L1 存储空间,各器件的具体情况如表 4.3 所列。

表 4.3 281x 和 280x 处理器 SARAM 地址映射

器 件	H0 (8K×16)	L1 (4K×16)	L0 (4K×16)
281x	Yes	Yes	Yes
2809	Yes	Yes	Yes
2808	Yes	Yes	Yes
2806	No	Yes	Yes
2802	No	No	Yes
2801/9501	No	No	No
28044	No	Yes	Yes
28015	No	No	Yes
28016	No	No	Yes

2. Flash/OTP 以及 BootROM

280x 处理器上取消了外部存储器扩展接口,在 Flash/OTP 以及 BootROM 的大小和地址映射方面,不同处理器也有所区别。特别是 280x 处理器新增加了从 I^2C-A 和 eCAN-A 两个通信接口引导程序的 Boot 模式。相关器件的 Flash/OTP 以及 BootROM 具体情况如表 4.4 和表 4.5 所列。

表 4.4 281x 和 280x 处理器 Flash 分布情况

型 号	F2812 F2811	F2810	F2809	F2808 F28044	F2806 F2802	F2801 9501 F28016 F28015
Flash 分布	6 Sectors 16K×16 + 4 Sectors 8K×16	3 Sectors 16K×16 + 2 Sectors 8K×16	8 Sectors 16K×16	4 Sectors 16K×16	4 Sectors 8K×16	4 Sectors 4K×16
合 计	128K×16	64K×16	128K×16	64K×16	32K×16	16K×16

表 4.5　281x 和 280x 处理器的引导方式

引导方式	GPIO18 SPICLKA SCITXB	GPIO29 SCITXDA	GPIO34
跳到 Flash 0x3F 7FF6	1	1	1
调用 SCI-A 引导装载	1	1	0
调用 SPI-A 引导装载	1	0	1
调用 I²C-A 引导装载	1	0	0
调用 eCAN-A 引导装载	0	1	1
跳到 M0 SARAM 0x00 0000	0	1	0
跳到 OPT	0	0	1
并行 GPIO 装载	0	0	0

4.2.3　外　设

根据不同应用的需要，TI 公司推出的 280x 系列处理器在 281x 基础上增加了许多新的外设，同时也裁减了部分外设。

1. 裁减的外设

下列外设在 281x 处理器上有，而在 280x/2801x/2804x 处理器上被裁减。
- 多通道缓冲串口（McBSP）；
- 外部存储器扩展接口（XINTF）；
- 事件管理器（EV）：在 280x/2801x/2804x 器件上新增加的外设 ePWM、eCAP 和 eQEP 取代了原有的事件管理器。

2. 新增加的外设

281x 处理器的事件管理器是在 240x 基础上发展而来的，而 280x/2801x/2804x 器件上 ePWM、eCAP 和 eQEP 取代了原有的事件管理器，如表 4.6 所列。此外还增加了 I²C 总线，改进了 ADC 模块、代码加密模块和 GPIO 模块的部分功能。

表 4.6　器件的事件管理器及 ePWM、eCAP 和 eQEP 情况

器　件	事件管理器	高精度 ePWM（HRPWM）	ePWM	eCAP	eQEP
281x	EV-A,EV-B	—	—	—	—
2809	—	ePWM1~ePWM6		eCAP1-eCAP4	eQEP1,eQEP2
2808	—	ePWM1~ePWM4	ePWM5,ePWM6	eCAP1-eCAP4	eQEP1,eQEP2
2806	—	ePWM1~ePWM4	ePWM5,ePWM6	eCAP1-eCAP4	eQEP1,eQEP2
2802	—	ePWM1~ePWM3		eCAP1,eCAP2	eQEP1
2801/9501	—	ePWM1~ePWM3		eCAP1,eCAP2	eQEP1
28044	—	ePWM1~ePWM16		—	—
28016	—	ePWM1~ePWM4		eCAP1,eCAP2	—
28015	—	ePWM1~ePWM4		eCAP1,eCAP2	—

4.3 TMS320X28xx 处理器外设功能介绍

由于 C281x DSP 集成了很多内核可以访问和控制的外部设备，28xx 内核需要通过某种方式来读/写外设，为此处理器将所有的外设都映射到了数据存储器空间。每个外设被分配一段相应的地址空间，主要包括配置寄存器、输入寄存器、输出寄存器和状态寄存器。每个外设只要通过简单地访问存储器中的寄存器就可以使用该设备。

外设通过外设总线(PBUS)连接到 CPU 的内部存储器接口上，如图 4.7 所示。所有的外设包括看门狗和 CPU 时钟在内，在使用之前必须配置相应的控制寄存器。

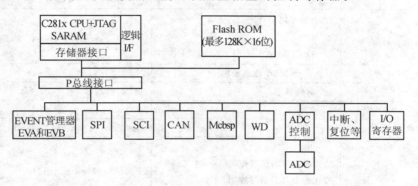

图 4.7　TMS320F281x 的功能框图

4.3.1 事件管理器(281x 处理器)

在 281x DSP 上有 EVA 和 EVB 两个事件管理器，它们是数字电机控制应用所使用的非常重要的外设，能够实现机电设备控制的多种必要功能。每个事件管理器模块包括定时器、比较器、捕捉单元、PWM 逻辑电路、正交编码脉冲电路以及中断逻辑电路等。

- 计时器/比较单元能够实现在事件定时、采样环路和 PWM 生成方面降低 CPU 开销；
- 可编程死区单元省去了外部死区控制逻辑；
- 捕捉单元和 QEP 单元省去了外部速度/定位传感器逻辑；
- PDP 中断保护电力驱动不会发生系统故障。

4.3.2 ePWM、eCAP、eQEP(F2808、F2806、F2801 处理器)

在 280x/2801x/2804x 器件上，ePWM、eCAP 和 eQEP 取代了原有的事件管理器。

1. ePWM(与事件管理器的区别如表 4.7 所列)

- 多达 16 个独立 PWM 通道，以各通道为基础进行分配。
- 时基同步。
- 相与边缘控制。
- 新统计模式。
- 独立死区。
- 高频截波。
- 灵活跳闸/故障区。

- 改进了转换选项的中断和启动。
- 高精度 ePWM：
  — 使用边缘定位技术扩展 ePWM 的分辨率功能；
  — 用于高频应用中的占空比和相移控制；
  — 使用标准 ePWM，达到 2 MHz 频率，超过 11 位分辨率。

表 4.7 ePWM 及事件管理器比较

次 目	2808 ePWM	281x EV−A, EV−B
定时器	16−bit×6	16−bit—×2(EV−A), ×2(EV−B) (PWM, CAP, QEP)
PWM	12 个独立,16−bit + 4 个独立(eCAP 在 APWM 模式)	10 个独立,16−bit
高精度 PWM 控制	4 个 EPWMxA 通道输出	No
比 较	2 个时间基准	1 个时间基准
时间同步	Yes	No
相位控制	Yes	No
死区设置	10−bit 独立的下降沿延时控制 独立的上升沿延时控制	~7−bit 下降沿延时 = 上升沿延时
断路器	Yes	No
输出控制	6 个 可以控制任何一个 PWM 处于高、低或高阻状态	6 个 硬件连接强制 PWM 高阻
中 断	6 个 带预触发功能	24 个 没有预触发模式
启动 ADC 转换	计数值=0、周期值、比较器 A 或比较器 B	计数值=0,、周期值、或 TxPWM 比较值

2. eCAP(与事件管理器的区别如表 4.8 所列)
- 多达 4 个 32 位捕捉单元；
- 1 个快照或连续；
- 内存映射缓冲存储器；
- 边缘限定器；
- 事件前置计数器；
- 序列发生器；
- 增量和绝对时间模式；
- 32 位 PWM 模式。

第4章 TMS320X28xx 系列 DSP 综述

表 4.8　eCAP 和事件管理器比较

项目	2808 eCAP	281x EV-A, EV-B
定时器	32-bit×4	16-bit—×2 (EV-A), ×2 (EV-B) (PWM, CAP, QEP 共用)
通道	4 通道	同 QEP 共用 3 通道
定时标签	32-bit	16-bit
每个通道的捕捉缓冲	4 存储器映射寄存器	2 级 FIFO
边沿量化器	总计 4,每个缓冲器 1 个	1 个
序列器	Yes	No
相对时间模式	Yes	No
绝对时间模式	Yes	Yes
APWM 模式	Yes	No
事件预触发模式	Yes	No
中断	4 个,带预触发功能	6 个,没有预触发模式

3. eQEP(与事件管理器的区别如表 4.9 所列)
- 多达 2 个 32 位 QEP 单元;
- 支持速度和频率测量;
- 位置比较;
- 错误检查。

表 4.9　eQEP 和事件管理器比较

项目	2808 eQEP	281x EV-A, EV-B
定时器	32-bit×2	16-bit—×2 (EV-A), ×2 (EV-B) (PWM, CAP, QEP 共用)
通道	2 通道 32-bit 位置计数器	2 通道 16-bit 共享计数器
速度测量支持	Yes 根据频率和周期计算	No
频率测量	Yes 定时测量	No
位置比较	Yes 位置比较寄存器	No
停止探测	Yes 嵌入在看门狗内部	No
错误检查	Yes 相位和技术错误检查	No
外部选择	Index 和 Home	Index
中断	2 个 带预触发功能	0

4.3.3 A/D 转换模块

C281x DSP 上的 ADC 模块将外部的模拟信号转换为数字量,通过转换控制信号进行滤波或者实现运动系统的闭环控制。尤其是在电机控制系统当中,采用 ADC 模块采集电机的电流或电压可以实现电机的电流环闭环控制。

- 10 位分辨率(C24x 器件)和 12 位分辨率(C28x 器件);
- 240xA 系列器件的转换时间快达 375 ns,新款 F281x 与 F280x 器件达到 80 ns,允许反馈环路和多通道的编程转换以获得更高的采样速率;
- 外部和事件触发的 A/D 转换要求零 CPU 开销;
- 2 个双缓冲的数据寄存器缩短了提取结果所需要的中断开销;
- 多达 16 个多路复用模拟输入通道;
- 转换自动序列发生器在不需要 CPU 干预时可以提高吞吐量。

4.3.4 SPI 外设接口

SPI 是一个高速同步的串行输入/输出口,其通信速率和通信数据长度都是可编程的,DSP 可以采用 SPI 接口同外设或其他处理器实现通信。串行外设接口主要应用于系统扩展显示驱动器、ADC 以及日历时钟等器件,也可以采用主/从模式实现多处理器间的数据交换。

- 高速、1～16 位可编程数据流(F/C240 上为 1～8 位);
- 同步发送/接收端口;
- 主从操作;
- 3 引脚或 4 引脚操作选件;
- 支持多处理器通信;
- SPI 时钟相位和极性控制。

4.3.5 SCI 通信接口

串行通信接口(SCI)是采用双线制通信的异步串行通信接口(UART)。SCI 模块采用标准非归零(NRZ)数据格式,能够实现多 CPU 之间或同其他具有兼容数据格式 SCI 端口的外设间的数据通信。F2812 处理器提供 2 个 SCI 接口,为减小串口通信时 CPU 的开销,F2812 的串口支持 16 级接收和发送 FIFO。

- 异步通信格式(NRZ);
- 可编程波特率;
- 可编程数据字长度(1～8 位);
- 可编程停止位(长度为 1 位或 2 位);
- 差错检测标志:奇偶校验、过载、帧出错和中断检测错误;
- 2 种唤醒多处理器模式:闲置线路唤醒和地址位唤醒;
- 半双工或全双工操作;
- 16 级接收和发送缓冲存储器;
- 单独的发送器和接收器中断;
- 用于发送器和接收器中断的单独启动位。

4.3.6 CAN 总线通信模块

TMS320F281x DSP 上的 CAN 总线接口模块是增强型的 CAN 接口,完全支持 CAN2.0B 总线规范。它有 32 个可配置的接收/发送邮箱,支持消息的定时邮递功能。最高通信速率可以达到 1 Mbps,可以使用该接口构建高可靠的 CAN 总线控制或检测网络。

- 完整 CAN 控制器 16 位外设规范 2.0B(有源);
- 发送和接收标准(11 位标识)和扩展帧(29 位标识);
- 6 个邮箱(24x 器件)和 32 个邮箱(F2810 与 F2812),用于 0~8 字节数据长度的对象;
- 提供接收邮箱、发送邮箱以及可配置发送/接收邮箱(邮箱 0&1);
- 28x 衍生产品同时还提供低功耗模式、时间戳以及转发报文的可编程优先级等;
- 自检测模式;
- CAN 控制器会接收它自己的转发报文;
- 可编程比特速率、可编程全局屏蔽及可编程中断方案。

4.3.7 看门狗

看门狗主要用来检测软件和硬件的运行状态。当内部计数器溢出时将产生一个复位信号,为了避免不必要的复位,要求用户软件周期地对看门狗定时器进行复位。如果不明原因使 CPU 中断程序,比如系统软件进入了一个死循环或者 CPU 的程序运行到了不确定的程序空间,会使系统不能正常工作。在这种情况下,看门狗电路将产生一个复位信号使 CPU 复位,程序从系统软件的开始执行,从而有效地提高了系统的可靠性。

4.3.8 通用目的数字量 I/O

在 C281x 处理器有限的引脚当中,相当一部分都是特殊功能引脚和 GPIO 引脚共用的。实际上 GPIO 作为同其他设备进行数据交换的通道,也是非常有用的。GPIOMux 寄存器选择这些引脚的功能(特殊功能引脚或数字量 I/O)。如果配置成通用的数字量 I/O 引脚,则还需要通过 PxDATDIR 数据和方向控制寄存器来控制。

4.3.9 PLL 时钟模块

锁相环(PLL)模块主要用来控制 DSP 内核的工作频率,外部提供 1 个参考时钟输入,经过锁相环倍频或分频后提供给 DSP 内核。C281x DSP 能够实现 0.5~10 倍的倍频。

4.3.10 多通道缓冲串口

多通道缓冲串口主要有以下几个特点:

- 除 DMA 外,与 TMS320C54x/TMS320C55x DSP 的 McBSP 兼容;
- 全双工通信模式;
- 双缓冲数据寄存器,能够实现连续的通信数据流;
- 收发的帧和时钟相互独立;
- 可以采用外部移位时钟或内部的时钟;
- 支持 8、12、16、20、24 或 32 位的数据格式;

- 帧同步和数据时钟的极性都是可编程的；
- 可编程的内部时钟和同步帧；
- 支持 A-bis 模式；
- 能同 CODEC、AIC(Analog Interface Chips)等标准串行 A/D 和 D/A 器件接口；
- 同 SPI 接口兼容，当系统工作在 150 MHz 时，SPI 接口模式可以工作在 75 Mbps；
- 两个 16×16 深度的发送通道 FIFO；
- 两个 16×16 深度的接收通道 FIFO。

4.3.11 外部中断接口

TMS320F281x DSP 支持多种外设中断。外设中断扩展模块最多支持 96 个独立的中断，并将这些中断分成 8 组，每一组有 12 个中断源，根据中断向量表来确定产生的中断类型。CPU 将自动获取中断向量，在响应中断时 CPU 需要 9 个系统时钟完成中断向量的获取和重要 CPU 寄存器的保护（中断响应延时为 9 个系统时钟）。因此，CPU 能够相当快地响应外设产生的中断。

4.3.12 存储器及其接口

C281x DSP 同 F24xx 系列 DSP 的存储器编址有很大的区别，F24xx 采用程序、数据和 I/O 分开编址，而 C281x 采用同一编址方式。芯片内部提供 18K 的 SARAM 和 128K 的 Flash 存储器。F2812 等处理器上提供了外部存储器扩展接口，外部最高可达 1M 的寻址空间，而 C280x 处理器取消了外部存储器扩展接口。

闪存模块有从 16 KB 到 256 KB 等各种大小，设计人员不仅可以在实验室，还可以在现场对片上的代码进行编程和重新编程。闪存编程提供简单快捷的方法来适应不断变化的标准和产品的升级。

4.3.13 内部集成电路(I^2C)

- 符合飞利浦公司 I^2C 总线规格(2.1 版)；
- 支持 1~8 位格式传输；
- 7 位和 10 位寻址模式；
- 支持多个主发送器和从接收器；
- 支持多个从发送器和主接收器；
- 从 10 kbps 到 400 kbps（飞利浦快速模式）的数据传输速率；
- 1 个 16 位接收 FIFO，1 个 16 位发送 FIFO；
- 1 个中断可以被 CPU 使用，发生事件时触发；
- 在 FIFO 模式下，CPU 可以使用附加的中断。

4.4 TMS320x281x 和 TMS320x2833x 的区别

4.4.1 概述

TMS320x281x 和 TMS320x2833x 系列处理器都属于 C2000 数字信号控制器，主要应用于嵌入式控制领域。TMS230x2833x 系列处理器的外设在 281x 处理器的基础上有了很大改进,这些新的外设可以更好地完成控制任务。本节主要介绍两个系列处理器的区别,对于详细的应用请参考相应的章节。TMS320x281x 和 TMS320x2833x 两个系列处理器主要包括：

- 281x：指 TMS320x281x 器件,如 TMS320F2810、TMS320F2811、TMS320F2812、TMS320C2810、TMS320C2811、TMS320C2812、TMS320R2811 和 TMS320R2812。
- 2833x：指 TMS320x2833x 系列器件,如 TMS320F28335、TMS320F28334 和 TMS320F28332。

4.4.2 中央处理单元(CPU)

TMS320x2833x 系列处理器首次在原 C28x 中央处理单元的基础上增加了浮点处理单元(C28x+FPU),基于 C28x+FPU 架构的控制器除了具有同其他 C28x 处理器相同的 32 位定点架构外,还包含一个单精度(32 位)IEEE 754 浮点处理单元。此单元能够高效地处理 C/C++ 语言编写的程序,从而使得采用 C/C++ 语言编写系统控制软件和算法更加方便。为了在提高性能的基础上达到更大程度的兼容,下述相关单元未做变动：

- C28x 指令;
- C28x 流水线;
- C28x 调试模块;
- 存储器总线结构。

在原有 C28x 指令系统上,TMS320x2833x 系列处理器增加了能够支持浮点操作的指令,而 C28x 的定点指令与 C28x+FPU 的定点指令完全兼容。C28x+FPU 提供上溢和下溢两个标志连接到外设中断扩展单元。

4.4.3 存储单元

1. SARAM 存储器

(1) 增加了 SARAM 存储空间

281x 系列处理器有 18K×16 字的 SARAM,而 2833x 系列处理器增加到了 34K×16 字。SARAM 存储块起始地址为 0x003F 8000,该块分成 L0 和 L1 两部分。一个 SARAM 存储块最大为 4K×16 位,2833x 处理器采用较小的存储块方便代码和数据的分配。例如乘法累加操作(MAC),需要将操作码和两个操作数分配到 3 个不同的存储空间。因此,采用较小的存储块分配可以提高存储器的利用效率。

(2) SARAM 块都是双映射模式

存储块 L0,L1,L2 和 L3 都同时映射到高地址区和低地址区,应用程序可以利用这种双地址映射模式灵活的分配代码。当运行 24x 兼容的程序代码时需要将存储区映射到高 64K 存储空间,但是堆栈指针(SP)只能访问低 64K 存储空间。采用这种模式存储器可以用作数据区也可以用作代码区。需要注意无论如何配置存储器,堆栈指针只能访问低 64K 存储空间。

表 4.10 为 SARAM 存储器映射表。

表 4.10　SARAM 存储器映射表

存储器地址	281x 存储器模块	2833x 存储器模块[1]
0x00 8000～0x00 8FFF	L0	L0
0x00 9000～0x00 9FFF	L1	L1
0x00 A000～0x00 AFFF	N/A[2]	L2
0x00 B000～0x00 BFFF	N/A[2]	L3
0x00 C000～0x00 CFFF	N/A[2]	L4[3]
0x00 D000～0x00 DFFF	N/A[2]	L5[3]
0x00 E000～0x00 EFFF	N/A[2]	L6[3]
0x00 F000～0x00 FFFF	N/A[2]	L7[3]
0x3F 8000～0x3F 8FFF	H0	L0 Mirror
0x3F 9000～0x3F 9FFF		L1 Mirror
0x3F A000～0x3F AFFF	N/A[2]	L2 Mirror
0x3F B000～0x3F BFFF	N/A[2]	L3 Mirror

注：(1)并不是所有器件都有相应的 SARAM 模块，具体情况需要查看数据手册；
　　(2)没有相应的的存储器模块；
　　(3)DMA 访问模块，分配到程序空间时需要一个等待周期。

(3) 等待状态

对于 281x 器件所有 SARAM 块程序和数据空间都是 0 等待状态，而 2833x 器件，块 L4、L5、L6 和 L7 配置为数据空间时 0 等待状态，配置为程序空间时需要 1 个等待状态。在 L4～L7 用作程序空间之前，需要分配为数据区。指令通过 XAR7 寄存器适用程序数据总线，例如 MAC 和 PREAD，如果 XAR7 指向 L4～L7 存储空间将会使降低存储器的访问速度。

(4) DMA 访问 SARAM

6 DMA 通道可以利用 L4～L7 存储块作为 DMA 数据传输的源地址或目的地址，但 281x 处理器上没有 DMA 数据传输功能。

2. Flash 和 OTP 存储器

(1) 扇区的大小和数量

不同处理器的扇区大小和数量有所不同，代码必须根据处理器的具体情况进行编译连接，详细参考表 4.11。

表 4.11　每个器件的 Flash 存储器扇区配置情况

	F2812 F2811	F2810	F28335	F28334	F28332
	6 Sectors 16K×16 + 4 sectors 8K×16	3 Sectors 16K×16 + 2 sectors 8K×16	8 Sectors 32K×16	8 Sectors 16K×16	4 Sectors 16K×16
总和	128K×16	64K×16	256K×16	128K×16	64K×16

(2) Flash 入口地址和 CSM 密码位置

281x 和 2833x 处理器的 boot ROM 入口和密码模块都位于 Flash 扇区 A 的高地址上。2833x 处理器的整个 Flash 空间地址相对 281x 的 Flash 空间地址整体平移,但 boot ROM 入口和密码模块仍位于扇区 A 的高地址空间。为了在调试代码过程中使 CSM 模块处于解锁状态,用户可以为新的密码建立一个存储器观察窗口,其地址为 0x33 FFF8～0x33 FFFF。如果适用 CCS 的 GEL 文件对 CSM 模块解锁,则 GEL 函数需要根据新的地址进行调整。表 3 各种引导模式下给出了 boot ROM 入口地址的分配情况。

(3) OTP 的入口地址

281x 和 2833x 器件的指向 OTP 的 boot ROM 入口指针都是 OTP 的第一个地址,该地址随着 OTP 映射地址的改变而改变。

3. Boot ROM 操作

(1) 引导模式的改进

2833x 处理器的引导模式做了如下改进:

增加了从 I2C-A,McBSP-A 和 eCAN-A 模块的引导功能。由于取消了 MP/MC 引脚,因此 boot ROM 通过 XINTF 完成。SPI-A 支持串行 16 位寻址的 EEPROM 和 24 位寻址的 SPI flash 引导装载。为 XINTF 增加了并行引导模式,这种方式类似于 GPIO 并行装载,只是 XINTF 数据线用来输入数据。IQMath 表还增加了指数表和正弦、余弦、正切运算的浮点表。

(2) 引导模式的选择

引导模式选择的引脚配置如表 4.12 所列,为了能够根据需要的方式引导,在复位前需要配置相应的引脚状态。

表 4.12 引导模式选择方式

引导模式	GPIO87 XA15	GPIO86 XA14	GPIO85 XA13	GPIO84 XA12	功能描述
F	1	1	1	1	跳转到 Flash
E	1	1	1	0	SCI-A
D	1	1	0	1	SPI-A
C	1	1	0	0	I2C-A
B	1	0	1	1	eCAN-A
A	1	0	1	0	McBSP-A
9	1	0	0	1	跳转到 XINTF x16
8	1	0	0	0	跳转到 XINTF x32
7	0	1	1	1	跳转到 OTP
6	0	1	1	0	并行 I/O
5	0	1	0	1	并行 XINTF
4	0	1	0	0	跳转到 SARAM
3	0	0	1	1	跳转到检查应到模式子程序
2	0	0	1	0	跳转到 flash 并忽略 ADC 校正
1	0	0	0	1	跳转到 SARAM 并忽略 ADC 校正
0	0	0	0	0	SCI-A,忽略 ADC 校正

(3) 不同引导模式的入口地址

"boot to SARAM"的入口地址从 H0 存储空间移到了 M0 的起始地址。Flash 的入口地址仍然放在密码模块的前两个地址空间。OTP 的入口地址还位于 OTP 块的的第一个字的地址上,表 4.13 给出了相应的入口地址情况。

表 4.13 引导入口地址

	281x 入口	2833x 入口	说 明
调转到 Flash	0x3F 7FF6	0x33 FFF6	在密码地址的前两个字的位置
调转到 SARAM	0x3F 8000	0x00 0000	从 H0 变到了 M0
调转到 OPT	0x3D 7800	0x38 0400	OTP 存储器的第一个字
调转到 XINTF(x16 或 x32)	N/A	0x10 0000	现在通过 boot Rom 实现 XINTF 引导

(4) 预留存储空间

在引导过程中,0x0002~0x004E 的 M0 存储区预留给堆栈和.ebss 代码段。如果代码被装载到该存储区,则不会有相应的错误报告信息。因此为了防止毁坏 boot ROM 堆栈,地址 0x0000~0x0001 作为 M0 的入口地址,当采用"boot to SARAM"模式启动时,该地址应该存放一个调转到主程序起始地址的分支跳转指令。

4.4.4 时钟和系统控制

本节主要介绍时钟和系统控制的改进情况,主要包括新的和重新命名的寄存器,引脚功能,新的逻辑功能以及其他改进的功能。

1. 相关寄存器

表 4.14 给出了改进的相关寄存器,后面会详细介绍这些寄存器。但是本节所介绍的寄存器不包括 GPIO、ePWM、eCAP 和 eQEP 寄存器。

表 4.14 改进的寄存器

寄存器	改变情况	功能描述
PLLSTS	新增	PLL 状态寄存器,该寄存器包含 PLL lock 状态位和晶振检测逻辑的相关信息。
PCLKCR0	重新命名并升级	281x 处理器上的 PCLKCR 寄存器,并增加了新增外设的时钟使能控制位。
PCLKCR1	新增	新增的寄存器,用来使能、禁止 ePWM、eCAP 和 eQEP 模块的时钟。
PCLKCR3	新增	新增的寄存器,为 XINTF、CPU 定时器、DMA 和输入量化器使能时钟。
LPMCR0	升级	在原寄存器基础上进行了升级,用户可以使能看门狗中断以便可以使器件从 STANDBY 模式唤醒,281x 的该位在寄存器 LPMCR1 内。
LPMCR1	取消	该寄存器由 GPIO 寄存器文件的 GPIOLPMSEL 寄存器取代。
GPIOPLMSEL	新增	选择能够使处理器退出 HALT 和 STANDBY 模式的 GPIO 信号。

2. 系统时钟

(1) 输入时钟信号

281x 和 2833x 器件上 X1 和 X2 都要求 1.9 V,而且在 281x 处理器上如果采用 3.3V 的外部时钟输入,要求对输入时钟进行电平转换。在 2833x 处理器上将 X1 和 XCLKIN 引脚分开,则不需要进行电平转换。如果不使用晶体,外部有源晶振只要直接连接到 XCLKIN 引脚上,X2 引脚悬空即可,但要求 X1 引脚接地。2833x 处理器上增加了晶振监测逻辑,如果 XCLKIN 或 X1 都没有时钟输入,则认为外部时钟输入错误,处理器切换到"limp mode"模式。

(2) 锁相环(PLL)

在使能 PLL 情况下,281x 的 PLL 的输出总是要 2 分频,而 2833x 的分频器由 PLLSTS 寄存器的 DIVSEL 控制,分频系数可以设置为/1、1/2 或 1/4,复位后默认设置为 1/4。boot ROM 改变 DIVSEL 的分频系数使得系统能够在 1/2 输入时钟的频率下装载程序。

2833x 处理器增加了 PLL 锁定状态位。当在 PLL 控制寄存器内选择新的 PLL 比例时,需要一定的时间使 PLL 稳定工作在新的频率。通过 PLL 状态寄存器(PLLSTS)的锁定状态位判断锁相环的状态。而 281x 器件则需要增加一定的等待周期等待锁相环稳定。

在 281x 器件上,XF_PLLDIS 信号在系统复位时采样,如果为低电平则 PLL 被禁止。为了在不需要 PLL 时降低系统噪声和功耗,在器件上 2833x 取消了 XF_PLLDIS 引脚并增加了一位关闭 PLL 控制位。为了使用该功能,PLL 必须先设置为 bypass 模式(PLLCR = 0x0000)

由于晶振监测逻辑的引入,锁相环控制寄存器(PLLCR)的配置过程也需要适当的调整。在 2833x 处理器上,在配置 PLLCR 之前必须检查时钟不工作状态位,如果该状态位被置位(时钟不工作),系统固件完成相应的操作。如果时钟工作正常可以采用下列步骤配置锁相环控制寄存器:

① 设置 PLLSTS[DIVSEL] = 0,SYSCLKOUT = 输入时钟的 1/4;
② 调整 PLLCR 寄存器;
③ 等待 PLL 锁定状态(PLLSTS[PLLLOCKS]),表示锁相环已经锁定;
④ 重新使能晶振监测逻辑并根据需要调整 PLLSTS[DIVSEL]。

(3) 外设时钟使能寄存器

由于增加了新的外设并且原有的外设也做了一定的升级,各外设的时钟使能和禁止控制也需要做相应的调整。在 281x 处理器上只有一个外设时钟控制寄存器 PCLKCR,而 2833x 处理器上有 3 个(PCLKCR0、PCLKCR1 和 PCLKCR3),PCLKCR2 作为预留控制寄存器,在 2833x 处理器上并没有使用。

3. 低功耗、STANDBY 和 HALT 模式唤醒信号的选择

对于 2833x 系列处理器,用户可以根据需要选择 GPIO0 到 GPIO31 输入信号的任何一个引脚实现处理器的唤醒功能,将处理器从 STANDBY 和 HALT 低功耗模式唤醒。选定的引脚可以配置为通用 IO 也可以配置为外设专用功能引脚,可以指定多个引脚,不过一般只选择其中的一个实现此功能。具体信号的选择是通过寄存器 GPIOLPMSEL 完成的。而在 281x 处理器上,只有特定的引脚能够将处理器从 STANDBY 模式唤醒,如果要从 HALT 模式唤醒只能通过 XNMI 和 XRS 信号实现。

为了降低功耗,CPU 定时器、XINTF 和 GPIO 输入逻辑增加了时钟使能/禁止控制功能,这些外设的时钟使能控制在寄存器 PCLKCR3 中完成,默认状态下 CPU 定时器和 GPIO 输入逻辑的时钟处于使能状态,这些和 281x 处理器兼容。而默认状态下 XINTF 被禁止,在调整 XINTF 寄存器之前必须使能其时钟。当 GPIO 的引脚配置为输出时,可以禁止相应引脚的时钟,从而可以在 GPIO 工作在输出模式时降低系统的功耗。

4.4.5 通用目的 I/O(GPIO)

GPIO 端口做了重新调整，从而使每个复用引脚能够兼容多个功能，也使得用户可以根据具体的应用配置相应引脚功能。GPIO 端口功能调整主要包括以下几个方面：

1. GPIO 端口

281x 处理器上 GPIO 信号分成 16 位的 IO 端口，而 2833x 分成 32 位。端口 A 包括 GPIO0～GPIO31，端口 B 包括 GPIO32～GPIO63，端口 C 包括 GPIO64～GPIO87。GPIO 控制和数据寄存器由外设帧 2 调整到了外设帧 1，以便允许对寄存器进行 32 位操作。

2. GPIO 复用寄存器

GPIO 复用逻辑也做了适当的调整，2833x GPIO 服用引脚除了提供 GPIO 功能外，最多复用 3 种功能。每个 GPIO 端口有两个复用控制寄存器。

3. GPIO 量化

GPIO0－GPIO63 输入量化功能可以根据用户的需要确定，量化功能的使用取决与 GPIO 配置在那种工作模式(GPIO 模式或外设模式)。为了减少 XINTF 信号的延时，GPIO64～GPIO87 没有输入量化功能。对于 GPIO0～GPIO63 可以选择三种量化模式：

- 仅与系统时钟(SYSCLKOUT)同步，复位后默认这种模式；
- 采用采样窗(由窗的大小和采样周期确定)进行量化，为了快速准确的量化，采样窗的大小必须与采样信号的时间处于相同级别上。用户可以为每个 GPIO 信号分配 6 或 3 个采样的采样窗，而 281x 只能固定选择 6 个采样的窗。量化采样周期由采样窗内对信号的采样次数确定，每 8 个信号分成一组确定一个采样周期，例如 GPIO0～GPIO7 总是使用相同的量化采样周期。281x 处理器每 16 个信号确定一个采样周期；
- 不采用同步模式，只有在引脚配置为外设功能时才采用这种模式。

281x 处理器，可用的输入量化类型和引脚的外设工作模式有关：

- 281x 类型 1：量化操作允许信号通过采样窗或 SYSCLKOUT 同步进行量化，主要适用于事件管理器的相关引脚；
- 281x 类型 2：外设输入的异步信号没有量化功能，主要适用于通信端口引脚，例如：SCI、SPI 和 eCAN。在这种模式下如果引脚配置为 GPIO，输入量化只能和 SYSCLKOUT 同步。2833x 的输入量化相对更加灵活，用户可以根据需要选择不同的量化模式。

4. 内部上拉配置

每个 GPIO 引脚，用户都可以通过软件使能或禁止内部上拉。281x 处理器有的信号内部默认上拉，而有的信号没有上拉，而且不能配置。

4.4.6 2833x 系列处理器新增外设

在 2833x 系列处理器上增添了很多新的外设，并且有的原 C281x 处理器上的外设也做了相应的升级，本节主要介绍其外设改变的基本情况。

1. 控制外设

281x 的事件管理器模块是在 240x 数字信号处理器的基础上开发的，在 2833x 器件上取消了该模块，在功能上由 3 个新的外设：ePWM、eCAP 和 eQEP 取代，具体情况如表 4.15 所列。

表 4.15　各处理器控制外设基本情况

器　件	事件管理器	ePWM(HRPWM)	ePWM	eCAP	eQEP
281x	EV-A,EV-B	—	—	—	—
28335	—	ePWM1～ePWM6	ePWM1～ePWM6	eCAP1～eCAP6	eQEP1,eQEP2
28334	—	ePWM1～ePWM6	ePWM1～ePWM6	eCAP1～eCAP6	eQEP1,eQEP2
28332	—	ePWM1～ePWM4	ePWM1～ePWM6	eCAP1～eCAP4	eQEP1,eQEP2

2. 增强的 PWM 模块(ePWM)

ePWM 外设主要用于控制商业和工业设备中与功率相关的系统,这些系统主要包括数字电机控制系统、不间断电源(UPS)以及其它功率转换装置。适当的调整 ePWM 输出的占空比,还可以将 ePWM 模块当作 DAC 使用。

器件上的每个 ePWM 模块通过一个同步器相互关联,各模块可以根据需要独立单元使用也可以作为一个整体使用。表 4.16 给出了 28335 的 ePWM 模块和 281x 的事件管理器的比较。

表 4.16　28335 ePWM 和 281x 事件管理器比较

功　能	28335 ePWM	281x EV-A + EV-B
定时器	16 位×6	16 位-x2(EV-A), x2(EV-B) (PWM,CAP 和 QEP 共用)
PWM	12 个 独立的 16 位 + 6 独立 (eCAP 工作在 APWM 模式)	10 个 独立的 16 位
高精度 PWM 控制	6 EPWM A 通道输出	No
比较器	每个时基有 2 个	每个时基有 1 个
时基同步	Yes	No
相位控制	Yes	No
死区设置	10 位 独立的下降沿延时,独立的上升沿延时	~7 位 上升沿延时等于下降沿延时
断路器	Yes	No
错误输出	6 可以给任意 ePWM 模块分配周期循环的或一次性的强制 ePWM 引脚输出高、低或高阻	6 外部硬件强制 PWM 输出高阻
中断	6 所有都可以预定标	24 没有预定标功能
启动 ADC 转换	计数值等于零、周期、比较器 A、比较器 B 都可以触发 ADC	计数值等于零、周期和 TxPWM 的比较值时触发 ADC

2833x 的 ePWM 包含高精度扩展功能，该高精度 PWM 模块（HRPWM）提高了数字 PWM 输出的事件精度，当 PWM 输出要求精度在 9～10 位以下时可以采用 HRPWM 模块实现。当系统时钟工作在 100～150MHz 输出的 PWM 频率大于 200KHz 时该模块就会发挥其该精度的优势。HRPWM 模块有一下特点：

- 提高事件分辨率；
- 在周期占空比和相移控制方法中都可以使用；
- 采用比较和相位寄存器的扩展功能可以优化时间间隔控制和边沿定位操作；
- EPWMxA 和 EPWMxB 可以独立工作在高精度模式和传统模式下；
- 自检查诊断软件模式能够检查微小的边沿位置。

3. 增强的捕捉单元模块（eCAP）

当系统需要了解外部时间准确的产生时间时 eCAP 模块非常有用。如果不用来捕捉外部时间，eCAP 外设还可用作但通道 PWM 产生器，表 4.17 给出了 eCAP 和事件管理器的比较。

表 4.17　eCAP 和事件管理器的比较

功　能	28335 eCAP	281x EV-A + EV-B
定时器	32 位×4	16 位-X2(EV-A)，X2(EV-B)（PWM,CAP 和 QEP 共用）
通道数	6 通道	同 QEP 共用 3 个通道
Timestamp	32 位	16 位
每个通道的捕捉缓冲	4 存储器映射寄存器	2 级 FIFO
边沿量化	总共 4 个，每个缓冲 1 个	1
排序器	Yes	No
Delta 事件模式	Yes	No
绝对事件模式	Yes	Yes
APWM 模式	Yes	No
事件预定标器	Yes	No
中断	4 个 所有都可以预定标	6 没有预定标

4. 增强的 QEP 模块（eQEP）

eQEP 模块主要用来检测直线或旋转增量编码器的状态，从而可以为高性能运动控制和位置控制系统获得位置、方向以及速度信息。表 4.18 给出了 28335 和 281x 的事件管理器功能的比较。

表 4.18　28335 和 281x 的事件管理器功能的比较

功　能	28335 eQEP	281x EV-A + EV-B
定时器	32 位×2	16 位-X2(EV-A)，X2(EV-B)（PWM,CAP 和 QEP 共用）

续表 4.18

功 能	28335 eQEP	281x EV-A + EV-B
通道	2 通道 32 位位置计数器	2 通道 16 位共用计数器
速度测量	Yes 基于频率和周期计算	No
频率测量	Yes 定时器计数	No
位置比较	Yes 位置比较寄存器	No
轴停止检测	Yes 嵌入在看门狗中	No
错误检查	Yes 相位和计数错误	No
外部门限 (External strobes)	索引和启示位置 (Index and home)	索引 (Index)
中断	2 所有都可以预定标	0

5. 直接存储器访问(DMA)

直接存储器访问模块为外设或存储器同 CPU 之间提供了高速数据传输方式,因此为其他系统功能实现提供了更多的时间,提高了系统处理的带宽。此外,DMA 还可以工作在"Ping-Pong"模式下,方便系统数据的传输和处理,可以有效的优化 CPU 处理数据算法。DMA 模块采用事件触发机制,需要外设中断触发 DMA 数据传输。6 个 DMA 通道的中断触发源可以独立配置,并且每个通道有独立的 PIE 中断,从而使 CPU 能够及时了解每个通道启动或传输完毕情况。DMA 具有以下特点:

● 6 个通道,每个通道有自己独立的 PIE 中断向量表;
● 触发源包括:
—ADC 排序器 1 和 2;
—McBSP 发送和接受;
—外部中断 1—7 和 13;
—CPU 定时器;
—软件。
● 数据源地址和目的地址:L4—L7 SARAM,所有的外部扩展区 XINTF,ADC 结果寄存器,McBSP 发送和接收寄存器;
● 传输字宽可配置为 16 位或 32 位。

6. I2C 总线

2833x 处理器增加了 I2C 总线,该模块在 281x 器件上不存在。具体使用方法参考 TMS320x28xx,28xxx Inter-Integrated Circuit(I2C)Reference Guide(SPRU721)。

4.4.7 2833x 系列处理器改进外设

1. ADC 模数转换单元

2833x 模数转换器(ADC)相对 281x 处理器主要区别：
- RefP/RefM 引脚连接的电容由 281x 器件要求的 10 μF 减小为 2.2 μF；
- RESEXT 电阻由 281x 要求的 24.9 kΩ 1% 降低到 22 kΩ 5%；
- 外部参考只有一个引脚，标准的 2.048 V 参考电压；
- 供电由 3.3 V 降到 1.8 V，降低了 ADC 模块的功耗；
- 降低的增益误差；
- 增加了偏移校正寄存器(OFFTRIM)，可以动态的校正 ADC 转换结果；
- 结果寄存器采用双地址映射，有利于连续转换应用；
- 定义了两个新的中断，能够分别连续的处理排序器 1 和排序器 2 的中断；
- 采用 DMA 方式访问结果寄存器。

表 4.19 为 28335 新增加的 ADC 寄存器描述。

表 4.19 28335 新增加的 ADC 寄存器

寄存器	变化情况	功能描述
RESULT0~RESULT15	双地址映射	同时映射到起始地址为 0xB00 空间，可以采用 DMA 方式访问结果寄存器

28335 的 ADC 模块在处理器引导过程中有 boot ROM 软件进行校准，ADC_cal()程序在处理器出厂时直接嵌在 OTP 存储器内。boot ROM 根据器件特定的校准数据调用 ADC_cal()程序初始化 ADCREFSEL 和 ADCOFFTRIM 寄存器。在正常操作过程中，该过程也将自动完成不需要用户程序干预。如果在系统开发过程中 CCS 将 boot ROM 禁止，则用户程序必须初始化 ADCREFSEL 和 ADCOFFTRIM 寄存器。

2. 代码保护模块(CSM)

在 281x 处理器上密码保护模块主要保护 Flash,OTP 和 L0/L1 SARAM 存储区的内容，2833x 除保护上述存储区外，还保护 L0,L1,L2 和 L3 存储区的内容。

除了 CSM 模块外，增加了调试代码保护逻辑(ECSL)，防止未授权用户通过调试工具访问保护的代码段。任何对 Flash,用户 OTP,L0,L1,L2 或 L3 区数据或代码的访问都会启动 ECSL 单元，从而会使仿真器断开连接。为了调试保护的代码并维持 CSM 的保护功能，用户需要向 KEY 寄存器的低 64 位地址写入正确的密码。此外，还必须对 Flash 中 128 位密码执行空读操作。如果低 64 位密码全部为 1(未编程)则调试 Flash 内程序时不需要上述匹配操作。在开始调试带有密码的 Flash 程序时，仿真器控制 CPU。在此过程中，CPU 开始运行并执行一条指令访问 ECSL 区，一旦完成此操作，ECSL 将被启动并会断开仿真工具，对此有两种解决办法：

① 第一种方法采用复位等待调试模式，在这种模式下仿真器取得控制权前处理器一直处于复位模式，但要求所使用的仿真器支持这种模式；

② 第二种方法是使用"Branch to check boot mode"引导模式，这将会使处理器一直处于检查引导模式选择引脚状态的循环中。用户选择这种模式，一旦仿真器连接好，通过重新将 PC 映射到其他地址或改变引导模式选择引脚的状态退出这种模式。

3. 外部存储器扩展接口(XINTF)

2833x 处理器的外部存储器扩展接口(XINTF)同 TMS320x281x XINTF 基本相同,主要区别包括以下几个方面:

(1) 数据总线宽度支持 16 位和 32 位

每个外部存储器扩展空间都可以独立的配置为 16 位或 32 位,采用 32 位数据总线传输数据可以提高数据传输的效率,但数据总线的宽度并不能改变外部存储器扩展单元寻址范围。在 32 位模式下,最低位地址线 XA0 由第二个写使能信号取代。281x 外部存储器接口只能支持 16 为数据总线。

(2) 寻址空间增大

外部地址线扩展到 20 位,Zone 6 和 Zone 7 两个片选空间都可以满寻址,寻址方位都是 1M×16 位字,而 281x 上相应的最大寻址范围为 512k×16 位字。

(3) 直接存储器访问功能(DMA)

所有外部存储器扩展区的 zone 信号都连接到片上 DMA 控制器,在 DMA 控制器的控制下,处理器处理数据的同时还可以完成和外存储器的数据、代码的传输,281x 不支持 DMA 数据传输。

(4) XINTF 时钟(XTIMCLK)使能控制

为了降低系统功耗,默认情况下 XINTF 时钟(XTIMCLK)被禁止,可以通过相寄存器 PCLKCR3 的第 12 位写 1 使能外部存储器时钟。XTIMCLK 和 XCLKOUT 采用独立控制,关闭 XTIMCLK 时并不会影响 XCLKOUT 工作。在 281x 处理器上 XTIMCLK 一直处于使能状态。

(5) XINTF 引脚和 GPIO 复用

大多数 XINTF 引脚和 GPIO 共用,在使用 XINTF 之前必须配置 GPIO 复用控制寄存器。如果选择从外部扩展存储器启动,复用功能配置由 boot ROM 中的程序完成。281x 的 XINTF 的引脚都是专用引脚,没有 GPIO 功能。

(6) 片选信号

XINTF 的片选信号减少到 3 个:Zone 0,Zone 6 和 Zone 7,每个区都有自己独立的片选信号。Zone 0 仍然是读紧随写保护,因此最好分配给只读的外设使用。2812 处理器上有些外部存储区的片选信号复用,Zone 0 和 Zone 1 共用 XZCS0AND1,Zone 6 和 Zone 7 共用 XZCS6AND7。

(7) Zone 7 映射空间(取消了 MP/MC 引脚)

2833x 处理器所有存储区包括 Zone 7 都采用固定的地址映射。选用外部引导将配置 Zone 6 工作在 16 位或 32 位,并会调转到 Zone 6 的首地址 0x10 0000。而在 281x 处理器上 MP/MC 信号状态确定 Zone 7 的映射地址,且 Zone 6 和 7 共用一个片选信号。

(8) Zone 存储器映射地址

2833x 处理器 Zone 0 的起始地址为 0x4000,大小为 4K×16 位,Zone 6 和 Zone 7 的寻址范围都是 1M×16 位,起始地址分别为 0x100000 和 0x200000;281x 处理器 Zone 0 起始地址 0x2000,大小为 8K×16 位,Zone 6 和 Zone 7 寻址范围分别为 512K×16 位和 16K×16 位。

(9) EALLOW 保护和其他寄存器变化

2833x 处理器的 XINTF 寄存器采用允许访问保护模式,而 281x 的 XINTF 寄存器没有此功能,其他变化如表 4.20 所列。

表 4.20 XINTF 寄存器变更情况

寄存器	改变情况	功能描述
XTIMING0	更新	XSIZE 可以 16 位或 32 位,且该寄存器允许保护
XTIMING1	取消	不再使用
XTIMING2	取消	不再使用
XTIMING6	更新	XSIZE 可以 16 位或 32 位,且该寄存器允许保护
XTIMING7	更新	XSIZE 可以 16 位或 32 位,且该寄存器允许保护
XINTCNF2	更新	MP/MC 模式位保留,且该寄存器允许保护
XRESET	新增	在 DMA 传输过程中,一旦 CPU 检测到 XREADY 信号变为低电平,可以使用硬件复位

4. 多通道缓冲串口(McBSP)

多通道缓冲串口取消了 FIFO,接收和发送区直接连接到 DMA 控制器上,为此,相应的寄存器也由原来外设帧 2 移到了外设帧 3 上,其它变化如表 4.21 所列。

表 4.21 McBSP 寄存器变更情况

寄存器	改变情况	功能藐视
MFFTX	取消	不再使用
MFFRX	取消	不再使用
MFFCT	取消	不再使用
MFFINT	更新	重新定义为 McBSP 中断使能寄存器
MFFST	取消	不再使用

4.4.8 2833x 系列处理器未改动外设

串行外设接口(SPI)、串行通信接口(SCI)以及 CAN 总线接口(eCAN)功能上都没有改变,只是有的 2833x 处理器相应的通信接口在数量上有所改变,如表 4.22 所列。

表 4.22 未调整的外设

器件	SCI 模块	SPI 模块	eCAN 模块
281x	SCI-A,SCI-B	SPI-A	eCAN-A
28335	SCI-A,SCI-B,SCI-C	SPI-A	eCAN-A,eCAN-B
28334	SCI-A,SCI-B,SCI-C	SPI-A	eCAN-A,eCAN-B
28332	SCI-A,SCI-B	SPI-A	eCAN-A,eCAN-B

2833x 处理器取消了事件管理器模块,相应的功能由 ePWM、eCAP 和 eQEP 三个模块取代。

4.4.9 中 断

中断的变换主要是对外设中断扩展模块和外部中断的处理进行了升级,具体如下:

1. 外设中断扩展模块(PIE)

PIE 模块的功能及其配置寄存器(PIEACK、PIEIFRx、PIEIERx 等)的功能都和 281x 的一致，PIE 矢量表做了适当的调整，该矢量表支持：

- 为新增加的外设 DMA、ePWM、eCAP、eQEP、I2C 提供新的中断矢量；
- 为新增加的 SCI-C 和 eCAN-B 提供新的中断矢量；
- 为 ADC 模块提供了两个新的中断矢量，以便能够分别处理排序器 1(SEQ1)和排序器 2 (SEQ2)的转换。SEQ1 分配到 INT1.1，SEQ2 分配到 INT1.2。原有的 ADCINT 保留，用户可以选择 ADC 中断、排序器 1(SEQ1)中断或排序器 2(SEQ2)处理 ADC 的转换；
- 增加了 5 个外部中断 XINT3～XINT7；
- 浮点处理的上溢和下溢都连接到 PIE 单元，方便在调试程序时正确处理这两种情况。

2. 外部中断

(1) 选择中断优先级

2833x 处理器可以对 XINT1、XINT2 和 XNMI 中断的极性进行配置，可以通过 XINT1CR、XINT2CR 和 XNMICR 寄存器完成极性选择配置：

- 上升沿触发；
- 下降沿触发；
- 上升和下降沿都触发，281x 处理器不支持这种模式。

(2) XNMI 中断配置

XNMICR 寄存器的 ENABLE = 1 和 SELECT = 1 做了调整。281x 处理器上使能 NMI 和 INT13 中断，而 2833x 处理器上当 ENABLE = 1 和 SELECT = 1 时实现如下功能：

- 禁止 NMI 中断；
- INT13 连接到 GPIO 端口 A 作为 XNMI 中断；
- Time stamp 计数器使能。

(3) 5 个附加中断

新增加了(XINT3～XINT7)5 个中断，每个中断都有自己独立的 PIE 矢量，用户可以从 GPIO32～GPIO63 信号中为这 5 个中断选择中断源。

(4) 外部中断信号的选择

用户可以根据需要从 GPIO 端口 A(GPIO0～GPIO31)中为中断 XINT1、XINT2 和 XNMI 选择中断源，从 GPIO 端口 B(GPIO31～GPIO63)为 XINT3～XINT7 选择中断源。这些选择操作在寄存器 GPIOXIN1SEL、GPIOXINT2SEL、GPIOXINT3SEL、GPIOXINT4SEL、GPIOXINT5SEL、GPIOXINT6SEL、GPIOXINT7SEL 和 GPIOXNMISEL 中完成。在 281x 处理器中只有 XINT1、XINT2 和 XNMI 外部中断可用，且都是专门信号引脚。

4.5 TMS320X28xx 的应用领域

TMS320X28xx 的主要应用领域如下：

工业　　　　　　　　　　　　　高级传感

　自动化　　　　　　　　　　　RFID 检测/去激活

　泵　　　　　　　　　　　　　光学测量

驱动	条形码阅读器
压缩	医疗分析与感应
机器人技术	流量计
汽车	电容/压阻传感器
电子动力转向	触摸屏控制
扭矩压力、惯性感应	电力线调制解调器
集成启动器交流发电机	公用计量
引擎爆震检测和消除	热电冷却器
无刷电机和泵	音频效果和反馈控制
碰撞避免(短距雷达)	电机类型
数字电源	单相
交流/直流	不带传感器
UPS	永久磁性同步
直流/交流	三相
SMPS	交流感应
镇流器控制	开关磁阻
LCD 显示屏	带传感器
	无刷直流

4.6　TMS320F2812 硬件平台

　　F2812EVM 硬件开发平台是一个独立的嵌入式应用板卡,板卡集成了丰富的外设资源,能够满足大多数应用需求。高容量的存储器为大规模程序开发调试提供了方便。完全的信号扩展接口使用户更方便进行二次开发,可以作为工业控制,特别是电机控制系统集成的配套产品,该平台主要功能包括:

- 32 位定点 TMS320F2812A 数字信号处理器,系统周期为 6.67 ns 的处理速度,运算速度可达 150 MIPS,芯片内集成看门狗电路;
- 双路 RS-232 增强型主机通信接口可实现异步通信;
- CAN 总线接口,可做终端节点或其他任意节点;
- 1 个增强型多通道缓存串口(MCBSP);
- 16 路 12bitA/D 转换器,包含 2 个采样保持器,最快的转换速度(S/H+转换)为 80ns;
- 两个事件管理器模块(主要用于 PWM 控制的信号产生);
- 板上零等待 128K SRAM;
- 内部存储器:18 K 的 SRAM(包括 544 字的 DRAM),以及 128 K 可加密的 FLASH;
- 板上 30 MHz 集成晶振及相关时钟电路;
- 可编程 8 位拨位开关,4 位指示灯;
- 4 个数据、地址、I/O 以及控制信号扩展接口,扩展所有 DSP 的功能引脚;
- 板上 IEEE 1149.1 JTAG 连接器接口;
- 可单电源 5 V 供电,也可通过扩展接口从扩展板供电。

在所有系统硬件设计中,了解处理器本身的基本结构、功能特性后就可以根据需要选定实现的器件,而在具体电路设计中,了解使用器件的每个引脚的功能是设计的前提和基础,同时只要掌握了每个引脚的功能、电气特性也就能够很方便的实现系统的硬件设计。本节主要将所有TMS320x28xxx系列处理器所涉及的引脚功能进行了分类总结,如表4.23所列,在使用特定处理器时可以参照使用。

表4.23 TMS320x28xxx系列处理器信号功能

引脚定义	信号特性	功能描述
JTAG调试接口信号		
$\overline{TRST}$	输入,内部下拉	JTAG测试复位引脚,内部具有下拉功能。当$\overline{TRST}$为高电平时,提供器件操作的扫描控制功能;如果信号悬空或为低电平,器件操作在功能模式,而且会忽略测试复位信号。 说明:$\overline{TRST}$为高时器件工作在测试模式,因此在正常操作情况下该引脚必须一致保持低电平,而且需要一个外部下拉电阻,阻值的选择和采用的调试工具的驱动能力有关。一般情况下2.2 kΩ的电阻就足以为调试工具和目标板提供足够的保护能力。由于应用的特殊性(application-specific),要求每个目标板和调试工具之间采用合适的匹配电阻
TCK	输入	JTAG测试时钟,外部需要上拉电阻,一般采用2.2 kΩ
TMS	输入,内部上拉	JTAG测试模式选择,内部具有上拉功能。在TCK上升沿,串行控制信号所锁存到TAP控制器中
TDI	输入,上拉	JTAG测试接口数据输入引脚,具有内部上拉功能。在TCK的上升沿将信号所存到特定的指令或数据寄存器中
TDO	输出	JTAG测试接口数据输出引脚,在TCK的下降沿,指定的数据或数据寄存器的内容从TDO移出
EMU0	输入/输出	Emulator pin 0。当$\overline{TRST}$为高电平时,该引脚作为仿真器的一个中断信号,由JTAG扫描控制器确定其输入、输出方向。通过该引脚还可以使器件工作在边界扫描模式,当EMU0为逻辑高,EMU1为逻辑低时,$\overline{TRST}$上升沿触发器件工作在边界扫描模式。 说明:需要外部上拉电阻,阻值的选择和采用的调试工具的驱动能力有关。一般情况下2.2~4.7 kΩ的电阻就足以为调试工具和目标板提供足够的保护能力。由于应用的特殊性(application-specific),要求每个目标板和调试工具之间采用合适的匹配电阻
EMU1	输入/输出	Emulator pin 1。当$\overline{TRST}$为高电平时,该引脚作为仿真器的一个中断信号,由JTAG扫描控制器确定其输入、输出方向。通过该引脚还可以使器件工作在边界扫描模式,当EMU0为逻辑高,EMU1为逻辑低时,$\overline{TRST}$上升沿触发器件工作在边界扫描模式。 说明:需要外部上拉电阻,阻值的选择和采用的调试工具的驱动能力有关。一般情况下2.2~4.7 kΩ的电阻就足以为调试工具和目标板提供足够的保护能力。由于应用的特殊性(application-specific),要求每个目标板和调试工具之间采用合适的匹配电阻
时钟信号		
XCLKOUT	输出	由SYSCLKOUT经过分频后的始终输出,可以提供1倍、2倍、4倍和8倍的SYSCLKOUT信号分频。由寄存器XINTCNF2的位19(BY4CLKMODE),位18:16(XTIMCLK)和位2(CLKMODE)控制。处理器复位后,默认状态为XCLKOUT = SYSCLKOUT/8,也可以通过将XINTCNF2[CLKOFF]置位关闭XCLKOUT信号输出。和其他GPIO信号不同,XCLKOUT引脚上电复位后不为高阻状态

续表 4.23

引脚定义	信号特性	功能描述
XCLKIN	输入	外部晶振输入,由该引脚微处理器提供 3.3 V 的外部时钟信号,此时 X1 引脚必须接到 VSSK。如果选用石英晶体,则此引脚必须接到 VSS
X1	输入	内部或外部晶振输入,在 X1 和 X2 之间连接一个石英晶体,X1 引脚以 1.8 V 内核数字电源为参考。可以将外部 1.8 V 外部晶振连接到 X1 引脚,在这种情况下,XCLKIN 引脚必须连接到 Vss,如果外部 3.3 V 的晶振连接到 XCLKIN 引脚,X1 必须连接到 VSSK
X2	输出	内部晶振输出,需要在 X1 和 X2 之间连接一个石英晶体,如果不适用该引脚必须悬空
复位信号		
$\overline{XRS}$	输入 输出	器件复位(输入)和看门狗复位(输出):当 $\overline{XRS}$ 为低电平时器件复位并终止程序执行,PC 指针指向地址 0x3FFFC0。当 $\overline{XRS}$ 转换为高电平,程序从 PC 指针指向的地址运行。当 MCU 的看门狗产生复位操作时,在看门狗产生的 512 个 OSCCLK 周期的复位过程中,该引脚被拉低。该引脚输出缓冲为集电极开路,内部带有上拉电阻。要求该引脚采用集电极开路器件(open-drain device)驱动
$\overline{XRSIO}$	输入	$\overline{XRSIO}$,在目标板上该引脚必须连接到 $\overline{XRS}$ 引脚上,当检测到 $\overline{XRS}$ 变为低电平时,将所有输出缓冲置为高阻状态
模数转换接口信号		
EXTSOCxA	输出	外部 ADC 启动信号,Groupx A 输出,外部 ADC 触发信号,该信号和 ePWM SOCA 内部信号采用逻辑或的关系
EXTADCCLK	输出	外部 ADC 时钟信号,为外部扩展的 ADC 电路提供时钟信号
ADCINA7~0 ADCINB7~0	输入	8 个模拟输入选用一个采样保持器,VDDA1,VDDA2,VDDAIO 电源引脚上电之前 ADC 引脚不能输入信号
ADCSOCAO	输出	ADC 启动转换 A (O)
ADCSOCBO	输出	ADC 启动转换 B (O)
ADCREFP	输出	ADC 电压参考输出(2 V),需要连接具有低串联阻抗(ESR,小于 1.5 Ω)的 10 μF 旁路陶瓷电容到模拟地。如果软件使能也可以采用外部参考输入(2 V),采用外部参考模式时使用 1~10 μF 的低串联阻抗的旁路电容
ADCREFM	输出	ADC 电压参考输出(1 V),,需要连接具有低串联阻抗(ESR,小于 1.5 Ω)的 10 μF 旁路陶瓷电容到模拟地。可以采用外部参考输入(2 V),采用外部参考模式时使用 1~10 μF 的低串联阻抗的旁路电容
ADCRESEXT	输入	ADC 外部电流偏置电阻,ADC 时钟在 1~18.75 MHz 时,采用 24.9(1±5%) kΩ 的电阻;ADC 时钟在 18.75~25 MHz 时,采用 20(1±5%) kΩ 的电阻
ADCBGREFIN		测试引脚,TI 预留
AVSSREFBG	电源	ADC 模拟地
AVDDREFBG	电源	ADC 模拟电源(3.3 V)
ADCLO	电源	共模低端输入,连接到模拟地
VSSA1/2	模拟地	ADC 模拟地

续表 4.23

引脚定义	信号特性	功能描述
VDDA1/2	电源	ADC 模拟电源(3.3 V)
VSS1	数字地	ADC 数字地 GND
VDD1	电源	ADC 数字电源 1.8－V(或 1.9－V)
VDDAIO	电源	3.3－V 模拟 I/O 电源引脚
VSSAIO	模拟地	模拟 I/O 地引脚
外部扩展接口		
XA[18~0]		外部扩展接口地址总线
XD[15~0]	I/O/Z PU	外部扩展接口数据总线
XMP/$\overline{MC}$	PD	微处理器/微计算机模式选择。当该引脚为高电平时,Zone 7 配置为外部接口;当为低电平时,Zone 7 对应的外部接口被禁止,由内部的 boot ROM 替代。在处理器复位过程中,该引脚状态被锁存到 XINTCNF2 寄存器,用户也可以采用软件调整该状态标识位。复位完成后,XMP/$\overline{MC}$ 引脚状态不再起作用而被忽略
$\overline{XHOLD}$	输入(PU)	外部 HOLD 请求信号,XHOLD,当该信号有效(低)时请求外部存储器扩展接口 XINTF 释放外部总线,并将所有 strobe 信号置为高阻状态。当前访问完成且没有挂起 XINTF 时,XINTF 将会释放总线控制权
$\overline{XHOLDA}$	输入	外部保持 HOLD 相应信号,当 XINTF 接口接到 $\overline{XHOLDA}$ 请求后,$\overline{XHOLDA}$ 变为低电平,所有 XINTF 总线和选择信号输出高阻抗状态,当 $\overline{XHOLDA}$ 信号被释放后,$\overline{XHOLDA}$ 信号也被释放。当 $\overline{XHOLDA}$ 信号有效时,外部器件智能被外部总线驱动
$\overline{XZCS0AND1}$	输出	XINTF Zone 0 和 Zone 1 片选信号,当访问外部扩展 Zone 0 和 Zone 1 空间时,$\overline{XZCS0AND1}$ 信号有效
$\overline{XZCS2}$	输出	XINTF Zone 2 片选信号,当访问外部扩展 Zone2 空间时,$\overline{XZCS2}$ 信号有效
$\overline{XZCS6AND7}$	输出	XINTF Zone 6 和 Zone7 片选信号,当访问外部扩展 Zone 6 和 Zone71 空间时,$\overline{XZCS6AND7}$ 信号有效
$\overline{XWE}$	输出	写使能信号,低电平有效
$\overline{XRD}$	输出	读使能信号,读操作时 $\overline{XRD}$ 信号有效(低电平)
XRD/$\overline{W}$	输出	读写使能信号,当引脚输出低电平时,写有效;当引脚输出高电平时,读周期有效
XREADY	输入(PU)	准备好信号,当输入高电平时表明外设准备好,XREADY 可以配置为同步或一部输入
PWM 信号		
EPWMxA	输出	增强型 PWMx 输出 A 和 HRPWM 通道
EPWMxB	输出	增强型 PWMx 输出 A
EPWMSYNCI	输入	外部 ePWM 同步脉冲输入(I)
EPWMSYNCO	输出	外部 ePWM 同步脉冲输出(O)
捕捉单元		
ECAPx (x=1,2,3,4,5,6)	输入/输出	增强捕捉输入/输出 x

续表 4.23

引脚定义	信号特性	功能描述
多通道缓冲串口		
MFSRB	输入/输出	多通道缓冲串口 B 接收帧同步信号
MCLKRB	输入/输出	多通道缓冲串口 B 接收时钟信号
MDXB	输出	McBSP-B 发送串行数据(O)
MDRB	输入	McBSP-B 接收串行数据(I)
MCLKXB	输入/输出	McBSP-B 发送时钟(I/O)
MFSXB	输入/输出	McBSP-B 发送帧同步信号(I/O)
CAN 总线接口		
CANTXB	输出	增强 CAN-B 发送(O)
CANRXB	输入	增强 CAN-B 接收(I)
串口通信接口		
SCITXDB	输出	SCI-B 发送数据(O)
SCIRXDB	输入	SCI-B 接收数据(I)
串行外设接口		
SPISIMOA	输入/输出	SPI 从输入,主输出(I/O)
SPISOMIA	输入/输出	SPI-A 从输出,主输入(I/O)
SPICLKA	输入/输出	SPI-A 时钟输入/输出(I/O)
$\overline{\text{SPISTEA}}$	输入/输出	SPI-A 从发送使能输入/输出(I/O)
I²C 总线接口		
SDAA	输入/输出(下拉)	I²C 集电极开路数据信号(I/OD)
SCLA	输入/输出(下拉)	I²C 时钟,集电极开路双向端口(I/OD)
$\overline{\text{TZx}}$	输入	Trip Zone 输入(I)
$\overline{\text{TZ3}}/\overline{\text{XHOLD}}$		Trip Zone input 3/外部保持请求,当 $\overline{\text{XHOLD}}$ 低电平有效时,请求外部接口(XINTF)释放外部总线,并将左右总线和片选信号置为高阻状态。为了防止在 $\overline{\text{TZ3}}$ 信号有效时产生上述操作,可以将 XINTCNF2[HOLD]置 1 禁止该功能。如果没有禁止此功能,XINTF 总线随时都有可能输出高祖状态,在 ePWM 模块一侧看,$\overline{\text{TZn}}$ 信号将不起作用,除非采用软件代码时能。当前访问结束时,XINTF 将会释放总线
$\overline{\text{TZ4}}/\overline{\text{XHOLDA}}$	输出	Trip Zone input 3/外部保持响应信号,该引脚功能和 GPADIR 寄存器配置的方向有关,如果配置为输入引脚,为 $\overline{\text{TZ4}}$ 功能;如果配置为输出则选择 $\overline{\text{XHOLDA}}$ 功能。当外部扩展接口相应 $\overline{\text{XHOLD}}$ 的请求时,$\overline{\text{XHOLDA}}$ 信号有效(输出低电平),所有 XINTF 总线和片选信号都会被置于高阻状态。当 $\overline{\text{XHOLD}}$ 被释放后,$\overline{\text{XHOLDA}}$ 也被释放。当 $\overline{\text{XHOLDA}}$ 信号有效时,外部设备智能驱动外部设备

4.6.1 TMS320F2812 硬件描述

F2812 评估板是一个嵌入式板卡,采用 5 V 单电源供电,硬件如图 4.8 所示。

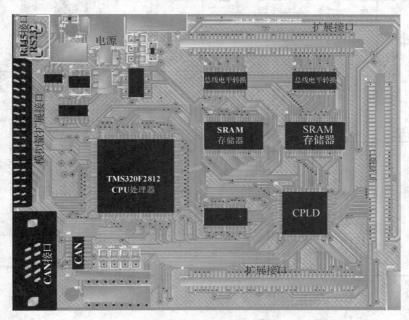

图 4.8 硬件结构图

4.6.2 电源接口

F2812 采用 3.3 V 和 1.8 V 双电源供电。本系统采用数字模拟地分离设计。电压转换电路将输入的 5 V 电压转换为 3.3 V 和 1.8 V。电路如图 4.9 所示。电压转换芯片采用 TI 的 TPS767D318,该电源专门为双通道电压处理器设计,每个通道可以提供最大 1 A 的电流。此外,TPS767D318 还具有欠压复位功能,在系统上电过程或电压波动而低于阈值(输出电压的 5%),产生 200 ms 的复位信号,此功能可以使上电可靠复位,或因电压抖动而系统可靠重启,其时序图如图 4.10 所示。

4.6.3 复位电路

通常情况下复位电路包括上电复位、手动复位、电源监测复位以及看门狗复位等,无论哪种复位,其基本功能是为了保障系统能够正常的启动。在电路设计时,手动和上电复位主要考虑能够手动去抖、上电复位时间保证等方面。而电源监测则主要是通过对系统电源进行监测,一旦出现超出设定的标准阈值则使处理器复位,重新运行防止系统跑飞而不能正常工作。看门狗是系统主要是完成系统软件程序监测,采用固定时间出发看门狗定时器方式,是看门狗一直处于计数状态,一旦系统软件出现异常而在看门狗计数周期内没有对其清零操作,则认为系统软件故障而产生复位信号使 CPU 复位。图 4.11 给出了上电和手动复位的电路图,电源监测和看门狗会在相关章节详细阐述。

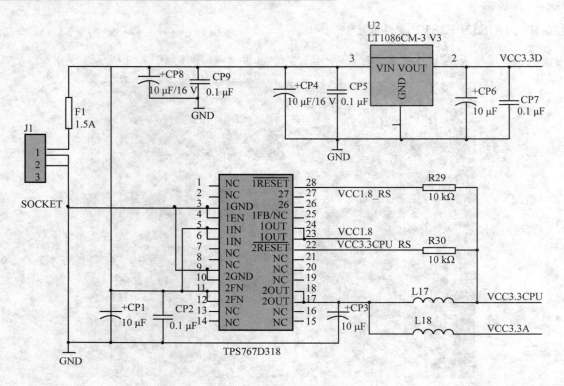

图 4.9　DSP 双电源电路

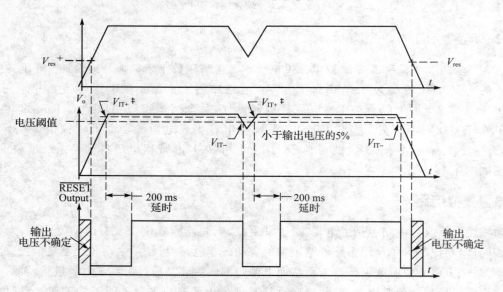

图 4.10　TPS767D318 电源检测复位时序

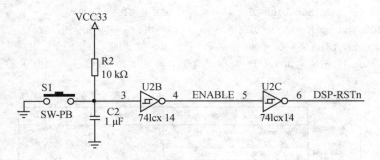

图 4.11　上电和手动复位电路

4.6.4　TMS320F2812 存储器接口

EVM 包含零等待周期的两片 64 kB 数据存储器,芯片型号为 ISLV6416。提供总共 128 kB 的外部存储器。在系统开发过程中,内部的存储器往往要优先使用,这样可以提高系统的运行效率。此外,外部存储器的速度要受等待周期的影响。F2812 能够内部产生外部接口(XINTF)的等待周期。片外等待周期由片内等待产生寄存器确定。为了能够获得零等待的存储器接口,系统必须正确的配置等待寄存器。也可以通过外部 ready 信号来产生等待周期。

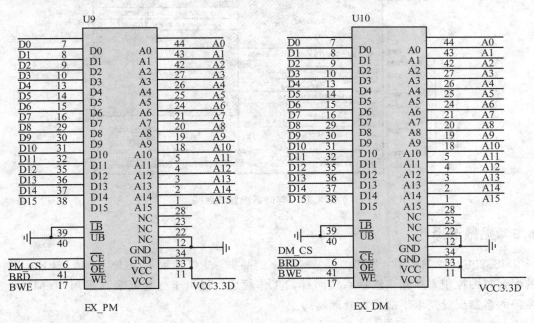

图 4.12　外部存储器扩展

2812 的存储器采用统一编址方式,存储器由两种配置方式,其模式配置通过拨码开关 S1 的第 2 位来选择。如果此位拨在 ON 位置,DSP 工作在计算机模式并且启动内部的 BOOT 模式,此时可以选择从内部的 Flash 运行程序,如果此位拨于 OFF 位置,则内部的 Flash 被屏蔽并且 XINTF ZONE7 空间被使能。如图 4.13 所示为两种存储器映射空间图。评估板存储空间分配如下:

```
origin = 0F0000h, length = 010000h    /* 片外 RAM 共 64K */(U9)
origin = 3FC000h, length = 003FC0h    /* 片外 RAM 共 16K-64byte */(U10)
origin = 170000h, length = 00c000h    /* 片外 RAM 共 48K */(U10)
origin = 3FFFC0h, length = 000040h    /* 复位向量 32X32(片外) */(U10)
```

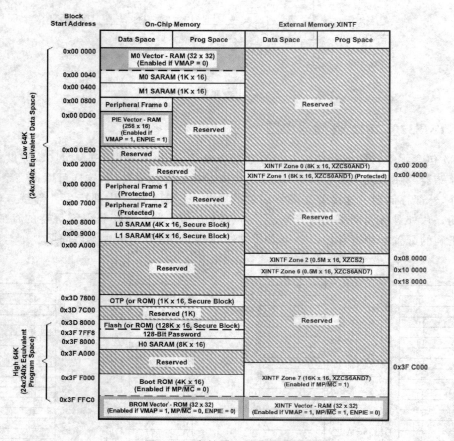

图 4.13 存储器配置映射图

4.6.5 晶振选择

TMS320F2812 EVM 由外部提供 30 MHz 的晶振，CPU 接受 CLKIN（CPUCLK），通过适当的配置时钟控制寄存器来选择系统时钟的工作频率。但由于处理器最高采用 40 MHz，因此锁相环的系数配置要求不能超出处理器的主频。

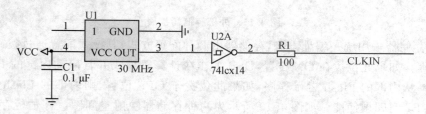

图 4.14 外部有源时钟电路

4.6.6 扩展总线

TMS320F2812 评估板将所有外部总线扩展接口通过缓冲进行扩展,提高了系统的驱动能力和电平兼容能力,如图 4.15 所示采用信号扩展线。

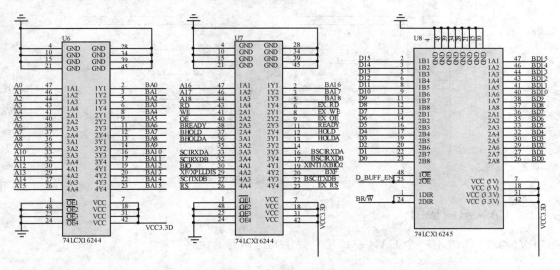

图 4.15 总线扩展接口

4.6.7 JTAG 接口

TMS320F2812 评估模块支持 14 pin JTAG 的接口,引脚分配如图 4.16 所示。

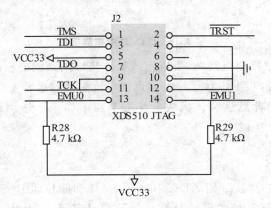

图 4.16 JTAG 总线接口

4.6.8 板上串行通信接口

TMS320F2812 DSP 在片上有两个异步串行通信接口。通过板上的 J1 和 J2 同外部主机或其他设备进行通信,接口采用 DB9(male)接头,如图 4.17 所示。

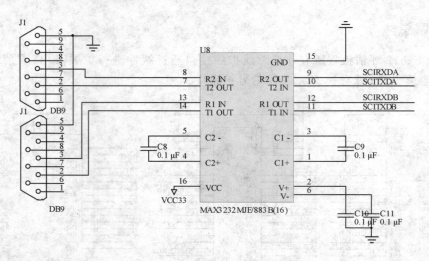

图 4.17 串行通信接口信号定义

4.6.9 CAN 总线接口

EVM320F2812 有一个 CAN 总线接口提供高速串行通信接口。

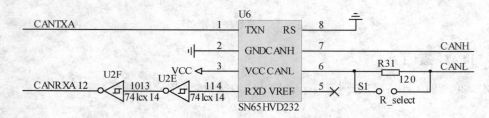

图 4.18 CAN 总线扩展接口

图 4.18 为 CAN 总线接口电路图,要应用该部分接口电路就要根据第 3 章的配置说明来适当地选择配置。除此之外,板上设计了终端节点信号反射回收电阻 R25,默认情况通过短接跳线 JUMP1 来接入此电阻,因此默认为该模块为终端节点。如果不选用终端节点,则应将 JUMP1 的跳线帽去掉,其中 R25 为 120 Ω。

4.6.10 AD 变换单元

F2812 内部有双通道总共 16 路 AD 变换通道,具体功能和详细使用方法参考第 14 章内容。一般情况下,传感器或测试系统的模拟量被测信号都是双极性,且电压范围往往超出处理器的 AD 的输入允许范围,为此需要根据需要进行相应的信号调理设计,图 4.19 给出了将 ±5 V 转换为 0~3 V 的转换电路,图 4.20 给出了 A/D 转换电路的电源和参考电压的连接方式。

4.6.11 DAC 扩展

通常情况下,采用 ADC 实现模拟信号的采集,使得被感知或控制的环境信息转换为数字信号进行处理。而要将处理后的信息回馈到环境或利用其控制某些环境参量,则需要数模转换电路。为了接上系统资源,可以选择串行扩展接口扩展方式实现。图 4.21 给出了采用 TLV5617

实现双通道 D/A 的具体方法,详细 SPI 接口的软件编程参考第 10 章相关内容。

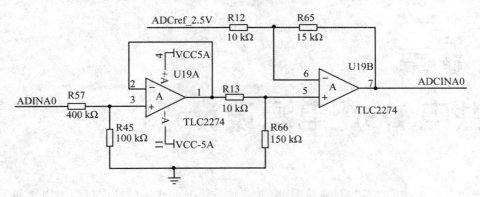

图 4.19 A/D 转换信号电平转换电路

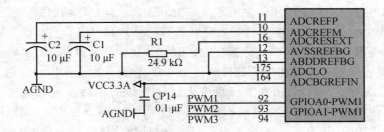

图 4.20 A/D 转换模拟电源及参考电路连接

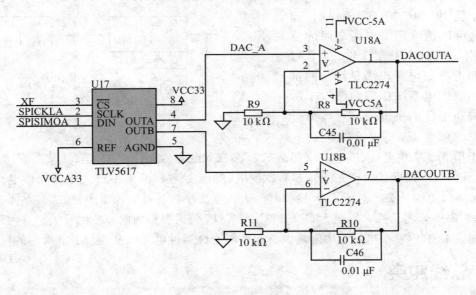

图 4.21 DAC 转换电路

第 5 章
双供电 DSP 电源设计

当采用双电源器件芯片设计系统时，需要考虑系统上电或掉电操作过程中内核和 I/O 供电的相对电压和上电次序。通常情况下，在芯片内部内核和外部 I/O 模块采用独立的供电结构，如果在上电或掉电过程中两个电压的供电起点和上升速度不同，就会在独立的结构（内核和外部 I/O 模块）之间产生电流，从而影响系统初始化状态，甚至影响器件的寿命，而且隔离模块之间的电流还会触发器件本身的闭锁保护。尽管 TI 公司的 DSP 上电过程中允许两种供电有一定的时间差，但为了提高系统的稳定性和延长器件的使用寿命，在设计时必须考虑上电、掉电次序问题。

应用双供电 DSP 平台的系统，在 I/O 供电之前每个 DSP 内核供电电流都比较大。引起电流过大主要是由于 DSP 内核没有正确地初始化，一旦 CPU 检测到内部的时钟脉冲，这种超大电流就会停止。随着 PLL 开始工作，I/O 上电，产生的时钟脉冲将降低上述的超大电流，从而使供电回到正常范围。减小内核和 I/O 供电的时间间隔可以减小这种大吸收电流对系统的影响。双供电模块（比如 TPS563xx 和 PT69xx）可以消除两个电源之间的延时。此外，还可以采用肖特基二极管钳制内核和 I/O 的电源以满足系统的供电需求。双供电系统原理如图 5.1 所示。内核和 I/O 的供电应尽可能靠近 DSP 以减少供电通道的电感和阻抗。

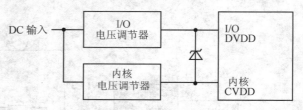

图 5.1 DSP 双电源供电系统原理

对于单 3.3 V 供电（内核和 I/O 都是 3.3 V）或双电源（如内核 1.8 V，I/O 3.3 V）的 DSP 系统，有几种方法可以保证内核先于外部 I/O 供电（281x 处理器要求 I/O 先于内核供电），从而避免产生系统级总线冲突。对于 DSP 内核和外设供电次序控制可以采用多种方法，下面主要介绍 2 种方法：采用分离元件 P 通道 MOSFET 管或者 TI 公司提供的电源分配开关。这两种方法都可以实现在 DSP 内核供电过程中隔离内核和外部 I/O 器件电源以及控制上电次序的目的。

5.1 总线冲突

TMS320F2812 的内核和 I/O 采用双供电方式，在设计系统时必须保证如果其中的一种电压低于要求的操作电压，则另一个电压的供电时间不能超出要求的时间。此外，在系统上电过程中，DSP 需要根据相关的引脚电平对其工作模式进行配置，因此要求内核要先于外部 I/O 供电。为了保障系统的稳定性和运行寿命，必须进行综合考虑，系统设计过程中供电顺序也是其中设计之一。在上电过程中,系统内核供电要和 I/O 缓冲供电尽可能同时,这样可以保障 I/O 缓冲接收到正确的内核输出,并防止系统的总线冲突。

实际上在 DSP 系统设计时,防止 DSP 的 I/O 引脚同外设之间的总线冲突是系统设计的一个重要方面,需要控制内核和 I/O 的上电次序。由于总线的控制逻辑位于 DSP 内核模块,I/O 供电先于内核供电会使 DSP 和外设同时配制成输出功能引脚。如果 DSP 与外设输出的电平相反将会产生总线冲突。图 5.2 给出了一个简单的双向口,此时会有较大的电流流过相反电平的通道。因此,系统设计时要求内核和外部 I/O 同时供电,从而避免总线控制信号处于不定状态时的冲突。如果内核先于 I/O 掉电,总线控制信号又处于不定的状态,也会导致有较大的电流流过 I/O 和 DSP 内核。因此,正确的上电、掉电次序(内核先上电后掉电)是保证系统可靠性,延长器件使用寿命的一种必要措施。

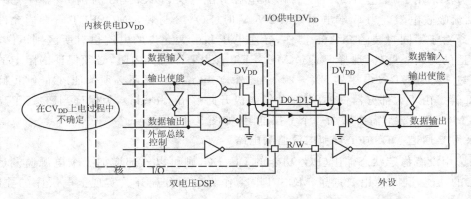

图 5.2 双向端口总线冲突示意图

5.2 内核和 I/O 供电次序控制策略

5.2.1 3.3 V 单电源上电次序控制

在某些 DSP 系统中仅需要单一的 3.3 V 供电电源,DSP 的内核和 I/O 可以采用相同的 3.3 V 供电电压。尽管采用相同的供电电压,为了避免总线冲突还是需要控制内核先于 I/O 供电。可以采用分离的 P 通道 MOSFET 或者专用的电源分配切换开关控制上电次序。

1. 采用 P 通道 MOSFET 管和具有稳定标识的 DC/DC

这种方法相对其他方法具有原理简单、增加辅助器件少的特点,通过采用 P 通道 MOSFET 管和具有稳定标识输出的 DC/DC 电源模块来实现。P 通道 MOSFET 管作为电源分配开关,DC/DC 的电源的稳定状态输出引脚($\overline{PG}$:低电平表示电源达到理想值)作为电源分配开关的控制信号,控制 DSP 的 I/O 供电,如图 5.3 所示。

在上电过程中,I/O 供电电源经过 MOSFET 管连接到外部电源上,外部电源通过 DC/DC 模块变换后作为内核电源。只有当内核电源的稳定状态输出引脚输出低电平时,才会接通外部 I/O 电源,保证了内核先于 I/O 供电。

在掉电过程中,由于外部供电线路中某些容性器件的存在,外部电源电压由正常值到 0 状态会有一个过程。因此,当外部电源降低到 DC/DC 模块的输出电压以下时,稳定状态输出引脚

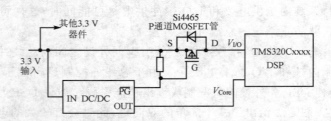

图 5.3　内核和 I/O 电源均为 3.3 V 供电的 DSP 系统

$\overline{PG}$)会输出高电平从而关闭 MOSFET，关闭 I/O 电源。然后外部电源继续降低，DC/DC 输出也随之降低从而使内核电源断电。这样就控制了系统的掉电次序。

这种方法采用 P 通道 MOSFET 管作为电源分配开关，以 Si4465 为例，该器件有一个大约 9 mΩ 的回流吸收电阻。当 G 端电压大于 2.5 V 时(SO-8 封装)，MOSFET 管导通允许有几安培的电流。对于不同封装的 Si4465 器件，导通电压和最大允许的电流也有所区别，可以根据需要选择合适的封装。此外，选择 P 通道 MOSFET 管也要注意其内阻，必须保证内阻上的压降不能大于通过 MOSFET 管电压的 1%～2%。此外，在电路设计时还必须保证 $\overline{PG}$ 能够正确地打开 MOSFET 管。由于大部分器件的 $\overline{PG}$ 都是集电极开路(Open-drain)，为保证当 $\overline{PG}$ 处于高阻状态能够关断 MOSFET 管，需要增加一个上拉电阻，如图 5.3 所示。

2. 采用 P 通道 MOSFET 管和电源监测电路

如果选用没有稳定状态输出($\overline{PG}$)功能的 DC/DC，则可以外部增加 1 个电源监测(SVS)器件实现 PG 的功能，同时使用 P 通道 MOSFET 管作为电源分配开关实现上电次序的控制，如图 5.4 所示。

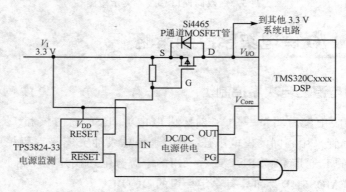

图 5.4　采用 P 通道 MOSFET 管和输入电源监测电路

在上电过程中，I/O 供电电源经过 MOSFET 管连接到外部电源上，外部电源通过 DC/DC 模块变换后作为内核电源。DC/DC 模块为 DSP 内核(或多个 DSP)以及系统电路供电，根据需要可以选用线性电源也可以选用开关电源。采用电源监测的方法，在外部输入 3.3 V 电源达到监测电路的阈值后，会自动产生一个 200 ms(一般情况)的低复位信号，可以利用该复位信号控制 I/O 的上电。由于输入电压上电 200 ms 后 I/O 才上电，因此，只有系统上电 200 ms 内内核供电电压达到稳定才能够正确地控制上电次序，但对一般系统而言，200 ms 是可以满足要求的。

在掉电过程中，电源监测(SVS)单元检测到外部电压断开，从而使 RESET 输出高电平关闭 MOSFET 管，断开 I/O 单元的供电电源。为了在 I/O 掉电后内核电源才切断，要求外部供电电路掉电时电压是逐渐衰减的,只有这样才能够满足系统的电源掉电次序。

上述方法是监测系统的输入电压,实际上也可以选择直接检测 DSP 的内核电压,如图 5.5 所示,这样就不需要 200 ms 的延时。在上电过程中,DSP 内核电压正常 200 ms 后才会给 I/O 供电;在掉电过程中,一旦内核电压低于监测电路的阀值将会自动关闭 MOSFET 管,断开 I/O 电源。

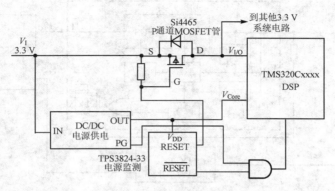

图 5.5 采用 P 通道 MOSFET 管和内核电源监测电路

3. 电源分配开关

这种方法采用带有使能输入的电源分配开关和带有稳定标识的 DC/DC 模块实现电源的上电次序控制。电源分配开关内部具有短路和温度保护,并提供电平输入使能、过流输出等多种 MOSFET 器件没有的功能,图 5.6 给出了 TPS2034 的内部功能框图。

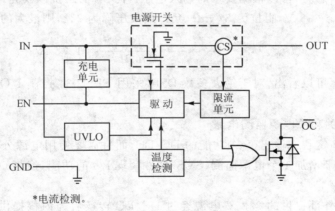

*电流检测。

图 5.6 TPS2034 的内部功能框图

对于上电次序,I/O 电源通过带有使能输入(ENABLE)的电源分配开关来提供,内核电源由 DC/DC 转换后提供。DC/DC 可以选用 LDO 线性电源也可以选用开关电源。采用这种方法,假定 DC/DC 有一个稳定输出(PG-POWER GOOD)信号,当内核电压达到要求的电压范围时,稳定输出产生一个高电平为电源分配开关提供输出使能信号。这种方式可以防止内核电压满足要求之前给 I/O 供电,从而满足 DSP 系统上电次序的控制要求。

在系统掉电过程中,假定首先移去外部电源。在这种情况下,众多不确定因素使得预测掉电次序很难。不确定因素主要包括内核和 I/O 的负载吸收电流、内核和 I/O 上连接的储能元件等,这些因素都会影响系统的掉电次序。一种可能的假定就是,一旦移除外部供电,DC/DC 的

PG 输出就会变成低电平关闭电源分配开关，从而切断 DSP 的 I/O 电源。对于某些系统，为保证系统在掉电过程中正确操作，必须测试掉电过程的掉电次序。图 5.7 给出了采用 TPS2034 实现电源次序控制的原理框图。

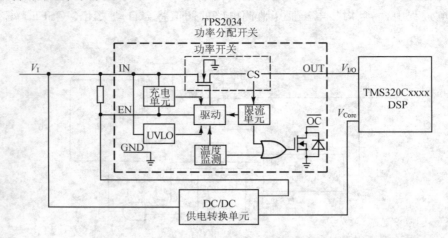

图 5.7　采用 TPS2034 实现电源次序控制的原理框图

这种方法使用 TPS2034 电源分配开关，允许最大通过 3 A 的电流，输入电压范围为 2.7～5.5 V。当输入电压 $V_I=3.3\ V$，$I_O=1.8\ A$、25 ℃时的阻抗为 37 mΩ（对于集电极开路的 MOSFET 管，其阻抗与温度、电流有关）。使能 ENABLE 信号的有效高电平必须大于 2 V。在电源分配开关处于工作状态时，可以根据要求的输入电压、开关管的阻抗以及允许的压降计算最大的通过电流。例如 $V_I=3.3\ V$，阻抗为 37 mΩ，允许最大压降为 2%，则最大的通过电流为：

$$I_{O,max} = \frac{V_{DS(on)}}{R_{DS(on)}} = \frac{3.3\ V \times 0.02}{37\ m\Omega} = 1.78\ A$$

根据上述的计算可以看出，对于绝大多数 DSP，采用 TPS2034 控制 I/O 电源基本可以满足需求。

4. 电源分配开关和单电源监测电路

如果选用没有稳定状态输出（PG）功能的 DC/DC，而且需要使用电源分配开关实现 DSP 电源的控制，则可以外部增加 1 个电源监测（SVS）器件实现 PG 的功能，控制 DSP 电源上电和掉电的顺序。

在上电过程中，外部提供的 3.3 V 电源经过 DC/DC 转换后为内核提供电源。电源监测电路（SVS）监测外部的 3.3 V 输入，高于预定的阀值后 SVS 插入 200 ms（典型值）的复位信号。利用该复位信号控制电源分配开关导通为 DSP 的 I/O 供电。

在系统掉电过程中，首先移除外部电源。在这种情况下，监测电路监测到外部掉电复位信号 RESET 输出高电平，关闭电源分配开关，从而在 DSP 内核掉电之前 I/O 掉电。这种方法假定外部电压掉电是一个逐渐衰减的过程（实际系统也是如此），外部掉电后，DC/DC 模块在电压衰减过程中仍然能够输出为 DSP 内核供电，保证了系统的掉电次序。图 5.8 给出了简单的原理框图。

5. 电源分配开关和双电源监测电路

这种方法采用带有使能输入的电源分配开关和双电源监测电路共同实现 DSP 内核和 I/O

第 5 章 双供电 DSP 电源设计

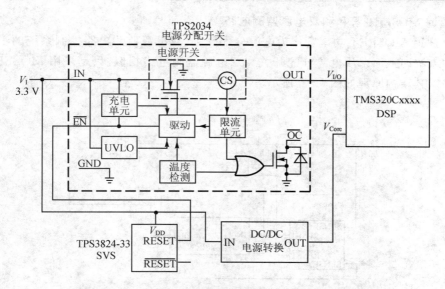

图 5.8 采用 TPS2034 和电源监测实现电源次序控制框图

供电次序控制。电源监测电路检测外部的电源输入和 DC/DC 输出，通过检测这两个电压确定 I/O 的通电状态。在上电过程中内核先于 I/O 供电，在掉电过程中 I/O 先于内核掉电。因此，在前面几种方法不能够满足系统供电次序要求的情况下，可以选择这种方法实现电源的次序控制。

在上电过程中，外部 3.3 V 通过功率开关在使能信号（ENABLE）控制下直接为 I/O 供电。内核电压采用外部 3.3 V 作为输入并经过 DC/DC 转换后实现。采用这种方法，双电源监测电路所监测的两个电压超过各自的阈值后，产生一个 200 ms 的低电平复位信号，该信号可以作为功率分配开关的使能信号，保证在内核完成上电后才给 I/O 供电。

在掉电过程中，假定首先断开外部的 3.3 V 电压输入，监测电路检测到外部输入电压低于阈值会使 RESET 输出高电平，关闭功率分配开关断开 I/O 供电。这就保证了 I/O 先于内核掉电。图 5.9 给出了简单的原理框图。

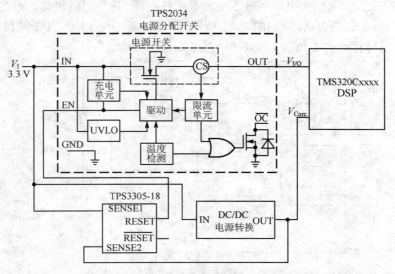

图 5.9 采用 TPS2034 和双电源监测实现电源次序控制原理图

6. P 通道 MOSFET 管和和双电源监测电路

采用 P 通道 MOSFET 功率管作为电源分配开关,双电源监测电路控制系统的上电和掉电顺序。这种方法同上面采用电源分配开关和双电源监测电路相似,只是采用 MOSFET 作为电源分配开关。其结构原理如图 5.10 所示。

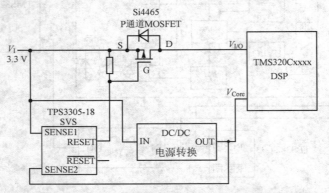

图 5.10 P 通道 MOSFET 管和和双电源监测电路电源次序控制原理图

5.2.2 输入电压大于 3.3 V 的上电次序控制

在实际系统设计过程中,一般采用大于 3.3 V 电压的外部单电源供电,然后经过系统内部转换后为系统提供各种需要的电压。因此,在 5.2.1 节介绍的供电次序控制的基础上还需要增加相应的转换电路,将输入电压转换成 3.3 V 后再给 I/O 供电。

下面介绍采用低压差线性稳压器(LDO)为 I/O 提供 3.3 V 电源。主要使用电源稳定(PG)、输出使能(ENABLE)和复位信号(RESET)控制上电次序。

1. LDO 集成电路稳压器

LDO 是新一代的集成电路稳压器,它与三端稳压器最大的不同点在于,LDO 是一个自耗很低的微型片上系统(SoC)。它可用于电流主通道控制,芯片上集成了具有极低线上导通电阻的 MOSFET、肖特基二极管、取样电阻和分压电阻等硬件电路,并具有过流保护、过温保护、精密基准源、差分放大器、延迟器等功能,如图 5.11 所示。PG 是新一代 LDO,具备输出状态自检、延迟安全供电功能,也可称之为 Power Good,即"电源好或电源稳定"。

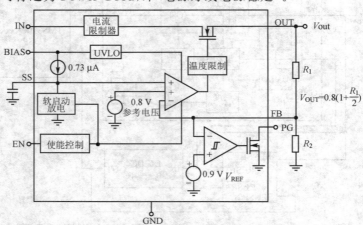

图 5.11 TPS74401 内部结构框图

使用带有使能输入和电源稳定功能的集成电路稳压器可实现 DSP 系统电源供电次序的控制,控制原理如图 5.12 所示。在有控制信号的情况下,这种方法具有简单可靠的优点。

2. LDO 集成电路稳压器和单电源监测电路

如果 DC/DC 没有电源稳定(PG)信号输出,可以考虑采用电源监测电路控制 I/O 供电电路的电源转换器件,如图 5.13 所示。

在上电过程中,I/O 供电的 3.3 V 电压在输入使能引脚的控制下经过 LDO 获得,内核电压直接由 DC/DC 转换获得。在此过程中,电源监测电路监测输入电压,当达到预定的阀值时产生 200 ms 的复位信号控制 LDO 的使能端,经过 200 ms 后接通 I/O 电源。这样可以在内核加电 200 ms 后才给 I/O 供电。在掉电过程中,首先移除外部输入电压,监测电路监测到外部掉电后复位信号输出高电平,关闭 LDO 电压调节器,从而使 DSP 系统的 I/O 电源先于内核掉电。

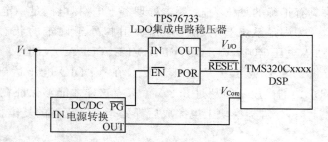

图 5.12 采用 LDO 集成电路稳压器实现电源次序控制原理图

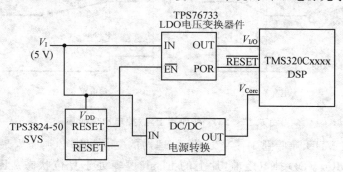

图 5.13 采用 TPS767333 和单电源监测电路实现上电次序控制

3. LDO 集成电路稳压器和双电源监测电路

这种方法采用带有使能输入的 LDO 电压调节器和双电压监测电路控制 DSP 系统的上电次序,如图 5.14 所示。双电源监测电路监测外部输入电压和 DC/DC 的输出电压,通过监测这两个电压可以消除一些不确定因素对上电次序的影响。在上电过程中内核先于 I/O 上电,而掉电过程则恰好相反。

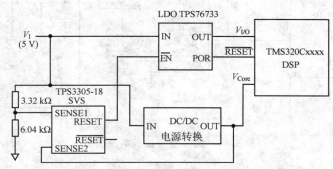

图 5.14 采用 TPS767333 和双电源监测电路实现上电次序控制

5.3 TMS320F28xx 电源设计

TMS320F2812/F2811/F2810/C2812/C2811/C2810 处理器要求采用双电源（1.8 V 或 1.9 V 和 3.3 V）为 CPU、Flash、ROM、ADC 以及 I/O 等外设供电。为了保证上电过程中所有模块具有正确的复位状态，要求处理器上电/掉电满足一定的次序要求。

为满足系统上电过程中相关引脚处于确定的状态并简化设计，首先应保证所有模块的 3.3 V 电压（包括 VDDIO、VDD3VFL、VDDA1/VDDA2/VDDAIO/AVDDREFBG）先供电，然后提供 1.8 V 或 1.9 V 电压。要求在 VDDIO 电压达到 2.5 V 之前，1.8 V 或 1.9 V（VDD/VDD1）的电压不能超过 0.3 V。只有这样才能够保证在上电过程中，所有 I/O 状态确定后内核才上电，处理器模块上电完成后都处于一个正确的复位状态。上电次序如图 5.15 所示。

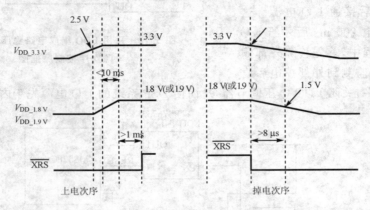

图 5.15　281x 处理器上电/掉电次序时序

掉电过程中，在 VDD 降低到 1.5 V 之前，处理器的复位引脚必须插入最小 8 μs 的低电平。这样有助于在 VDDIO/VDD 掉电之前，片上的 Flash 逻辑处于复位状态。因此，电源设计时一般采用 LDO 的复位输出作为处理器的复位控制信号。供电原理如图 5.16 所示。

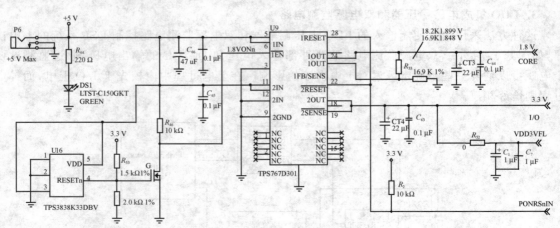

图 5.16　281x 处理器供电原理图

第 6 章
TMS320F2812 的时钟及看门狗

6.1 时钟单元

所有的数字电路尤其是带有 CPU 的数字系统,系统各单元都依靠时钟信号作为同步。每秒钟电路运行的操作次数决定于时钟频率,因此时钟的运行频率被视为系统运行的重要性能指标,同时也是系统可靠运行的基础。良好品质的时钟信号是系统可靠运行的基础,也是系统性能的基本保障。在绝大多数系统中,包括我们常用的 PC 机,系统多个模块的时钟并不是由板上的时钟电路直接提供,通常情况下外部时钟电路提供一个基本的时钟信号给 CPU 或其他功能组件,经过内部锁相环倍频后再给 CPU 及相关电路提供时钟。而在一个系统或 CPU 内部包含多种功能模块,每个模块都有自己适合的工作频率,为此需要通过相应的时钟配置单元进行相应的设置,已达到提高系统性能,降低系统功耗的目的。

6.1.1 时钟单元基本结构

TMS320F2812 处理器内部集成了振荡器、锁相环、看门狗及工作模式选择等控制电路。振荡器、锁相环主要为处理器 CPU 及相关外设提供可编程的时钟,每个外设的时钟都可以通过相应的寄存器进行编程设置;看门狗可以监控程序的运行状态,提高系统的可靠性。图 6.1 为 281x 处理器内部各种时钟和复位电路的结构框图。

由图 6.1 可以看出,DSP 除了提供基本的锁相环电路外,还可以根据处理器内部外设单元的工作要求配置需要的时钟信号。处理器还将集成的外设分成高速和低速两组,可以方便地设置不同模块的工作频率,从而提高处理器的灵活性和可靠性。

6.1.2 锁相环电路

锁相环是一种控制晶振使其相对于参考信号保持恒定相位的电路,在数字通信系统中使用比较广泛。目前微处理器或 DSP 集成的片上锁相环,主要作用则是通过软件实时地配置片上外设时钟,提高系统的灵活性和可靠性。此外,由于采用软件可编程锁相环,所设计的系统处理器外部允许较低的工作频率,而片内经过锁相环电路为微处理器提供较高的系统时钟。这种设计可以有效地降低系统对外部时钟的依赖和电磁干扰,提高系统启动和运行的可靠性,降低系统对硬件的设计要求。

TMS320F2812 处理器的片上晶振和锁相环模块为内核及外设提供时钟信号,并且控制器件的低功耗工作模式。片上晶振模块允许使用 2 种方式为器件提供时钟,即采用内部振荡器或

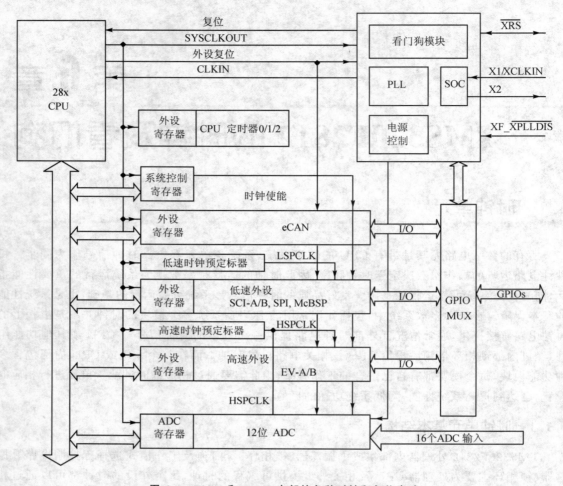

图 6.1　F2810 和 F2812 内部的各种时钟和复位电路

外部时钟源。如果使用内部振荡器，必须在 X1/XCLKIN 和 X2 这两个引脚之间连接一个石英晶体，一般选用 30 MHz。如果采用外部时钟，可以将输入的时钟信号直接接到 X1/XCLKIN 引脚上，而 X2 悬空，不使用内部振荡器。晶体振荡器及锁相环模块结构如图 6.2 所示。

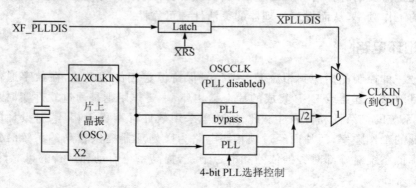

图 6.2　晶体振荡器及锁相环模块

而对于有些 C2000 处理器采用外部时钟输入信号与晶振引脚分离设计,如图 6.3 所示为 TMS320C2834x 处理器的时钟电路结构图。此时 XCLKIN 引脚作为独立的外部晶振输入引脚,通过该引脚为处理器提供 3.3 V 的外部时钟信号,此时 X1 引脚必须接到 V_{SSK} 引脚。如果选用石英晶体,则此引脚必须接到 V_{SS},如图 6.4 所示。

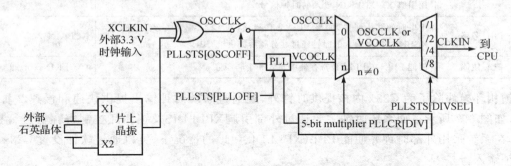

图 6.3 TMS320C2834x 处理器晶体振荡器及锁相环模块

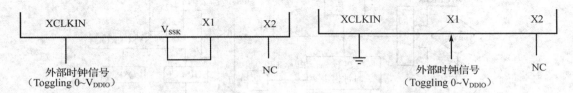

图 6.4 TMS320C2834x 处理器采用 3.3 V 外部时钟信号连接方式

图 6.5 TMS320C2834x 处理器采用 1.8 V 外部时钟信号连接方式

X1 引脚作为内部或外部晶振输入,在 X1 和 X2 之间连接一个石英晶体,X1 引荐以 1.8 V 内核数字电源为参考。可以将外部 1.8 V 外部晶振连接到 X1 引脚,在这种情况下,XCLKIN 引脚必须连接到 V_{ss},如图 6.5 所示,如果外部 3.3 V 的晶振连接到 XCLKIN 引脚,X1 必须连接到 V_{SSK}。X2 引脚作为内部晶振输出,需要在 X1 和 X2 之间连接一个石英晶体,如图 6.6 所示,如果不使用,该引脚必须悬空。

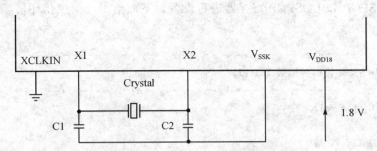

图 6.6 TMS320C2834x 处理器采用内部晶振连接方式

外部 $\overline{XPLLDIS}$ 引脚可以选择系统的时钟源。当 $\overline{XPLLDIS}$ 为低电平时,系统直接采用外部时钟或外部晶振作为系统时钟;当 $\overline{XPLLDIS}$ 为高电平时,外部时钟经过 PLL 倍频后为系统提供时钟。系统可以通过锁相环控制寄存器来选择锁相环的工作模式和倍频的系数。表 6.1 列出了锁相环配置模式。

表 6.1 锁相环配置模式

PLL 模式	功能描述	SYSCLKOUT
PLL 被禁止	复位时如果XPLLDIS引脚是低电平,则 PLL 完全禁止。处理器直接使用引脚 X1/XCLKIN 输入的时钟信号	XCLKIN
PLL 旁路	上电时的默认配置,如果 PLL 没有禁止,则 PLL 将变成旁路,在 X1/XCLKIN 引脚输入的时钟经过 2 分频后提供给 CPU	XCLKIN/2
PLL 使能	使能 PLL,在 PLLCR 寄存器中写入一个非零值 n	(XCLKIN x n)/2

锁相环模块除了为 C28x 内核提供时钟外,还通过系统时钟输出提供快速和慢速 2 种外设时钟,如图 6.7 所示。而系统时钟主要通过外部引脚$\overline{\text{XPLLDIS}}$及锁相环控制寄存器进行控制。因此,在系统采用外部时钟并使能 PLL($\overline{\text{XPLLDIS}}$=1)的情况下,可以通过软件设置 C28x 内核的时钟输入。

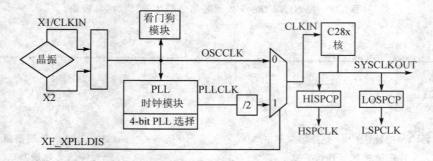

图 6.7 处理器内部时钟电路

如果$\overline{\text{XPLLDIS}}$为高电平,使能芯片内部锁相环电路,则可以通过控制寄存器 PLLCR 软件设置系统的工作频率。但要注意,在通过软件改变系统的工作频率时,必须等待系统时钟稳定后才可以继续完成其他操作。此外,还可以通过外设时钟控制寄存器使能外设时钟。在具体的应用中,为降低系统功耗,不使用的外设最好将其时钟禁止。外设时钟包括快速外设和慢速外设两种,分别通过 HISPCP 和 LOSPCP 寄存器进行设置。下面给出改变锁相环倍频系数和外设时钟的具体应用程序。

```
//-------------------------------------------------------------------
// 初始化锁相环及外设时钟函数 InitPll
//-------------------------------------------------------------------
void InitPll(Uint16 val)
{
    volatile Uint16 iVol;
    if (SysCtrlRegs.PLLCR.bit.DIV ! = val)
    {
        EALLOW;
        SysCtrlRegs.PLLCR.bit.DIV = val;
        EDIS;
//在锁相环时钟频率切换过程中,只有当锁相环稳定后 CPU 才会切换到新的 PLL 设置
//因此在设置完 PLLCR 后需要等待 PLL 稳定。PLL 的切换时间大约等于 131072 个输入时钟周期
```

```
        DisableDog();
        for(iVol = 0; iVol< ( (131072/2)/12 ); iVol ++ )
    {
        }
    }
}
// 为降低系统功耗,不使用的外设时钟需要屏蔽。但如果使用外设必须首先使能相应的外设时钟
void InitPeripheralClocks(void)
{
    EALLOW;
// HISPCP/LOSPCP 预定表寄存器设置
    SysCtrlRegs.HISPCP.all = 0x0001;
    SysCtrlRegs.LOSPCP.all = 0x0002;
// 使能使用的外设时钟
    SysCtrlRegs.PCLKCR.bit.EVAENCLK = 1;
    SysCtrlRegs.PCLKCR.bit.EVBENCLK = 1;
    SysCtrlRegs.PCLKCR.bit.SCIAENCLK = 1;
    SysCtrlRegs.PCLKCR.bit.SCIBENCLK = 1;
    SysCtrlRegs.PCLKCR.bit.MCBSPENCLK = 1;
    SysCtrlRegs.PCLKCR.bit.SPIENCLK = 1;
    SysCtrlRegs.PCLKCR.bit.ECANENCLK = 1;
    SysCtrlRegs.PCLKCR.bit.ADCENCLK = 1;
    EDIS;
}
```

6.1.3 时钟单元寄存器

振荡器、锁相环、看门狗及处理器工作模式选择等控制电路的配置寄存器如表 6.2 所列。

表 6.2 时钟、锁相环、看门狗以及低功耗模式寄存器

名 称	地 址	地址空间(16 位)	描 述
保留	0x0000 7010 0x0000 7019	10	
HISPCP	0x0000 701A	1	高速外设时钟设置寄存器
LOSPCP	0x0000 701B	1	慢速外设时钟设置寄存器
PCLKCR	0x0000 701C	1	外设时钟控制寄存器
保留	0x0000 701D	1	
LPMCR0	0x0000 701E	1	低功耗模式控制寄存器 0
LPMCR1	0x0000 701F	1	低功耗模式控制寄存器 1
保留	0x0000 7020	1	
PLLCR	0x0000 7021	1	PLL 控制寄存器
SCSR	0x0000 7022	1	系统控制和状态寄存器

续表 6.2

名称	地址	地址空间(16位)	描述
WDCNTR	0x0000 7023	1	看门狗计数寄存器
保留	0x0000 7024	1	
WDKEY	0x0000 7025	1	看门狗复位 key 寄存器
保留	0x0000 7026 0x0000 7028	3	
WDCR	0x0000 7029	1	看门狗控制寄存器
保留	0x0000 702A 0x0000 702F	6	

1. 外设时钟控制寄存器

外设时钟控制寄存器(PCLKCR)控制片上各种时钟的工作状态,使能或禁止相关外设的时钟,其分配如图 6.8 所示,各位功能定义如表 6.3 所列。

15	14	13	12	11	10	9	8
Reserved	eCANENCLK	Reserved	MCBSPENCLK	SCIBENCLK	SCIAENCLK	Reserved	SPIENCLK
R-0	R/W-0	R-0	R/W-0	R/W-0	R/W-0	R-0	R/W-0

7			4	3	2	1	0
Reserved				ADCENCLK	Reserved	EVBENCLK	EVAENCLK
R-0				R/W-0	R-0	R/W-0	R/W-0

图 6.8 外设时钟控制寄存器(PCLKCR)

表 6.3 外设时钟控制寄存器(PCLKCR)功能定义

位	名称	描述
15	保留	保留
14	ECANENCLK	如果 ECANENCLK=1,使能 CAN 总线的系统时钟。对于低功耗操作模式,用户可以通过软件或复位对 ECANENCLK 位清零
13	保留	保留
12	MCBSPENCLK	如果 MCBSPENCLK=1,使能 MCBSP 外设内部的低速时钟(LSPCLK)。对于低功耗操作模式,用户可以通过软件或复位对 MCBSPENCLK 位清零
11	SCIBENCLK	如果 SCIBENCLK=1,使能 SCI-B 外设内部的低速时钟(LSPCLK)。对于低功耗操作模式,用户可以通过软件或复位对 SCIBENCLK 位清零
10	SCIAENCLK	如果 SCIAENCLK=1,使能 SCI-A 外设内部的低速时钟(LSPCLK)。对于低功耗操作模式,用户可以通过软件或复位对 SCIAENCLK 位清零
9	保留	保留
8	SPIENCLK	如果 SPIENCLK=1,使能 SPI 外设内部的低速时钟(LSPCLK)。对于低功耗操作模式,用户可以通过软件或复位对 SPIENCLK 位清零
7~4	保留	保留

第6章 TMS320F2812 的时钟及看门狗

续表 6.3

位	名称	描述
3	ADCENCLK	如果 ADCENCLK=1,使能 ADC 外设内部的高速时钟(HSPCLK)。对于低功耗操作模式,用户可以通过软件或者复位对 ADCENCLK 位清零
2	保留	保留
1	EVBENCLK	如果 EVBENCLK=1,使能 EV-B 外设内部的高速时钟(HSPCLK)。对于低功耗操作模式,用户可以通过软件或者复位对 EVBENCLK 位清零
0	EVAENCLK	如果 EVAENCLK=1,使能 EV-A 外设内部的高速时钟(HSPCLK)。对于低功耗操作模式,用户可以通过软件或者复位对 EVAENCLK 位清零

2. 高/低速外设时钟寄存器

HISPCP 和 LOSPCP 控制寄存器分别控制高/低速的外设时钟,具体功能参见图 6.9、图 6.10 和表 6.4、表 6.5。

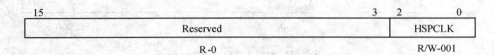

图 6.9　高速外设时钟寄存器(HISPCP)

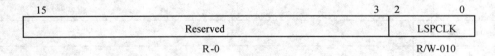

图 6.10　低速外设时钟寄存器(LOSPCP)

表 6.4　高速外设时钟寄存器(HISPCP)功能定义

位	名称	描述
15～3	保留	保留
2～0	HSPCLK	位 2～0 配置高速外设时钟相对于 SYSCLKOUT 的倍频倍数: 如果 HISPCP 不等于 0,HSPCLK=SYSCLKOUT/(HISPCP×2); 如果 HISPCP 等于 0,HSPCLK=SYSCLKOUT。 000 高速时钟 = SYSCLKOUT/1　　　　100 高速时钟 = SYSCLKOUT/8 001 高速时钟 = SYSCLKOUT/2(复位默认值)　101 高速时钟 = SYSCLKOUT/10 010 高速时钟 = SYSCLKOUT/4　　　　110 高速时钟 = SYSCLKOUT/12 011 高速时钟 = SYSCLKOUT/6　　　　111 高速时钟 = SYSCLKOUT/14

表 6.5 低速外设时钟寄存器(LOSPCP)功能定义

位	名称	描述
15~3	保留	保留
2~0	LSPCLK	位 2~0 配置低速外设时钟相对于 SYSCLKOUT 的倍频倍数： 如果 LOSPCP 不等于 0，LSPCLK=SYSCLKOUT/(LOSPCP×2)； 如果 LOSPCP 等于 0，LSPCLK=SYSCLKOUT。 000 低速时钟 = SYSCLKOUT/1 100 低速时钟 = SYSCLKOUT/8 001 低速时钟 = SYSCLKOUT/2(复位默认值) 101 低速时钟 = SYSCLKOUT/10 010 低速时钟 = SYSCLKOUT/4 110 低速时钟 = SYSCLKOUT/12 011 低速时钟 = SYSCLKOUT/6 111 低速时钟 = SYSCLKOUT/14

3. 锁相环控制寄存器(PLLCR)

锁相环控制寄存器的具体功能参见图 6.11 和表 6.6。

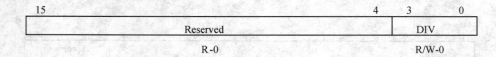

图 6.11 锁相环控制寄存器(PLLCR)

表 6.6 锁相环控制寄存器(PLLCR)功能定义

位	名称	描述
15~4	保留	
3~0	DIV	DIV 选择 PLL 是否为旁路，如果不是旁路则设置相应的时钟倍频倍数。 0000 CLKIN = OSCCLK/2 (PLL 为旁路) 1000 CLKIN = (OSCCLK×8.0)/2 0001 CLKIN = (OSCCLK×1.0)/2 1001 CLKIN = (OSCCLK×9.0)/2 0010 CLKIN = (OSCCLK×2.0)/2 1010 CLKIN = (OSCCLK×10.0)/2 0011 CLKIN = (OSCCLK×3.0)/2 1011 保留 0100 CLKIN = (OSCCLK×4.0)/2 1100 保留 0101 CLKIN = (OSCCLK×5.0)/2 1101 保留 0110 CLKIN = (OSCCLK×6.0)/2 1110 保留 0111 CLKIN = (OSCCLK×7.0)/2 1111 保留

6.2 看门狗

对于可靠性要求较高的系统，必须能够在没有认为干预的情况下自动从故障状态恢复运行，尤其是在诸如工业控制、汽车、机器人等系统尤为重要。改善此类系统可靠性，提高系统故障的自恢复能力的一个简单、有效措施就是采用看门狗电路。看门狗实质上是一个计数器电路，其需要在一定的周期内计数器被清零，否则当计数器计数溢出时会产生一个系统重启复位信号或建立一个非屏蔽中断(NMI)并执行故障恢复子程序。本章以 TMS320F2812 处理器为例介绍

TMS320x28xx 处理器的时钟电路设计和看门狗的使用方法,并给出了其他系列 C28x 处理器相关系统特点和设计方法。

6.2.1 看门狗基本结构

看门狗定时器是一个独立于 CPU 的计数单元,如果不采用特定的指令周期地使看门狗定时器复位,看门狗单元将会使系统复位。为了避免不必要的复位,要求用户软件周期地对看门狗定时器进行复位操作。如果不明原因使 CPU 中断程序,比如系统软件进入了一个死循环或者 CPU 的程序运行到了不确定的程序空间,从而使系统不能正常工作,则看门狗电路将产生一个复位信号使 CPU 复位,程序从系统软件的开始执行。通过这种方式,看门狗就可以监测软件和硬件的运行状态,提高了系统的可靠性。

F2812/F2810 DSP 上的看门狗与 240x 器件上的基本相同,当 8 位的看门狗计数器计数到最大值时,看门狗模块产生一个输出脉冲(512 个振荡器时钟宽度)。如果不希望产生脉冲信号,则需要屏蔽计数器,或用软件周期地向看门狗复位控制寄存器写 0x55+0xAA,该寄存器能够使看门狗计数器清零。图 6.12 为看门狗的功能框图。

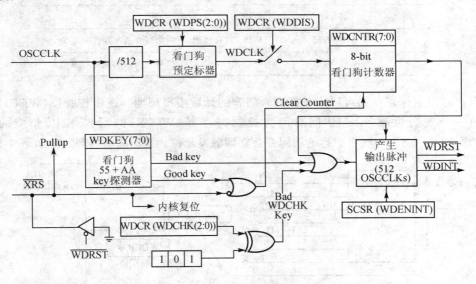

图 6.12 看门狗功能框图

$\overline{\text{WDINT}}$ 信号使能看门狗作为 IDLE/STANDBY 模式唤醒的定时器。在 STANDBY 模式下,所有外设都将被关闭,只有看门狗起作用。WATCHDOG 模块将脱离 PLL 时钟运行。$\overline{\text{WDINT}}$ 信号反馈到 LPM 模块,可以将器件从 STANDBY 模式唤醒。在 IDLE 模式下,$\overline{\text{WDINT}}$ 信号能够向 CPU 产生中断(该中断为 WAKEINT)使 CPU 脱离 IDLE 工作模式。在 HALT 模式下,PLL 和 OSC 单元被关闭,因此不能实现上述功能。

6.2.2 看门狗基本操作

在看门狗计数器(WDCNTR)溢出之前,如果采用正确的时序向 WDKEY 写入数据就可以使 WDCNTR 复位。当向 WDKEY 写 0x55 时,WDCNTR 复位到使能位置;只有在向 WDKEY 写 0xAA 后才会使 WDCNTR 真正地复位。0x55 和 0xAA 以外的任何数据写到 WDKEY 都会引起系统复位。只要向 WDKEY 写 0x55 和 0xAA,无论写的顺序如何都不会导致系统复位,而只有先写 0x55 再写 0xAA 才会使 WDCNTR 复位。表 6.7 列出了看门狗操作的几种情况。

表 6.7 看门狗操作实例

操作步骤	写到 WDKEY 的值	操作结果
1	0xAA	没有动作
2	0xAA	没有动作
3	0x55	WDCNTR 使能,下一个写 0xAA 操作时复位
4	0x55	WDCNTR 使能,下一个写 0xAA 操作时复位
5	0x55	WDCNTR 使能,下一个写 0xAA 操作时复位
6	0xAA	WDCNTR 复位
7	0xAA	没有动作
8	0x55	WDCNTR 使能,下一个写 0xAA 操作时复位
9	0xAA	WDCNTR 复位
10	0x55	WDCNTR 使能,下一个写 0xAA 操作时复位
11	0x32	不正确的 WDKEY 值导致看门狗使系统复位

看门狗的预定标寄存器可以用来提高看门狗的计数溢出周期。逻辑校验位(WDCHK)是看门狗的另一个安全机制,所有访问看门狗控制寄存器(WDCR)的写操作中,相应的校验位(位 5~3)必须是"101",否则将会拒绝访问并会立即触发复位。看门狗的内部原理如图 6.13 所示。

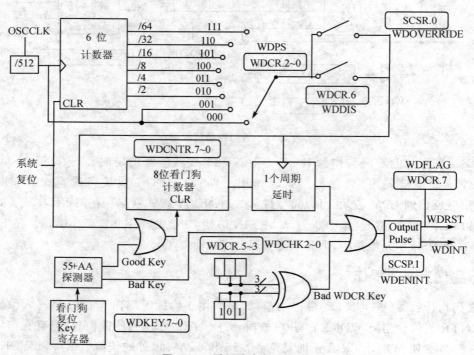

图 6.13 看门狗内部原理图

6.2.3 看门狗寄存器

1. 看门狗控制寄存器

看门狗控制寄存器的各位分配和功能定义参见图 6.14 和表 6.8。

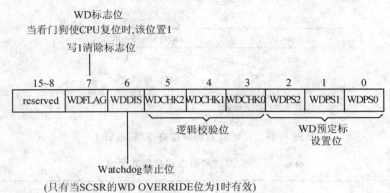

图 6.14 看门狗控制寄存器

2. 系统控制和状态寄存器

系统控制和状态寄存器包含看门狗溢出位和看门狗中断屏蔽/使能位,具体功能参见图 6.15 和表 6.9。

表 6.8 看门狗控制寄存器功能定义

位	名称	描述
15~8	保留	
7	WDFLAG	看门狗复位状态标志位。如果该位置1,表示看门狗复位($\overline{WDRST}$)满足了复位条件;如果等于0,表示是上电复位条件或外部器件复位条件。写1到 WDFLAG 位将使该位清零,写0没有影响
6	WDDIS	写1到 WDDIS 位,屏蔽看门狗模块;写0使能看门狗模块。只有当 SCSR2 寄存器的 WDOVERRIDE 位等于1时才能够改变 WDDIS 的值。器件复位后,看门狗模块使能
5~3	WDCHK(2~0)	WDCHK(2~0) 必须写 1、0、1,写其他任何值都会引起器件内核的复位(看门狗已经使能)
2~0	WDPS(2~0)	WDPS(2~0) 配置看门狗计数时钟(WDCLK)相对于 OSCCLK/512 的倍率: 000 WDCLK = OSCCLK/512/1　　100 WDCLK = OSCCLK/512/8 001 WDCLK = OSCCLK/512/1　　101 WDCLK = OSCCLK/512/16 010 WDCLK = OSCCLK/512/2　　110 WDCLK = OSCCLK/512/32 011 WDCLK = OSCCLK/512/4　　111 WDCLK = OSCCLK/512/64

WD OVERRIDE(受保护位)
复位后,用户可以通过WDDIS=1禁止看门狗操作
- 复位后默认状态为1
   0 = 通过软件禁止,看门狗被禁止使用
- 不能通过软件使该位置1(只能通过写1清除)
   1(默认值)=允许通过WDCR的WDDIS位禁止

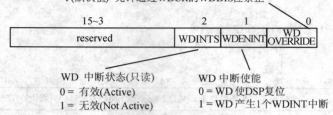

WD 中断状态(只读)
0 = 有效(Active)
1 = 无效(Not Active)

WD 中断使能
0 = WD 使DSP复位
1 = WD 产生1个WDINT中断

图 6.15 系统控制和状态寄存器(SCSR)

表 6.9 系统控制和状态寄存器功能定义

位	名 称	描 述
15~3	保留	保留
2	WDINTS	看门狗中断状态位,反映看门狗模块的$\overline{\text{WDINT}}$信号的状态。如果使用看门狗中断信号将器件从 IDLE 或 STANDBY 状态唤醒,则再次进入到 IDLE 或 STANDBY 状态状态之前必须保证 WDINTS 信号无效(WDINTS=1)
1	WDENINT	WDENINT=1:看门狗复位信号($\overline{\text{WDRST}}$)被屏蔽,看门狗中断信号($\overline{\text{WDINT}}$)使能(系统复位的默认值)。 WDENINT=0:看门狗复位信号$\overline{\text{WDRST}}$使能,看门狗中断信号$\overline{\text{WDINT}}$屏蔽
0	WD OVER-RIDE	如果 WDOVERRIDE 位置1,允许用户改变看门狗控制寄存器(WDCR)的看门狗屏蔽位(WDDIS);如果通过向 WDOVERRIDE 位写1将其清除,则用户不能够改变 WDDIS 位的设置,写0没有影响。如果该位被清除,只有系统复位该位才会改变状态。用户可以随时读取该状态位

3. 看门狗计数寄存器

图 6.16 给出了看门狗计数寄存器的各位分配,表 6.10 给出了看门狗计数寄存器的功能定义。

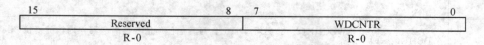

图 6.16 看门狗计数寄存器

表 6.10 看门狗计数寄存器功能定义

位	名 称	描 述
15~8	保留	保留
7~0	WDCNTR	位 0~7 包含看门狗计数器当前的值。8 位的计数器将根据看门狗时钟 WDCLK 连续计数。如果计数器溢出,看门狗初始化中断。如果向 WDKEY 寄存器写有效的数据组合将使计数器清零

4. 看门狗复位寄存器

图 6.17 给出了看门狗复位寄存器的各位分配,表 6.11 给出了看门狗复位寄存器的功能定义。

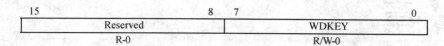

图 6.17　看门狗复位寄存器

表 6.11　看门狗复位寄存器功能定义

位	名　称	类　型	复位状态	描　　　述
15~8	保　留	读	0:0	保　留
7~0	WDKEY	读/写	0:0	依次写 0x55 和 0xAA 到 WDKEY 将使看门狗计数器(WDCNTR)清零。写其他的任何值都会产生看门狗复位。读该寄存器将返回 WDCR 寄存器的值

6.2.4　看门狗应用

F2812 上电后看门狗总是处于使能状态,如果不周期地控制看门狗就会触发复位。因此,对于看门狗最简单的处理方法就是通过禁止位(WDDIS)禁止看门狗操作。但看门狗是系统稳定运行的一个保障,因此这种方法并不可取。在实际项目开发过程中,一旦系统调试完毕独立运行就加入看门狗这个安全机制,从而保证系统的正常运行。光盘中"6.2.4 看门狗应用.pdf"给出了看门狗的应用主程序。

第 7 章
可编程数字量通用 I/O

输入/输出设备是微处理器系统的重要组成部分，一般称之为外设接口。随着微处理器系统功能的不断增强，I/O 设备的种类也越来越多，常用的输入/输出设备有键盘、触屏、显示器、打印设备、状态指示灯等。由于各种输入/输出设备的特性差别很大，传输信息的形式和内容也各有不同。通常情况下 CPU 不能与 I/O 设备直接连接，需要通过相应的接口将其连接起来，实现彼此之间的数据交换。通常情况下 I/O 接口主要实现信号形式的转换、电平转换、锁存或缓冲、I/O 定向以及串并行转换等功能。在各种形式的接口中，数字量接口是其中一种较常见的接口方式，能够实现 CPU 与外设之间的数字量交换。本章主要介绍数字量输入/输出接口及其应用。

7.1 数字接口的结构和实现方法

7.1.1 基本结构

处理器主要负责完成系统的信息处理和控制功能，而要实现具体的应用任务则必须和外部环境会外设进行信息交换，CPU 与外设交换的信息主要包括以下几类：

（1）数据信息

数据信息是 CPU 与外设之间信息交换的最常见形式，大致可以分为数字量、模拟量和开关量三类。数字量主要是以二进制或 ASCII 码形式表示的数据或字符，其数据宽度可以是 8 位、16 位、32 位或更高；模拟量主要实现处理器与外部环境之间的信息交换，将外部环境信息通过传感器或 AD 转换其变换成数字量，然后传递给 CPU 进行处理，处理结果为了返回到环境或没空对象中，需要将数字量通过 DA 进一步转换成模拟量；开关量通常表示两种状态"0"或"1"，如开关的闭合和断开、阀门的关闭和打开等。

（2）状态信息

状态信息反映了当前外设的状态或接口本身所处的工作状态，是 CPU 与外设之间信息交互的可靠保障，也是成功数据交换的确认。

（3）控制信息

CPU 采用控制信息的行驶控制外设工作，通常情况下 CPU 将控制信息或指令发送给外设，然后由外设根据需要进行执行。

CPU 要想访问外设 I/O 端口，必须给每个 I/O 端口分配一个唯一的地址空间。在分配方式上主要有两种方式：

① 内存和 I/O 端口统一编址，I/O 端口和内存单元处于同一地址空间内，采用完全一致的编址方式。访问 I/O 端口的所有指令与访问存储单元的指令相同。此种编址方式的优点在于地址空间较大，访问端口的指令功能比较强，而且把 I/O 端口与内存单元相同看待，符合硬件优化设计原则。其缺点在于减少了内存单元的地址空间，I/O 端口操作时间较长，程序的可读性比较差。

② 独立 I/O 端口编址，I/O 端口的地址空间和存储单元的地址空间相互分开，各自独立并采用独立的指令进行操作。因此，此种方式的 I/O 端口的指令格式短，速度快，程序可读性强。但指令功能相对较弱。

7.1.2 实现方法

通常情况下在数字量输入/输出实现过程中，数字量输入一般需要经过缓冲处理，而输出为了能够保持输出状态需要信号锁存，为此可以采用多种具体的实现方法。对于处理器本身资源有限而有外部存储器扩展接口的系统，可以通过外部总线扩展数字量 I/O，如采用 74×244 缓冲器扩展数字量输入，采用 74×74 等锁存器扩展数字量输出；而如果资源有限且不存在外部扩展接口的系统，则可以采用串行移位缓冲器或锁存器扩展数字量；如果要求资源扩展比较多，常用 Intel 8255 或可编程逻辑器件扩展。为了满足更多的控制系统资源需求，TMS320X28xxx 系列数字信号处理器提供了多个和专用功能复用的可编程数字量 I/O 接口，可以通过软件配置器输入/输出方向，并具有滤波功能。本章主要介绍 TMS320X28xxx 系列数字信号处理器的可编程数字量 I/O 的结构特点和使用方法。

TMS320F2812 处理器的内部结构如图 7.1 所示。

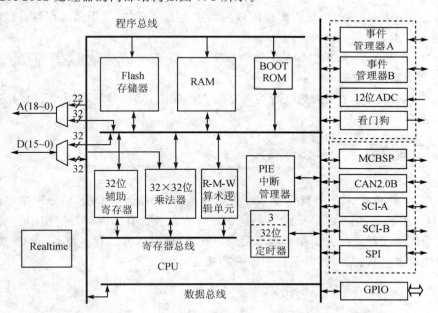

图 7.1　TMS320X28xx 处理器内部结构框图（F2812）

不同处理器由于外部引脚、外设功能等存在差异，器件的 I/O 数量和控制方式也有所区别。281x 和 280x 系列处理器之间的区别就更明显，主要体现在端口配置、复用控制寄存器、量化方式、中断选择以及低功耗唤醒模式等方面。本章主要以 F2812 处理器为例介绍 I/O 的使用方法，并在 7.5 节给出了 281x 和 280x 系列处理器的 I/O 的具体区别。

7.2 DSP 数字量 I/O 功能概述

TMS320x28xxx 系列数字信号处理器每种型号都提供多个（F2812 提供 56 个）通用数字量输入/输出端口（GPIO），其中绝大部分是通用 I/O 和专用功能复用引脚，可以通过相应的功能复用寄存器选择引脚的功能，基本上每个引脚都可以独立进行配置和操作。外部引脚的功能采用了一种灵活的配置方法控制复用引脚的功能，一般在系统初始化过程中对端口功能进行初始化配置，当然也可以根据需要在系统的应用程序中实时地改变外部引脚的功能。当工作在数字量输入/输出（GPIO）模式时，主要通过如下寄存器进行功能配置和操作。

- GPIO Mux 寄存器：选择处理器引脚的工作模式，可以通过该寄存器独立设置每个引脚的功能（数字量 I/O 或外设专用 I/O）。
- GPxDIR 寄存器：如果引脚被配置为数字量 I/O 模式，通过该寄存器设置 I/O 端口的输入或输出方向。
- GPxQUAL 寄存器：量化寄存器主要设置电平变化的时间门限值，只有当外部引脚的状态变化的时间超过量化寄存器设置的周期值时，I/O 的数据寄存器相应的值才会变化。因此，通过该寄存器消除数字量 I/O 引脚的噪声信号。
- GPxSET 寄存器：如果引脚被配置为数字量 I/O 模式，采用该寄存器可以将相应的引脚状态置位。
- GPxCLEAR 寄存器：如果引脚被配置为数字量 I/O 模式，采用该寄存器可以将相应的引脚状态清零。
- GPxDAT 寄存器：如果引脚被配置为数字量 I/O 模式，直接向该数据寄存器写 0 或 1 改变外部引脚的状态。
- GPxTOGGLE：如果引脚被配置为数字量 I/O 模式，通过该寄存器可以直接将外部引脚状态反向。

7.3 端口配置

TMS320F2812 DSP 对所有数字量 I/O 进行分组，每组作为一个端口，分别是 GPIO - A、B、D、E、F 和 G，各引脚的功能如表 7.1 所列。C28x 的绝大多数引脚内部都连接多个功能单元，但并不是所有功能单元都能同时工作。也就是说，一个物理引脚可以有多种不同的功能，可以通过软件进行功能设置，但在某一时刻只能用作一种功能。

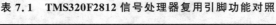

表 7.1　TMS320F2812 信号处理器复用引脚功能对照

GPIO A	GPIO B	GPIO D
GPIOA0 / PWM1	GPIOB0 / PWM7	GPIOD0 / T1CTRIP_PDPINTA
GPIOA1 / PWM2	GPIOB1 / PWM8	GPIOD1 / T2CTRIP / EVASOC
GPIOA2 / PWM3	GPIOB2 / PWM9	GPIOD5 / T3CTRIP_PDPINTB
GPIOA3 / PWM4	GPIOB3 / PWM10	GPIOD6 / T4CTRIP / EVBSOC
GPIOA4 / PWM5	GPIOB4 / PWM11	
GPIOA5 / PWM6	GPIOB5 / PWM12	
GPIOA6 / T1PWM_T1CMP	GPIOB6 / T3PWM_T3CMP	GPIO E
GPIOA7 / T2PWM_T2CMP	GPIOB7 / T4PWM_T4CMP	
GPIOA8 / CAP1_QEP1	GPIOB8 / CAP4_QEP3	GPIOE0 / XINT1_XBIO
GPIOA9 / CAP2_QEP2	GPIOB9 / CAP5_QEP4	GPIOE1 / XINT2_ADCSOC
GPIOA10 / CAP3_QEPI1	GPIOB10 / CAP6_QEPI2	GPIOE2 / XNMI_XINT13
GPIOA11 / TDIRA	GPIOB11 / TDIRB	
GPIOA12 / TCLKINA	GPIOB12 / TCLKINB	
GPIOA13 / C1TRIP	GPIOB13 / C4TRIP	
GPIOA14 / C2TRIP	GPIOB14 / C5TRIP	
GPIOA15 / C3TRIP	GPIOB15 / C6TRIP	
GPIO F	GPIO G	
GPIOF0 / SPISIMOA	GPIOG4 / SCITXDB	说明：
GPIOF1 / SPISOMIA	GPIOG5 / SCIRXDB	◆ 复位后默认 GPIO 功能
GPIOF2 / SPICLKA		◆ GPIO A、B、D、E 包含输入量化功能
GPIOF3 / SPISTEA		
GPIOF4 / SCITXDA		
GPIOF5 / SCIRXDA		
GPIOF6 / CANTXA		
GPIOF7 / CANRXA		
GPIOF8 / MCLKXA		
GPIOF9 / MCLKRA		
GPIOF10 / MFSXA		
GPIOF11 / MFSRA		
GPIOF12 / MDXA		
GPIOF13 / MDRA		
GPIOF14 / XF		

　　端口 A、B、D、E 作为数字量输入端口时具有输入量化功能，使用该功能时，输入脉冲必须达到一定的时钟周期长度才被认为是有效的输入信号，否则将被忽略。所有 GPIO 端口由各自的 GPxMUX 复用寄存器控制，控制位设置为 0 时，相应引脚作为通用数字量 I/O 使用；设置为 1 时，相应引脚作为专用引脚使用。当设置为数字量 I/O 功能时，寄存器 GPxDIR 确定 I/O 端口的方向：控制位清零引脚配置为数字量输入；置 1 配置为数字量输出。具有输入量化功能的引脚，用户可以定义量化时间长度以消除不必要的干扰信号，如图 7.2 所示。

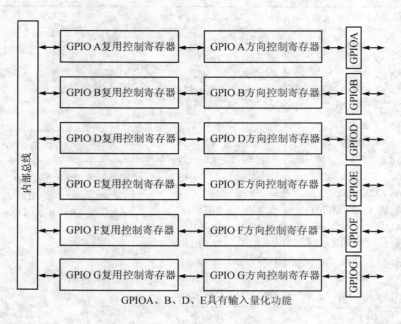

图 7.2　GPIO 控制寄存器

图 7.3 为 TMS320F2812 DSP 的 I/O 端口内部结构框图，由图 7.3 可以看出上述各寄存器在 I/O 功能配置中的作用及内部的连接关系。

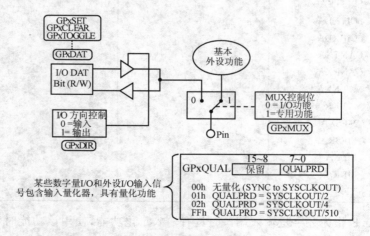

图 7.3　复用功能引脚结构图

7.4 数字量 I/O 寄存器及其应用

F2812 处理器的所有外设寄存器全部分组为外设帧 PF0、PF1 和 PF2，这些帧都映射到处理器的数据区。外设帧 PF0 包括控制访问内部 Flash 和 SARAM 速度的控制寄存器；外设帧 PF1 包括绝大部分外设控制寄存器；外设帧 PF2 主要用于 CAN 模块的控制寄存器。3 个外设帧映射的地址空间如图 7.4 所示，所有数字量 I/O 控制寄存器都映射到外设帧 1 映射的地址空间，表 7.2 给出了 GPIO 控制寄存器的功能及其操作地址。

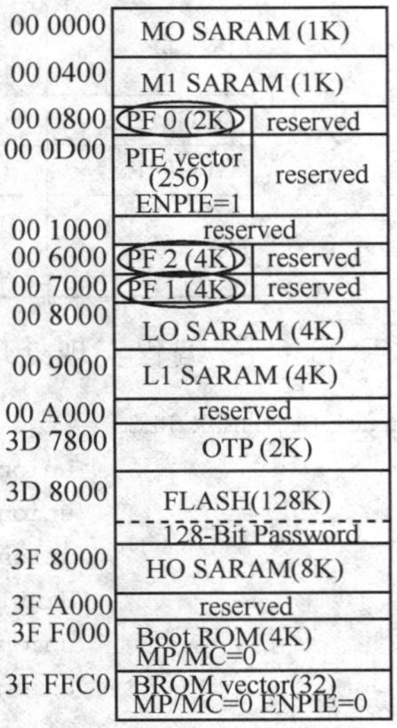

7.4.1 I/O 复用寄存器及其应用

GPIO Mux 寄存器用来选择 281x 处理器多功能复用引脚的操作模式，各引脚可以独立地配置在 GPIO 模式或者是外设专用功能模式。如果配置在通用数字量 I/O 模式，还可以通过方向控制寄存器（GPxMUX）设置 GPIO 的方向，通过量化输入寄存器（GPxQUAL）配置输入引脚的量化功能。表 7.2 列出了 GPIO 复用控制寄存器的地址空间、大小及功能。

图 7.4 外设帧存储空间映射关系

表 7.2 GPIO 复用控制寄存器

名称	地址空间	大小(×16)	寄存器功能描述
GPAMUX	0x00 70C0	1	GPIO A 复用控制寄存器
GPADIR	0x00 70C1	1	GPIO A 方向控制寄存器
GPAQUAL	0x00 70C2	1	GPIO A 输入量化控制寄存器
保留	0x00 70C3	1	
GPBMUX	0x00 70C4	1	GPIO B 复用控制寄存器
GPBDIR	0x00 70C5	1	GPIO B 方向控制寄存器
GPBQUAL	0x00 70C6	1	GPIO B 输入量化控制寄存器
保留	0x00 70C7 0x00 70CB	5	
GPDMUX	0x00 70CC	1	GPIO D 复用控制寄存器
GPDDIR	0x00 70CD	1	GPIO D 方向控制寄存器
GPDQUAL	0x00 70CE	1	GPIO D 输入量化控制寄存器
保留	0x00 70CF	1	
GPEMUX	0x00 70D0	1	GPIO E 复用控制寄存器
GPEDIR	0x00 70D1	1	GPIO E 方向控制寄存器
GPEQUAL	0x00 70D2	1	GPIO E 输入量化控制寄存器
保留	0x00 70D3	1	
GPFMUX	0x00 70D4	1	GPIO F 复用控制寄存器

续表 7.2

名称	地址空间	大小(×16)	寄存器功能描述
GPFDIR	0x00 70D5	1	GPIO F 方向控制寄存器
保留	0x00 70D6 0x00 70D7	2	
GPGMUX	0x00 70D8	1	GPIO G 复用控制寄存器
GPGDIR	0x00 70D9	1	GPIO G 方向控制寄存器
保留	0x00 70DA 0x00 70DF	6	

采用 C/C++ 编程实现处理器的 GPIO 控制，其复用寄存器的相关结构体定义为：

```
struct GPIO_MUX_REGS {
            union  GPAMUX_REG      GPAMUX;
            union  GPADIR_REG      GPADIR;
            union  GPAQUAL_REG     GPAQUAL;
            Uint16                 rsvd1;
            union  GPBMUX_REG      GPBMUX;
            union  GPBDIR_REG      GPBDIR;
            union  GPBQUAL_REG     GPBQUAL;
            Uint16                 rsvd2[5];
            union  GPDMUX_REG      GPDMUX;
            union  GPDDIR_REG      GPDDIR;
            union  GPDQUAL_REG     GPDQUAL;
            Uint16                 rsvd3;
            union  GPEMUX_REG      GPEMUX;
            union  GPEDIR_REG      GPEDIR;
            union  GPEQUAL_REG     GPEQUAL;
            Uint16                 rsvd4;
            union  GPFMUX_REG      GPFMUX;
            union  GPFDIR_REG      GPFDIR;
            Uint16                 rsvd5[2];
            union  GPGMUX_REG      GPGMUX;
            union  GPGDIR_REG      GPGDIR;
            Uint16                 rsvd6[6];
};
```

采用上述结构体定义可以直接对 GPIO 的寄存器进行操作，完成外部引脚的初始化操作。例如：

```
void Gpio_select(void)
{
    Uint16 var1;
    Uint16 var2;
    Uint16 var3;

    var1 = 0x0000;      // 设置 GPIO Mux 寄存器,使相关 I/O 工作在 GPIO 模式
    var2 = 0xFFFF;      // 设置 GPIODIR 寄存器,使相关 I/O 工作在 GPIO 输出模式
    var3 = 0x0000;      // 配置量化功能
```

```
    EALLOW;
    GpioMuxRegs.GPAMUX.all = var1;
    GpioMuxRegs.GPBMUX.all = var1;
    GpioMuxRegs.GPDMUX.all = var1;
    GpioMuxRegs.GPFMUX.all = var1;
    GpioMuxRegs.GPEMUX.all = var1;
    GpioMuxRegs.GPGMUX.all = var1;

    GpioMuxRegs.GPADIR.all = var2;          // GPIO PORT 配置为输出
    GpioMuxRegs.GPBDIR.all = var2;
    GpioMuxRegs.GPDDIR.all = var2;
    GpioMuxRegs.GPEDIR.all = var2;
    GpioMuxRegs.GPFDIR.all = var2;
    GpioMuxRegs.GPGDIR.all = var2;

    GpioMuxRegs.GPAQUAL.all = var3;         //配置量化器的值
    GpioMuxRegs.GPBQUAL.all = var3;
    GpioMuxRegs.GPDQUAL.all = var3;
    GpioMuxRegs.GPEQUAL.all = var3;

    EDIS;
}
```

此外,由于引脚的输出缓冲直接连接到输入缓冲,当前 GPIO 引脚上的任何信号都会同时传送到外设模块。因此,当引脚配置为 GPIO 功能时,相应的外设功能(和产生中断功能)必须通过复用寄存器禁止,否则将会首先触发中断,这一点对于 PDPINTA 和 PDPINTB 引脚尤其重要。图 7.5 给出了 GPIO 的内部控制功能寄存器和外部引脚的关系。

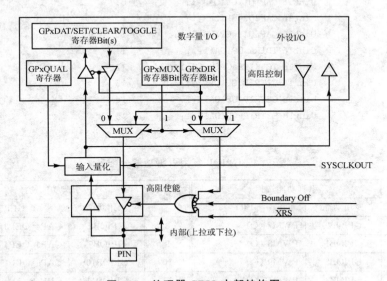

图 7.5　处理器 GPIO 内部结构图

由于所有多功能复用引脚都可以通过相应的控制寄存器的位独立配置,因此在使用时需要详细了解各 GPIO 引脚对应的控制位。表 7.3～表 7.6 给出相关寄存器位对应的被控引脚,并以 C 语言编程的结构体定义为例给出了采用 C/C++编程时的定义方法。

表 7.3 GPIOA 复用引脚功能分配表

位	引脚功能选择		位	引脚功能选择	
	专用功能	GPIO		专用功能	GPIO
0	GPIOA0	PWM1 (O)	8	GPIOA8	CAP1_QEP1 (I)
1	GPIOA1	PWM2 (O)	9	GPIOA9	CAP2_QEP2 (I)
2	GPIOA2	PWM3 (O)	10	GPIOA10	CAP3_QEPI1 (I)
3	GPIOA3	PWM4 (O)	11	GPIOA11	TDIRA (I)
4	GPIOA4	PWM5 (O)	12	GPIOA12	TCLKINA (I)
5	GPIOA5	PWM6 (O)	13	GPIOA13	C1TRIP (I)
6	GPIOA6	T1PWM_T1CMP (I)	14	GPIOA14	C2TRIP (I)
7	GPIOA7	T2PWM_T2CMP (I)	15	GPIOA15	C3TRIP (I)

```
//-----------------------------------------------------------------
// GPIO A 功能复用控制寄存器位结构定义
//
struct GPAMUX_BITS {       // 位功能描述
            Uint16 PWM1_GPIOA0:1;           // 0
            Uint16 PWM2_GPIOA1:1;           // 1
            Uint16 PWM3_GPIOA2:1;           // 2
            Uint16 PWM4_GPIOA3:1;           // 3
            Uint16 PWM5_GPIOA4:1;           // 4
            Uint16 PWM6_GPIOA5:1;           // 5
            Uint16 T1PWM_GPIOA6:1;          // 6
            Uint16 T2PWM_GPIOA7:1;          // 7
            Uint16 CAP1Q1_GPIOA8:1;         // 8
            Uint16 CAP2Q2_GPIOA9:1;         // 9
            Uint16 CAP3QI1_GPIOA10:1;       // 10
            Uint16 TDIRA_GPIOA11:1;         // 11
            Uint16 TCLKINA_GPIOA12:1;       // 12
            Uint16 C1TRIP_GPIOA13:1;        // 13
            Uint16 C2TRIP_GPIOA14:1;        // 14
            Uint16 C3TRIP_GPIOA15:1;        // 15
};
```

表 7.4 GPIOB 复用引脚功能分配表

位	引脚功能选择		位	引脚功能选择	
	专用功能	GPIO		专用功能	GPIO
0	GPIOB0	PWM7 (O)	8	GPIOB8	CAP4_QEP3 (I)
1	GPIOB1	PWM8 (O)	9	GPIOB9	CAP5_QEP4 (I)
2	GPIOB2	PWM9 (O)	10	GPIOB10	CAP6_QEPI2 (I)
3	GPIOB3	PWM10 (O)	11	GPIOB11	TDIRB (I)
4	GPIOB4	PWM11 (O)	12	GPIOB12	TCLKINB (I)
5	GPIOB5	PWM12 (O)	13	GPIOB13	C4TRIP (I)
6	GPIOB6	T3PWM_T3CMP (I)	14	GPIOB14	C5TRIP (I)
7	GPIOB7	T4PWM_T4CMP (I)	15	GPIOB15	C6TRIP (I)

//--
// GPIO B 功能复用控制寄存器位结构定义
//
struct GPBMUX_BITS {   // 位功能描述
            Uint16 PWM7_GPIOB0:1;   // 0
            Uint16 PWM8_GPIOB1:1;   // 1
            Uint16 PWM9_GPIOB2:1;   // 2
            Uint16 PWM10_GPIOB3:1;   // 3
            Uint16 PWM11_GPIOB4:1;   // 4
            Uint16 PWM12_GPIOB5:1;   // 5
            Uint16 T3PWM_GPIOB6:1;   // 6
            Uint16 T4PWM_GPIOB7:1;   // 7
            Uint16 CAP4Q1_GPIOB8:1;   // 8
            Uint16 CAP5Q2_GPIOB9:1;   // 9
            Uint16 CAP6QI2_GPIOB10:1;   // 10
            Uint16 TDIRB_GPIOB11:1;   // 11
            Uint16 TCLKINB_GPIOB12:1;   // 12
            Uint16 C4TRIP_GPIOB13:1;   // 13
            Uint16 C5TRIP_GPIOB14:1;   // 14
            Uint16 C6TRIP_GPIOB15:1;   // 15
};

表 7.5 GPIOD 及 GPIOG 复用引脚功能分配表

位	引脚功能选择		位	引脚功能选择	
	专用功能	GPIO		专用功能	GPIO
1	GPIOD0	T1CTRIP_PDPINTA (I)	0	GPIOE0	XINT1_XBIO (I)
2	GPIOD1	T2CTRIP/EVASOC (I)	1	GPIOE1	XINT2_ADCSOC (I)
5	GPIOD5	T3CTRIP_PDPINTB (I)	2	GPIOE2	XNMI_XINT13 (I)
6	GPIOD6	T4CTRIP/EVBSOC (I)			
			4	GPIOG4	SCITXDB (O)
			5	GPIOG5	SCIRXDB (I)

//--
// GPIO D 功能复用控制寄存器位结构定义
//
struct GPDMUX_BITS {   // 位功能描述
            Uint16 T1CTRIP_PDPA_GPIOD0:1;   // 0
            Uint16 T2CTRIP_SOCA_GPIOD1:1;   // 1
            Uint16 rsvd1:3;   // 4:2
            Uint16 T3CTRIP_PDPB_GPIOD5:1;   // 5
            Uint16 T4CTRIP_SOCB_GPIOD6:1;   // 6
            Uint16 rsvd2:9;   // 15:7
};
//--
// GPIO E 功能复用控制寄存器位结构定义

```
//
struct GPEMUX_BITS  {     // 位功能描述
                Uint16 XINT1_XBIO_GPIOE0:1;         // 0
                Uint16 XINT2_ADCSOC_GPIOE1:1;       // 1
                Uint16 XNMI_XINT13_GPIOE2:1;        // 2
                Uint16 rsvd1:12;                    // 15:3
};
//---------------------------------------------------------------
// GPIO G 功能复用控制寄存器位结构定义
//
struct GPGMUX_BITS  {     // 位功能描述
                Uint16 rsvd1:4;                     // 3:0
                Uint16 SCITXDB_GPIOG4:1;            // 4
                Uint16 SCIRXDB_GPIOG5:1;            // 5
                Uint16 rsvd2:10;                    // 15:6
};
```

表 7.6　GPIOF 复用引脚功能分配表

位	引脚功能选择		位	引脚功能选择	
	专用功能	GPIO		专用功能	GPIO
0	GPIOF0	SPISIMOA (O)	8	GPIOF8	MCLKXA (I/O)
1	GPIOF1	SPISOMIA (I)	9	GPIOF9	MCLKRA (I/O)
2	GPIOF2	SPICLKA (I/O)	10	GPIOF10	MFSXA (I/O)
3	GPIOF3	SPISTEA (I/O)	11	GPIOF11	MFSRA (I/O)
4	GPIOF4	SCITXDA (O)	12	GPIOF12	MDXA (O)
5	GPIOF5	SCIRXDA (I)	13	GPIOF13	MDRA (I)
6	GPIOF6	CANTXA (O)	14	GPIOF14	XF_XPLLDIS (O)
7	GPIOF7	CANRXA (I)	15	GPIOF15	—

```
//---------------------------------------------------------------
// GPIO G 功能复用控制寄存器位结构定义
//
struct GPFMUX_BITS  {     // 位功能描述
                Uint16 SPISIMOA_GPIOF0:1;           // 0
                Uint16 SPISOMIA_GPIOF1:1;           // 1
                Uint16 SPICLKA_GPIOF2:1;            // 2
                Uint16 SPISTEA_GPIOF3:1;            // 3
                Uint16 SCITXDA_GPIOF4:1;            // 4
                Uint16 SCIRXDA_GPIOF5:1;            // 5
                Uint16 CANTXA_GPIOF6:1;             // 6
                Uint16 CANRXA_GPIOF7:1;             // 7
                Uint16 MCLKXA_GPIOF8:1;             // 8
                Uint16 MCLKRA_GPIOF9:1;             // 9
                Uint16 MFSXA_GPIOF10:1;             // 10
                Uint16 MFSRA_GPIOF11:1;             // 11
```

```
    Uint16 MDXA_GPIOF12:1;      // 12
    Uint16 MDRA_GPIOF13:1;      // 13
    Uint16 XF_GPIOF14:1;        // 14
    Uint16 spare_GPIOF15:1;     // 15
};
```

7.4.2 I/O 数据寄存器及其应用

如果复用引脚配置为数字 I/O 模式，则可以直接利用数据寄存器对 I/O 操作(读/写)，也可以利用其他辅助寄存器对各 I/O 进行独立操作，如数字 I/O 置位(GPxSET 寄存器)、数字 I/O 清零(GPxCLEAR 寄存器)及数字 I/O 电平转换(GPxTOGGLE 寄存器)，如表 7.7 所列。

表 7.7 GPIO 数据控制寄存器

名 称	地址空间	大小(×16)	寄存器功能描述
GPADAT	0x00 70E0	1	GPIO A 数据寄存器
GPASET	0x00 70E1	1	GPIO A 置位寄存器
GPACLEAR	0x00 70E2	1	GPIO A 清零寄存器
GPATOGGLE	0x00 70E3	1	GPIO A 单独触发(Toggle)寄存器
GPBDAT	0x00 70E4	1	GPIO B 数据寄存器
GPBSET	0x00 70E5	1	GPIO B 置位寄存器
GPBCLEAR	0x00 70E6	1	GPIO B 清零寄存器
GPBTOGGLE	0x00 70E7	1	GPIO B 单独触发(Toggle)寄存器
reserved	0x00 70E8 0x00 70EB	4	
GPDDAT	0x00 70EC	1	GPIO D 数据寄存器
GPDSET	0x00 70ED	1	GPIO D 置位寄存器
GPDCLEAR	0x00 70EE	1	GPIO D 清零寄存器
GPDTOGGLE	0x00 70EF	1	GPIO D 单独触发(Toggle)寄存器
GPEDAT	0x00 70F0	1	GPIO E 数据寄存器
GPESET	0x00 70F1	1	GPIO E 置位寄存器
GPECLEAR	0x00 70F2	1	GPIO E 清零寄存器
GPETOGGLE	0x00 70F3	1	GPIO E 单独触发(Toggle)寄存器
GPFDAT	0x00 70F4	1	GPIO F 数据寄存器
GPFSET	0x00 70F5	1	GPIO F 置位寄存器
GPFCLEAR	0x00 70F6	1	GPIO F 清零寄存器
GPFTOGGLE	0x00 70F7	1	GPIO F 单独触发(Toggle)寄存器
GPGDAT	0x00 70F8	1	GPIO G 数据寄存器
GPGSET	0x00 70F9	1	GPIO G 置位寄存器
GPGCLEAR	0x00 70FA	1	GPIO G 清零寄存器
GPGTOGGLE	0x00 70FB	1	GPIO G 单独触发(Toggle)寄存器
reserved	0x00 70FC 0x00 70FF	4	

```c
struct GPIO_DATA_REGS {
                union   GPADAT_REG          GPADAT;
                union   GPASET_REG          GPASET;
                union   GPACLEAR_REG        GPACLEAR;
                union   GPATOGGLE_REG       GPATOGGLE;
                union   GPBDAT_REG          GPBDAT;
                union   GPBSET_REG          GPBSET;
                union   GPBCLEAR_REG        GPBCLEAR;
                union   GPBTOGGLE_REG       GPBTOGGLE;
                Uint16                      rsvd1[4];
                union   GPDDAT_REG          GPDDAT;
                union   GPDSET_REG          GPDSET;
                union   GPDCLEAR_REG        GPDCLEAR;
                union   GPDTOGGLE_REG       GPDTOGGLE;
                union   GPEDAT_REG          GPEDAT;
                union   GPESET_REG          GPESET;
                union   GPECLEAR_REG        GPECLEAR;
                union   GPETOGGLE_REG       GPETOGGLE;
                union   GPFDAT_REG          GPFDAT;
                union   GPFSET_REG          GPFSET;
                union   GPFCLEAR_REG        GPFCLEAR;
                union   GPFTOGGLE_REG       GPFTOGGLE;
                union   GPGDAT_REG          GPGDAT;
                union   GPGSET_REG          GPGSET;
                union   GPGCLEAR_REG        GPGCLEAR;
                union   GPGTOGGLE_REG       GPGTOGGLE;
                Uint16                      rsvd2[4];
};
void Gpio_example1(void)
{
    // 使用数据寄存器设置 I/O 的输出,或者通过数据寄存器读取外部引脚的状态信息
    while(1)
    {
        GpioDataRegs.GPADAT.all     = 0xAAAA;
        GpioDataRegs.GPBDAT.all     = 0xAAAA;
        GpioDataRegs.GPDDAT.all     = 0x0022;
        GpioDataRegs.GPEDAT.all     = 0x0002;
        GpioDataRegs.GPFDAT.all     = 0xAAAA;
        GpioDataRegs.GPGDAT.all     = 0x0020;
        delay_loop();

        GpioDataRegs.GPADAT.all     = 0x5555;
        GpioDataRegs.GPBDAT.all     = 0x5555;
        GpioDataRegs.GPDDAT.all     = 0x0041;   // 只有 4 个 I/O
        GpioDataRegs.GPEDAT.all     = 0x0005;   // 只有 3 个 I/O
```

```
    GpioDataRegs.GPFDAT.all      = 0x5555;
    GpioDataRegs.GPGDAT.all      = 0x0010;        // 只有 2 个 I/O
    delay_loop();
  }
}
```

7.5 数字量 I/O 应用举例

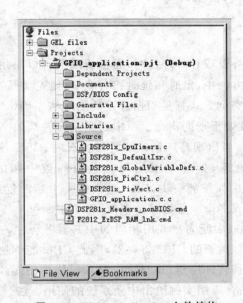

图 7.6 GPIO_application 文件结构

数字量 I/O 应用的主函数及详细分析请参考光盘"7.5 数字量 I/O 应用举例.pdf"。

第 8 章

中断系统及其应用

在处理器访问片内集成外设或片外外设时,通常情况下可以采用定时、延时、状态查询和中断等方式实现。在上述几种方法中,定时和延时相对简单,预先根据外设提供服务的响应时间确定 CPU 的访问节点;而状态查询方式则是根据外设的响应状态确定对外设的操作时机,只有外设准备好后才操作,否则一致处于查询状态。而中断则是一种高效实时的处理方法。中断是指微处理器在程序执行过程中,当出现特殊请求或异常情况时,CPU 停止正在运行的程序而转向对特殊请求或异常情况的处理,处理结束后再重新返回被中断的程序,继续执行源程序。TMS320C28xxx 处理器外设中断扩展模块(PIE)采用多个中断源复用方式实现,PIE 模块可以支持 96 个以上独立中断,分成多个组每组 8 个中断,每个中断都有专门的中断向量且可以根据需要进行调整。CPU 自动获取中断向量调用相应的中断服务程序,一般情况下 CPU 需要 9 个时钟周期火气中断向量并保存重要的 CPU 寄存器,因此 CPU 能够快速相应中断事件。中断的优先级可以通过处理器硬件和软件控制,并能够在 PIE 模块中使能或禁止。本章主要介绍处理器中断系统的结构特点,并结合应用实例给出中断系统的使用方法。

8.1 C28x 处理器中断概述

C28x DSP 内核总计有 16 个中断线,其中包括 2 个不可屏蔽中断(RESET 和 NMI)与 14 个可屏蔽中断。可屏蔽中断通过相应的中断使能寄存器使能或禁止产生的中断,如图 8.1 所示。

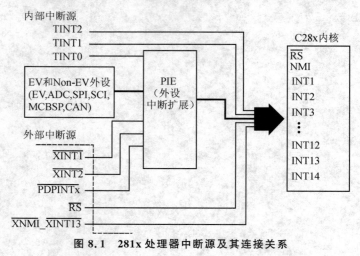

图 8.1 281x 处理器中断源及其连接关系

所有16个中断线都连接到"中断向量表"上,每个中断对应一个32位的中断入口地址,应用程序利用这些入口地址可以跳转到相应的中断服务程序。

8.2 PIE 中断扩展

C281x处理器内部集成了多种外设,每个外设都会产生一个或者多个外设级中断。由于CPU没有能力处理所有CPU级的中断请求,因此C281x的CPU除了支持16个CPU级的中断外,还有一个中断扩展控制器来仲裁外设中断。中断仲裁机制根据PIE向量表存放的每个中断服务程序的地址确定中断服务程序的位置,图8.2给出了中断扩展模块的结构图,中断扩展原理如图8.3所示。

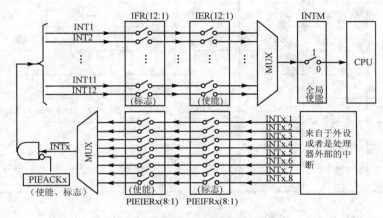

图 8.2　处理器中断扩展模块结构图

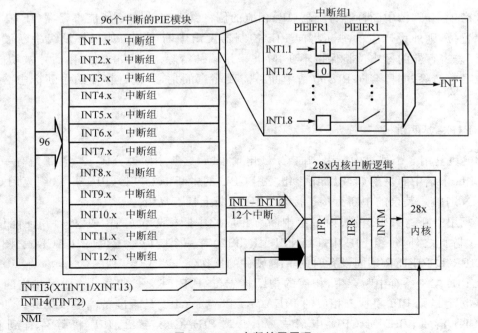

图 8.3　PIE 中断扩展原理

所有中断都是通过 PIE 中断扩展单元连接到各自相关的中断线上,具体连接关系如表 8.1 所列。

表 8.1 中断连接关系

	INTx.8	INTx.7	INTx.6	INTx.5	INTx.4	INTx.3	INTx.2	INTx.1
INT1	WAKEINT	TINT0	ADCINT	XINT2	XINT1		PDPINTB	PDPINT
INT2		T1OFINT	T1UFINT	T1CINT	T1PINT	CMP3INT	CMP2INT	CMP1INT
INT3		CAPINT3	CAPINT2	CAPINT1	T2OFINT	T2UFINT	T2CINT	T2PINT
INT4		T3OFINT	T3UFINT	T3CINT	T3PINT	CMP6INT	CMP5INT	CMP4INT
INT5		CAPINT6	CAPINT5	CAPINT4	T4OFINT	T4UFINT	T4CINT	T4PINT
INT6			MXINT	MRINT			SPITXINTA	SPIRXINTA
INT7								
INT8								
INT9			ECAN1INT	ECAN0INT	SCITXINTB	SCIRXINT	SCITXINTA	SCIRXINTA
INT10								
INT11								
INT12								

8.2.1 外设级中断

外设产生中断时,中断标志寄存器(IF)相应的位将置 1,如果中断使能寄存器(IE)中相应的使能位也置位,则外设产生的中断将向 PIE 控制器发出中断申请。如果外设级中断没有被使能,中断标志寄存器的标志位将保持不变,除非采用软件清除。如果中断产生后才被使能,且中断标志位没有清除,同样会向 PIE 申请中断。需要注意的是,外设寄存器的中断标志必须采用软件进行清除。

8.2.2 PIE 级中断

PIE 模块复用 8 个外设中断引脚向 CPU 申请中断,这些中断被分成 12 组,每组有一个中断信号向 CPU 申请中断。例如,PIE 第 1 组复用 CPU 的中断 1(INT1),PIE 第 12 组复用 CPU 的中断 12(INT12)。其余的中断直接连接到 CPU 中断上且不复用。

对于复用中断,在 PIE 模块内每组中断有相应的中断标志位(PIEIFRx.y)和使能位(PIE-IERx.y)。除此之外,每组 PIE 中断(INT1~INT12)有一个响应标志位(PIEACK)。图 8.4 给出了 PIEIFR 和 PIEIER 不同设置时的 PIE 硬件的操作。

一旦 PIE 控制器有中断产生,相应的中断标志位(PIEIFRx.y)将置 1。如果相应的 PIE 中断使能位也置 1,则 PIE 将检查相应的 PIEACKx 以确定 CPU 是否准备响应该中断。如果相应的 PIEACKx 清零,PIE 向 CPU 申请中断;如果 PIEACKx 置 1,PIE 将等待直到相应的 PIEACKx 清零才向 CPU 申请中断。

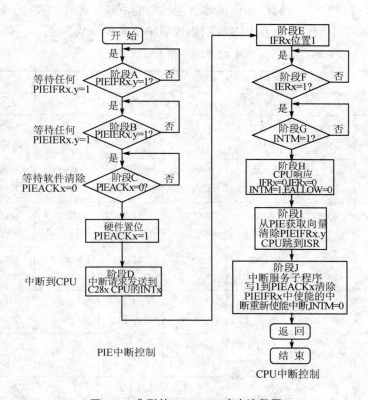

图 8.4 典型的 PIE/CPU 响应流程图

8.2.3 CPU 级中断

一旦向 CPU 申请中断，CPU 级中断标志位（IFR）将置 1。中断标志位锁存到标志寄存器后，只有 CPU 中断使能寄存器（IER）或中断调试使能寄存器（DBGIER）相应的使能位和全局中断屏蔽位（INTM）被使能时才会响应中断申请。

CPU 级使能可屏蔽中断采用 CPU 中断使能寄存器（IER）还是中断调试使能寄存器（DBGIER）与中断处理方式有关。标准处理模式下，不使用中断调试使能寄存器（DBGIER）。只有当 F281x 使用实时调试（Real-time Debug）且 CPU 被停止（Halt）时，才使用中断调试使能寄存器（DBGIER），此时 INTM 不起作用。如果 F281x 使用实时调试而 CPU 仍然正常运行，则采用标准的中断处理。

8.3 中断向量

8.3.1 中断向量的分配

PIE 支持的 96 个中断，每个中断都有自己的中断向量存放在 RAM 中，构成整个系统的中断向量表，如表 8.2 所列，用户可以根据需要适当地对中断向量表进行调整。在响应中断时，CPU 将自动地从中断向量表中获取相应的中断向量。CPU 获取中断向量和保存重要的寄存器需要花费9个CPU时钟周期,因此CPU能够快速地响应中断。此外,中断的极性可以通过硬件和软件进行控制,每个中断也可以在PIE模块内控制中断的使能或禁止。

表8.2 PIE中断分组情况

CPU中断	PIE中断							
	INTx.8	INTx.7	INTx.6	INTx.5	INTx.4	INTx.3	INTx.2	INTx.1
INT1.y	WAKEIN1 (LPM/WD)	TINT0 (TIMER 0)	ADCINT (ADC)	XINT2	XINT1	保留	PDPINTB (EV-B)	PDPINTA (EV-A)
INT2.y	保留	T1OFINT (EV-A)	T1UFINT (EV-A)	T1CINT (EV-A)	T1PINT (EV-A)	CMP3INT (EV-A)	CMP2INT (EV-A)	CMP1INT (EV-A)
INT3.y	保留	CAPINT3 (EV-A)	CAPINT2 (EV-A)	CAPINT1 (EV-A)	T2OFINT (EV-A)	T2UFINT (EV-A)	T2CINT (EV-A)	T2PINT (EV-A)
INT4.y	保留	T3OFINT (EV-B)	T3UFINT (EV-B)	T3CINT (EV-B)	T3PINT (EV-B)	CMP6INT (EV-B)	CMP5INT (EV-B)	CMP4INT (EV-B)
INT5.y	保留	CAPINT6 (EV-B)	CAPINT5 (EV-B)	CAPINT4 (EV-B)	T4OFINT (EV-B)	T4UFINT (EV-B)	T4CINT (EV-B)	T4PINT (EV-B)
INT6.y	保留	保留	MXINT (McBSP)	MRINT (McBSP)	保留	保留	SPITXINTA (SPI)	SPIRXINTA (SPI)
INT7.y	保留	保留	保留	保留	保留	保留	保留	保留
INT8.y	保留	保留	保留	保留	保留	保留	保留	保留
INT9.y	保留	保留	ECAN1INT (ECAN)	ECAN0INT (ECAN)	SCITXINTB (SCI-B)	SCIRXINTB	SCITXINTA (SCI-A)	SCIRXINTA (SCI-A)
INT10.y	保留	保留	保留	保留	保留	保留	保留	保留
INT11.y	保留	保留	保留	保留	保留	保留	保留	保留
INT12.y	保留	保留	保留	保留	保留	保留	保留	保留

显然,这种复用中断模式在使用中断过程中多个中断源共用一条中断线,每条中断线连接的中断向量都在中断向量表中占32位地址空间,用来存放中断服务程序的入口地址。中断服务程序必须处理所有输入的中断请求,这就要求编程人员在服务程序的入口处采用软件方法将这些中断分离开,以便能够正确地处理。但软件分离的方法势必会影响中断的响应速度,因此,在实时性要求高的应用中不能使用。这就涉及到如何加快中断服务程序的问题。

8.3.2 中断向量的映射方式

在F281x DSP中采用外设中断扩展模块(Peripheral Interrupt Expansion,PIE)解决上述问题。外设中断扩展模块实质上是将中断向量表范围扩展,使得96个可能产生的中断都有各自独立的32位入口地址。这样,在扩展模块的作用下就会加快中断的响应时间。为了使用PIE,用户必须重新定位中断向量表到0x00 0D00地址(如表8.3所列),该地址是一个可变地址空间,在使用前必须初始化。

第8章 中断系统及其应用

C28xx 器件中,中断向量表可以映射到 5 个不同的存储空间。在实际应用中,F28xx 只使用 PIE 中断向量表映射。中断向量映射主要由以下位/信号来控制。

WMAP　　该位在状态寄存器 1(ST1)的位 3,复位后值为 1。可以通过改变 ST1 的值或使用 SETC/CLRC VMAP 指令改变 WMAP 的值,正常操作该位置 1。

M0M1MAP　该位在状态寄存器 1(ST1)的位 11,复位后值为 1。可以通过改变 ST1 的值或使用 SETC/CLRC M0M1MAP 指令改变 M0M1MAP 的值,正常操作该位置 1。M0M1MAP = 0 为厂家测试使用。

MP/$\overline{MC}$　　该位在 XINTCNF2 寄存器的位 8。对于有外部接口(XINTF)的器件(如 F2812),复位时 XMP/$\overline{MC}$ 引脚上的值为该寄存器位的值;对于没有外部接口的器件(如 F2810),XMP/$\overline{MC}$ 内部拉低。器件复位后,可以通过调整 XINTCNF2 寄存器(地址为 0x0000 0B34)改变该位的值。

ENPIE　　该位在 PIECTRL 寄存器的位 0,复位的默认值为 0(PIE 被屏蔽)。器件复位后,可以通过调整 PIECTRL 寄存器(地址为 0x0000 0CE0)改变该位的值。

依据上述控制位的不同设置,中断向量表有不同的映射方式,如表 8.3 所列。

表 8.3　中断向量表映射配置表

向量映射	向量获取位置	地址范围	WMAP	M0M1MAP	MP/$\overline{MC}$	ENPIE
M1 向量	M1 SARAM	0x000000~0x00003F	0	0	X	X
M0 向量	M0 SARAM	0x000000~0x00003F	0	1	X	X
BROM 向量	ROM	0x3FFFC0~0x3FFFFF	1	X	0	0
XINTF 向量	XINTF Zone 7	0x3FFFC0~0x3FFFFF	1	X	1	0
PIE 向量	PIE	0x000D00~0x000DFF	1	X	X	1

M1 和 M0 向量表映射保留,只供 TI 公司测试使用。当用其他向量表映射时,M0 和 M1 存储器作为 RAM 使用,可以随意使用而没有任何限制。复位后器件默认的向量映射如表 8.4 所列。

表 8.4　复位后中断向量表映射配置表

向量映射	向量获取位置	地址范围	WMAP	M0M1MAP	MP/$\overline{MC}$	ENPIE
BROM 向量	ROM	0x3FFFC0~0x3FFFFF	1	X	0	0
XINTF 向量	XINTF Zone 7	0x3FFFC0~0x3FFFFF	1	X	1	0

复位程序引导(Boot)完成后,用户需要重新初始化 PIE 中断向量表,应用程序使能 PIE 中断向量表,中断将从 PIE 向量表中获取向量。当器件复位时,复位向量总是从向量表中获取。复位完成后,PIE 向量表将被屏蔽,相应的中断向量分配如图 8.5 所示,重新分配方法如图 8.6 所示。PIE 中断向量的映射关系和中断向量表分别如表 8.5 和表 8.6 所列。

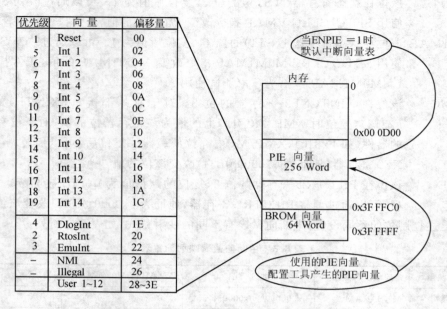

图 8.5　处理器复位后默认的中断向量分配

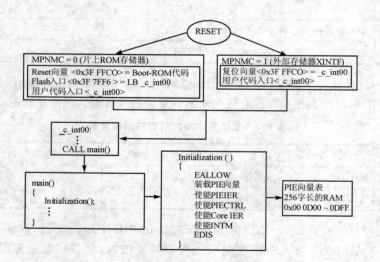

图 8.6　中断向量重新分配方法

第 8 章　中断系统及其应用

表 8.5　PIE 中断向量映射关系

向量名称	PIE 向量地址	PIE 向量描述
Not used	0x00 0D00	Reset 向量
INT1	0x00 0D02	INT1 重新映射
⋮	⋮	⋮
INT12	0x00 0D18	INT12 重新映射
INT13	0x00 0D1A	XINT1 重新映射
INT14	0x00 0D1C	Timer2 - RTOS 向量
Datalog	0x00 0D1D	数据 logging 向量
⋮	⋮	⋮
USER11	0x00 0D3E	用户定义的 TRAP
INT1.1	0x00 0D40	PIEINT1.1　中断向量
⋮	⋮	⋮
INT1.8	0x00 0D4E	PIEINT1.8　中断向量
⋮	⋮	⋮
INT12.1	0x00 0DF0	PIEINT12.1 中断向量
⋮	⋮	⋮
INT12.8	0x00 0DFE	PIEINT12.8 中断向量

- PIE 向量空间：0x00 0D00 共 256 字长度的数据空间。
- RESET 和 INT1～INT12 向量地址重新映射。
- CPU 向量重新映射到 0x00 0D00 数据空间。

表 8.6　PIE 中断向量表

名　称	向量 ID 号	地　址	占空间 16 位	描　述	CPU 优先级	PIE 分组优先级
Reset	0	0x0000 0D00	2	Reset 总是从引导 ROM 或 XINTF Zone 7 空间的 0x003F FFC0 地址获取	1(最高)	—
INT1	1	0x0000 0D02	2	不使用，参考 PIE 组 1	5	—
INT2	2	0x0000 0D04	2	不使用，参考 PIE 组 2	6	—
INT3	3	0x0000 0D06	2	不使用，参考 PIE 组 3	7	—
INT4	4	0x0000 0D08	2	不使用，参考 PIE 组 4	8	—
INT5	5	0x0000 0D0A	2	不使用，参考 PIE 组 5	9	—
INT6	6	0x0000 0D0C	2	不使用，参考 PIE 组 6	10	—
INT7	7	0x0000 0D0E	2	不使用，参考 PIE 组 7	11	—
INT8	8	0x0000 0D10	2	不使用，参考 PIE 组 8	12	—
INT9	9	0x0000 0D12	2	不使用，参考 PIE 组 9	13	—
INT10	10	0x0000 0D14	2	不使用，参考 PIE 组 10	14	—
INT11	11	0x0000 0D16	2	不使用，参考 PIE 组 11	15	—
INT12	12	0x0000 0D18	2	不使用，参考 PIE 组 12	16	—

续表 8.6

名称	向量ID号	地址	占空间16位	描述	CPU优先级	PIE分组优先级
INT13	13	0x0000 0D1A	2	外部中断13(XINT13)或CPU定时器1(TI/RTOS使用)	17	—
INT14	14	0x0000 0D1C	2	CPU定时器2(TI/RTOS使用)	18	—
DATALOG	15	0x0000 0D1E	2	CPU数据Logging中断	19(最低)	—
RTOSINT	16	0x0000 0D20	2	实时操作系统中断	4	—
EMUINT	17	0x0000 0D22	2	CPU仿真中断	2	—
NMI	18	0x0000 0D24	2	不可屏蔽中断	3	—
ILLIGAL	19	0x0000 0D26	2	非法操作	—	—
USER1	20	0x0000 0D28	2	用户定义的陷阱(Trap)	—	—
USER2	21	0x0000 0D2A	2	用户定义的陷阱(Trap)	—	—
USER3	22	0x0000 0D2C	2	用户定义的陷阱(Trap)	—	—
USER4	23	0x0000 0D2E	2	用户定义的陷阱(Trap)	—	—
USER5	24	0x0000 0D30	2	用户定义的陷阱(Trap)	—	—
USER6	25	0x0000 0D32	2	用户定义的陷阱(Trap)	—	—
USER7	26	0x0000 0D34	2	用户定义的陷阱(Trap)	—	—
USER8	27	0x0000 0D36	2	用户定义的陷阱(Trap)	—	—
USER9	28	0x0000 0D38	2	用户定义的陷阱(Trap)	—	—
USER10	29	0x0000 0D3A	2	用户定义的陷阱(Trap)	—	—
USER11	30	0x0000 0D3C	2	用户定义的陷阱(Trap)	—	—
USER12	31	0x0000 0D3E	2	用户定义的陷阱(Trap)	—	—
PIE组1向量——共用CPU INT1						
INT1.1	32	0x0000 0D40	2	PDPINTA(事件管理器A)	5	1(最高)
INT1.2	33	0x0000 0D42	2	PDPINTB(事件管理器B)	5	2
INT1.3	34	0x0000 0D44	2	保留	5	3
INT1.4	35	0x0000 0D46	2	XINT1	5	4
INT1.5	36	0x0000 0D48	2	XINT2	5	5
INT1.6	37	0x0000 0D4A	2	ADCINT(ADC模块)	5	6
INT1.7	38	0x0000 0D4C	2	TINT0(CPU定时器0)	5	7
INT1.8	39	0x0000 0D4E	2	WAKEINT(LPM/WD)	5	8(最低)
PIE组2向量——共用CPU INT2						
INT2.1	40	0x0000 0D50	2	CMP1INT(事件管理器A)	6	1(最高)
INT2.2	41	0x0000 0D52	2	CMP2INT(事件管理器A)	6	2
INT2.3	42	0x0000 0D54	2	CMP3INT(事件管理器A)	6	3

第 8 章 中断系统及其应用

续表 8.6

名　称	向量 ID 号	地　址	占空间 16 位	描　述	CPU 优先级	PIE 分组优先级
INT2.4	43	0x0000 0D56	2	T1PINT（事件管理器 A）	6	4
INT2.5	44	0x0000 0D58	2	T1CINT（事件管理器 A）	6	5
INT2.6	45	0x0000 0D5A	2	T1UFINT（事件管理器 A）	6	6
INT2.7	46	0x0000 0D5C	2	T1OFINT（事件管理器 A）	6	7
INT2.8	47	0x0000 0D5E	2	保留	6	8（最低）
PIE 组 3 向量——共用 CPU INT3						
INT3.1	48	0x0000 0D60	2	T2PINT（事件管理器 A）	7	1（最高）
INT3.2	49	0x0000 0D62	2	T2CINT（事件管理器 A）	7	2
INT3.3	50	0x0000 0D64	2	T2UFINT（事件管理器 A）	7	3
INT3.4	51	0x0000 0D66	2	T2OFINT（事件管理器 A）	7	4
INT3.5	52	0x0000 0D68	2	CAPINT1（事件管理器 A）	7	5
INT3.6	53	0x0000 0D6A	2	CAPINT2（事件管理器 A）	7	6
INT3.7	54	0x0000 0D6C	2	CAPINT3（事件管理器 A）	7	7
INT3.8	55	0x0000 0D6E	2	保留	7	8（最低）
PIE 组 4 向量——共用 CPU INT4						
INT4.1	56	0x0000 0D70	2	CMP4INT（事件管理器 B）	8	1（最高）
INT4.2	57	0x0000 0D72	2	CMP5INT（事件管理器 B）	8	2
INT4.3	58	0x0000 0D74	2	CMP6INT（事件管理器 B）	8	3
INT4.4	59	0x0000 0D76	2	T3PINT（事件管理器 B）	8	4
INT4.5	60	0x0000 0D78	2	T3CINT（事件管理器 B）	8	5
INT4.6	61	0x0000 0D7A	2	T3UFINT（事件管理器 B）	8	6
INT4.7	62	0x0000 0D7C	2	T3OFINT（事件管理器 B）	8	7
INT4.8	63	0x0000 0D7E	2	保留	8	8（最低）
PIE 组 5 向量——共用 CPU INT5						
INT5.1	64	0x0000 0D80	2	T4PINT（事件管理器 B）	9	1（最高）
INT5.2	65	0x0000 0D82	2	T4CINT（事件管理器 B）	9	2
INT5.3	66	0x0000 0D84	2	T4UFINT（事件管理器 B）	9	3
INT5.4	67	0x0000 0D86	2	T4OFINT（事件管理器 B）	9	4
INT5.5	68	0x0000 0D88	2	CAPINT4（事件管理器 B）	9	5
INT5.6	69	0x0000 0D8A	2	CAPINT5（事件管理器 B）	9	6
INT5.7	70	0x0000 0D8C	2	CAPINT6（事件管理器 B）	9	7
INT5.8	71	0x0000 0D8E	2	保留	9	8（最低）

续表 8.6

名称	向量ID号	地址	占空间16位	描述	CPU优先级	PIE分组优先级
PIE 组 6 向量——共用 CPU INT6						
INT6.1	72	0x0000 0D90	2	SPIRXINTA(SPI 模块)	10	1(最高)
INT6.2	73	0x0000 0D92	2	SPITXINTA(SPI 模块)	10	2
INT6.3	74	0x0000 0D94	2	保留	10	3
INT6.4	75	0x0000 0D96	2	保留	10	4
INT6.5	76	0x0000 0D98	2	MRINT(McBSP 模块)	10	5
INT6.6	77	0x0000 0D9A	2	MXINT(McBSP 模块)	10	6
INT6.7	78	0x0000 0D9C	2	保留	10	7
INT6.8	79	0x0000 0D9E	2	保留	10	8(最低)
PIE 组 7 向量——共用 CPU INT7						
INT7.1	80	0x0000 0DA0	2	保留	11	1(最高)
INT7.2	81	0x0000 0DA2	2	保留	11	2
INT7.3	82	0x0000 0DA4	2	保留	11	3
INT7.4	83	0x0000 0DA6	2	保留	11	4
INT7.5	84	0x0000 0DA8	2	保留	11	5
INT7.6	85	0x0000 0DAA	2	保留	11	6
INT7.7	86	0x0000 0DAC	2	保留	11	7
INT7.8	87	0x0000 0DAE	2	保留	11	8(最低)
PIE 组 8 向量——共用 CPU INT8						
INT8.1	88	0x0000 0DB0	2	保留	12	1(最高)
INT8.2	89	0x0000 0DB2	2	保留	12	2
INT8.3	90	0x0000 0DB4	2	保留	12	3
INT8.4	91	0x0000 0DB6	2	保留	12	4
INT8.5	92	0x0000 0DB8	2	保留	12	5
INT8.6	93	0x0000 0DBA	2	保留	12	6
INT8.7	94	0x0000 0DBC	2	保留	12	7
INT8.8	95	0x0000 0DBE	2	保留	12	8(最低)
PIE 组 9 向量——共用 CPU INT9						
INT9.1	96	0x0000 0DC0	2	SCIRXINTA(SCI-A 模块)	13	1(最高)
INT9.2	97	0x0000 0DC2	2	SCITXINTA(SCI-A 模块)	13	2
INT9.3	98	0x0000 0DC4	2	SCIRXINTB(SCI-B 模块)	13	3
INT9.4	99	0x0000 0DC6	2	SCITXINTB(SCI-B 模块)	13	4

续表 8.6

名 称	向量ID号	地 址	占空间16位	描 述	CPU优先级	PIE 分组优先级
INT9.5	100	0x0000 0DC8	2	ECAN0INT(ECAN 模块)	13	5
INT9.6	101	0x0000 0DCA	2	ECAN1INT(ECAN 模块)	13	6
INT9.7	102	0x0000 0DCC	2	保留	13	7
INT9.8	103	0x0000 0DCE	2	保留	13	8(最低)
PIE 组 10 向量——共用 CPU INT10						
INT10.1	104	0x0000 0DD0	2	保留	14	1(最高)
INT10.2	105	0x0000 0DD2	2	保留	14	2
INT10.3	106	0x0000 0DD4	2	保留	14	3
INT10.4	107	0x0000 0DD6	2	保留	14	4
INT10.5	108	0x0000 0DD8	2	保留	14	5
INT10.6	109	0x0000 0DDA	2	保留	14	6
INT10.7	110	0x0000 0DDC	2	保留	14	7
INT10.8	111	0x0000 0DDE	2	保留	14	8(最低)
PIE 组 11 向量——共用 CPU INT11						
INT11.1	112	0x0000 0DD0	2	保留	14	1(最高)
INT11.2	113	0x0000 0DD2	2	保留	14	2
INT11.3	114	0x0000 0DD4	2	保留	14	3
INT11.4	115	0x0000 0DD6	2	保留	14	4
INT11.5	116	0x0000 0DD8	2	保留	14	5
INT11.6	117	0x0000 0DDA	2	保留	14	6
INT11.7	118	0x0000 0DDC	2	保留	14	7
INT11.8	119	0x0000 0DDE	2	保留	14	8(最低)
PIE 组 12 向量——共用 CPU INT12						
INT12.1	120	0x0000 0DD0	2	保留	15	1(最高)
INT12.2	121	0x0000 0DD2	2	保留	15	2
INT12.3	122	0x0000 0DD4	2	保留	15	3
INT12.4	123	0x0000 0DD6	2	保留	15	4
INT12.5	124	0x0000 0DD8	2	保留	15	5
INT12.6	125	0x0000 0DDA	2	保留	15	6
INT12.7	126	0x0000 0DDC	2	保留	15	7
INT12.8	127	0x0000 0DDE	2	保留	15	8(最低)

8.4 中断源

图 8.7 给出了 F2810 和 F2812 处理器复用的多个中断源,结构上其他 C28xxx 器件的中断和 C281x 处理器基本相同,而具体的复用功能和资源分配也会有所区别,详细信息可参考所使用器件的数据手册。在 F2810 和 F2812 处理器中,定时器 1 和定时器 2 预留给实时操作系统使用,其中断分配给 INT14 和 INT13。两个可屏蔽中断 RESET 和 NMI 各自占用独立的专用中断,同时 NMI 中断可以选择同定时器 1 复用 INT13。其余 12 个可屏蔽直接连接在外设中断扩展模块,提供给外部中断和处理器内部的外设单元使用。

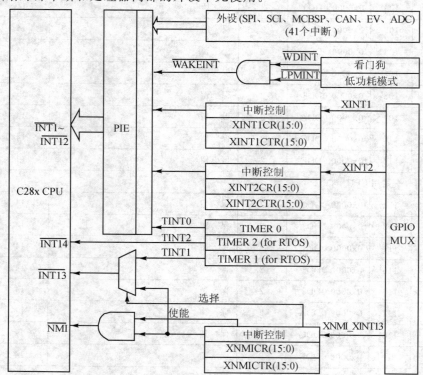

图 8.7 F2810 和 F2812 的中断源和复用情况

8.4.1 复用中断处理过程

外设中断扩展模块中 8 个外设和外部引脚中断复用一个 CPU 中断,所有中断分成 12 组,每一组有相应的中断使能 PIEIER 和标志寄 PIEIFR 存器。通过这些寄存器控制中断到 CPU 的去向,同时中断扩展模块利用 PIEIER 和 PIEIFR 寄存器编码,使 CPU 能够跳转到相应的中断服务程序。在 PIEIFR 和 PIEIFR 寄存器操作过程中需要遵循以下原则:

规则 1:不能采用软件清除 PIEIFR 寄存器

任何对 PIEIFR 寄存器的读或写操作都会导致中断源的丢失,如果需要清除 PIEIFR 寄存器的某些位,必须进入相应的挂起中断服务程序。如果不执行正常的服务程序而需要清除中断标志,则需要采用如下操作过程:

① 设置 EALLOW 位，允许调整外设中断扩展向量表。
② 调整 PIE 向量表，以便外设中断服务里程指向临时中断服务程序，该临时中断服务程序仅完成中断返回操作(IRET)。
③ 使能中断，以便临时中断服务程序能够响应中断。
④ 临时中断服务程序执行完后，PIEIFR 位将被清除。
⑤ 调整 PIE 向量表，将外设中断服务程序重新映射到正确的服务例程。
⑥ 清除 EALLOW 位。

规则 2：软件优先级中断处理过程

① 采用 CPU IER 寄存器作为全局优先级，独立的 PIEIER 寄存器作为每组中断的优先级，此种情况下 PIEIER 寄存器只能在中断中调整。此外，只有同一组的中断服务可以相互调整。如果 PIEACK 寄存器有其他来自 CPU 的中断响应标识，则需要做此类调整。
② 在不相关的分组中不要禁止 PIEIER 的使能位。

规则 3：采用 PIEIER 禁止中断

如果 PIEIER 寄存器用来使能然后禁止中断，则需要采用 6.3.2 小节中描述的操作过程。

8.4.2 使能和禁止外设复用中断过程

采用外设中断使能/禁止标志使能或禁止外设中断，PIEIER 寄存器和 CPU IER 寄存器的基本作用就是在同一 PIE 中断组内软件设置中断优先级。如果需要对寄存器进行相关处理，可以采用如下两种操作操作：

第一种方法就是保留中断标志，防止中断丢失；
第二种方法就是清除相关的 PIE 标志寄存器。

1. 使用 PIEIERx 寄存器禁止中断并保留 PIEIFRx 标志

① 禁止全局中断(INTM = 1)。
② 清除 PIEIERx.y 位，禁止指定外设的中断，在同一组中可以对一个或多个外设中断。
③ 等待 5 个周期，保证有足够长的延时周期以便进入 CPU 的中断能够在 CPU 的 IFR 寄存器中能够响应。
④ 清除外设组的 CPU IFRx 位，该操作对于 CPU IFR 寄存器比较安全。
⑤ 清除外设组的 PIEACKx 位。
⑥ 使能全局中断(INTM = 0)。

2. 使用 PIEIERx 寄存器禁止中断并清除响应的 PIEIFRx 标志

为了实现外设中断的软件复位，并清除 PIEIFRx 和 CPU IFR 寄存器相应的标志，需要完成如下操作：

① 禁止全局中断(INTM = 1)。
② EALLOW 位置位。
③ 调整 PIE 矢量表并临时将指定的外设中断指向空的中断服务程序(ISR)，该程序只完成中断返回操作(IRET 指令)。此种方式是清除单一 PIEIFRx.y 并防止丢失其他中断的最有效的方法。
④ 在外设寄存器中禁止外设中断。
⑤ 使能全局中断。

⑥ 等待空的中断服务程序,处理挂起的外设中断。
⑦ 禁止全局中断(INTM = 1)。
⑧ 调整 PIE 中断矢量表并将外设矢量重新映射到原来的中断服务程序。
⑨ 清除 EALLOW 位。
⑩ 禁止给定外设的 PIEIER 位。
⑪ 清除指定外设的 IFR 位。
⑫ 清除 PIE 组的 PIEACK 位。
⑬ 使能全局中断。

8.4.3 从外设到 CPU 的复用中断请求流程

复用中断请求流程图如图 8.8 所示。

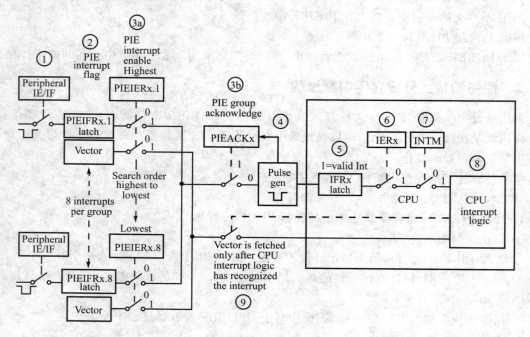

图 8.8 复用中断请求流程

① 任何 PIE 组的外设或外部中断产生中断,同时如果在外设模块内被使能则会将中断请求发送到 PIE 模块。

② 如果 PIE 模块识别到 PIE 组内的中断(INTx.y),相应的中断表示位将会被置位:PIEIFRx.y = 1。

③ 如果谢昂将 PIE 的中断送至 CPU,则需要完成如下工作:
a. 相应的使能位必须置位(PIEIERx.y = 1);
b. PIEACKx 位必须清零;

④ 如果上述两个条件都能够满足,则中断会被送到 CPU,响应位将会置位(PIEACKx = 1),在清除之前 PIEACKx 位已知保持置位状态,清除置位后本组的中断才能够送到 CPU。

⑤ CPU 中断标志位置位(CPU IFRx = 1)表示有一个 CPU 级的中断被挂起。

⑥ 如果使能 CPU 中断(CPU IER 位 x = 1,或 DBGIER 位 x = 1)且全局屏蔽位清零 (INTM=0),CPU 将会相应中断 INTx。

⑦ CPU 识别中断并自动完成上下文保存,清除中断标志位 IER,INTM 置位,清除 EALLOW。

⑧ 然后 CPU 从 PIE 中查找相应的中断向量。

⑨ 对于复用中断,PIE 模块使用 PIEIERx 和 PIEIFRx 寄存器当前的值编码确定向量地址,因此有以下两种可能的情况:

a. PIEIERx 寄存器中使能了高优先级的中断矢量,并在 PIEIFRx 寄存器中为挂起状态,高优先级的中断矢量可以作为跳转地址,此种情况下,如果在步骤⑦中使能了更高优先级的中断,则首先响应更高优先级的中断。

b. 如果在组内没有使能产生标志的中断,PIE 将响应本组内优先级最高的中断向量,即跳转到地址 INTx.1,该操作和 28x 的 TRAP 或 INT 指令对应。

8.5 可屏蔽中断处理

可屏蔽中断的响应过程实质上就是中断的产生、使能到处理的过程,其结构如图 8.8 所示。某个可屏蔽中断产生后,首先将中断标志寄存器(IFR)置位为 1,如果内核允许响应并处理该中断,一般还需要在系统初始化或某些事件触发之前使能中断(单独使能 IER 和全局使能 INTM),具体操作如图 8.9 所示。

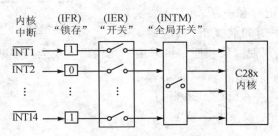

图 8.9 可屏蔽中断控制结构

8.5.1 中断标志设置(产生中断)

中断标志寄存器如图 8.10 所示。除了系统初始化,一般不建议改变标志寄存器的状态,否则可能清除某些有用的中断信息或者产生意外中断。但有时也可能希望通过软件方式使某些中断标志位置位或清零,在这种情况下可以通过以下 2 条指令完成。

```
/******************手动设置/清除 IFR********************/
IFR |= 0x0008;            //INT4 位置位
IFR &= 0xFFF7;            //INT4 位清零
```

如果在清除中断标志寄存器中的某些状态位时刚好有中断产生,则此时中断有更高的优先级,相应的标志位仍为 1。在系统复位和 CPU 响应中断后,中断标志位将自动清零。

8.5.2 中断使能(单独使能中断)

中断使能寄存器的 16 位分别控制每个中断的使能状态,如图 8.11 所示。当相应的位置 1 时

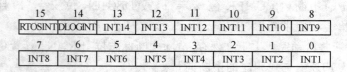

图 8.10　中断标志寄存器

使能中断,写 0 禁止中断。在 C 语言中可采用下列代码实现中断的控制,系统复位禁止所有中断。

图 8.11　中断使能寄存器

```
/******************使能/禁止中断代码(IER)*******************/
IER |= 0x0008;           //使能中断 INT4
IER &= 0xFFF7;           //禁止中断 INT4
```

8.5.3　全局使能(全局使能中断)

状态寄存器 1 的位 0(INTM)为全局中断使能控制位,如图 8.12 所示。当该位等于 0 时全局中断使能,当该位等于 1 时禁止所有中断。CPU 要实现中断的处理必须在产生中断的前提下,相应的 IER 寄存器位使能并且需要全局使能位使能。可采用下列代码实现全局中断使能控制。

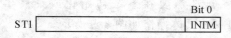

图 8.12　中断全局屏蔽寄存器

```
/************ 全局中断使能控制 *************/
asm(" CLRC INTM");       //使能全局中断
asm(" SETC INTM");       //禁止全局中断
```

8.6　定时器中断应用举例

8.6.1　定时器基本操作

F2810/F2812 器件上有 3 个 32 位 CPU 定时器(TIMER0/1/2)。定时器 1 和 2 预留给实时操作系统 DSP/BIOS 使用,只有定时器 0 可以在应用程序中使用。定时器的功能如图 8.13 所示。

若处理器采用 30 MHz 的外部时钟,经过锁相环 10/2 倍频后,系统的时钟工作在 150 MHz。图 8.13 中的定时器选择 SYSCLKOUT 作为定时器时钟,工作频率也是 150 MHz。一旦定时器被使能(TCR-Bit 4=0),定时器时钟经过预定标计数器(PSCH:PSC)递减计数,预定标计数器产生下溢后向定时器的 32 位计数器(TIMH:TIM)借位。最后定时器计数器产生溢出使定时器向 CPU 发送中断。定时器中断结构如图 8.14 所示。

每次预定标计数器产生溢出后使用分频寄存器(TDDRH:TDDR)中的值重新装载。同样,32 位周期寄存器(PRDH_PRD)为 32 位计数器提供重新装载值。

第 8 章 中断系统及其应用

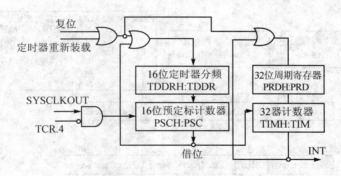

图 8.13 定时器功能框图

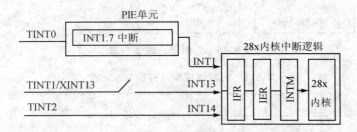

图 8.14 定时器中断结构

8.6.2 定时器寄存器

定时器配置和控制寄存器如表 8.7 所列。

表 8.7 定时器配置和控制寄存器

地 址	寄存器	名 称
0x0000 0C00	TIMER0TIM	Timer 0, 计数寄存器低
0x0000 0C01	TIMER0TIMH	Timer 0, 计数寄存器高
0x0000 0C02	TIMER0PRD	Timer 0, 周期寄存器低
0x0000 0C03	TIMER0PRDH	Timer 0, 周期寄存器高
0x0000 0C04	TIMER0TCR	Timer 0, 控制寄存器
0x0000 0C06	TIMER0TPR	Timer 0, 预定标寄存器
0x0000 0C07	TIMER0TPRH	Timer 0, 预定标寄存器高
0x0000 0C08	TIMER1TIM	Timer 1, 计数寄存器低
0x0000 0C09	TIMER1TIMH	Timer 1, 计数寄存器高
0x0000 0C0A	TIMER1PRD	Timer 1, 周期寄存器低
0x0000 0C0B	TIMER1PRDH	Timer 1, 周期寄存器高
0x0000 0C0C	TIMER1TCR	Timer 1, 控制寄存器
0x0000 0C0D	TIMER1TPR	Timer 1, 预定标寄存器
0x0000 0C0F	TIMER1TPRH	Timer 1, 预定标寄存器高
0x0000 0C10~0C17	Timer 2 的寄存器同上面基本相同	

1. 定时器控制寄存器

定时器控制寄存器的各位分配如图 8.15 所示,功能定义如表 8.8 所列。

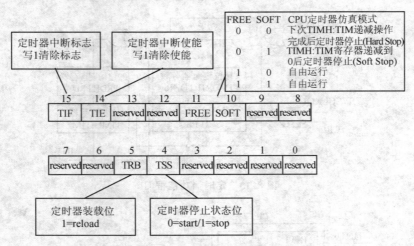

图 8.15 定时器控制寄存器

表 8.8 定时器控制寄存器功能定义

位	名 称	功能描述
15	TIF	CPU 定时器中断标志。 当定时器计数器递减到 0 时,该位将置 1。可以通过软件向 TIF 写 1 将 TIF 位清 0,但只有计数器递减到 0 时才会将该位置位。 　0　写 0 对该位无影响 　1　写 1 将该位清零
14	TIE	CPU 定时器中断使能。 如果定时器计数器递减到 0,TIE 置位,定时器将会向 CPU 产生中断
13、12	保　留	
11	FREE	CPU 定时器仿真模式
10	SOFT	CPU 定时器仿真模式 当使用高级语言编程调试遇到断点时,FREE 和 SOFT 确定定时器的状态。如果 FREE 值为 1,在遇到断点时定时器继续运行。在这种情况下,SOFT 位不起作用。但是如果 FREE＝0,SOFT 将会对操作有影响。在这种情况下,如果 SOFT＝0,下次 TIMH:TIM 寄存器递减操作完成后定时器停止工作;如果 SOFT＝1,TIMH:TIM 寄存器递减到 0 后定时器停止工作。 　FREE　　SOFT　　　CPU 定时器仿真模式 　　0　　　　0　　　下次 TIMH:TIM 递减操作完成后定时器停止 　　0　　　　1　　　TIMH:TIM 寄存器递减到 0 后定时器停止 　　1　　　　0　　　自由运行 　　1　　　　1　　　自由运行
9～6	保　留	
5	TRB	定时器重新装载控制位。 当向定时器控制寄存器(TCR)的定时器重新装载位(TRB)写 1 时,TIMH:TIM 会重新装载 PRDH:PRD 寄存器保存的周期值,并且预定标计数器(PSCH:PSC)装载定时器分频寄存器(TDDRH:TDDR)中的值。读 TRB 位总是返回 0

续表 8.8

位	名 称	功能描述
4	TSS	启动和停止定时器的状态位。 0 为了启动或重新启动定时器,将 TSS 清零。系统复位后,TSS 清零立即启动定时器 1 要停止定时器,将 TSS 置 1
3~0	保留	

2. 定时器预定标寄存器

图 8.16 给出了定时器预定标寄存器的各位分配,表 8.9 给出了定时器预定标寄存器的功能定义。

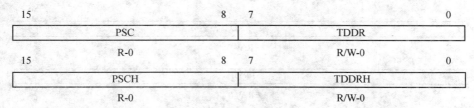

图 8.16 定时器预定标寄存器

表 8.9 定时器预定标寄存器功能定义

位	名 称	功能描述
15~8	PSC	CPU 定时器预定标计数器 PSC 保存当前定时器的预定标的值。PSCH:PSC 大于 0 时,每个定时器源时钟周期 PSCH:PSC 递减 1。PSCH:PSC 递减到 0 时,即是 1 个定时器周期(定时器预定标器的输出),PSCH:PSC 使用 TDDRH:TDDR 内的值重新装载,定时器计数寄存器减 1。只要软件将定时器的重新装载位置 1,PSCH:PSC 也会重新装载。可以读取 PSCH:PSC 内的值,但不能直接写这些位,必须从分频计数寄存器(TDDRH:TDDR)获取要装载的值。复位时 PSCH:PSC 清零
7~0	TDDR	CPU 定时器分频寄存器 每隔(TDDRH:TDDR + 1)个定时器源时钟周期,定时器计数寄存器(TIMH:TIM)减 1。复位时 TDDRH:TDDR 清零。当 PSCH:PSC 等于 0 时,1 个定时器源时钟周期后,重新将 TDDRH:TDDR 的内容装载到 PSCH:PSC,TIMH:TIM 减 1。当软件将定时器的重新装载位(TRB)置 1 时,PSCH:PSC 也会重新装载

3. 定时器计数器

图 8.17 给出了定时器计数寄存器的各位分配,表 8.10 给出了定时器计数寄存器的功能定义。

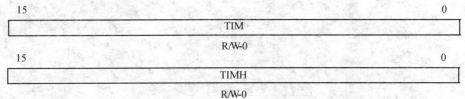

图 8.17 定时器计数寄存器

表 8.10 定时器计数寄存器功能定义

位	名称	功能描述
15～0	TIM	CPU 定时器计数寄存器(TIMH:TIM)。TIM 寄存器保存当前 32 位定时器计数值的低 16 位,TIMH 寄存器保存高 16 位。每隔(TDDRH:TDDR+1)个时钟周期,TIMH:TIM 减1,其中 TDDRH:TDDR 为定时器预定标分频系数。当 TIMH:TIM 递减到0时,TIMH:TIM 寄存器重新装载 PRDH:PRD 寄存器保存的周期值,并产生定时器中断TINT信号

4. 定时器周期寄存器

图 8.18 给出了定时器周期寄存器的各位分配,表 8.11 给出了定时器周期寄存器的功能定义。

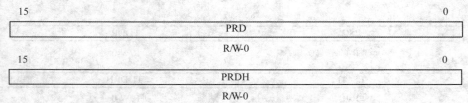

图 8.18 定时器周期寄存器

表 8.11 定时器周期寄存器功能定义

位	名称	功能描述
15～0	TIM	CPU 周期寄存器(PRDH:PRD)。PRD 寄存器保存 32 位周期值的低 16 位,PRDH 保存高 16 位。当 TIMH:TIM 递减到0时,在下次定时周期开始之前 TIMH:TIM 寄存器重新装载 PRDH:PRD 寄存器保存的周期值;当用户将定时器控制寄存器(TCR)的定时器重新装载位(TRB)置位时,TIMH:TIM 也会重新装载 PRDH:PRD 寄存器保存的周期值

8.7 定时器中断应用举例

定时器中断的例程文件结构如图 8.19 所示,详细代码分析参考光盘"8.7 定时器中断应用举例.pdf"。

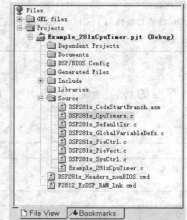

图 8.19 定时器中断例程文件结构

第 9 章 事件管理器及其应用

9.1 事件管理器概述

每个 281x 处理器包含 EVA 和 EVB 2 个事件管理器,每个事件管理器包含通用定时器(GP)、比较器、PWM 单元、捕获单元以及正交编码脉冲电路(QEP),如图 9.1 所示。PWM 单元主要有 2 个方面的应用:一是产生脉宽调制信号控制数字电机,另外一个是直接用 PWM 输出作为 D/A 转换使用。事件管理器的捕获单元用来对外部硬件信号的时间进行测量,利用 6 个边沿检测单元测量外部信号的时间差,从而确定电机转子的转速。正交编码脉冲电路根据增量编码器信号获得电机转子的速度和方向信息。

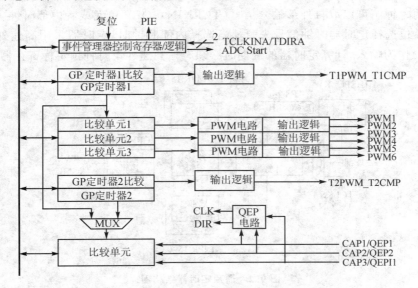

图 9.1 事件管理器结构框图

事件管理器 EVA 和 EVB 有相同的外设寄存器,EVA 的起始地址是 7400H,EVB 的起始地址为 7500H。EVA 和 EVB 的功能也基本相同,只是模块的外部接口和信号有所不同。

每个事件管理器都有自己的控制逻辑模块,逻辑模块能够响应来自 C28x 的外设中断扩展单元的中断请求,从而实现事件管理器的各种操作模式。在特定的操作模式下,事件管理器还可以利用 2 个外部信号(TCLKINA 和 TDIRA)进行控制。此外,事件管理器还可以根据内部事件自动地启动 A/D 转换，而不像其他通用的微处理器需要专门的中断服务程序。

通用定时器 1 和 2 是两个带有可配置输出信号（T1PWM/T1CMP 和 T2PWM/T2CMP）的 16 位定时器，也可以直接在处理器内部使用。比较单元 1～3 以通用定时器 1 作为时钟基准，产生 6 路 PWM 输出控制信号。3 个独立的捕获单元（CAP1、CAP2 和 CAP3）可以用来进行时间和速度估计。光电编码脉冲电路重新定义了捕获单元 CAP1、CAP2 和 CAP3 的输入功能，可以直接检测脉冲的边沿。

9.2 通用定时器

每个事件管理器有两个通用定时器，事件管理器 EVA 使用定时器 GP1 和 GP2，事件管理器 EVB 使用定时器 GP3 和 GP4。每个通用定时器都可以独立使用，也可以多个定时器彼此同步使用。通用定时器的比较寄存器用作比较功能时可以产生 PWM 波形。当定时器工作在增或增减模式时，有 3 种连续工作方式，可使用可编程预定标的内部或外部输入时钟。通用定时器还为事件管理器的每个子模块提供基准时钟：GP1 为比较器和 PWM 电路提供基准时钟；GP2 为捕获单元和正交脉冲计数操作提供基准时钟。周期寄存器和比较寄存器有双缓冲，允许用户根据需要对定时器周期和 PWM 脉冲宽度进行编程。

全局控制寄存器 GPTCONA/B 确定通用定时器实现具体的定时器任务需要采取的操作方式，并设置定时器的计数方向。GPTCONA/B 是可读/写的寄存器，如果对 GPTCONA/B 的状态位进行写操作，寄存器原有数据不作变化。

定时器的时钟源可以取自外部输入信号（TCLKIN）、QEP 单元或者内部时钟。定时器控制寄存器的 4、5 位选择定时器时钟信号来源。当选择内部时钟时，定时器采用高速外设时钟预定标（HSPCLK）作为输入，计算定时器的周期时必须考虑高速外设时钟预定标寄存器的设置。

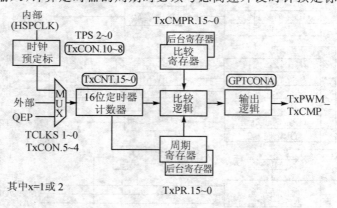

图 9.2 通用定时器结构图

此外，C28x 信号处理器的定时器还提供图 9.2 所示的后台功能。定时器 1 和定时器 2 都有各自的比较寄存器和周期寄存器，对于某些应用可以实时地调整比较寄存器和周期寄存器的值。后台寄存器（类似于双缓冲）的优点就是能够在当前周期为下一个周期设置相应的寄存器的值，下一个定时周期会将后台寄存器的值自动装载到相应的寄存器中。如果没有后台寄存器，需要更新寄存器的值时就必须等待当前周期结束，然后触发高优先级的中断调整寄存器的值，这样势必影响定时器的运行。

9.2.1 通用定时器计数模式

每个通用定时器都支持停止/保持、连续递增计数、双向增/减计数和连续增/减计数4种操作模式,可以通过控制寄存器TxCON中的TMODE1～TMODE0位进行设置。同时,可以通过定时器使能位TENABLE使能或禁止定时器的计数操作。当定时器被禁止时,定时器的计数器操作也被禁止,并且定时器的预定标器被复位为x/1;当使能定时器时,定时器按照寄存器TxCON中的TMODE1～TMODE0位确定的计数模式工作并开始计数。

1. 停止/保持模式

在这种模式下,通用定时器停止计数并保持在当前的状态,定时器的计数器、比较输出和预定标计数器都保持不变。

2. 连续递增计数模式

在连续递增模式下,通用定时器将按照预定标的输入时钟计数,在定时器的计数器值和周期寄存器值匹配后的下一个输入时钟的上升沿复位为0,并启动下一个计数周期。

在通用定时器的值变为0一个时钟周期后,定时器的下溢中断标志位置位。如果该位未被屏蔽,则产生一个外设中断请求。如果该周期中断已由GPTCONA/B寄存器中的相应位选定用来启动ADC,则在中断标志置位的同时将A/D转换启动信号送到A/D转换模块。

在TxCNT的值与0xFFFF匹配1个时钟周期后,上溢中断标志位置位。如果该位未被屏蔽,则会产生1个外设中断请求。

除第一个计时周期外,定时器周期的时间为(TxPR + 1)个定标后的时钟输入周期。如果定时器的计数器开始计数时为0,则第一个周期也和以后的周期相同。

通用定时器的初始值可以是0H～0xFFFF中的任意值。如果计数器的初始值大于周期寄存器的值,定时器计数器将计数到0xFFFF,清零后继续计数操作,同初始值为0一样。当计数器的初始值等于周期寄存器的值时,定时产生周期中断标志,计数器清零,置位下溢中断标志而后继续向上计数。如果定时器的初始值在0和周期寄存器的值之间,定时器就计数到周期寄存器的值完成该计数周期,其他情况同初始计数器值与周期寄存器的值相同一样。

在连续递增模式下,GPTCONA/B寄存器中的计数方向标识位为1,内部CPU时钟或外部时钟均可作为定时器的输入时钟。此时,TDIRA/B引脚输入的时钟不起作用。

通用定时器的连续递增计数模式特别适用于边沿触发或异步PWM波形产生等应用,也适用于电机和运动控制系统采样周期的产生。图9.3给出了连续递增计数模式的工作方式。

如图9.3所示,通用定时器连续递增计数模式(TxPR = 3或2),从计数器计数到周期寄存器直到定时器重新开始新的计数周期没有一个时钟周期丢失。

3. 定向递增/递减计数模式

通用定时器工作在定向递增/递减计数模式时,定时器根据定标后的时钟或计数方向(TDIRA/B)引脚的输入进行递增或递减计数。当TDIRA/B引脚保持为高电平时,通用定时器递增计数直到计数值等于周期寄存器的值(如果初始值大于周期寄存器的值就计数到0xFFFFH)。当通用定时器的计数寄存器的值等于周期寄存器的值(或等于FFFFH)时,定时器的计数器清零,然后重新递增计数到周期寄存器的值。当TDIRA/B引脚保持为低电平时,通用定时器计数器采用递减计数方式,直到等于0,然后定时器重新载入周期寄存器中的值并继续递减计数。

周期、下溢、上溢中断标志位,中断申请以及相关的操作都由各自事件产生,其产生方式与连

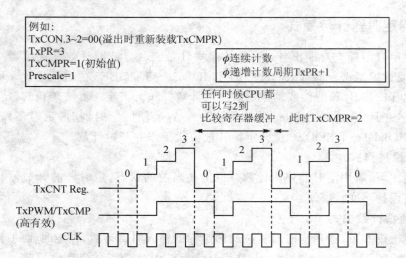

图 9.3 通用定时器的连续增计数模式的工作方式

续递增计数模式相同。计数方向引脚(TDIRA/B)的电平变化后,只有当前计数周期完成后定时器的计数方向才变化。

定时器在这种工作模式下,计数方向由 GPTCONA/B 寄存器中的方向控制位确定:1 代表递增计数,0 代表递减计数。TCLKINA/B 引脚的外部时钟和内部 CPU 时钟均可做为定时器的输入时钟。图 9.4 给出了通用定时器定向增/减计数模式的工作方式。

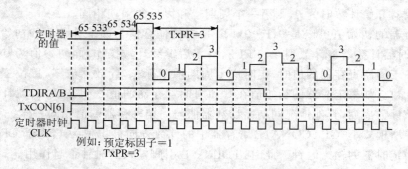

图 9.4 通用定时器定向增/减计数模式

在事件管理器模块中,通用定时器 2/4 的定向增/减计数模式和 QEP 电路结合使用,QEP 电路为通用定时器 2/4 提供计数时钟和计数方向。这种工作方式在运动/电机控制和功率电子应用领域可以用来确定外部事件发生的时间。

4. 连续增/减计数模式

连续增/减计数模式与定向增/减计数模式基本相同,只是在连续增/减计数模式下,引脚 TDIRA/B 不再影响计数方向。当计数器的值达到周期寄存器的值(或 FFFFH,定时器的初始值大于周期寄存器的值),定时器的计数方向从递增计数变为递减计数;当定时器清零时,定时器的方向从递减计数变为递增计数。

在这种模式下,除了第一个计数周期外,定时器计数周期都是 $2\times(\text{TxPR})$ 个定时器输入时钟周期。如果定时器开始计数时的值为 0,则第一个计数周期的时间就与其他的周期相同。

通用定时器的计数器的初始值可以是 0x0000～0xFFFF 中的任意值。当计数器的初始值大于周期寄存器的值时,定时器就递增计数到 0xFFFFH,然后清零;再继续计数就如同初始值为 0 一样。当定时器的初始值与周期寄存器的值相同时,计数器递减计数至 0,再继续计数就如同初始值为 0 一样。当计数器的初始值在 0 与周期寄存器的值之间时,定时器递增计数至周期寄存器的值并完成该周期,而后计数器的工作就类似于计数器初始值与周期寄存器的值相同的情况。

周期、下溢、上溢中断标志位,中断申请以及相关的操作都由各自事件产生,其产生方式与连续递增计数模式相同。

当定时器递减计数为 0 时,定时器中的 GPTCONA/B 的计数方向标识位是 1。TCLKINA/B 引脚提供的外部时钟和内部 CPU 的时钟均可作为该模式下的定时器的输入时钟,只是在该模式中方向控制引脚 TDIRA/B 不起作用。图 9.5 给出了通用定时器连续增/减计数模式的工作方式。

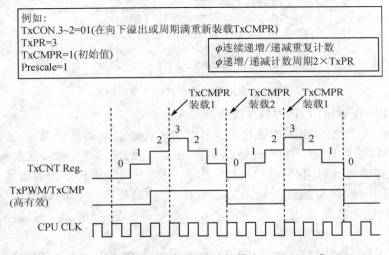

图 9.5　通用定时器连续增/减计数模式(TxPR＝3 或 2)

连续增/减模式尤其适用于产生运动/电控制和功率电子应用领域常用的中心对称的 PWM 波形。

9.2.2　定时器的比较操作

每个通用定时器都有一个比较寄存器 TxCMPR 和一个 PWM 输出引脚 TxPWM。通用定时器计数器的值一直与相关的比较寄存器的值比较,当定时器计数器的值与比较寄存器的值相等时,就产生比较匹配。可通过 TxCON[1] 位使能比较操作,产生比较匹配后将会有下列操作(如图 9.6 所示)。

- 匹配 1 个时钟周期后,定时器的比较中断标志位置位。
- 匹配 1 个 CPU 时钟周期后,根据寄存器 GPTCONA/B 相应位的配置情况,PWM 的输出将产生跳变。
- 如果比较中断标志位已通过设置寄存器 GPTCONA/B 中的相应位启动 A/D 转换器,则比较中断位置位的同时产生 A/D 转换启动信号。

- 如果比较中断未被屏蔽,将产生一个外设中断申请。

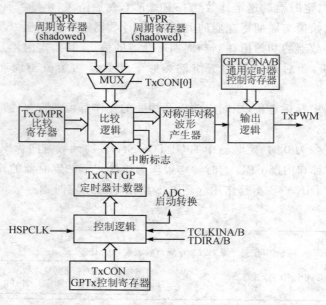

图 9.6 通用定时器比较操作功能框图

1. 定时器 PWM 输出(TxPWM)逻辑控制

输出逻辑进一步对最终用于控制功率设备的 PWM 输出波形进行设置,适当地配置 GPT-CONA/B 寄存器,可以设定 PWM 的输出为高电平有效、低电平有效、强制低或强制高。当 PWM 输出为高电平有效时,它的极性与相关的非对称/对称波形发生器的极性相同。当 PWM 输出为低电平有效时,它的极性与相关的非对称/对称波形发生器的极性相反。如果寄存器 GPTCONA/B 相应的控制位规定 PWM 输出为强制高(或低)后,PWM 输出就会立即置 1(或清零)。

总之,在正常的计数模式下,如果比较已经被使能,则通用定时器的 PWM 输出就会发生变化,如表 9.1(连续增计数模式)和表 9.2(连续增/减计数模式)所列。

表 9.1 连续增计数模式下的通用定时器的比较输出

在一个周期的时间	比较输出状态
在比较匹配之前	无变化
在比较匹配时	置位有效
在周期比较匹配时	置位无效

表 9.2 连续增/减计数模式下的通用定时器的比较输出

在一个周期的时间	比较输出状态
第一次比较匹配之前	无变化
第一次在比较匹配时	置位有效
第二次比较匹配时	置位无效
第二次在比较匹配之后	无变化

基于定时器计数模式和输出逻辑的非对称/对称波形发生器同样适用于比较单元。当出现下列情况之一时,所有通用定时器的 PWM 输出都被置成高阻状态:

- 软件将 GPTCONA/B[6]清零;
- PDPINTx 引脚被拉低而且没有屏蔽;
- 任何一个复位信号发生;

- 软件将 TxCON[1] 清零。

2. TxPWM 有效/无效的时间计算

对于连续递增计数模式,比较寄存器中的值代表了从计数周期开始到第一次匹配发生之间花费的时间(即无效相位的长度),这段时间等于定标的输入时钟周期乘以 TxCMPR 寄存器的值。因此,有效相位长度就等于(TxPR)−(TxCMPR)+1 个定标的输入时钟周期,也就是输出脉冲的宽度。

对于连续增/减计数模式,比较寄存器在递减计数和递增计数状态下可以有不同的值。有效相位长度等于(TxPR)−(TxCMPR)up+(TxPR)−(TxCMPR)个定标输入时钟周期,也就是输出脉冲宽度。这里的(TxCMPR)up 是递增计数模式下的比较值,(TxCMPR)dn 是递减计数模式下的比较值。

如果定时器处于连续递增计数模式,当 TxCMPR 中的值为 0 时,通用定时器比较输出在整个周期有效。对于连续增/减计数模式,如果(TxCMPR)up 的值为 0,则比较输出在周期开始时就开始有效。如果(TxCMPR)up 和(TxCMPR)dn 的值都是 0,则在整个周期有效。

对于连续递增计数模式,如果 TxCMPR 的值大于 TxPR 的值,有效相位长度(输出脉冲宽度)为 0。对于连续增/减计数模式,如果(TxCMPR)up 大于或等于 TxPR,将不会产生第一次跳变。同样,如果(TxCMPR)dn 的值大于或等于 TxPR 的值,也不会产生第二次跳变。如果(TxCMPR)up 和(TxCMPR)dn 的值都大于 TxPR 的值,通用定时器的比较输出在整个周期内都无效。

3. TxPWM 输出非对称波形

根据通用定时器使用的计数模式,非对称/对称波形发生器产生一个非对称或对称的 PWM 波形。当通用定时器处于连续递增计数模式时,产生非对称波形(如图 9.7 所示)。在这种模式下,波形发生器产生的波形输出根据下面情况有所变化:

- 计数操作开始前为 0;
- 直到匹配发生时保持不变;
- 在比较匹配时 PWM 输出信号反转;
- 保持不变直到周期结束;
- 如果下一周期新的比较寄存器的值不是 0,则在匹配周期结束的周期复位清零。

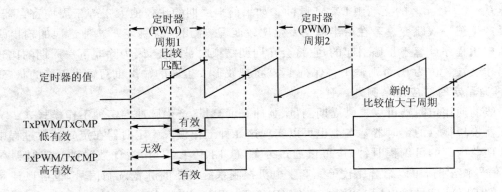

图 9.7 在连续增计数模式下的通用定时器比较/PWM 输出

在周期开始时如果比较器周期寄存器的值是 0,则整个计数周期内输出为 1 保持不变;如果下一周期新的比较值为0,则输出不会被复位为0。这一点是很重要的,因为它允许产生占空比从0%～100%的PWM无毛刺脉冲。如果比较值大于周期寄存器中的值,则整个周期内输出为0;如果比较值等于周期寄存器的值,对一个定标时钟输入来说输出是1。

对于非对称PWM波形,改变比较寄存器的值仅仅影响PWM脉冲的一侧。

4. TxPWM输出对称波形

当通用定时器处于连续递增/递减计数模式时,产生对称波形(如图9.8所示)。在这种计数模式下,波形发生器的输出状态与下列状态有关:

- 计数操作开始前为0;
- 第一次比较匹配前保持不变;
- 第一次比较匹配时PWM输出信号反转;
- 第二次比较匹配前保持不变;
- 第二次比较匹配时PWM输出信号反转;
- 周期结束前保持不变;
- 如果没有第二次匹配且下一周期新的比较值不为0,则在周期结束后复位为0。

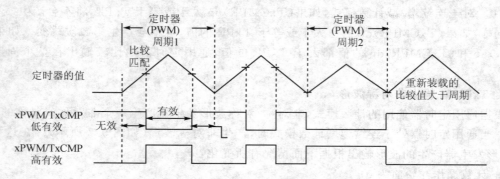

图9.8 在连续增/减模式下的通用定时器比较/PWM输出

如果比较值在周期开始时为0,则周期开始时输出为1,直到第二次比较匹配发生后一直保持不变。如果比较值在后半周期是0,在第一次跳变后,直到周期结束输出将保持1。在这种情况下,如果下一周期新的比较值仍然为0,则输出不会复位为0。这会重复出现以保证能够产生占空比从0%～100%的无毛刺PWM脉冲。如果前半周期的比较值大于等于周期寄存器的值,则不会产生第一次跳变。若在后半周期发生比较匹配,输出仍将跳变。这种错误的输出跳变经常是由应用程序计算不正确引起的,它将会在周期结束时被纠正,因为除非下一周期的比较值为0,输出才会被复位为0,否则输出将保持1,这将把波形发生器的输出重新置为正确的状态。

5. 通用定时器应用举例

一般的通用定时器可以提供周期测量、脉冲宽度测量、产生脉冲等多种工作模式,C28x的事件管理器模块提供的定时器基本上也可以实现这几种工作模式。定时器在定时计数过程中可以利用处理器内部的可编程时钟,也可以通过外部TCLKINA(B)作为计数时钟。定时器在产生PWM信号输出时,可以结合比较单元产生电机控制系统需要的脉宽调制信号,也可以控制定时器本身的PWM信号输出(T1PWM_T1CMP和T2PWM_T2CMP)。

用通用定时器产生PWM输出,可以采用连续递增或连续增/减计数模式。当选用连续递增计数模式时,可产生边沿触发或非对称PWM波形;当选用连续增/减计数模式时,可产生对称

PWM 波形。可以通过下列操作产生 PWM 信号：
- 根据所需的 PWM（载波）周期设置 TxPR；
- 设置 TxCON 寄存器,确定计数器模式和时钟源,并启动 PWM 输出操作；
- 将软件计算出来的 PWM 脉冲宽度(占空比)装载到 TxCMPR 寄存器中。

如果选用连续递增计数模式来产生非对称 PWM 波形,把所需的 PWM 周期除以通用定时器输入时钟的周期然后减 1 便得出定时器的周期。如果选用连续增/减计数模式产生非对称 PWM 波形,把所需的 PWM 周期除以 2 倍的通用定时器输入时钟周期就得出定时器的周期。在程序运行过程中,软件可以计算 PWM 的占空比,实时地刷新比较寄存器的设置。

在 F2812 信号处理板上将 T1PWM 经过简单的运放电路后输出,可以直接将其输出连接到扬声器,然后通过改变定时器的周期输出 8 种频率的方波信号模拟 8 种电子音效。在实际生活中音频信号是多种频率的正弦波信号合成的结果,当然也可以利用 PWM 输出产生正弦波信号。在本实验中利用定时器 0 产生 50 ms 的定时中断,在每次 CPU 响应定时器中断过程中,装载下一个周期的定时器 1 的比较和周期寄存器值。通过这种方式轮回地产生几种不同频率的 PWM 波。

```
//*************************************************************************
// 文件名称：Playatune.c
// 主要功能：DSP28 T1PWM——输出 PWM
//           CPU 定时器 0 中断时间 50 ms
//           使能看门狗,并在主程序中复位看门狗计数寄存器
//*************************************************************************//
# include "DSP281x_Device.h"
// 函数原型声明
void Gpio_select(void);
void SpeedUpRevA(void);
void InitSystem(void);
interrupt void cpu_timer0_isr(void);        // 定时器 0 中断服务程序

void main(void)
{
    unsigned int i;
    unsigned long time_stamp;
    int frequency[8] = {2219,1973,1776,1665,1480,1332,1184,1110};
    InitSystem();               // 初始化 DSP 内核寄存器
    Gpio_select();              // 设置 GPIO 引脚功能
    InitPieCtrl();              // 初始化外设中断扩展单元( 代码在：DSP281x_PieCtrl.c)
    InitPieVectTable();         // 初始化外设中断扩展向量表( 代码在：DSP281x_PieVect.c)
// 重新映射定时器 0(Timer 0)的中断入口
    EALLOW;                     // 允许更改保护的寄存器
    PieVectTable.TINT0 = &cpu_timer0_isr;
    EDIS;                       // 禁止更改保护的寄存器
    InitCpuTimers();
// 配置 CPU 定时器 0,计数周期为 50 ms：
// CPU 工作频率 150 MHz, 50 000 μs 的中断周期
```

```
        ConfigCpuTimer(&CpuTimer0, 150, 50000);
// 使能外设中断扩展的中断 TINT0
        PieCtrlRegs.PIEIER1.bit.INTx7 = 1;
// 使能 CPU 的 INT1,CPU 定时器 0 的中断连接到该 CPU 中断上
        IER = 1;
// 全局中断使能,并使能具有更高优先级的实时调试方式
        EINT;       // 使能全局中断 INTM
        ERTM;       // 使能全局实时中断 DBGM
// 配置事件管理器 EVA
// 假定事件管理器 EVA 的时钟在系统初始化函数 InitSysCtrl()内已经被使能;
// T1/T2 的控制逻辑驱动 T1PWM / T2PWM
        EvaRegs.GPTCONA.bit.TCMPOE = 1;
// 通用定时器 1 比较 = 低电平有效
        EvaRegs.GPTCONA.bit.T1PIN = 1;
        EvaRegs.T1CON.all = 0x1702;              // 配置 T1 递增计数模式
        CpuTimer0Regs.TCR.bit.TSS = 0;
        i = 0;
        time_stamp = 0;
        while(1)
        {
            if ((CpuTimer0.InterruptCount % 4) = = 0)
            {
                EALLOW;
                SysCtrlRegs.WDKEY = 0xAA;         // 看门狗
                EDIS;
            }
            if ((CpuTimer0.InterruptCount - time_stamp)>10)
            {
                time_stamp = CpuTimer0.InterruptCount;
                if(i<7) EvaRegs.T1PR = frequency[i++];
                    else    EvaRegs.T1PR = frequency[14-i++];
                EvaRegs.T1CMPR = EvaRegs.T1PR/2;
                EvaRegs.T1CON.bit.TENABLE = 1;
                if (i>=14) i = 0;
            }
        }
}
//    通用 I/O 选择
void Gpio_select(void)
{
    EALLOW;
    GpioMuxRegs.GPAMUX.all = 0x0;                // 所有 GPIO 端口配置成 I/O 方式
    GpioMuxRegs.GPAMUX.bit.T1PWM_GPIOA6 = 1;     // T1PWM 有效
    GpioMuxRegs.GPBMUX.all = 0x0;
    GpioMuxRegs.GPDMUX.all = 0x0;
```

```c
    GpioMuxRegs.GPFMUX.all = 0x0;
    GpioMuxRegs.GPEMUX.all = 0x0;
    GpioMuxRegs.GPGMUX.all = 0x0;
    GpioMuxRegs.GPADIR.all = 0x0;            // GPIO PORT 作为输入
    GpioMuxRegs.GPBDIR.all = 0x00FF;         // GPIO PORT B15～B8 输入，B7～B0 输出
    GpioMuxRegs.GPDDIR.all = 0x0;            // GPIO PORT 作为输入
    GpioMuxRegs.GPEDIR.all = 0x0;            // GPIO PORT 作为输入
    GpioMuxRegs.GPFDIR.all = 0x0;            // GPIO PORT 作为输入
    GpioMuxRegs.GPGDIR.all = 0x0;            // GPIO PORT 作为输入
    GpioMuxRegs.GPAQUAL.all = 0x0;           // 设置 GPIO 量化值为 0
    GpioMuxRegs.GPBQUAL.all = 0x0;
    GpioMuxRegs.GPDQUAL.all = 0x0;
    GpioMuxRegs.GPEQUAL.all = 0x0;
    EDIS;
}
// 系统初始化
void InitSystem(void)
{
    EALLOW;
    SysCtrlRegs.WDCR = 0x00AF;               // 配置看门狗
                                             // 0x00E8  禁止看门狗，预定标系数 Prescaler = 1
                                             // 0x00AF  使能看门狗，预定标系数 Prescaler = 64
    SysCtrlRegs.SCSR = 0;                    // 看门狗产生 RESET
    SysCtrlRegs.PLLCR.bit.DIV = 10;          // 设置系统锁相环倍频系数 5
    SysCtrlRegs.HISPCP.all = 0x1;            // 配置高速外设时钟预定标系数：除以 2
    SysCtrlRegs.LOSPCP.all = 0x2;            // 配置低速外设时钟预定标系数：除以 4
    // 使能本应用程序使用的外设时钟
    SysCtrlRegs.PCLKCR.bit.EVAENCLK = 1;
    SysCtrlRegs.PCLKCR.bit.EVBENCLK = 0;
    SysCtrlRegs.PCLKCR.bit.SCIAENCLK = 0;
    SysCtrlRegs.PCLKCR.bit.SCIBENCLK = 0;
    SysCtrlRegs.PCLKCR.bit.MCBSPENCLK = 0;
    SysCtrlRegs.PCLKCR.bit.SPIENCLK = 0;
    SysCtrlRegs.PCLKCR.bit.ECANENCLK = 0;
    SysCtrlRegs.PCLKCR.bit.ADCENCLK = 0;
    EDIS;
}
// CPU 定时器 0 中断服务子程序
interrupt void cpu_timer0_isr(void)
{
    CpuTimer0.InterruptCount ++ ;
    // 每次定时器中断，清除看门狗定时器计数器
    EALLOW;
    SysCtrlRegs.WDKEY = 0x55;                // Serve watchdog #1
    EDIS;
```

```
// 响应该中断并允许接收更多的中断
PieCtrlRegs.PIEACK.all = PIEACK_GROUP1;
}
```

9.2.3 通用定时器寄存器

为了正确使用事件管理器的定时器,必须配置相关定时器的 5 个寄存器(如表 9.3 所列),如果使用中断方式需要配置更多的寄存器。

1. 通用定时器全局控制寄存器

全局控制寄存器 GPTCONA/B 确定通用定时器实现具体的定时器任务需要采取的操作方式,并指明通用定时器的计数方向。全局通用定时器控制寄存器 B (GTPCONB) 同 GTPCONA 功能相同,只是控制的定时器不同。GTPCONA 控制定时器 1 和 2,GTPCONB 控制定时器 3 和 4。高低字节的分配情况如图 9.9 所示。

如果定时器设置为递增或递减计数模式,位 14 和 13 指示定时器的计数方式;位 10~7 确定具体的定时事件触发 ADC 自动转换的操作方式;位 6 用来使能定时器 1 和定时器 2 同时输出。每一位的详细定义参见表 9.4。

表 9.3 事件管理器的定时器寄存器

名 称	地 址	功能描述
GPTCONA	0x7400	通用定时器全局控制寄存器 A
T1CNT	7401h	定时器 1 计数寄存器
T1CMPR	7402h	定时器 1 比较寄存器
T1PR	7403h	定时器 1 周期寄存器
T1CON	7404h	定时器 1 控制寄存器
T2CNT	7405h	定时器 2 计数寄存器
T2CMPR	7406h	定时器 2 比较寄存器
T2PR	7407h	定时器 2 周期寄存器
T2CON	7408h	定时器 2 控制寄存器

名 称	地 址	功能描述
GPTCONB	0x7500	通用定时器全局控制寄存器 B
T3CNT	7501h	定时器 3 计数寄存器
T3CMPR	7502h	定时器 3 比较寄存器
T3PR	7503h	定时器 3 周期寄存器
T3CON	7504h	定时器 3 控制寄存器
T4CNT	7505h	定时器 4 计数寄存器
T4CMPR	7506h	定时器 4 比较寄存器
T4PR	7507h	定时器 4 周期寄存器
T4CON	7508h	定时器 4 控制寄存器

需要说明的是,有一种改进的操作模式,在这种情况下,通用控制寄存器的各位定义就有所区别。其中位 6 不再使用,而位 5 和位 4 分别用来使能/禁止定时器 1 和 2 的输出。位 12 和位 11 则用来使能其新增加的功率电子安全功能"定时器比较启动"(Timer Compare Trip)。

表 9.4 通用定时器 A 控制寄存器功能定义

位	名 称	功能描述
15	保 留	读返回 0,写没有影响
14	T2STAT	通用定时器 2 的状态(只读) 0 递减计数 1 递增计数
13	T1STAT	通用定时器 1 的状态(只读) 0 递减计数 1 递增计数

续表9.4

位	名称	功能描述
12	T2CTRIPE	T2CTRIP 使能,使能/屏蔽定时器2比较输出(T2CTRIP)。当 EXTCON(0)=1 时该位有效,EXTCON(0)=0 时该位保留。 0　T2CTRIP 屏蔽,T2CTRIP 不影响定时器2的 GPTCON(5)、PDPINTA 标志以及比较输出 1　T2CTRIP 使能,定时器2输出进入高阻状态,GPTCON(5)归零,PDPINT 标志置1
11	T1CTRIPE	T1CTRIP 使能,该位有效时使能/屏蔽定时器1比较输出(T1CTRIP)。当 EXTCON(0)=1 时该位有效,EXTCON(0)=0 时该位保留。 0　T1CTRIP 屏蔽,T1CTRIP 不影响定时器1的 GPTCONA(4)、PDPINTA(EVIFRA(0))标志以及比较输出 1　T1CTRIP 使能,定时器1输出进入高阻状态,GPTCONA(4)归零,PDPINTA(EVIFRA(0))标志置1
10、9	T2TOADC	使用通用定时器2启动 ADC 00　无事件启动 ADC　　　10　周期中断启动 ADC 01　下溢中断标志启动 ADC　11　比较器中断启动 ADC
8、7	T1TOADC	使用通用定时器1的事件启动 ADC 00　无事件启动 ADC　　　10　周期中断启动 ADC 01　下溢中断标志启动 ADC　11　比较器中断启动 ADC
6	TCOMPE	定时器的比较输出使能,TCOMPE 有效时使能/屏蔽定时器的比较输出。EXTCON(0)=0 时 TCOMPE 有效,EXTCON(0)=1 时该位保留。如果 TCOMPE 有效,PDPINT/T1CTRIP 低电平且 EVIMRA(0)=1,TCOMPE 复位为0。 0　定时器比较输出 T1/2PWM_T1/2CMP 为高阻状态 1　定时器比较输出 T1/2PWM_T1/2CMP 由各自定时器独立触发逻辑驱动
5	T2CMPOE	定时器2比较输出使能,T2CMPOE 有效时,使能/屏蔽事件管理器的定时器2的比较输出 T2PWM_T2CMP。EXTCON(0)=1 时 T2CMPOE 有效,EXTCON(0)=0 时 T2CMPOE 保留。如果 T2CMPOE 有效,T2CTRIP 被使能且为低电平,则 T2CMPOE 复位为0。 0　定时器2比较输出 T2PWM_T2CMP 为高阻状态 1　定时器2比较输出 T2PWM_T2CMP 由定时器2触发逻辑独立驱动
4	T1CMPOE	定时器1比较输出使能,T1CMPOE 有效时,使能/屏蔽事件管理器的定时器1的比较输出 T1PWM_T1CMP。EXTCON(0)=1 时 T1CMPOE 有效,EXTCON(0)=0 时 T1CMPOE 保留。如果 T1CMPOE 有效,T1CTRIP 被使能且为低电平,则 T1CMPOE 复位为0。 0　定时器1比较输出 T1PWM_T1CMP 为高阻状态 1　定时器1比较输出 T1PWM_T1CMP 由定时器1触发逻辑独立驱动
3、2	T2PIN	通用定时器2比较输出的极性选择 00　强制低　　10　高有效 01　低有效　　11　强制高
1、0	T1PIN	通用定时器1比较输出的极性选择 00　强制低　　10　高有效 01　低有效　　11　强制高

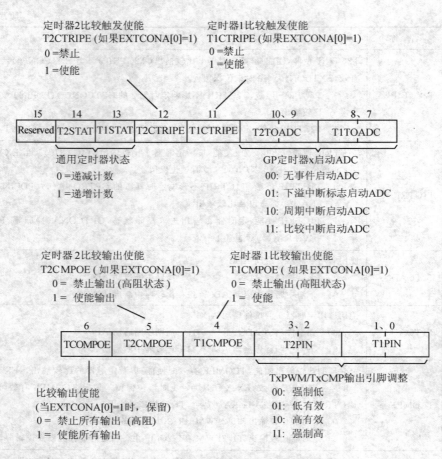

图 9.9　通用定时器全局控制寄存器

2. 通用定时器计数寄存器(TxCNT,其中 x=1,2,3,4)

图 9.10 和表 9.5 给出了定时器计数寄存器的功能定义。

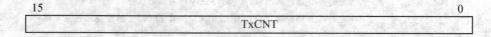

图 9.10　定时器计数寄存器

3. 通用定时器比较寄存器(TxCMPR,其中 x=1,2,3,4)

图 9.11 和表 9.6 给出了定时器比较寄存器的功能定义。

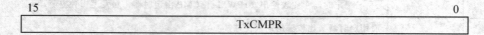

图 9.11　定时器比较寄存器

4. 通用定时器周期寄存器(TxPR,其中 x=1,2,3,4)

图 9.12 和表 9.7 给出了定时器周期寄存器的功能定义。

第9章 事件管理器及其应用

表 9.5　定时器计数寄存器功能定义

位	名称	功能描述
15～0	TxCNT	定时器 x 当前的计数值

表 9.6　定时器比较寄存器功能定义

位	名称	功能描述
15～0	TxCMPR	定时器 x 计数的比较值

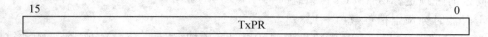

图 9.12　定时器周期寄存器

5. 通用定时器控制寄存器(TxCON)

表 9.7　定时器周期寄存器功能定义

位	名称	功能描述
15～0	TxPR	定时器 x 计数的周期值

定时器控制寄存器是每个定时器的独立设置寄存器。位 15 和位 14 负责设置定时器和 JTAG 仿真器之间的工作关系,在某些情况下这两个位对于程序的执行非常重要,比如程序运行到断点处定时器的计数模式。尤其是在实时系统中,停止定时器计数使定时器处于随机工作状态是非常危险的。因此,这两位的设置必须根据硬件的实际需求合理地配置。

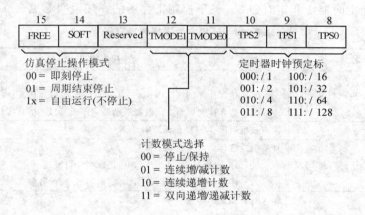

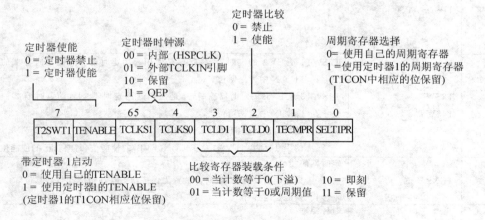

图 9.13　通用定时器控制寄存器

位 12～11 选择操作模式,在前面的章节中已经做了详细的介绍。位 10～8 定义输入时钟的分频的预定标参数,定时器的计数频率主要由以下参数确定:

- 外部晶振(30 MHz)
- 内部 PLL 状态寄存器(系统时钟＝外部晶振×PLL 倍频分数/2＝30 MHz×10/2＝150 MHz)
- 高速时钟预定标(HISPCP＝系统时钟/2＝75 MHz)
- 定时器时钟预定标系数(1～128)

同时可以根据上述设置和参数确定期望的定时器周期,例如 100 ms 的定时器周期可以采用如下设置:

$$定时器输入脉冲＝(1/外部时钟频率)×1/PLL×HISPCP×定时器预定标系数$$
$$17067\ \mu s＝(1/30\ MHz)×1/5×2×128$$
$$100\ ms/17067\ \mu s＝58593$$

因此可以设置周期寄存器 TxPR 的值 58593,此时定时器的输出脉冲即为 100 ms。

位 6 使能定时器操作,在定时器一系列初始化操作完成后必须将该位置 1 启动定时器;位 5 和位 4 选择定时器的时钟信号源;位 3 和位 2 定义将缓冲值装载到比较寄存器的时间;位 1 用来使能比较操作;位 7 和位 0 是定时器 2 的专用控制位,在 T1CON 中不起作用,在位 7 的控制下用户可以同时启动定时器 1 和定时器 2。关于控制寄存器的详细说明参见表 9.8。

表 9.8 通用定时器控制寄存器

位	名 称	功能描述
15～14	FREE, SOFT	仿真控制位 00 仿真挂起则立即停止　　　　　10 仿真挂起不影响操作 01 仿真挂起则当前定时器周期结束停止　11 仿真挂起不影响操作
13	保 留	读取该位返回 0,写操作无影响
12～11	TMODE1 - TMODE0	计数模式选择 00 停止/保持　　　10 连续增计数模式 01 连续增/减计数模式　11 定向的增/减计数模式
10～8	TPS2～TPS0	输入时钟预定标参数 000　x/1　　100　x/16 001　x/2　　101　x/32 010　x/4　　110　x/64 011　x/8　　111　x/128(x = HSPCLK)
7	T2SWT1 T4SWT3	T2SWT1 是 EVA 的定时器控制位,是使用通用定时器 1 启动定时器 2 的使能位。在 T1CON 中为保留位。 T4SWT3 是 EVB 的定时器控制位,是使用通用定时器 4 启动定时器 3 的使能位。在 T3CON 中为保留位。 　0 使用自己的使能位(TENABLE) 　1 使用 T1CON(EVA)或 T3CON(EVB)的使能位,忽略自己的使能位
6	TENABLE	定时器使能位 　0 禁止定时器操作,定时器被置为保持状态且预定标计数器复位 　1 使能定时操作
5～4	TCLKS(1,0)	时钟源选择 00 内部时钟(例如 HSPCLK)　　10 保留 01 外部时钟(例如 TCLKINx)　　11 QEP 电路

续表 9.8

位	名 称	功能描述
3~2	TCLD(1,0)	定时器比较寄存器装载条件 00 计数器值等于 0　　　　　　　　　　10 立即 01 计数器值等于 0 或等于周期寄存器的值　11 保留
1	TECMPR	定时器比较使能 0 禁止定时器比较操作 1 使能定时器比较操作
0	SELT1PR SELT3PR	SELT1PR 是 EVA 的定时器控制位,周期寄存器选择位。当 T2CON 的该位等于 1 时,定时器 1 和定时器 2 都使用定时器 1 的周期寄存器,忽略定时器 2 的周期寄存器。T1CON 的该位保留。 SELT3PR 是 EVB 的定时器控制位,周期寄存器选择位。当 T4CON 的该位等于 3 时,定时器 4 和定时器 3 都使用定时器 3 的周期寄存器,忽略定时器 4 的周期寄存器。T3CON 的该位保留。 0 使用自己的周期寄存器 1 使用 T1PR(EVA)或 T3PR(EVB)的周期寄存器,不使用自己的周期寄存器

9.3 比较单元及 PWM 输出

9.3.1 比较单元功能介绍

事件管理器(EVA)模块中有 3 个比较单元(比较单元 1、2 和 3),事件管理器(EVB)模块中也有 3 个比较单元(比较单元 4、5 和 6)。每个比较单元都有 2 个相关的 PWM 输出。比较单元的时钟基准由通用定时器 1 和通用定时器 3 提供。事件管理器的比较单元做为 PWM 信号输出的辅助电路,主要用来控制信号处理器的 PWM 输出的占空比,其结构如图 9.14 所示。

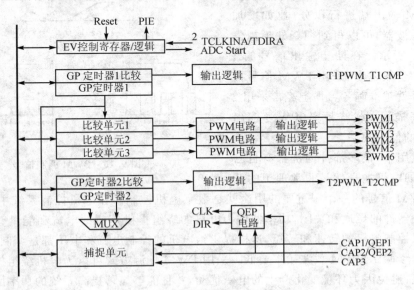

图 9.14　事件管理器比较单元

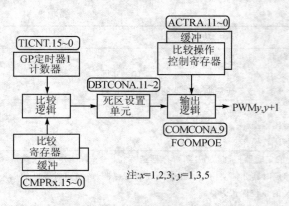

图 9.15 比较单元功能结构图

比较单元的功能结构如图 9.15 所示。核心模块是比较逻辑,主要由事件管理器定时器 1 的计数寄存器 T1CNT 和比较寄存器 CMPRx 构成。两者比较第一次匹配,则信号的上升沿将输入到"死区单元"。在同步 PWM 模式下第二次 T1CNT 和 CMPRx 匹配产生 PWM 信号的下降沿。

比较单元的输出逻辑由操作控制寄存器(Action Control Register,ACTRA)和通用控制寄存器(COMCONA)控制,可以通过调整这两个寄存器的设置调整 PWM 输出信号的波形。所有 6 个 PWM 输出均可以选择 4 种状态中的 1 种,这 4 种状态分别是:

(1) 高有效。T1CNT 和 CMPRx 第一次比较匹配使 PWM 输出信号由 0 变为 1,第二次匹配发生后 PWM 输出信号又由 1 变为 0。

(2) 低有效。T1CNT 和 CMPRx 第一次比较匹配使 PWM 输出信号由 1 变为 0,第二次匹配发生后 PWM 输出信号又由 0 变为 1。

(3) 强制高。PWM 输出总是 1。

(4) 强制低。PWM 输出总是 0。

9.3.2 PWM 信号

PWM 信号是一系列可变脉宽的脉冲信号,这些脉冲覆盖几个定长周期,从而保证每个周期都有一个脉冲输出。这个定长周期称为 PWM 载波周期,其倒数称为 PWM 载波频率。PWM 脉冲宽度则根据另一系列期望值和调制信号来确定和调制。

PWM 数字脉冲输出可以用来表征模拟信号,在 PWM 输出端进行积分(比如增加简单的低通滤波器)可以得到期望的模拟信号,如图 9.16 所示。在期望输出信号的 1 个周期内脉冲个数越多,采用 PWM 信号描述的模拟信号就越准确。习惯上经常采用 2 个不同的频率描述:载波频率(PWM 输出频率)和期望的信号频率。

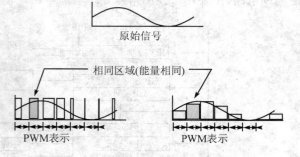

图 9.16 PWM 调制信号

在实际应用中,很多部件内部都有自己的积分器,比如电机本身就是非常理想的低通滤波器,PWM 信号的一个很重要的用途就是数字电机控制。在电机控制系统中,PWM 信号控制功率开关器件的导通和关闭,功率器件为电机的绕组提供期望的电流和能量。相电流的频率和能量可以控制电机的转速和转矩,这样提供给电机的控制电流和电压都是调制信号,而且这个调制信号的频率比 PWM 载波频率要低。采用 PWM 控制方式可以为电机绕组提供良好的谐波电压和电流,避免因为环境变化产生的电磁扰动,并且能够显著提高系统的功率因数。未能够给电机提供具有足够驱动能力的正弦波控制信号,可以采用 PWM 输出信号经过 NPN 或 PNP

功率开关管实现,如图 9.17 所示。

采用功率开关管在输出大电流的情况下很难控制开关管工作在线性区,从而使系统产生很大的热损耗,降低电源的使用效率。不过可以使开关管工作在静态切换状态(On:$I_{ce}=I_{cesat}$,Off:$I_{ce}=0$),在该状态,开关管有较小功率损耗。

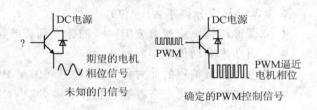

图 9.17　PWM 信号驱动开关管

9.3.3　与比较器相关的 PWM 电路

图 9.18 为 EVA 模块的 PWM 电路功能框图,它包含以下功能单元:
- 非对称/对称波形发生器;
- 可编程死区单元(DBU);
- 输出逻辑;
- 空间矢量(SV)PWM 状态机。

EVB 模块的 PWM 电路功能模块框图与 EVA 的一样,只是改变相应的寄存器配置。另外,非对称/对称波形发生器与在通用定时器中的一样。

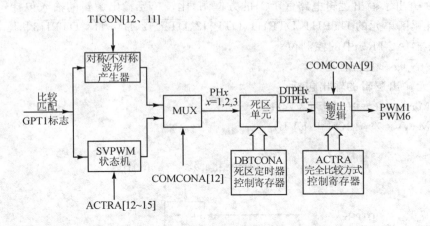

图 9.18　EVA 模块的 PWM 电路功能框图

C28x 处理器上集成的 PWM 电路,能够在电机控制和运动控制等应用领域中,减少 CPU 的开销和用户的工作量。与比较单元相关的 PWM 波形的产生由以下寄存器控制:对于 EVA 模块,由 T1CON、COMCONA、ACTRA 和 DBTCONA 控制;对于 EVB 模块,由 T3CON、COMCONB、ACTRB 和 DBTCONB 控制。比较器及相关 PWM 信号输出可实现如下功能:
- 5 个独立的 PWM 输出,其中 3 个由比较单元产生,2 个由通用定时器产生。另外还有 3 个由比较单元产生的 PWM 互补输出;
- 比较单元产生的 PWM 输出的死区可编程配置;
- 输出脉冲信号的死区的最小宽度为 1 个 CPU 时钟周期;
- 最小的脉冲宽度是 1 个 CPU 时钟周期,脉冲宽度调整的最小量也是一个 CPU 时钟周期;

- PWM 最大分辨率为 16 位;
- 双缓冲结构可快速改变 PWM 的脉宽和载波频率;
- 带有功率驱动保护中断;
- 能够产生可编程的非对称、对称和空间矢量 PWM 波形;
- 比较寄存器和周期寄存器可自动装载,减小 CPU 的开销。

9.3.4 PWM 输出逻辑及死区控制

1. PWM 输出逻辑

输出逻辑电路决定了比较发生匹配时,输出引脚 $PWMx(x=1\sim12)$ 的输出极性和需要执行的操作。与每个比较单元相关的输出可被规定为低电平有效、高电平有效、强制低或强制高,可以通过适当地配置 ACTR 寄存器来确定 PWM 输出的极性和操作。当下列任意事件发生时,所有的 PWM 输出引脚被置于高阻状态。

- 软件清除 $COMCONx[9]$ 位;
- 当 $\overline{PDPINTx}$ 未屏蔽时,硬件将 $\overline{PDPINTx}$ 引脚拉低;
- 发生任何复位事件时。

有效的 $\overline{PDPINTx}$(当使能时)引脚和系统复位使寄存器 $COMCONx$ 和 $ACTRx$ 设置无效。

图 9.19 给出了输出逻辑电路(OLC)的方框图,比较单元输出逻辑的输入包括:

- 来自死区单元的 DTPH1、$\overline{DTPH1}$、DTPH2、$\overline{DTPH2}$、DTPH3、$\overline{DTPH3}$ 和比较匹配信号;
- 寄存器 $ACTRx$ 中的控制位;
- $\overline{PDPINTx}$ 和复位信号。

比较单元输出逻辑的输出包括:

- $PWMx, x=1\sim6$(对于 EVA);
- $PWMy, y=7\sim12$(对于 EVB)。

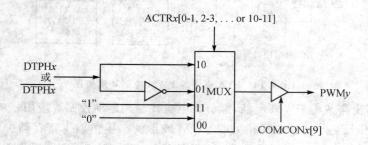

图 9.19 输出逻辑方框图($x=1,2$ 或 $3;y=1,2,3,4,5$ 或 6)

2. 死区控制

在许多运动/电机和功率电子应用中,常将功率器件上下臂串联起来控制。上下被控的臂绝对不能同时导通,否则会由于短路而击穿。因而需要一对不重叠的 PWM 输出(DTPHx 和 $\overline{DTPHx}$)正确地开启和关闭上下臂。这种应用允许在一个器件开启前另一个器件已完全关闭这样的延时存在,所需的延迟时间由功率转换器的开关特性以及在具体应用中的负载特征所决定,这种延时就是死区。

死区控制为避免功率逆变电路中的"短通"提供了有效的控制方式,所谓"短通"是指同一相位的上下臂同时导通。一旦产生"短通",将会有很大的电流流过开关管。短通主要是由于同一相位的上下臂由同一个PWM信号的正反相控制,开关管在状态切换过程中开启快于闭合,对于FET管尤为突出,从而导致开关管的上下臂同时导通。虽然在一个PWM周期内同时导通的时间非常短,流过的电流也非常有限,但在频繁开关过程中功率管会产生很大的热量,并且会影响功率逆变和供电线路。因此,在系统设计过程中要绝对避免这种情况。

避免产生短通状态可以采用2种方法:调整功率管或者调整PWM控制信号。第一种方法主要是调整功率管的闭合时间,使得功率管的断开比闭合快。可以在开关管的门电路一侧增加电阻和二级管(具有低通滤波特性),加大开关闭合的延时。第二种方法是在互补的PWM控制信号中增加死区,使一侧开关管闭合与另一侧开关管断开有一定的延时,这样可以避免同时导通,而且C28x信号处理器提供死区控制的硬件支持,不需要CPU的干预,还可以根据系统的具体需求通过软件调整死区时间的大小,如图9.20所示。

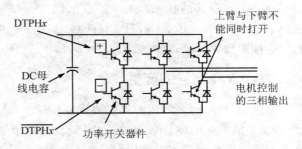

图 9.20　PWM信号控制电压源型逆变器件

事件管理器模块(EVA模块和EVB模块)都有各自独立的可编程死区控制单元(分别是DBTCONA和DBTCONB),可编程死区控制单元有如下特点:

- 1个16位死区控制寄存器DBTCONx(可读写);
- 16位输入时钟预定标器:1、1/2、1/4、1/8、1/16和1/32;
- CPU时钟输入;
- 3个4位递减计数寄存器;
- 控制逻辑(如图9.21所示)。

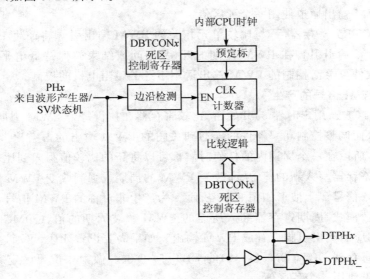

图 9.21　PWM信号死区控制逻辑

分别由比较单元1、2和3的非对称/对称波形产生器提供的 PH1、PH2 和 PH3 作为死区单元的输入,死区单元的输出是 DTPH1、DTPH1_、DTPH2、DTPH2_、DTPH3 和 DTPH3_,分别相对应于 PH1、PH2 和 PH3。对于每一个输入信号 PHx,产生2个输出信号 DTPHx 和 DTPHx_。当比较单元和其相关输出的死区未被使能时,这两个输出信号跳变沿完全相同(信号本身相反)。当比较单元的死区单元使能时,这两个信号的跳变沿被一段称作死区的时间间隔分开,这个时间段由 DBTCONx 寄存器的位来决定,如图9.22所示。假设 DBTCONx[11~8]中的值为 m,且 DBTCONx[4~2]中的值相应的预定标参数为 x/p,这时死区值为 $(p×m)$ 个 HSPCLK 时钟周期。

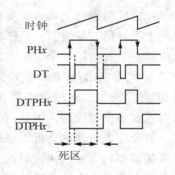

图9.22 异步死区设置波形

9.3.5 PWM信号的产生

为产生 PWM 信号,定时器需要重复按照 PWM 周期进行计数。比较寄存器用于保持调制值,该值一直与定时器计数器的值相比较,当两个值匹配时,PWM 输出就会产生跳变。当两个值产生第二次匹配或定时器周期结束时,会产生第二次输出跳变。通过这种方式可以产生周期与比较寄存器值成比例的脉冲信号。在比较单元中重复完成计数、匹配输出的过程,就产生了 PWM 信号。

在 EV 模块中,比较单元可以产生非对称和对称 PWM 波形。另外,3个比较单元结合使用还可以产生三相对称空间矢量 PWM 输出。边沿触发或非对称 PWM 信号的特点是不关于 PWM 周期中心对称,脉冲的宽度只能从脉冲一侧开始变化。为产生非对称的 PWM 信号,通用定时器要设置为连续递增计数模式,周期寄存器装入所需的 PWM 载波周期的值,COMCONx 寄存器使能比较操作,并将相应的输出引脚设置成 PWM 输出。如果需要设置死区,可通过软件将所需的死区时间值写入到寄存器 DBTCONx(11:8)的 DBT(3:0)位,做为4位死区定时器的周期,所有的 PWM 输出通道使用一个死区值。

软件配置 ACTRx 寄存器后,与比较单元相关的 PWM 输出引脚将产生 PWM 信号。与此同时,另一个 PWM 输出引脚在 PWM 周期的开始、中间或结束处保持低电平(关闭)或高电平(开启),这种用软件可灵活控制的 PWM 输出适用于开关磁阻电机的控制。

1. 非对称 PWM 信号的产生

通用定时器1(或通用定时器3)开始后,比较寄存器在执行每个 PWM 周期过程中可重新写入新的比较值,从而调整控制功率器件的导通和关闭的 PWM 输出的占空比。由于比较寄存器带有映射寄存器,所以在一个周期内的任何时候都可以将新的比较值写入到比较寄存器。同样,可以随时向周期寄存器写入新的值,从而改变 PWM 的周期或强制改变 PWM 的输出方式。

非对称 PWM 信号产生波形如图9.23所示。为产生非对称的 PWM 信号,通用定时器要设置为连续递增计数模式,周期寄存器装入所需的 PWM 载波周期的值,COMCONx 寄存器使能比较操作,并将相应的输出引脚设置成 PWM 输出。如果需要设置死区,可通过软件将所需的死区时间值写入到寄存器 DBTCONx(11:8)的 DBT(3:0)位。做为4位死区定时器的周期,所有的 PWM 输出通道使用一个死区值。

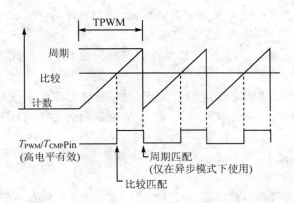

图 9.23 非对称 PWM 信号产生波形

2. 对称 PWM 信号的产生

对称 PWM 信号关于 PWM 周期中心对称,相对非对称 PWM 信号的优势在于,1 个周期内在每个 PWM 周期的开始和结束处有 2 个无效的区段。当使用正弦调整时,PWM 产生的交流电机(如感应电机、直流电机)的电流对称 PWM 信号比非对称的 PWM 信号产生的谐波更小。对称 PWM 信号产生波形如图 9.24 所示。

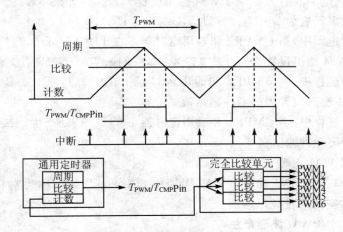

图 9.24 对称 PWM 信号产生波形

比较单元与 PWM 电路产生对称和非对称 PWM 波形基本相似,唯一不同的是,产生对称波形需要将通用定时器 1(或通用定时器 3)设置为连续增/减计数模式。每个对称 PWM 波形产生周期产生 2 次比较匹配,一次匹配在前半周期的递增计数期间,另一次匹配在后半周期的递减计数期间。新装载的比较值在后半周期匹配生效,这样可能提前或延迟 PWM 脉冲的第二个边沿的产生。这种 PWM 波形产生的特性可以弥补在交流电机控制中由于死区而引起的电流误差。由于比较寄存器带有映射寄存器,在一个周期内的任何时候都可以装载新的值。同样,在周期寄存器内的任何时候,新值可写到周期寄存器和比较方式控制寄存器中,以改变 PWM 周期或强制改变 PWM 的输出方式。

3. 事件管理器 SVPWM 波形产生

EV 模块的硬件结构极大地简化了空间矢量 PWM 波形的产生,此外软件还可以控制产生空间矢量 PWM 输出。为产生空间矢量 PWM 输出，用户软件必须完成下列任务：
- 配置 ACTRx 寄存器，确定比较输出引脚的极性；
- 配置 COMCONx 寄存器，使能比较操作和空间矢量 PWM 模式，将 CMPRx 重新装载的条件设置为下溢；
- 将通用定时器 1(或通用定时器 3)设为连续增/减计数模式以便启动定时器。

然后，用户软件需要确定并分解在二维 d-q 坐标系内的电机电压 U_{out}，每个 PWM 周期完成下列操作：
- 确定两个相邻矢量 U_x 和 U_{x+60}；
- 确定参数 T_1、T_2 和 T_0；
- 将 U_x 对应的开关状态写到 ACTRx[14～12]位，并将 1 写入 ACTRx[15]中，或将 U_{x+60} 对应的开关状态写到 ACTRx[14～12]中，将 0 写入 ACTRx[15]中；
- 将值$(1/2\, T_1)$和$(1/2\, T_1 + 1/2\, T_2)$分别写到 CMPR1 和 CMPR2 中。

(1) 空间矢量 PWM 的硬件

每个空间矢量 PWM 周期，EV 模块的空间矢量 PWM 产生硬件完成下列工作：
- 在每个周期的开始，根据新 U_y 的状态确定 ACTRx[14～12]设置 PWM 输出。
- 在递增计数过程中，当 CMPR1 和通用定时器 1 在 $1/2T_1$ 处产生第一次比较匹配时，如果 ACTRx[15]位中的值为 1，将 PWM 输出设置为 U_{y+60}；如果 ACTRx[15]位中的值为 0，将 PWM 输出设置为 U_y($U_{0-60}=U_{300}$, $U_{360+60}=U_{60}$)。
- 在递增计数过程中，当 CMPR2 和通用定时器 1 在 $1/2\, T_1 + 1/2\, T_2$ 处产生第二次比较匹配时，将 PWM 输出设置为 000 或 111 状态，它们第二种状态只有 1 位的差别。
- 在递减计数过程中，当 CMPR2 和通用定时器 1 在 $1/2\, T_1 + 1/2\, T_2$ 处产生第一次匹配时，将 PWM 输出设置为第二种输出模式。
- 在递减计数过程中，当 CMPR1 和通用定时器 1 在 $1/2T_1$ 处产生第二次匹配时，将 PWM 输出设置为第一种输出模式。

(2) 空间矢量 PWM 波形

空间矢量 PWM 波形关于每个 PWM 周期中心对称，因此也称为对称空间矢量 PWM。图 9.25 给出了对称空间矢量波形的例子。

4. 事件管理器 SVPWM 波形产生

```
//**********************************************************************
//  使用事件管理器定时器产生 T1PWM、T2PWM、T3PWM、T4PWM 和 PWM1～12 波形
//  文件名：DSP28_EvPwm.c
//**********************************************************************
#include "DSP28_Device.h"
void main(void)
{
// Step 1:初始化系统控制寄存器、PLL、看门狗、时钟等
    InitSysCtrl();
// Step 2:设置 GPIO 功能
    EALLOW;
    // 使能 PWM 输出引脚
```

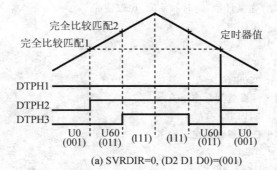

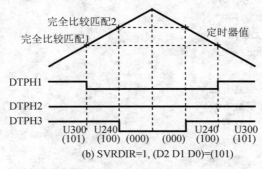

图 9.25 对称空间矢量 PWM 波形

```
    GpioMuxRegs.GPAMUX.all = 0x00FF;    // EVA PWM 1~6 引脚
    GpioMuxRegs.GPBMUX.all = 0x00FF;    // EVB PWM 7~12 引脚
    EDIS;
// Step 3:初始化 PIE 中断向量表 vector table
    // 禁止和清除所有 CPU 中断
    DINT;
    IER = 0x0000;
    IFR = 0x0000;
    // 初始化 Pie 控制寄存器位默认状态
    InitPieCtrl();
    // 将 PIE 向量表设置为特定状态
    InitPieVectTable();
// Step 4:EVA 配置 T1PWM、T2PWM、PWM1~PWM6
    // 初始化定时器
    // 初始化 EVA 定时器 1
    EvaRegs.T1PR = 0xFFFF;              // 定时器 1 周期
    EvaRegs.T1CMPR = 0x3C00;            // 定时器 1 比较器
    EvaRegs.T1CNT = 0x0000;             // 定时器 1 计数器
    // TMODE = 连续递增/递减计数,定时器使能,比较使能
    EvaRegs.T1CON.all = 0x1042;
    // 初始化 EVA 定时器 2
    EvaRegs.T2PR = 0x0FFF;              // 定时器 2 周期
    EvaRegs.T2CMPR = 0x03C0;            // 定时器 2 比较器
    EvaRegs.T2CNT = 0x0000;             // 定时器 2 计数器
```

```c
        // TMODE = 连续递增/递减计数,定时器使能,比较使能
        EvaRegs.T2CON.all = 0x1042;
    // 设置 T1PWM 和 T2PWM
        // 比较逻辑驱动 T1/T2 PWM
        EvaRegs.GPTCONA.bit.TCOMPOE = 1;
        // 定时器 1 比较器极性设置为低电平有效
        EvaRegs.GPTCONA.bit.T1PIN = 1;
        // 定时器 2 比较器极性设置为高电平有效
        EvaRegs.GPTCONA.bit.T2PIN = 2;
    // 使能产生 PWM1~PWM6 的比较功能
        EvaRegs.CMPR1 = 0x0C00;
        EvaRegs.CMPR2 = 0x3C00;
        EvaRegs.CMPR3 = 0xFC00;
        // 比较方式控制
        // 输出引脚 1 CMPR1 - 高有效
        // 输出引脚 2 CMPR1 - 低有效
        // 输出引脚 3 CMPR2 - 高有效
        // 输出引脚 4 CMPR2 - 低有效
        // 输出引脚 5 CMPR3 - 高有效
        // 输出引脚 6 CMPR3 - 低有效
        EvaRegs.ACTRA.all = 0x0666;
        EvaRegs.DBTCONA.all = 0x0000;       // 禁止死区
        EvaRegs.COMCONA.all = 0xA600;
    // Step 5:EVB 配置 T3PWM、T4PWM 和 PWM7~12
    // 初始化定时器
        // 初始化 EVB 定时器 3
        // 定时器 3 控制 T3PWM 和 PWM7~12
        EvbRegs.T3PR = 0xFFFF;              // 定时器 3 周期
        EvbRegs.T3CMPR = 0x3C00;            // 定时器 3 比较器
        EvbRegs.T3CNT = 0x0000;             // 定时器 3 计数器
        // TMODE = 连续递增/递减计数,定时器使能,比较使能
        EvbRegs.T3CON.all = 0x1042;
        // 初始化 EVB 定时器 4
        // 定时器 4 控制 T4PWM
        EvbRegs.T4PR = 0x00FF;              // 定时器 4 周期
        EvbRegs.T4CMPR = 0x0030;            // 定时器 4 比较器
        EvbRegs.T4CNT = 0x0000;             // 定时器 4 计数器
        // TMODE = 连续递增/递减计数,定时器使能,比较使能
        EvbRegs.T4CON.all = 0x1042;
    // 设置 T3PWM 和 T4PWM
        // 比较逻辑驱动 T3/T4 PWM
        EvbRegs.GPTCONB.bit.TCOMPOE = 1;
        // 定时器 3 比较器极性设置为低电平有效
        EvbRegs.GPTCONB.bit.T3PIN = 1;
```

// 定时器4比较器极性设置为高电平有效
    EvbRegs.GPTCONB.bit.T4PIN = 2;
// 使能产生PWM7～12的比较功能
    EvbRegs.CMPR4 = 0x0C00;
    EvbRegs.CMPR5 = 0x3C00;
    EvbRegs.CMPR6 = 0xFC00;
    // 比较方式控制
    // 输出引脚1 CMPR4 - 高有效
    // 输出引脚2 CMPR4 - 低有效
    // 输出引脚3 CMPR5 - 高有效
    // 输出引脚4 CMPR5 - 低有效
    // 输出引脚5 CMPR6 - 高有效
    // 输出引脚6 CMPR6 - 低有效
    EvbRegs.ACTRB.all = 0x0666;
    EvbRegs.DBTCONB.all = 0x0000; // 禁止死区
    EvbRegs.COMCONB.all = 0xA600;

// Step 6:IDLE 循环
// 采用示波器观察 PWM 信号波形
    for(;;);
}

9.3.6 比较单元寄存器

比较单元寄存器如表9.9所列。

表9.9 比较单元寄存器

	名称	地址	功能描述
EVA	COMCONA	0x7411h	比较控制寄存器 A
	ACTRA	0x7413h	比较操作控制寄存器 A
	DBTCONA	0x7415h	死区定时器控制寄存器 A
	CMPR1	0x7417h	比较寄存器 1
	CMPR2	0x7418h	比较寄存器 2
	CMPR3	0x7419h	比较寄存器 3
EVB	COMCONB	0x7511h	比较控制寄存器 B
	ACTRB	0x7513h	比较操作控制寄存器 B
	DBTCONB	0x7515h	死区定时器控制寄存器 B
	CMPR4	0x7517h	比较寄存器 4
	CMPR5	0x7518h	比较寄存器 5
	CMPR6	0x7519h	比较寄存器 6
	EXTCONA:0x7409 EXTCONB:0x7509 扩展控制寄存器		

1. 比较控制寄存器(见图 9.26 和表 9.10)

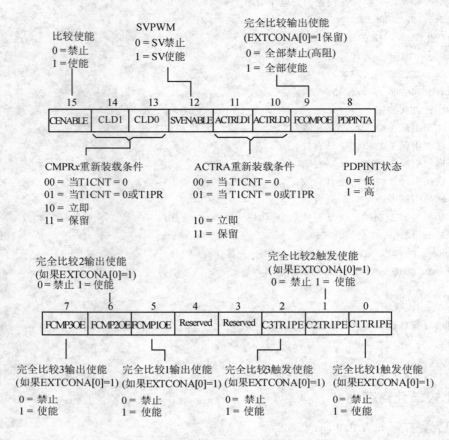

图 9.26 比较控制寄存器

表 9.10 比较器控制寄存器功能定义

位	名 称	功能描述
15	CENABLE	比较器使能 0 禁止比较器操作,CMPRx、ACTRB 等寄存器编程透明 1 使能比较器操作
14、13	CLD1,CLD0	比较器寄存器 CMPRx 重载条件 00 当 T3CNT=0(下溢) 01 当 T3CNT=0 或 T3CNT=T3PR(下溢或周期匹配) 10 立即 11 保留;结果不可预测
12	EVENABLE	空间矢量 PWM 模式使能 0 禁止空间矢量 PWM 模式 1 使能空间矢量 PWM 模式

续表 9.10

位	名称	功能描述
11、10	ACTRLD1 ACTRLD0	方式控制寄存器重新装载条件 　　00　T3CNT＝0（下溢） 　　01　当 T3CNT＝0 或 T3CNT＝T3PR（下溢或周期匹配） 　　10　立即 　　11　保留；结果不可预测
9	FCMOPE	完全比较器输出使能 　　当该位有效时可以同时使能或禁止所有比较器的输出，只有当 EXTCONA(0)＝0 时该位有效，当 EXTCONA(0)＝1 时该位保留。当 PDPINTA/T1CTRIP 为低电平且 EVAIFRA(0)＝1 时，该位复位为 0（处于有效状态时）。 　　0　完全比较器输出，PWM1/2/3/4/5/6，处于高阻状态 　　1　完全比较器输出，PWM1/2/3/4/5/6，由相应的比较器逻辑控制
8	PDPINTA	状态该位反映当前 PDPINTA 引脚的状态
7	FCMP3OE	完全比较器 3 输出使能 　　该位（当有效时）使能或禁止完全比较器 3 的输出，PWM5/6。只有当 EXTCONA(0)＝1 时该位才有效，当有效时如果 C3TRIP 为低且被使能，该位复位到 0。 　　0　完全比较器 3 输出，PWM5/6，处于高阻状态 　　1　完全比较器 3 输出，PWM5/6，由比较器逻辑单元 3 控制
6	FCMP2OE	完全比较器 2 输出使能 　　该位（当有效时）使能或禁止完全比较器 2 的输出，PWM3/4。只有当 EXTCONA(0)＝1 时该位才有效，当有效时如果 C2TRIP 为低且被使能，该位复位到 0。 　　0　完全比较器 2 输出，PWM3/4，处于高阻状态 　　1　完全比较器 2 输出，PWM3/4，由比较器逻辑单元 2 控制
5	FCMP1OE	完全比较器 1 输出使能 　　该位（当有效时）使能或禁止完全比较器 1 的输出，PWM1/2。只有当 EXTCONA(0)＝1 时该位才有效，当有效时如果 C1TRIP 为低且被使能，该位复位到 0。 　　0　完全比较器 1 输出，PWM1/2，处于高阻状态 　　1　完全比较器 1 输出，PWM1/2，由比较器逻辑单元 1 控制
4、3	保留	
2	C3TRIPE	完全比较器 3 输出切换使能 　　该位（有效时）使能或禁止完全比较器 3 的输出关闭功能。只有当 EXTCONA(0)＝0 时该位有效，当 EXTCONA(0)＝1 时该位保留。 　　0　完全比较器 3 的输出关闭功能被禁止，C3TRIP 状态不影响比较器 3 的输出、COMCONA(8) 以及 PDPINTA 标志(EVAIFRA(0)) 　　1　完全比较器 3 的输出关闭功能被使能，当 C3TRIP 是低时，完全比较器 3 的两个输出引脚输出高阻状态，COMCONA(8) 复位为 0，并且 PDPINTA 的标志置 1
1	C2TRIPE	完全比较器 2 输出切换使能 　　该位（有效时）使能或禁止完全比较器 3 的输出关闭功能。只有当 EXTCONA(0)＝0 时该位有效，当 EXTCONA(0)＝1 时该位保留。 　　1　完全比较器 2 的输出关闭功能被禁止，C3TRIP 状态不影响比较器 2 的输出、COMCONA(7) 以及 PDPINTA 标志(EVAIFRA(0)) 　　0　完全比较器 2 的输出关闭功能被使能，当 C3TRIP 是低时，完全比较器 2 的两个输出引脚输出高阻状态，COMCONA(7) 复位为 0，并且 PDPINTA 的标志置 1

续表 9.10

位	名称	功能描述
0	C1TRIPE	完全比较器 1 输出切换使能 该位(有效时)使能或禁止完全比较器 3 的输出关闭功能。只有当 EXTCONA(0)=0 时该位有效,当 EXTCONA(0)=1 时该位保留。 1 完全比较器 1 的输出关闭功能被禁止,C3TRIP 状态不影响比较器 1 的输出、COMCONA(6)以及 PDPINTA 标志(EVAIFRA(0)) 0 完全比较器 1 的输出关闭功能被使能,当 C3TRIP 是低时,完全比较器 1 的两个输出引脚输出高阻状态,COMCONA(6)复位为 0,并且 PDPINTA 的标志置 1

2. 比较操作寄存器(见图 9.27 和表 9.11)

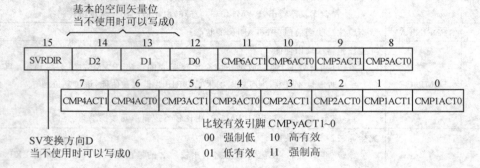

图 9.27 比较操作寄存器

表 9.11 比较方式控制寄存器功能定义

位	名称	功能描述
15	SVRDIR	空间矢量 PWM 旋转方向 只有在产生 SVPWM 输出时使用 0 正向(CCW) 1 负向(CW)
14~12	D2~0	基本空间矢量位 只有在产生 SVPWM 输出时使用
11、10	CMP12ACT1~0	比较器输出引脚 12 的输出方式 00 强制低 10 有效高 01 有效低 11 强制高
9、8	CMP11ACT1~0	比较器输出引脚 11 的输出方式 00 强制低 10 有效高 01 有效低 11 强制高
7、6	CMP10ACT1~0	比较器输出引脚 10 的输出方式 00 强制低 10 有效高 01 有效低 11 强制高

续表 9.11

位	名 称	功能描述
5、4	CMP9ACT1～0	比较器输出引脚 9 的输出方式 00　强制低　　10　有效高 01　有效低　　11　强制高
3、2	CMP8ACT1～0	比较器输出引脚 8 的输出方式 00　强制低　　10　有效高 01　有效低　　11　强制高
1、0	CMP7ACT1～0	比较器输出引脚 7 的输出方式 00　强制低　　10　有效高 01　有效低　　11　强制高

3. 死区定时器控制寄存器（见图 9.28 和表 9.12）

每个比较单元都有一个死区定时器，但各比较单元共用一个时钟预定标分频器和死区周期寄存器。每个单元的死区可以独立地使能或禁止。

死区时间＝DB 周期×DB 预定标系数×CPUCLK 周期

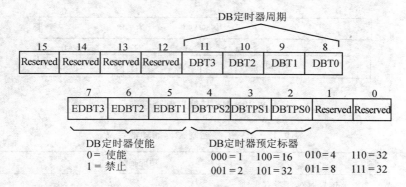

图 9.28　死区设置寄存器

表 9.12　死区设置寄存器功能定义

位	名 称	功能描述
15～12	保 留	保 留
11～8	DBT3(MSB)～DBT0(LSB)	死区定时器周期，定义 3 个 4 位死区计时器的周期的值
7	EDBT3	死区定时器 3 使能（比较单元 3 的 PWM5 和 6） 0　屏蔽　　1　使能
6	EDBT2	死区定时器 2 使能（比较单元 2 的 PWM3 和 4） 0　屏蔽　　1　使能
5	EDBT1	死区定时器 1 使能（比较单元 1 的 PWM1 和 2） 0　屏蔽　　1　使能

续表 9.12

位	名称	功能描述
4～2	DBPTS2～ DBPTS0	死区定时器预定标控制位 000 x/1 100 x/16 001 x/2 101 x/32 010 x/4 110 x/32 011 x/8 111 x/32 x = 器件 CPU 时钟频率
1,0	保留	保留

4. EV 扩展控制寄存器

EXTCONA 和 EXTCONB 是附加控制寄存器,使能和禁止附加/调整的功能。可以设置 EXTCONx 寄存器使事件管理器和 240x 的事件管理器兼容。两个控制寄存器的功能基本相同,只是分别控制事件管理器 A 和事件管理器 B。图 9.29 和表 9.13 给出了 EV 扩展寄存器的功能定义。

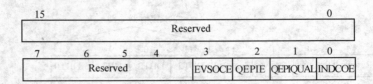

图 9.29 EV 扩展控制寄存器

表 9.13 EV 扩展控制寄存器功能定义

位	名称	功能描述
15～4	保留	读返回 0,写没有影响
3	EVSOCE	EV 启动 ADC 转换输出使能 该位使能/禁止 EV 的 ADC 开始转换输出(对于 EVA 是 EVASOCn,对于 EVB 是 EVBSOCn)。当被使能时,选定的 EV ADC 开始转换事件产生 32×HSPCLK 的负脉冲(低有效)。当选择 SoC 触发信号时,该位并不影响 EVTOADC 信号输入到 ADC 模块。 0 禁止 $\overline{\text{EVSOC}}$ 输出, $\overline{\text{EVSOC}}$ 处于高阻状态 1 使能 $\overline{\text{EVSOC}}$ 输出
2	QEPIE	QEP 指数(Index)使能 该位使能/禁止 CAP3_QEPI1 作为指数输入。当被使能,CAP3_QEPI1 可以使配置为 QEP 计数器的定时器复位。 0 禁止 CAP3_QEPI1 作为指数输入,CAP3_QEPI1 不影响配置为 QEP 计数器的定时器 1 使能 CAP3_QEPI1 作为指数输入,无论只有 CAP3_QEPI1 上的信号从 0 变到 1 或从 0 变到 1 再加上 CAP1_QEP1 和 CAP2_QEP2 都为高(当 EXTCON[1] = 1),都会使配置为 QEP 计数器的定时器复位到 0

续表 9.13

位	名称	功能描述
1	QEPIQUAL	CAP3_QEPI1 指数限制(Qualifier)模式 该位打开或关闭 QEP 的指数限制。 0 CAP3_QEPI1 限制模式关闭,允许 CAP3_QEPI1 经过限制器而不受影响 1 CAP3_QEPI1 限制模式打开,只有 CAP1_QEP1 和 CAP2_QEP2 都位高时才允许 0 到 1 的转换通过限制器,否则限制其输出保持低
0	INDCOE	独立比较输出使能模式 当该位置 1 时,允许比较输出独立使能/禁止。 0 禁止独立比较输出使能模式。GPTCONA(6)同时使能/禁止定时器 1 和 2 的输出;COMCONA(9)同时使能/禁止完全比较器 1、2 和 3 的输出,GPTCONA(12,11,5,4) 和 COMCONA(7~5, 2~0)不用;EVAIFRA(0)同时使能/禁止所有比较器的输出;EVAIMR(0)同时使能/禁止 PDP 中断和 PDPINT 信号通道 1 使能独立比较输出使能模式,比较器输出分别由 GPTCONA(5,4)和 COMCONA(7~5)使能/禁止;比较器输出分别由 GPTCONA(12,11)和 COMCONA(2~0)使能/禁止,GPTCONA(6)和 COMCONA(9)保留不用。当任何输入为低,EVAIFRA[0]被置位并被使能,EVAIMRA(0)置控制中断的使能/禁止

9.4 捕获单元

9.4.1 捕获单元的应用

捕获单元能够捕获外部输入引脚的逻辑状态,并利用内部定时器对外部事件或引脚状态变化进行处理。事件管理器有 3 个捕获单元,每个都有自己独立的输入信号。捕获单元以定时器 1 或 2 为时间基准进行计数处理。当外部引脚检测到特定的状态变化时,所选用的定时器的值将被捕获并锁存到相应的 2 级 FIFO 堆栈中。此外,捕获单元 3 还可以用作 A/D 变换,从而使外部捕获事件同 A/D 转换同步。图 9.30 为捕获单元示意图。

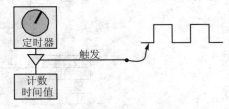

图 9.30 捕获单元示意图

一般情况下,捕获单元主要有以下几个方面的应用:
- 测量脉冲或数字信号的宽度;
- 自动启动 A/D 转换——捕获单元 3 捕获的事件;
- 转轴的速度估计。

当捕获单元利用定时器为时间基准操作时可以进行低速估计,而在低速状态下位置计数精度相对比较低,根据固定时间内的位置改变来计算速度误差比较大,因此主要采用一定位置变化所需要的时间进行低速时的速度估计。

特定时间计算速度:
$$v_k = \frac{x_k - x_{k-1}}{\Delta t}$$

特定位置计算速度：
$$v_k = \frac{\Delta x}{t_k - t_{k-1}}$$

9.4.2 捕获单元的结构

捕获单元的操作由 4 个 16 位控制寄存器(CAPCONA/B 和 CAPFIFOA/B)控制。由于捕获单元的时钟由定时器提供,在使用时,相关的定时器控制寄存器 $TxCON(x=1,2,3$ 或 $4)$ 也控制捕获单元的操作。捕获单元的结构如图 9.31 所示,概括起来有以下特点：

- 1 个 16 位捕获控制寄存器(EVA_CAPCONA,EVB_CAPCONB),可读写。
- 1 个 16 位捕获 FIFO 状态寄存器(EVA_CAPFIFOA,EVB_CAPFIFOB)。
- 可选择通用定时器 1 或 2(EVA)和通用定时器 3 或 4(EVB)作为时钟基准。
- 6 个 16 位 2 级深的 FIFO 堆栈。
- 6 个施密特触发捕获输入引脚,CAP1～CAP6,一个输入引脚对应一个捕获单元。所有捕获单元的输入和内部 CPU 时钟同步。为了捕获输入的跳变,输入必须在当前的电平保持 2 个 CPU 时钟的上升沿,如果使用了限制电路,限制电路要求的脉冲宽度也必须满足。输入引脚 CAP1 和 CAP2,在 EVB 中是 CAP4 和 CAP5,也能被用于正交编码脉冲电路的 QEP 输入。
- 用户可设定的跳变探测(上升沿、下降沿或上升下降沿)。
- 6 个可屏蔽的中断标志位,每个捕获单元 1 个。

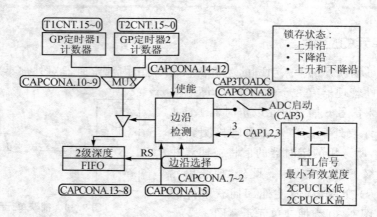

图 9.31 捕获单元结构图

9.4.3 捕获单元的操作

捕获单元被使能后,输入引脚上的跳变将使所选择的通用定时器的计数值装入到相应的 FIFO 堆栈,同时如果有 1 个或多个有效捕获值存到 FIFO 堆栈(CAPxFIFO 位不等于 0),将会使相应的中断标志位置位。如果中断标志未被屏蔽,将产生一个外设中断申请。每次捕获到新的计数值存入 FIFO 堆栈时,捕获 FIFO 状态寄存器 CAPFIFOx 相应的位就进行调整,实时地反映 FIFO 堆栈的状态。从捕获单元输入引脚发生跳变到所选通用定时器的计数值被锁存需 2 个 CPU 时钟周期的延时。复位时,所有捕获单元的寄存器都被清为 0。

1. 捕获单元时钟基准的选择

对于 EVA 模块,捕获单元 3 有自己独立的时钟基准,捕获单元 1 和 2 共同使用一个时间基准,因此同时使用 2 个通用定时器,捕获单元 1 和 2 共用 1 个,捕获单元 3 用 1 个。对于 EVB 模块,捕获单元 6 有一个独立的时钟基准。捕获单元的操作不会影响任何通用定时器的任何操作,也不会影响与通用定时器的操作相关的比较/PWM 操作。为使捕获单元能够正常工作,必须配置下列寄存器:

- 初始化 CAPFIFOx 寄存器,清除相应的状态位;
- 设置使用的通用定时器的工作模式;
- 设置相关通用定时器的比较寄存器或周期寄存器;
- 适当地配置 CAPCONA 或 CAPCONB 寄存器。

2. 捕获单元 FIFO 堆栈的使用

每个捕获单元有一个专用的 2 级深的 FIFO 堆栈,顶部堆栈包括 CAP1FIFO、CAP2FIFO 和 CAP3FIFO(EVA)或 CAP4FIFO、CAP5FIFO 和 CAP6FIFO(EVB)。底部堆栈包括 CAP1FBOT、CAP2FBOT 和 CAP3FBOT(EVA)或 CAP4FBOT、CAP5FBOT 和 CAP6FBOT(EVB)。所有 FIFO 堆栈的顶层堆栈寄存器是只读寄存器,它存放相应捕获单元捕获到的最早的计数值,因此读取捕获单元 FIFO 堆栈时总是返回堆栈中最早的计数值。当读取 FIFO 堆栈的顶层寄存器的计数值时,堆栈底层寄存器的新计数值(如果有)将被压入顶层寄存器。

如果需要,也可以读取 FIFO 堆栈的底层寄存器。读访问可使 FIFO 的状态位变为 01(如果先前是 10 或 11)。如果原来 FIFO 状态位是 01,读取底层 FIFO 寄存器时,FIFO 的状态位变为 00(即为空)。

(1) 第一次捕获

当捕获单元的输入引脚出现跳变时,捕获单元将使用的通用定时器的计数值写入到空的 FIFO 堆栈的顶层寄存器,同时相应的状态位置为 01。如果在下一次捕获操作之前,读取了 FIFO 堆栈,则 FIFO 状态位被复位为 00。

(2) 第二次捕获

如果在前一次捕获计数值被读取之前产生了另一次捕获,新捕获到的计数值送至底层的寄存器,同时相应的寄存器状态位置为 10。如果在下一次捕获操作之前对 FIFO 堆栈进行了读操作,底层寄存器中新的计数值就会被压入到顶层寄存器,同时相应的状态位被设置为 01。第二次捕获使相应的捕获中断标志位置位,如果中断未被屏蔽,则产生一个外设中断请求。

(3) 第三次捕获

如果捕获发生时,FIFO 堆栈已有捕获到的 2 个计数值,则在顶层寄存器中最早的计数值将被弹出并丢弃,而堆栈底层寄存器的值将被压入到顶层寄存器中,新捕获到的计数值将被压入到底层寄存器中,并且 FIFO 的状态位被设置为 11 以表明 1 个或更多旧的捕获计数值已被丢弃。第三次捕获使相应的捕获中断标志位置位。如果中断未被屏蔽,则产生一个外设中断请求。

3. 捕获中断

当捕获单元完成一个捕获时,在 FIFO 中至少有一个有效的值(CAPxFIFO 位显示不等于 0),如果中断未被屏蔽,中断标志位置位,产生一个外设中断请求。因此,如果使用了中断,则可用中断服务子程序读取到一对捕获的计数值。如果不希望使用中断,则可通过查询中断标志位或堆栈状态位来确定是否发生了 2 次捕获事件,若已发生,则捕获到的计数值可以被读出。

9.4.4 捕获单元相关寄存器

表 9.14 为 EV 扩展控制寄存器功能定义。

表 9.14 EV 扩展控制寄存器功能定义

	名称	地址	功能描述
EVA	CAPCONA	0x007420	捕捉单元控制寄存器 A
	CAPFIFOA	0x007422	捕捉单元 FIFO 状态寄存器 A
	CAP1FIFO	0x007423	2 极深度 FIFO 1 堆栈
	CAP2FIFO	0x007424	2 极深度 FIFO 2 堆栈
	CAP3FIFO	0x007425	2 极深度 FIFO 3 堆栈
	CAP1FBOT	0x007427	FIFO 1 栈底寄存器
	CAP2FBOT	0x007428	FIFO 2 栈底寄存器
	CAP3FBOT	0x007429	FIFO 3 栈底寄存器
EVB	CAPCONB	0x007520	捕捉单元控制寄存器 B
	CAPFIFOB	0x007522	捕捉单元 FIFO 状态寄存器 B
	CAP4FIFO	0x007523	2 极深度 FIFO 4 堆栈
	CAP5FIFO	0x007524	2 极深度 FIFO 5 堆栈
	CAP6FIFO	0x007525	2 极深度 FIFO 6 堆栈
	CAP4FBOT	0x007527	FIFO 4 栈底寄存器
	CAP5FBOT	0x007528	FIFO 5 栈底寄存器
	CAP6FBOT	0x007529	FIFO 6 栈底寄存器
	EXTCONA 0x007409/EXTCONB 0x007509 外部控制寄存器		

1. 捕获单元控制寄存器（见图 9.32 和表 9.15）

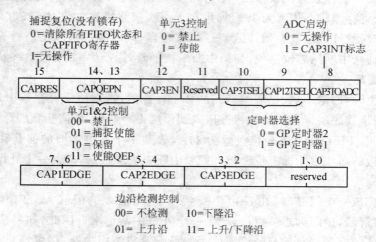

图 9.32 捕获单元控制寄存器

第 9 章 事件管理器及其应用

表 9.15 捕获单元控制寄存器说明

位	名 称	功能描述
15	CAPRES	捕获单元复位,读总返回 0 0 将所有捕获单元的寄存器清 0 1 无操作
14、13	CAPQEPN	捕获单元 1 和 2 使能 00 禁止捕获单元 1 和 2,FIFO 堆栈保留其内容　　10 保留 01 使能捕获单元 1 和 2　　　　　　　　　　　　11 保留
12	CAP3EN	捕获单元 3 使能 0 禁止捕获单元 3,FIFO 堆栈保留其内容 1 使能捕获单元 3
11	保 留	读返回 0,写没有影响
10	CAP3TSEL	为捕获单元 3 选择通用目的定时器 0 选择通用目的定时器 2 1 选择通用目的定时器 1
9	CAP12TSEL	为捕获单元 1 和 2 选择通用目的定时器 0 选择通用目的定时器 2 1 选择通用目的定时器 1
8	CAP3TOADC	捕获单元 3 事件启动 ADC 0 无操作 1 当 CAP3INT 标志置位时启动 ADC
7、6	CAP1EDGE	捕获单元 1 的边沿检测控制 00 不检测　　　10 检测下降沿 01 检测上升沿　11 两个边沿都检测
5、4	CAP2EDGE	捕获单元 2 的边沿检测控制 00 不检测　　　10 检测下降沿 01 检测上升沿　11 两个边沿都检测
3、2	CAP3EDGE	捕获单元 3 的边沿检测控制 00 不检测　　　10 检测下降沿 01 检测上升沿　11 两个边沿都检测
1、0	保 留	读返回 0,写没有影响

2. 捕获单元结果及其状态寄存器

捕获单元 FIFO 状态寄存器 CAPFIFOA 反映了 3 个 FIFO 结果寄存器的状态,如图 9.33 所示。寄存器说明如表 9.16 所列。

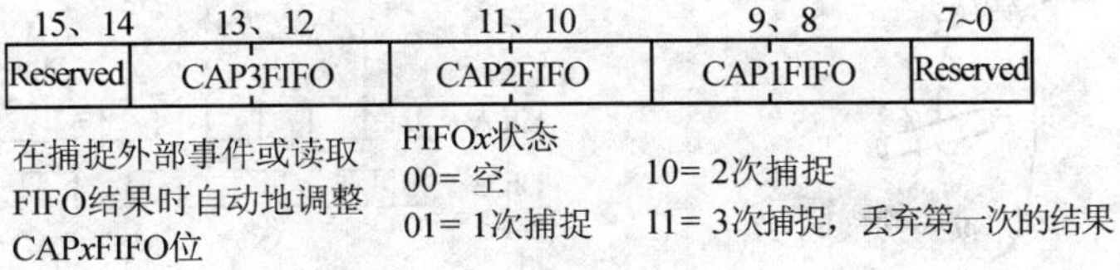

15、14	13、12	11、10	9、8	7~0
Reserved	CAP3FIFO	CAP2FIFO	CAP1FIFO	Reserved

在捕捉外部事件或读取 FIFO 结果时自动地调整 CAPxFIFO 位

FIFOx 状态
00= 空　　　　　　10= 2 次捕捉
01= 1 次捕捉　　　11= 3 次捕捉,丢弃第一次的结果

图 9.33 捕获单元 FIFO 状态寄存器

表 9.16 捕获单元 FIFO 状态寄存器 A 说明

位	名 称	功能描述
15、14	保 留	读返回 0,写没有影响
13、12	CAP3FIFO	CAP3FIFO 状态 00 空 01 有 1 个入口 10 有 2 个入口 11 有 2 个入口并且已经捕获另一个;第一个已经丢弃
11、10	CAP2FIFO	CAP2FIFO 状态 00 空 01 有 1 个入口 10 有 2 个入口 11 有 2 个入口并且已经捕获另一个;第一个已经丢弃
9、8	CAP1FIFO	CAP1FIFO 状态 00 空 01 有 1 个入口 10 有 2 个入口 11 有 2 个入口并且已经捕获另一个;第一个已经丢弃
7~0	保 留	读返回 0,写没有影响

9.5 正交编码脉冲单元

9.5.1 光电编码器原理

光电编码器,是一种通过光电转换将输出轴上的机械几何位移量转换成脉冲或数字量的传感器,是目前应用最多的传感器。一般的光电编码器主要由光栅盘和光电检测装置组成。在伺服系统中,由于光电码盘与电动机同轴,电动机旋转时,光栅盘与电动机同速旋转,经发光二极管等电子元件组成的检测装置检测输出若干脉冲信号,其原理如图 9.34 所示。通过计算每秒光电编码器输出脉冲的个数就能反映当前电动机的转速。此外,为判断旋转方向,码盘还可提供相位相差 90°的 2 个通道的光码输出,根据双通道光码的状态变化确定电机的转向。根据检测原理,编码器可分为光学式、磁式、感应式和电容式。根据其刻度方法及信号输出形式,可分为增量式、绝对式以及混合式 3 种。

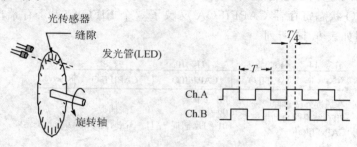

图 9.34 光电编码器原理及输出

9.5.2 正交编码脉冲单元结构及其接口

每个事件管理器模块都有一个正交编码脉冲(QEP)电路。如果 QEP 电路被使能,可以对 CAP1/QEP1 和 CAP2/QEP2(对于 EVA)或 CAP4/QEP3 和 CAP5/QEP4(对于 EVB)引脚上的正交编码脉冲进行解码和计数。QEP 电路可用于连接光电编码器,获得旋转机器的位置和速率等信息。如果使能 QEP 电路,CAP1/CAP2 和 CAP4/CAP5 引脚上的捕获功能将被禁止。

QEP 单元通常情况下用来从安装在旋转轴上的增量编码电路获得方向和速度信息。如图 9.35 所示,两个传感器产生"通道 A"和"通道 B"两个数字脉冲信号。这两个数字脉冲可以产生 4 种状态,QEP 单元的定时器根据状态变化次序和状态转换速度递增或者递减计数。在固定的时间间隔内读取并比较定时器计数器的值就可以获得速度或者位置信息。

3 个 QEP 输入引脚同捕获单元 1、2、3(或 4、5、6)共用,外部接口引脚的具体功能由 CAP-CONx 寄存器设置。QEP 单元的接口结构如图 9.36 所示,内部结构及外部接口如图 9.37 所示。

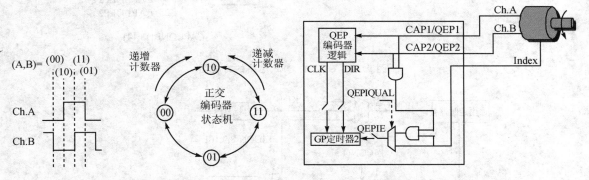

图 9.35 光电编码器输出状态机　　　　图 9.36 QEP 单元接口结构图

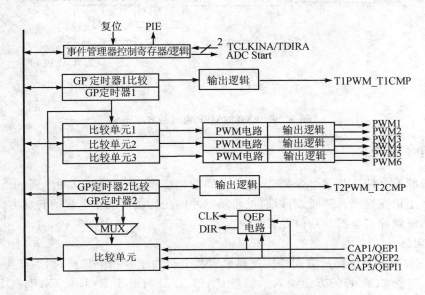

图 9.37 QEP 单元内部结构及外部接口

9.5.3 QEP 电路时钟

通用定时器 2(EVB 为通用定时器 4)为 QEP 电路提供基准时钟。通用定时器作为 QEP 电路的基准时钟时,必须工作在定向增/减计数模式。图 9.38 给出了 EVA 的 QEP 电路的方框图,图 9.39 给出了 EVB 的 QEP 电路的方框图。

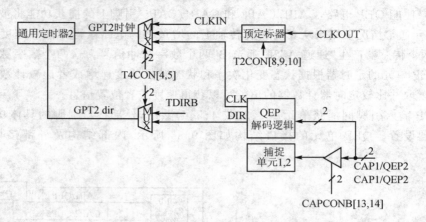

图 9.38　EVA 的 QEP 电路的方框图

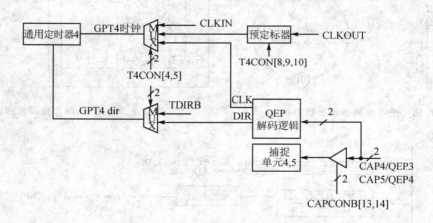

图 9.39　EVB 的 QEP 电路的方框图

9.5.4　QEP 的解码

正交编码脉冲是两个频率可变、有固定 1/4 周期相位差(即 90°)的脉冲序列。当电机轴上的光电编码器产生正交编码脉冲时,可以通过两路脉冲的先后次序确定电机的转动方向,根据脉冲的个数和频率分别确定电机的角位置和角速度。

1. QEP 电路

EV 模块中的 QEP 电路的方向检测逻辑确定哪个脉冲序列相位超前,然后产生一个方向信号作为通用定时器 2(或 4)的方向输入。如果 CAP1/QEP1(对于 EVB 是 CAP4/QEP3)引脚的脉冲输入是相位超前脉冲序列,那么定时器就进行递增计数;相反,如果 CAP2/QEP2(对于 EVB 是 CAP5/QEP4)引脚的脉冲输入是相位超前脉冲序列,则定时器进行递减计数。

正交编码脉冲电路对编码输入脉冲的上升沿和下降沿都进行计数,因此,由 QEP 电路产生的通用定时器(通用定时器 2 或 4)的时钟输入是每个输入脉冲序列频率的 4 倍,这个正交时钟作为通用定时器 2 或 4 的输入时钟,如图 9.40 所示。

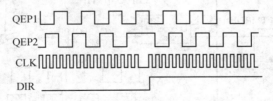

图 9.40　正交编码脉冲、译码定时器时钟及方向信号

2. QEP 计数

通用定时器 2(或 4)总是从其当前值开始计数,在使能 QEP 模式前,将所需的值装载到通用定时器的计数器中。当选择 QEP 电路作为时钟源时,定时器的方向信号 TDIRA/B 和 TCLKINA/B 不起作用。用 QEP 电路作为时钟,通用定时器的周期、下溢、上溢和比较中断标志在相应的匹配时产生。如果中断未被屏蔽,将产生外设中断请求。

9.5.5　QEP 电路的寄存器设置

启动 EVA 的 QEP 电路的设置如下:
- 根据需要将期望的值载入到通用定时器 2 的计数器、周期和比较寄存器;
- 配置 T2CON 寄存器,使通用定时器 2 工作在定向增/减模式,QEP 电路作为时钟源,并使能使用的通用定时器;
- 设置 CAPCONA 寄存器以使能正交编码脉冲电路。

启动 EVB 的 QEP 电路的设置如下:
- 根据需要将期望的值载入到通用定时器 4 计数器、周期和比较寄存器;
- 配置 T4CON 寄存器,使通用定时器 2 工作在定向增/减模式,QEP 电路作为时钟源,并使能使用的通用定时器;
- 设置 CAPCONB 寄存器以使能正交编码脉冲电路。

9.5.6　QEP 电路应用

光电编码器的图像传感器由内部的 LED 触发,当 LED 光被遮挡时,传感器送出逻辑"0"。当光线穿过编码器的 1024 个缝隙的每格时,送出逻辑"1"。两个图像传感器通过通道 A 和 B 发送逻辑信息。TMS320F2812 片内 QEP(计数编码脉冲)检测两个通道的上升沿和下降沿,由 QEP 检测到的边沿数存放在计数器 T3CNT。当 QEP 模式设定后,QEP 的脉冲即作为时钟 T3,如图 9.41 所示。

电机每旋转 1 周,(机械)嵌入式编码器产生 1024 个脉冲。每个缝隙有 4 个边缘:两个通道各有一个上升沿和一个下降沿。也就是说,电机每旋转 1 周,QEP 检测到 4 096 个边沿。QEP 通过检测两个通道的先后次序,判断转子的转向。边沿(上升或下降沿)数存储处在 T3CNT。根据所选旋转的方向来确定 T3CNT 是增量式还是减量式。一旦选择了 QEP 模式,在 1 个周期 FFFFh 时钟 T3 将自动覆盖。

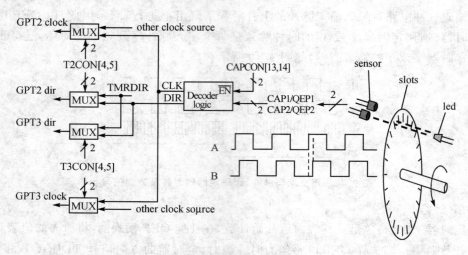

图 9.41 光电增量编码器

机械加速度通过 2 个采样周期的旋转角度计算：

$$\Delta\theta_m = \frac{T3CNT(t) - T3CNT(t-\Delta t)}{EncPulses} \times 360°$$

其中：编码脉冲(EncPulses)等于 4 096。每个采样周期计算绝对机械位置：

$$\theta_m(t) = \theta_m(t-\Delta t) + \Delta\theta_m$$

1000h(EncPulses)代表 360°机械角度，上面方程简化为：

$$\theta m(t) = \theta_{mold} + encincr$$

其中：encincr = T3CNT(t) − encoderold；encoderold = T3CNT($t-\Delta t$)。

当计算的角度超过 360°时，软件同样要作适当的处理。检测范围变换可以用图 9.42 表示。

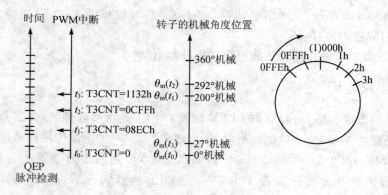

图 9.42 检测范围变换

```
//*****************************************************************
//  TMS320F2812   QEP 电路初始化及应用
//  文件名称：F28XQEP.C
//*****************************************************************
```

```c
#include "DSP28_Device.h"
#include "f28xqep.h"
#include "f28xbmsk.h"
void  F28X_EV1_QEP_Init(QEP * p)
{
        EvaRegs.CAPCON.all = QEP_CAP_INIT_STATE;              /* 设置捕捉单元 */
        EvaRegs.T2CON.all = QEP_TIMER_INIT_STATE;             /* 设置捕捉定时器 */
        EvaRegs.T2PR = 0xFFFF;
        EvaRegs.EVAIFRC.bit.CAP3INT = 1;                      /* 清除 CAP3 标志 */
        EvaRegs.EVAIMRC.bit.CAP3INT = 1;                      /* 使能 CAP3 中断 */
        GpioMuxRegs.GPAMUX.all |= 0x0700;                     /* 配置捕捉单元的引脚 */
}
void F28X_EV1_QEP_Calc(QEP * p)
{
    long tmp;
    p->dir_QEP = 0x4000&EvaRegs.GPTCONA.all;
    p->dir_QEP = p->dir_QEP>>14;
    p->theta_raw = EvaRegs.T2CNT + p->cal_angle;
    tmp = (long)(p->theta_raw * p->mech_scaler);              /* Q0*Q26 = Q26 */
    tmp &= 0x03FFF000;
    p->theta_mech = (int)(tmp>>11);                           /* Q26 -> Q15 */
    p->theta_mech &= 0x7FFF;
    p->theta_elec = p->pole_pairs * p->theta_mech;            /* Q0*Q15 = Q15 */
    p->theta_elec &= 0x7FFF;
}
void F28X_EV1_QEP_Isr(QEP * p)
{
    p->QEP_cnt_idx = EvaRegs.T2CNT;
    EvaRegs.T2CNT = 0;
    p->index_sync_flag = 0x00F0;
}
```

9.6 事件管理器中断

事件管理器的中断模块分成 3 组：A、B 和 C，每组都有相应的中断标志和中断使能寄存器。每个事件管理器中断组都有几个事件管理器外设中断请求，表 9.17 给出了所有 EVA 的中断、极性和分组的情况；表 9.18 给出了所有 EVB 的中断、极性和分组的情况。响应外设中断请求时，相应的外设中断矢量由 PIE 控制器装载入外设中断矢量寄存器(PIVR)。被使能挂起事件中的最高优先级的矢量装载入 PIVR 的矢量，中断服务子程序(ISR)可以从矢量寄存器读取。

表 9.17 事件管理器 A 中断

中断组	中断名称	组内优先级	中断向量	描述	中断
A	PDPINTA	1(最高)	0x0020	功率驱动保护中断 A	1
A	CMP1INT	2	0x0021	比较单元 1 比较中断	2
A	CMP2INT	3	0x0022	比较单元 2 比较中断	2
A	CMP3INT	4	0x0023	比较单元 3 比较中断	2
A	T1PINT	5	0x0027	通用定时器 1 周期中断	2
A	T1CINT	6	0x0028	通用定时器 1 比较中断	2
A	T1UFINT	7	0x0029	通用定时器 1 下溢中断	2
A	T1OFINT	8	0x002A	通用定时器 1 上溢中断	2
B	T2PINT	1	0x002B	通用定时器 2 周期中断	3
B	T2CINT	2	0x002C	通用定时器 2 比较中断	3
B	T2UFINT	3	0x002D	通用定时器 2 下溢中断	3
B	T2OFINT	4	0x002E	通用定时器 2 上溢中断	3
C	CAP1INT	1	0x0033	捕获单元 1 中断	4
C	CAP2INT	2	0x0034	捕获单元 2 中断	4
C	CAP3INT	3(最低)	0x0035	捕获单元 3 中断	4

表 9.18 事件管理器 B 中断

中断组	中断名称	组内优先级	中断向量	描述	中断
A	PDPINTB	1(最高)	0x0019	功率驱动保护中断 A	1
A	CMP4INT	2	0x0024	比较单元 4 比较中断	2
A	CMP5INT	3	0x0025	比较单元 5 比较中断	2
A	CMP6INT	4	0x0026	比较单元 6 比较中断	2
A	T3PINT	5	0x002F	通用定时器 3 周期中断	2
A	T3CINT	6	0x0030	通用定时器 3 比较中断	2
A	T3UFINT	7	0x0031	通用定时器 3 下溢中断	2
A	T3OFINT	8	0x0032	通用定时器 3 上溢中断	2
B	T4PINT	1	0x0039	通用定时器 4 周期中断	3
B	T4CINT	2	0x003A	通用定时器 4 比较中断	3
B	T4UFINT	3	0x003B	通用定时器 4 下溢中断	3
B	T4OFINT	4	0x003C	通用定时器 4 上溢中断	3
C	CAP4INT	1	0x0036	捕获单元 4 中断	4
C	CAP5INT	2	0x0037	捕获单元 5 中断	4
C	CAP6INT	3(最低)	0x0038	捕获单元 6 中断	4

9.6.1 中断产生及中断矢量

当 EV 模块中有中断产生时,EV 中断标志寄存器相应的中断标志位被置位为 1。如果标志位未被局部屏蔽(在 EVAIMRx 中相应的位被置 1),外设中断扩展控制器将产生一个外设中断。

当响应外设中断申请时,所有被置位和使能的具有最高优先权的标志位的外设中断矢量将被装载入 PIVR。

在外设寄存器中的中断标志必须在中断服务子程序中使用软件写 1 到该位才能清除。如果不能够成功地清除该位,会导致将来产生相同中断时不发出中断请求。

9.6.2 定时器的中断

事件管理器的中断标志寄存器 EVAIFRA、EVAIFRB、EVBIFRA 和 EVBIFRB 提供 16 个中断标志,每个定时器都可以产生 4 种类型的中断:定时器下溢(计数值等于 0)、定时器比较匹配(计数值等于比较寄存器的值)、定时器周期匹配(计数值等于周期寄存器的值)和定时器上溢(计数值等于 0xFFFF)。表 9.19 和图 9.43 给出了 4 种定时器产生中断的条件。

图 9.43 假定定时器采用递增/递减计数模式,并且在定时器启动时将比较值♯1 装载到 TxCMPR 寄存器,将周期♯1 装载到 TxPR 寄存器。在第二个定时器技术周期内将 TxCMPR 的值由比较值 1 改变成比较值 2,由于比较寄存器有后台缓冲寄存器,因此可以在下一个满足重新装载条件时将比较寄存器进行装载,这样在周期 2 内改变的比较寄存器的值,在周期 3 就可以使输出波形得到改变。如果在周期 3 改变周期寄存器 TxPR 的值,则在第 4 个定时器周期就可以使定时器技术周期改变。

表 9.19 定时器中断产生类型和产生条件

中断	产生条件
下溢	当计数器等于 0x0000
上溢	当计数器等于 0xFFFF
比较	当计数寄存器的值和比较寄存器匹配时
周期	当计数寄存器的值和周期寄存器匹配时

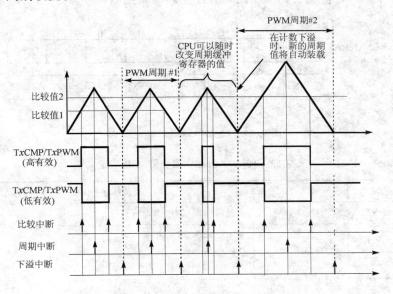

图 9.43 事件管理器中断产生

9.6.3 捕获中断

当捕获单元完成一个捕获时,在 FIFO 中至少有 1 个有效的值(CAPxFIFO 位显示不等于 0),如果中断未被屏蔽,中断标志位置位,产生一个外设中断请求。因此,如果使用了中断,可用中断服务子程序读取到一对捕获的计数值。如果不希望使用中断,则可通过查询中断标志位或堆栈状态位来确定是否发生了 2 次捕获事件,若已发生,则捕获到的计数值可以被读出。

9.6.4 中断寄存器

每个 EV 中断组都有一个中断标志寄存器和一个相应的中断屏蔽寄存器,如表 9.20 所列。如果在 EVAIMRx 中相应的位为 0,则在 EVAIFRx(x=A、B 或 C)中的标志位被屏蔽(将不会产生外设中断请求)。下面给出事件管理器 A 的中断相关寄存器,事件管理器 B 的中断寄存器除了处理使用定时器 3 和输出比较单元使用的是 4、5、6 外,其他的基本与事件管理器 A 的中断相关寄存器相同,这里不作详细介绍。

表 9.20 中断标志寄存器和相应的中断屏蔽寄存器

标志寄存器	屏蔽寄存器	事件管理器模块	标志寄存器	屏蔽寄存器	事件管理器模块
EVAIFRA	EVAIMRA		EVBIFRA	EVBIMRA	
EVAIFRB	EVAIMRB	EVA	EVBIFRB	EVBIMRB	EVB
EVAIFRC	EVAIMRC		EVBIFRC	EVBIMRC	

1. EVA 中断标志寄存器

(1) EVA 中断标志寄存器 A(EVAIFRA)

中断标志寄存器作为 16 位的存储器映射寄存器处理,没有用到的位在软件进行读操作时都返回 0,写没有影响。由于 EVxIFRx 是可读寄存器,当中断被屏蔽时,可以使用软件读取寄存器监测中断事件。图 9.44 和表 9.21 给出了 EVA 中断标志控制寄存器 A 的功能定义。

EVAIFRA @0x742F	15	14	13	12	11	10	9	8
	—	—	—	—	—	T1OFINT	T1UFINT	T1CINT
读: 0 = 无事件 1 = 标志复位	7	6	5	4	3	2	1	0
	T1PINT	—	—	—	CMP3INT	CMP2INT	CMP1INT	PDPINTA

图 9.44 EVA 中断标志寄存器 A

表 9.21 EVA 中断标志寄存器 A 功能定义

位	名 称	功能描述
15~11	保 留	读返回 0,写没有影响
10	T1OFINT	通用定时器 1 上溢中断 读:0 标志复位　　写:0 没有影响 　　 1 标志置位　　　 1 复位标志

续表 9.21

位	名 称	功能描述
9	T1UFINT	通用定时器 1 下溢中断 读：0 标志复位　　写：0 没有影响 　　1 标志置位　　　　1 复位标志
8	T1CINT	通用定时器 1 比较中断 读：0 标志复位　　写：0 没有影响 　　1 标志置位　　　　1 复位标志
7	T1PINT	通用定时器 1 周期中断 读：0 标志复位　　写：0 没有影响 　　1 标志置位　　　　1 复位标志
6～4	保 留	读返回 0，写没有影响
3	CMP3INT	比较器 3 中断 读：0 标志复位　　写：0 没有影响 　　1 标志置位　　　　1 复位标志
2	CMP2INT	比较器 2 中断 读：0 标志复位　　写：0 没有影响 　　1 标志置位　　　　1 复位标志
1	CMP1INT FLAG	比较器 1 中断 读：0 标志复位　　写：0 没有影响 　　1 标志置位　　　　1 复位标志
0	PDPINTA FLAG	功率驱动保护中断标志 　该位与 EXTCONA(0) 的设置有关，当 EXTCONA(0)=0 时其定义和 240x 相同；EXTCONA(0)=1 时，当任何比较输出为低且被使能时该位置位。 读：0 标志复位　　写：0 没有影响 　　1 标志置位　　　　1 复位标志

(2) EVA 中断标志寄存器 B(EVAIFRB)

图 9.45 和表 9.22 给出了 EVA 中断标志控制寄存器 B 的功能定义。

EVAIFRB @0x7430	15	14	13	12	11	10	9	8
	-	-	-	-	-	-	-	-
	7	6	5	4	3	2	1	0
写： 0=无影响 1=复位标志	-	-	-	-	T2OFINT	T2UFINT	T2CINT	T2PINT

图 9.45　EVA 中断标志寄存器 B

(3) EVA 中断标志寄存器 C(EVAIFRC)

图 9.46 和表 9.23 给出了 EVA 中断标志控制寄存器 C 的功能定义。

表 9.22　EVA 中断标志寄存器 B 功能定义

位	名称	功能描述
15～4	保留	读返回 0,写没有影响
3	T2OFINT FLAG	通用定时器 2 上溢中断 读：0 标志复位　　写：0 没有影响 　　1 标志置位　　　1 复位标志
3	T2UFINT FLAG	通用定时器 2 下溢中断 读：0 标志复位　　写：0 没有影响 　　1 标志置位　　　1 复位标志
1	T2CINT FLAG	通用定时器 2 比较中断 读：0 标志复位　　写：0 没有影响 　　1 标志置位　　　1 复位标志
0	T2PINT FLAG	通用定时器 2 周期中断 读：0 标志复位　　写：0 没有影响 　　1 标志置位　　　1 复位标志

EVAIFRB @0x7431	15	14	13	12	11	10	9	8
	—	—	—	—	—	—	—	—
	7	6	5	4	3	2	1	0
	—	—	—	—	—	CAP3INT	CAP2INT	CAP1INT

图 9.46　EVA 中断标志寄存器 C

表 9.23　EVA 中断标志寄存器 C 功能定义

位	名称	功能描述
15～3	保留	读返回 0,写没有影响
2	CAP3INT FLAG	捕捉单元 3 中断 读：0 标志复位　　写：0 没有影响 　　1 标志置位　　　1 复位标志
1	CAP2INT FLAG	捕捉单元 2 中断 读：0 标志复位　　写：0 没有影响 　　1 标志置位　　　1 复位标志
0	CAP1INT FLAG	捕捉单元 1 中断 读：0 标志复位　　写：0 没有影响 　　1 标志置位　　　1 复位标志

2. EVA 中断屏蔽寄存器

（1）EVA 中断屏蔽寄存器 A(EVAIMRA)

图 9.47 和表 9.24 给出了 EVA 中断屏蔽寄存器 A 的功能定义(地址：742Eh)。

第9章 事件管理器及其应用

15	14	13	12	11	10	9	8
—	—	—	—	—	T1OFINT	T1UFINT	T1CINT
7	6	5	4	3	2	1	0
T1PINT	—	—	—	CMP3INT	CMP2INT	CMP1INT	PDPINT

中断屏蔽位
0＝禁止中断
1＝使能中断

位	事件
10	定时器1上溢
9	定时器1下溢
8	定时器1比较匹配
7	定时器1周期匹配
3	比较单元3,比较匹配
2	比较单元2,比较匹配
1	比较单元1,比较匹配
0	功率驱动保护

图9.47 EVA中断屏蔽寄存器A

表9.24 EVA中断屏蔽寄存器A功能定义

位	名称	功能描述
15~11	保留	读返回0,写没有影响
10	T1OFINT	T1OFINT使能：0为禁止；1为使能
9	T1UFINT	T1UFINT使能：0为禁止；1为使能
8	T1CINT	T1CINT使能：0为禁止；1为使能
7	T1PINT	T1PINT使能：0为禁止；1为使能
6~4	保留	读返回0,写没有影响
3	CMP3INT	CMP3INT使能：0为禁止；1为使能
2	CMP2INT	CMP2INT使能：0为禁止；1为使能
1	CMP1INT	CMP1INT使能：0为禁止；1为使能
0	PDPINTA	PDPINTA使能 该位与EXTCONA(0)的设置有关,当EXTCONA(0)=0时其定义和240x相同,也就是该位使能/禁止PDP中断和PDPINT引脚连接的比较器输出缓冲的通道。EXTCONA(0)=1时,该位只是PDP中断的使能/禁止位。 0为禁止；1为使能

（2）EVA中断屏蔽寄存器B(EVAIMRB)

图9.48和表9.25给出了EVA中断屏蔽寄存器B的功能定义(地址：742Dh)。

表9.25 EVA中断屏蔽寄存器B功能定义

位	名称	功能描述
15~4	保留	读返回0,写没有影响
3	T2OFINT	T2OFINT使能：0为禁止；1为使能
2	T2UFINT	T2UFINT使能：0为禁止；1为使能
1	T2CINT	T2CINT使能：0为禁止；1为使能
0	T2PINT	T2PINT使能：0为禁止；1为使能

图 9.48 EVA 中断屏蔽寄存器 B

(3) EVA 中断屏蔽寄存器 C(EVAIMRC)

图 9.49 和表 9.26 给出了 EVA 中断屏蔽寄存器 C 的功能定义(地址:742Eh)。

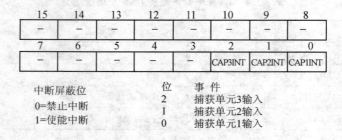

图 9.49 EVA 中断屏蔽寄存器 C

表 9.26 EVA 中断屏蔽寄存器 C 功能定义

位	名 称	功能描述
15~3	保留	读返回 0,写没有影响
2	CAP3INT	CAP3INT 使能:0 为禁止;1 为使能
1	CAP2INT	CAP2INT 使能:0 为禁止;1 为使能
0	CAP1INT	CAP1INT 使能:0 为禁止;1 为使能

9.7 事件管理器应用举例

采用事件管理器产生 50 kHz 的 PWM 信号模拟正弦信号输出,为此必须根据正弦信号的当前相位角实时地调整 PWM 输出信号的脉冲宽度。显然,为了产生完整的正弦信号,必须从 0°~360°按照一定的递增角度进行计算。在计算正弦信号的幅值时有 2 种方法:直接计算和查表。如果采用 $\sin x$ 函数直接计算,需要在文件中增加 math.h 头文件并在编译时使用 math.lib 库函数。但一般不采用这种方法,主要是因为 $\sin x$ 函数是浮点函数,而 C28x 是定点处理器,在编译过程中简单的正弦运算需要产生很多汇编指令,在执行过程中就会消耗大量的 CPU 时间。实际上在嵌入式应用设计中,绝大部分采用查表的方式计算正弦值。

在 C28x 处理器内部地址 0x3F F000~0x3F F3FF 固化了 512 个正弦值,并且采用 32 位

Q30格式。512个值描述一个正弦周期,间隔两点的步进角为0.703°。Q30格式表示的32位数据中,高2位表示整数,后32位表示小数,因此Q30格式表示的数据可以是-2~+1.999 999 999范围内的数据,如表9.27所列。

表9.27 Q30格式数据表示对照表与十进制

描 述	十六进制数据	表示的十进制数	描 述	十六进制数据	表示的十进制数
最大的负数	0x8000 0000	-2	最小的整数	0x0000 0001	+9.31322e-10
十进制-1	0xC000 0000	-1	十进制+1	0x4000 0000	+1
最小的负数	0xFFFF FFFF	-9.31322e-10	最大的整数	0x7FFF FFFF	1.999 999 999
零	0x0000 0000	0			

本例中定时器设置为连续递增模式,可以产生非对称的PWM信号。从图9.50中可以看出,T1PR和T1CMPR的差值决定了PWM的信号宽度。因此要产生连续的正弦信号就需要实时地计算当前周期的T1CMP的值。由于查表得到的sin值都在-1~1之间,而比较寄存器T1CMPR的值为正值,因此需要增加偏移量1然后再乘以T1PR/2。

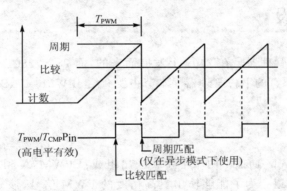

图9.50 事件管理器输出非对称PWM信号

$$T1CMPR = T1PR - \left((\sin e\_table[index] + 1.0) \times \frac{T1PR}{2}\right)$$

为了方便计算,在软件设计时采用IQmath库函数,则上述表达式可以表示为:

$$T1CMPR = T1PR - \_IQ30mpy(sine\_table[index] + \_IQ30(0.9999), T1PR/2)$$

其中,_IQ30mpy(a,b)是一个内联函数,完成IQ30格式的乘法运算。在正弦表中的数据已经采用IQ30格式表示,因此需要对1.0进行格式转换"_IQ30(0.9999)"。为了避免产生溢出,选用_IQsat(x,min,max)将上述运算结果限定在0~T1PR之间,则有:

$$EvaRegs.T1CMPR = EvaRegs.T1PR - \_IQsat(\_IQ30mpy(sine\_table[index] + \\ \_IQ30(0.9999), EvaRegs.T1PR/2), EvaRegs.T1PR, 0)$$

采用PWM信号模拟的正弦波的频率主要取决于PWM本身的载波频率和每个正弦波周期输出的点数。比如PWM的载波频率为50 kHz,采用512点的正弦表,则输出的信号频率为:

$$f_{sin} = \frac{f_{PWM}}{\text{每个sin周期输出的点数}} = \frac{50 \text{ kHz}}{512} = 97.6 \text{ Hz}$$

在本例中查表时间隔4个区1个,因此每个周期的点数为128,则输出正弦信号的频率为:

$$f_{\sin}=\frac{f_{\text{PWM}}}{\text{每个 sin 周期输出的点数}}=\frac{50\ \text{kHz}}{128}=390.6\ \text{Hz}$$

此外,如果事先确定输出正弦信号的频率并确定每个正弦周期输出的点数,则可以通过调整 PWM 信号的周期来满足要求。比如查表点数为 128,要求输出正弦信号的频率为 264 Hz,则有:

$$f_{\sin}=\frac{f_{\text{PWM}}}{128}=264\ \text{Hz}$$

$$f_{\text{pwm}}=264\ \text{Hz}\times 128=33\,792\ \text{Hz}$$

为了获得 33 792 Hz 的 PWM 信号输出,必须重新配置 T1PR 的值:

$$f_{\text{pwm}}=\frac{f_{\text{CPU}}}{\text{T1PR}\times\text{TPS}_{\text{T1}}\times\text{HISCP}}$$

$$\text{T1PR}=\frac{150\ \text{MHz}}{33\,792\ \text{Hz}\times 1\times 2}=2\,219.46$$

利用事件管理器的 PWM 输出模拟多种频率的正弦信号输出例程请参考光盘"9.7 事件管理器应用举例.pdf"。

9.8 增强型外设

281x 处理器的事件管理器是在 240x 上发展而来的,而 280x/2801x/2804x 器件上 ePWM、eCAP 和 eQEP 取代了原有的事件管理器。本节主要介绍 ePWM、eCAP 和 eQEP 基本结构和使用方法。

9.8.1 ePWM 功能

ePWM 模块每个 PWM 通道由两个 PWM 输出组成:EPWMxA 和 EPWMxB,在一个器件中集成了多个 ePWM 通道。为了能够输出更高精度的 PWM 信号,该模块还提供了 HRPWM 子模块。ePWM 模块的所有通道采用时间同步模式联系在一起,在必要的情况下可以类似一个通道进行操作。此外,还可以利用捕捉单元(eCAP)进行通道间的同步控制。概括起来 ePWM 模块主要特点包括:

- 专门的 16 位时间基准计数器,控制输出周期和频率。
- 两个 PWM 输出(EPWMxA 和 EPWMxB)有以下三种工作模式:
—两个独立单边操作的 PWM 输出;
—两个独立双边对称边操作的 PWM 输出;
——一个独立双边不对称边操作的 PWM 输出。
- 通过软件实现 PWM 信号异步控制。
- 可编程相位控制,支持超前和滞后操作。
- 每个周期硬件锁定相位(同步)。
- 带有上升、下降沿独立控制的死区设置。
- 可编程错误区域控制。
- 产生错误时强制 PWM 输出高电平、低电平或高阻。
- 所有事件都能够触发 CPU 中断和 ADC 启动(SOC)。

第9章 事件管理器及其应用

- 可编程事件预定标中断减小 CPU 负载。
- 产生高频 PWM 信号。

每一个 ePWM 模块和输入/输出连接关系如图 9.51 所示。每个 PWM 子模块由几个独立的功能单元组成，其内部连接关系如图 9.52 所示。

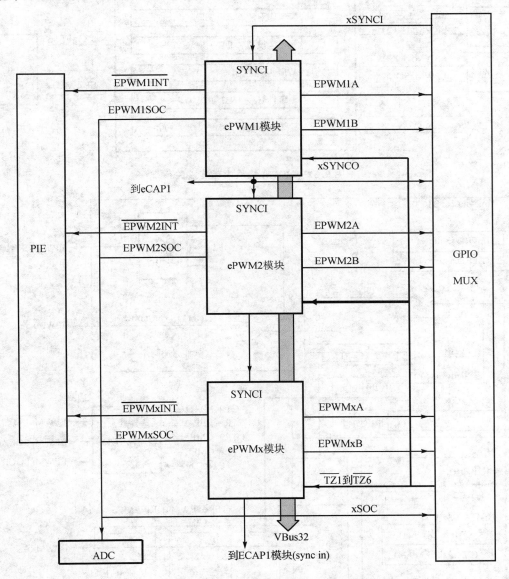

图 9.51 ePWM 模块结构框图

1. ePWM 模块内部连接关系

图 9.53 给出了 ePWM 模块内部结构框图，其主要信号包括：

(1) PWM 输出信号（EPWMxA 和 EPWMxB）

PWM 输出信号同 GPIO 信号共用，具体初始化配置参考 GPIO 使用。

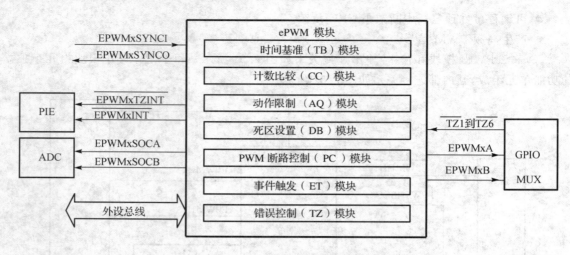

图 9.52 ePWM 模块内部连接关系

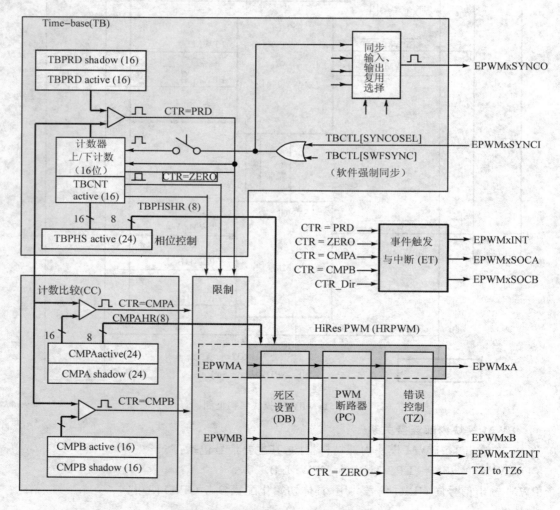

图 9.53 ePWM 模块内部连接关系

(2) 错误触发信号($\overline{TZ1}$到$\overline{TZ6}$)

当外部被控单元产生错误时,通过这几个输入信号为 ePWM 提供错误标示。器件上的每个模块都可以独立配置使用或忽略外部错误,同时错误信号还可以通过 GPIO 外设进行异步配置。

(3) 时间基准同步输入(EPWMxSYNCI)和输出(EPWMxSYNCO)信号

同步信号将 ePWM 模块的所有单元联系在一起,每个模块可以使用或忽略同步信号。时钟同步输入和输出信号仅输出道 ePWM1 模块,ePWM1 的同步输出连接到捕捉单元的 SYNC1。

(4) ADC 启动信号(EPWMxSOCA 和 EPWMxSOCB)

每一个 ePWM 模块有两个 ADC 启动信号,任何 ePWM 模块可以启动 ADC 的排序器。ePWM 子模块都可以配置触发 ADC。

(5) 外设总线

外设总线 32 位宽允许 16 位或 32 位操作。

2. ePWM 模块寄存器映射

表 9.28 为 ePWM 模块控制和状态寄存器。

表 9.28　ePWM 模块控制和状态寄存器

名称	偏移量	大小(×16)	映射模式	功能描述
时间基准子模块寄存器				
TBCTL	0x0000	1	No	时间基准控制寄存器
TBSTS	0x0001	1	No	时间基准状态寄存器
TBPHSHR	0x0002	1	No	HRPWM 相位寄存器
TBPHS	0x0003	1	No	时间基准相位寄存器
TBCTR	0x0004	1	No	时间基准计数寄存器
TBPRD	0x0005	1	Yes	时间基准周期寄存器
计数比较子模块寄存器				
CMPCTL	0x0007	1	No	计数比较控制寄存器
CMPAHR	0x0008	1	No	HRPWM 计数比较 A 寄存器
CMPA	0x0009	1	Yes	计数比较 A 寄存器
CMPB	0x000A	1	Yes	计数比较 B 寄存器
动作限定子模块寄存器				
AQCTLA	0x000B	1	No	输出 A 动作限定控制寄存器(EPWMxA)
AQCTLB	0x000C	1	No	输出 B 动作限定控制寄存器(EPWMxB)
AQSFRC	0x000D	1	No	动作限定软件强制寄存器
AQCSFRC	0x000E	1	Yes	动作限定连续 S/W 强制寄存器
死区控制子模块寄存器				
DBCTL	0x000F	1	No	死区控制控制寄存器
DBRED	0x0010	1	No	死区控制上升沿延时寄存器
DBFED	0x0011	1	No	区产生下降沿延时寄存器
错误控制子模块寄存器				
TZSEL	0x0012	1	No	死区选择寄存器

续表 9.28

名称	偏移量	大小(×16)	映射模式	功能描述
TZCTL	0x0014	1	No	死区控制寄存器
TZEINT	0x0015	1	No	死区使能中断寄存器
TZFLG	0x0016	1	No	死区标志寄存器
TZCLR	0x0017	1	No	死区清除寄存器
TZFRC	0x0018	1	No	死区强制寄存器
事件触发子模块寄存器				
ETSEL	0x0019	1	No	事件触发选择寄存器
ETPS	0x001A	1	No	事件触发预定标寄存器
ETFLG	0x001B	1	No	事件触发标志寄存器
ETCLR	0x001C	1	No	事件触发清除寄存器
ETFRC	0x001D	1	No	事件触发强制寄存器
PWM 断路子模块寄存器				
PCCTL	0x001E	1	No	PWM 端粒控制寄存器
高精度 PWM((HRPWM)扩展寄存器				
HRCNFG	0x0020	1	No	HRPWM 配置寄存器

9.8.2 增强捕捉单元

增强捕捉单元对于外部事件的事件非常重要的系统中非常有用，在 x28 系列处理器中，X280x 和 X283xx 处理器都提供了该功能。增强捕捉单元的主要应用包括：
- 转速测量；
- 估计位置传感器两个脉冲之间的时间；
- 脉冲信号的周期和占空比测量；
- 根据电流/电压传感器编码的占空比周期解码电流/电压的幅值。

增强捕捉单元主要特点包括：
- 系统时钟频率为 100MHz 时，32 位时间基准的精度为 10 ns；
- 4 个事件时间标签寄存器(每个 32 位)；
- 可以为 4 个连续的时间标签捕捉事件选择边沿极性；
- 4 个事件任何一个都可以产生中断；
- 单时间槽(Single shot)可以捕捉 4 个事件；
- 4 个深度的循环缓冲允许连续捕捉时间标签；
- 绝对的时间标签捕捉；
- 差分模式时间标签捕捉；
- 上述所有资源都可以分配给一个输入引脚；
- 当不使用捕捉模式时，ECAP 可以配置为单通道 PWM 输出。

1. 功能描述

eCAP 模块提供一个完整的捕捉通道，能够实现多个时间的捕捉任务。一个 eCAP 通道有以下资源：
- 专用捕捉输入引脚；
- 32 位时间基准计数器；
- 4×32 位时间标签捕捉寄存器（CAP1－CAP4）；
- 4 状态排序器，可以通过 eCAP 外部引脚的上升/下降沿实现外部事件同步；
- 4 个事件可以独立设置边沿极性；
- 输入捕捉信号可以进行预定标（2～62）；
- One-shot compare register (2 bits) to freeze captures after 1 to 4 time-stamp events；
- 使用 4 个深度的循环缓冲实现连续事件的捕捉操作；
- 任何一个事件都可以产生中断。

如图 9.54 所示，在一个 280x 处理器中可以包含多个相同的 eCAP 模块，根据应用系统的需要可以独立地配置。

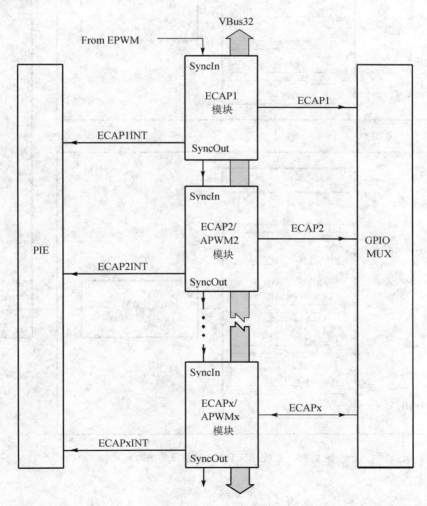

图 9.54　28x 系统结构框图

2. 捕捉单元和 APWM 操作模式

当捕捉单元的外部引脚不选择工作在捕捉功能时,用户可以将 eCAP 模块资源用作单通道 PWM 产生器。如果产生不对称 PWM 波形,计数器工作在递增模式。CAP1 和 CAP2 寄存器分别作为周期寄存器和比较寄存器,而 CAP3 和 CAP4 寄存器则分别作为周期和比较寄存器的映射寄存器。图 9.55 给出了捕捉单元和 APWM 操作的结构框图。

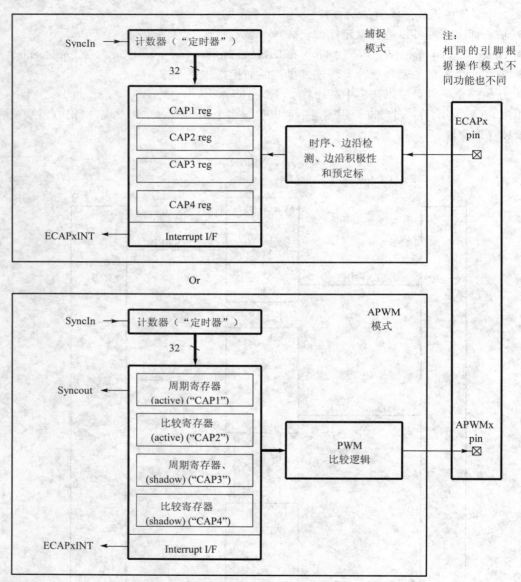

图 9.55 捕捉单元和 APWM 操作的结构框图

3. 捕捉操作

图 9.56 给出了捕捉操作模式的功能框图。

（1）事件预定标器

输入的被捕捉信号可以预先通过预定标器进行分频,或者选择直通工作方式。当被捕捉的

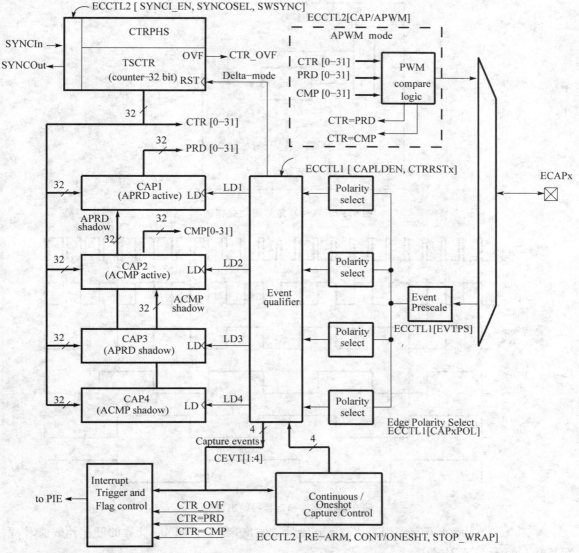

图 9.56 捕捉操作模式功能框图

信号频率比较高时预定标分频比较有用。图 9.57 给出了功能框图，图 9.58 给出了事件预定标器输出波形。

(2) 边沿极性选择和量化控制
- 4 个独立的边沿极性（上升沿/下降沿）选择控制，每个捕捉事件都可以独立配置；
- 每个边沿都可以通过量化控制器控制；
- Mod4 计数器将边沿事件分别锁存到相应的 CAPx 寄存器。

4. 连续/One-Shot 控制
- 通过边沿量化事件（CEVT1－CEVT4）计数器 Mod4（2 bit）递增计数；
- 只要不设置停止，Mod4 计数器就会连续计数（0→1→2→3→0）；

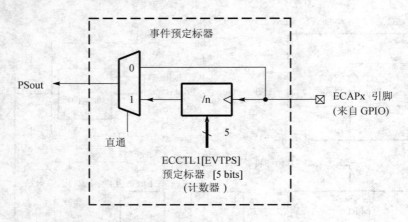

图 9.57 事件预定标器功能框图

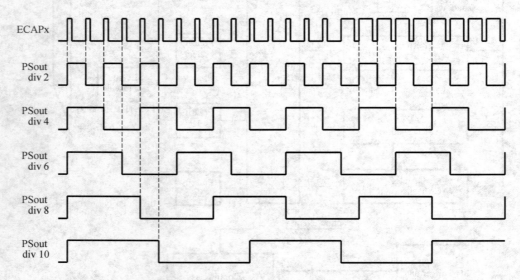

图 9.58 事件预定标器输出波形

● 一个 2-bit 停止寄存器用来比较 Mod4 计数输出,当等于 Mod4 计数的停止计数值时,重新装载 CAP1～CAP4 寄存器。

连续/one-shot 模块通过比较器的触发值和软件强制控制 Mod4 计数器的启动、停止和复位操作。一旦采用软件强制控制,eCAP 在冻结 Mod4 计数器和 CAP1～CAP4 寄存器的内容前,模块需要等待 1～4 个周期(具体由停止值确定)。

软件强制控制可以强制 eCAP 模块为下一次捕捉操作做好准备。软件强制控制操作清除 Mod4 计数器,允许重新装载 CAP1～CAP4 寄存器,并将 CAPLDEN 置位。

在连续操作模式下,Mod4 计数器连续运行(0→1→2→3→0),one-shot 操作无效,捕捉事件连续写到 CAP1～CAP4 的循环缓冲中。

图 9.59 为连续/One-Shot 控制结构框图。

5. 32 位计数器和相位控制

32 位计数器通过系统时钟(sysclock)为事件捕捉单元提供时间基准,相位寄存器可以通过硬件和软件强制同步信号同其他计数器同步。在 APWM 模式下如果模块之间存在相位偏差,

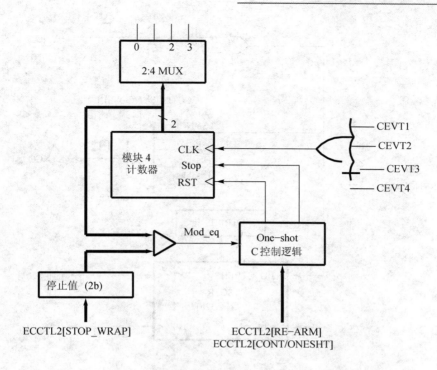

图 9.59 连续/One-Shot 控制

相位同步操作非常有用。

任何一个事件装载都会使 32 位计数器复位,在工作过程中,32 位计数器的计数值首先被捕捉,然后任何一个 LD1～LD4 信号都可以将其复位为 0。

图 9.60 为计数器和同步模块结构框图。

6. CAP1～CAP4 寄存器

这些 32 位寄存器都连接到 32 位计数器定时器总线 CTR[0～31]上,根据选择的装载指令进行装载。

可以通过控制位 CAPLDEN 装在捕捉寄存器的装载,在 one-shot 操作过程中,一旦产生停止条件,如 StopValue = Mod4,CAPLDEN 将会自动清零。

在 APWM 模式下,CAP1 和 CAP2 寄存器作为工作的周期和比较寄存器,而 CAP3 和 CAP4 则分别作为双映射寄存器。

7. 中断控制

捕捉事件(CEVT1～CEVT4)或 APWM 事件(CTR = PRD,CTR = CMP)都可以产生中断,计数溢出事件(CTROVF)也会产生中断。捕捉事件可以分别由极性选择和 Mod4 确定边沿选择和顺序量化操作。上述事件都可以选择配置输出到 PIE 单元作为中断信号源。

捕捉单元可以产生 7 个中断(CEVT1,CEVT2,CEVT3,CEVT4,CNTOVF,CTR = PRD,CTR=CMP),中断使能寄存器(ECEINT)可以独立使能/禁止中断,一旦产生中断,相应的中断标志位(ECFLG)就会置位。只有使能中断时才会给 PIE 单元产生中断脉冲。在其他中断产生之前,必须在中断服务子程序中清除全局中断标志。用户也可以通过软件强制产生中断,以便系统调试。

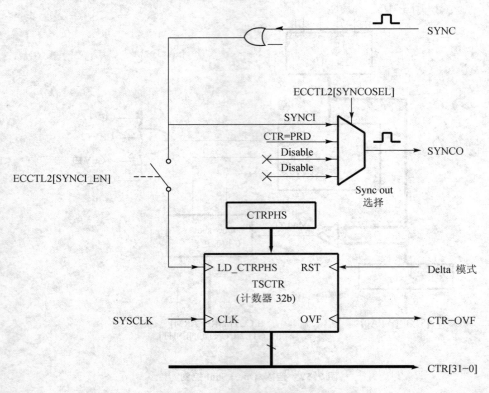

图 9.60 计数器和同步模块结构框图

图 9.61 为捕捉单元中断结构框图。

8. 双映射装载和控制

在捕捉模式下,CAP1 或 CAP2 分别由 APRD 和 ACMP 寄存器装载;在 APWM 模式下允许有两种装载模式:

- 立即将新的 APRD 或 ACMP 寄存器的值装载到 CAP1 或 CAP2 中。
- 在周期相等时装载 CTR[31:0] = PRD[31:0]。

9. APWM 操作模式

APWM 操作模式主要包括:

- 定时标签计数器可以通过两个数字比较器(32 位)实现比较操作。
- 当工作在捕捉模式不使用 CAP1/2 寄存器时,其内容可以在 APWM 模式下用作周期和比较值。
- 通过双映射寄存器 APRD 和 ACMP(CAP3/4)实现双缓冲,在完成写操作或 CTR = PRD 触发时双映射寄存器的内容会传送到 CAP1/2 寄存器。
- 在 APWM 模式,对 CAP1/CAP2 进行写操作时会将同样的值写到相应的映射寄存器 CAP3/CAP4 中。
- 在初始化过程中,必须对周期和比较操作寄存器进行初始化,处理器会自动将初始值复制到映射寄存器中。为了实现连续的比较操作,需要使用映射寄存器实现。

图 9.62 为 APWM 操作模式的 PWM 波形。

APWM 高有效时(APWMPOL = 0)操作如下:

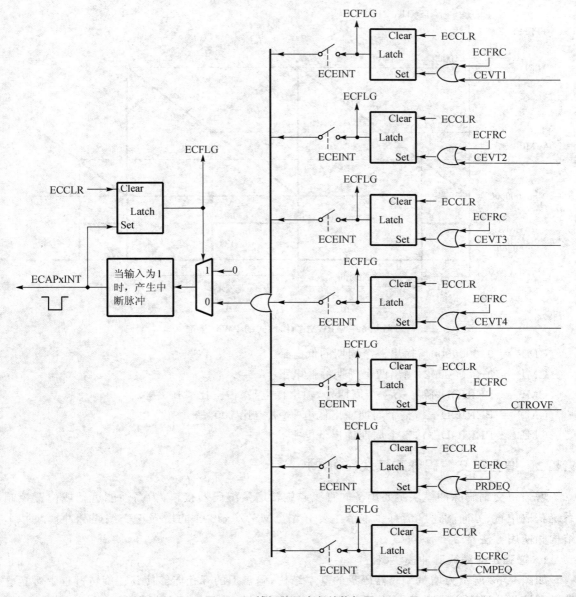

图 9.61 捕捉单元中断结构框图

CMP = 0x00000000,整个操作周期输出均为低(占空比为 0%)。
CMP = 0x00000001,输出一个周期的高电平。
CMP = 0x00000002,输出两个周期的高电平。
CMP = PERIOD,除了第一个周期外,输出低电平(占空比<100%)。
CMP = PERIOD+1,整个周期输出高电平(占空比 100%)。
CMP > PERIOD+1,整个周期输出高电平。
APWM 低有效时(APWMPOL = 1)操作如下:
CMP = 0x00000000,整个操作周期输出均为高(占空比为 0%)。

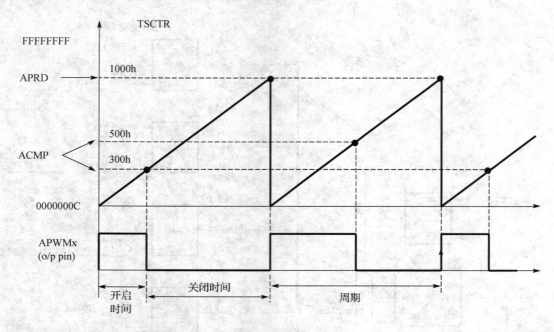

图 9.62　APWM 操作模式的 PWM 波形

CMP = 0x00000001，输出一个周期的低电平。

CMP = 0x00000002，输出两个周期的低电平。

CMP = PERIOD，除了第一个周期外，输出低电平（占空比＜100%）。

CMP = PERIOD+1，整个周期输出低电平（占空比 100%）。

CMP ＞ PERIOD+1，整个周期输出低电平。

9.8.2　增强正交编码脉冲模块（eQEP）

增强正交编码脉冲模块主要用于同直线或旋转增量编码器接口，为高性能运动或位置控制系统获取位置、方向和速度信息。本节主要介绍 TMS320x280x 的增强正交编码脉冲模块基本结构和使用方法。

1. 增强正交编码脉冲模块概述

如图 9.63 所示为增量编码器码盘的基本结构，码盘上的开孔能够使其在旋转过程中对光电发送和接收装置产生通断变化，从而可以产生相应的脉冲信号。可以根据两个输出信号 QEPA 和 QEPB 的相位情况判定码盘的旋转方向，此外在码盘上增加一个开孔，每旋转一周产生一个脉冲信号（QEPI），可以根据该信号判定码盘的绝对位置。

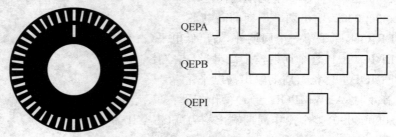

图 9.63　光电编码器码盘及输出信号波形

在根据两个输出信号 QEPA 和 QEPB 获取方向信号时,采用两对光电感应器件,安装位置相差两孔间距的 1/4。在码盘旋转时,一对光电感应器件输出的信号和另外一对器件输出信号相差 90°,这就是通常所说的正交信号 QEPA 和 QEPB。对于大多数光电编码器,顺时针定义为 QEPA 比 QEPB 相位超前 90°,如图 9.64 所示。

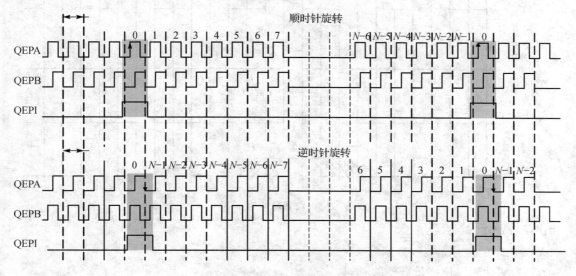

图 9.64 顺时针和逆时针旋转输出波形

一般情况下编码器安装在电动机或其他旋转机构的轴上,因此 QEPA 和 QEPB 输出的频率和电动机或旋转机构的转速成正比。例如,2 000 线的编码器直接安装在转速为 5 000 rpm 的电动机上,脉冲输出频率为 166.6 kHz。因此,通过测量 QEPA 或 QEPB 输出的频率可以获得电动机的转速。

不同厂家的正交编码器的位置脉冲有两种输出形式:门控位置脉冲和未门控位置脉冲(gated index pulse or ungated index pulse),如图 9.65 所示。未经门控的位置脉冲为非标准形,在未经门控的位置脉冲的配置中,位置脉冲边沿不一定同 A 和 B 信号一致。门控位置脉冲信号和输出信号的边沿一致,其脉冲宽度可以等于正交编码信号的 1/4、1/2 或整个周期。

一般情况下,根据数字位置传感器估计速度是比较经济的速度检测方式,速度估计的一阶差分方程可以描述为式(9-1)和(9-2):

$$v(k) = \frac{x(k) - x(k-1)}{T} = \frac{\Delta X}{T} \tag{9-1}$$

$$v(k) = \frac{X}{t(k) - t(k-1)} = \frac{X}{\Delta T} \tag{9-2}$$

其中:

$v(k)$ 为在 k 时刻的速度;

$x(k)$ 为在 k 时刻的位置;

$x(k-1)$ 为在 k-1 时刻的的位置;

T 为在固定单位时间内计算速度;

ΔX 为在单位时间内的位移;

$t(k)$ 为时刻 k;

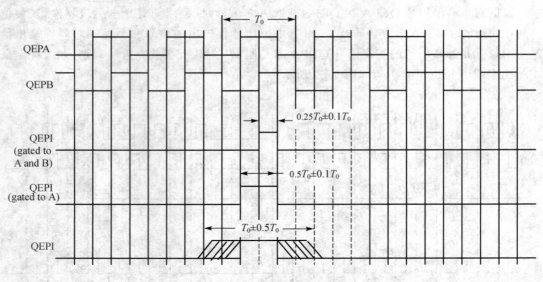

图 9.65 位置脉冲时序图

$t(k-1)$ 为时刻 $k-1$；

X 为固定的位移量；

ΔT 为移动固定位移量需要的时间。

式(9-1)是传统的速度估计方法，计算速度时需要确定固定的时间，每个固定的时间内读取一次编码脉冲个数。当前脉冲个数减去前一时刻的脉冲个数及固定时间内的位移量，然后乘以固定时间的倒数即得速度值。采用此种方法估计速度，其精度和位置传感器的精度与固定时间周期 T 有关。例如，2 000 线的编码器速度估计的频率为 400 Hz，则最小的位置检测精度为 $1/2\,000=0.000\,5$ 圈，如果采样速度为 400 Hz 则速度估计的精度为 12 rpm($0.000\,5/(1/400\times 60)$)。当检测精度为 12 rpm 时基本能够满足中高速精度检测要求，例如转速为 1 200 rpm 时检测误差为 1‰。而对于低速检测则不能满足精度要求，当转速低于 12 rpm 时经常检测为 0。

在低速速度检测时，式(9-2)提供更精确的速度检测方法。这种方法需要位置传感器输出一个固定的位置变化信息，传感器的精度确定了每个脉冲的精度。通过计算两个连续脉冲之间的时间，利用式(9-2)可以估计电动机的转速。但是采用这种方法估计速度在高转速时，由于固定位移的时间较短，误差较大。因此，在实际应用中，一般采用两者结合的方法实现速度估计。

(1) eQEP 输入

eQEP 输入包括两个正交编码脉冲、一个位置脉冲引脚和一个选择输入。

- QEPA/XCLK 和 QEPB/XDIR：这两个引脚可以用作正交时钟模式也可以配置为方向计数模式。

① 正交时钟模式

eQEP 编码提供两个方波信号(A 和 B)，两个信号电角度相差 90°，可以利用两个信号的相位差确定方向信号。顺时针旋转时 QEPA 信号比 QEPB 超前 90°。正交编码器利用这两个信号计算速度和方向信息。

② 方向计数模式

配置为方向计数模式时，方向和时钟直接由外部信号提供。有些位置编码器采用这种输出方式，QEPA 引脚提供编码脉冲，QEPB 引脚提供方向信息。
- eQEPI：位置脉冲或零位标示。eQEP 编码器使用位置信号确定绝对启动位置，此引脚连接到编码器的位置输出引脚，每旋转一圈会将位置计数器复位一次。该信号还可以在位置引脚产生的事件发生时初始化或锁存位置计数器。
- QEPS：选择输入。通用目的选择信号可以初始化或锁存位置计数器，该信号连接到传感器或限位开关，指示电动机转到指定的位置。

（2）功能描述

eQEP 外设主要包含以下功能单元，如图 9.66 所示。
- 可编程量化输入引脚（GPIO MUX）；
- 正交编码单元（QDU）；
- 位置检测的位置计数和控制单元（PCCU）；
- 低速测量的正交边沿捕捉单元（QCAP）；
- 速度/频率测量的时间基准产生单元（UTIME）；
- 看门狗检测大单元（QWDOG）。

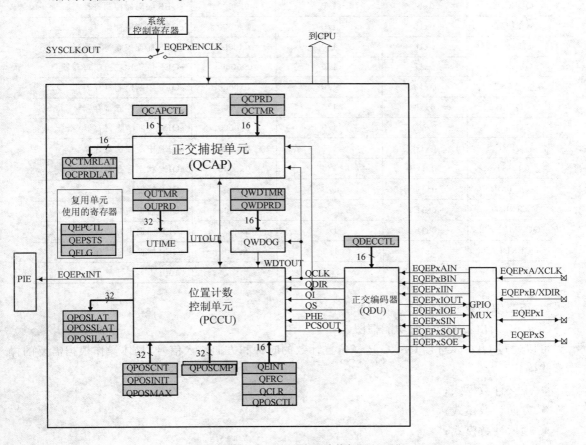

图 9.66　eQEP 外设功能框图

（3）eQEP 存储器映射

表 9.29 给出了 eQEP 模块的寄存器存储器映射位置、大小和复位值信息。

表 9.29 QEP 模块的寄存器存储器映射(基地址 eQEP1：0x6B00，eQEP2 = 0x6B1F)

寄存器名称	偏移量	大小(×16)/♯双映射	复位值	功能描述
QPOSCNT	0x00	2/0	0x00000000	eQEP 位置计数器
QPOSINIT	0x02	2/0	0x00000000	eQEP 初始化位置计数
QPOSMAX	0x04	2/0	0x00000000	eQEP 最大位置计数
QPOSCMP	0x06	2/1	0x00000000	eQEP 位置比较
QPOSILAT	0x08	2/0	0x00000000	eQEP 绝对位置锁存
QPOSSLAT	0x0A	2/0	0x00000000	eQEP 选择位置锁存
QPOSLAT	0x0C	2/0	0x00000000	eQEP 位置锁存
QUTMR	0x0E	2/0	0x00000000	QEP 固定时间定时器
QUPRD	0x10	2/0	0x00000000	eQEP 固定周期寄存器
QWDTMR	0x12	1/0	0x0000	eQEP 看门狗定时器
QWDPRD	0x13	1/0	0x0000	eQEP 看门狗周期寄存器
QDECCTL	0x14	1/0	0x0000	eQEP 编码器控制寄存器
QEPCTL	0x15	1/0	0x0000	eQEP 控制寄存器
QCAPCTL	0x16	1/0	0x0000	eQEP 捕捉控制寄存器
QPOSCTL	0x17	1/0	0x00000	eQEP 位置比较控制寄存器
QEINT	0x18	1/0	0x0000	eQEP 中断使能寄存器
QFLG	0x19	1/0	0x0000	eQEP 中断标志寄存器
QCLR	0x1A	1/0	0x0000	eQEP 中断清除寄存器
QFRC	0x1B	1/0	0x0000	eQEP 中断强制寄存器
QEPSTS	0x1C	1/0	0x0000	eQEP 状态寄存器
QCTMR	0x1D	1/0	0x0000	eQEP 捕捉定时器
QCPRD	0x1E	1/0	0x0000	eQEP 捕捉周期寄存器
QCTMRLAT	0x1F	1/0	0x0000	eQEP 捕捉定时器锁存
QCPRDLAT	0x20	1/0	0x0000	eQEP 捕捉周期锁存
reserved	0x21 到 0x3F	31/0		保留

2. 正交编码单元(QDU)

图 9.67 给出了 QDU 的功能框图。

可以通过 QDECCTL[QSRC 选择位置计数的时钟和方向输入信号,具体操作根据需要的操作模式确定：

- 正交计数模式；
- 方向计数模式；
- 递增计数模式；
- 递减计数模式。

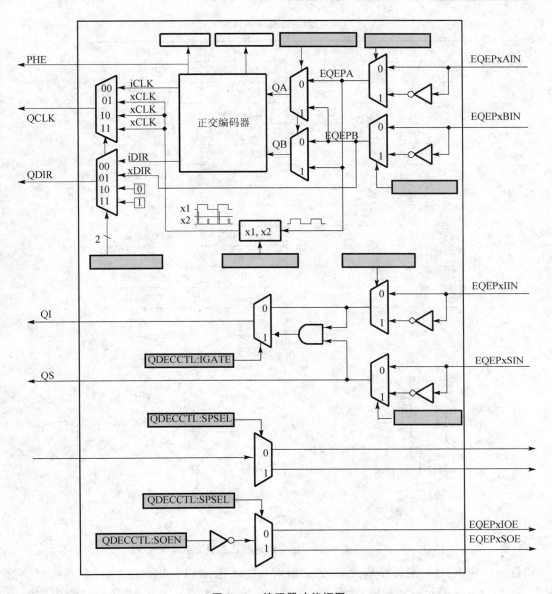

图 9.67 编码器功能框图

(1) 正交计数模式

正交编码为量化计数模式的位置计数器产生方向和时钟信号。

方向编码:eQEP 电路的方向编码逻辑根据 QEPSTS[QDF]设置的方向信息确定 QEPA,QEPB 超前时序。表 9.30 和图 9.68 给出了方向编码逻辑的真值表和状态机。通过检测 QEPA 和 QEPB 信号的边沿从而为位置计数器产生计数脉冲。因此,eQEP 逻辑产生的时钟频率是输入时钟频率的 4 倍,图 9.69 给出了 eQEP 输入时钟信号和方向编码的关系。

表 9.30 正交编码真值表

Previous Edge	Present Edge	QDIR	QPOSCNT
QA	QB	UP	递增
	QB	DOWN	递减
	QA	TOGGLE	递增或递减
QA	QB	UP	递增
	QB	DOWN	递减
	QA	TOGGLE	递增或递减
QB	QA	DOWN	递增
	QA	UP	递减
	QB	TOGGLE	递增或递减
QB	QA	DOWN	递增
	QA	UP	递减
	QB	TOGGLE	递增或递减

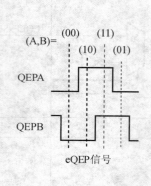
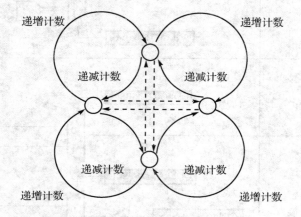

图 9.68 正交编码器状态机

相位错误标识:在一般操作模式下,正交输入 QEPA 和 QEPB 相位相差 90°。当同时检测到 QEPA 和 QEPB 信号边沿转换时,相位错误标识位(PHE)置位。图 9.68 状态机图中的虚线表示产生相位错误。

计数倍频:eQEP 的输入信号的上升下降沿都会产生是中信号,因此 eQEP 位置计数可以提供输入信号的 4 倍频的计数时钟。

方向计数:在一般计数操作模式下,QEPA 输入送到正交解码器的 QA 输入,QEPB 输入送到正交解码器的 QB 输入。可以将寄存器 QDECCTL 中的 SWAP 置位设置反向计数方式,此操作会将正交解码器的输入取反,从而使计数方向取反。

(2) 方向计数模式

有些位置编码器提供方向和时钟输出,而不是正交的输出,此种模式可以采用方向计数模式。QEPA 输入提供位置计数器的时钟信号,QEPB 输入提供方向信息。当方向输入为高电平时,位置计数器递增计数,相反位置计数器递减计数。

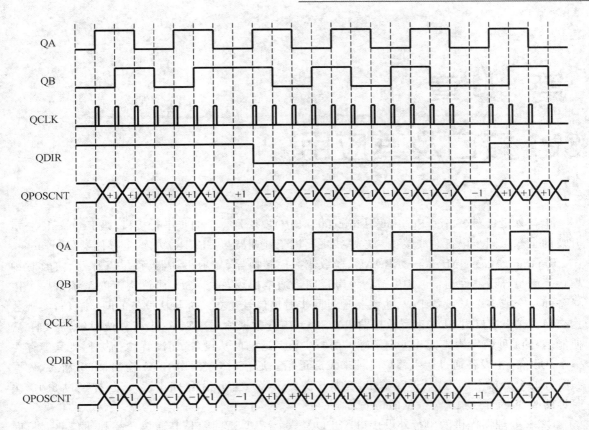

图 9.69 正交时钟和方向编码

(3) 递增计数模式

计数器方向信号硬件递增计数,位置计数器用来检测 QEPA 输入信号的频率。将 QDEC-CTL[XCR]置位,使能 QEPA 两个边沿都产生位置计数器的时钟,因此会将检测精度提高一倍。

(4) 递减计数模式

计数器方向信号硬件递减计数,位置计数器用来检测 QEPA 输入信号的频率。将 QDEC-CTL[XCR]置位,使能 QEPA 两个边沿都产生位置计数器的时钟,因此会将检测精度提高一倍。eQEP 的每个输入都可以使用 QDECCTL[8:5]设置其输入极性,例如将 QDECCTL[QIP]置位会使位置输入信号取反。增强 eQEP 外设包含一个位置比较单元,主要用来在位置计数寄存器(QPOSCNT)和位置比较寄存器(QPOSCMP)匹配时产生位置比较同步信号。产生的同步信号可以通过索引引脚(index)或选择引脚(strobe)输出。QDECCTL[SOEN]位置位使能位置比较同步输出,QDECCTL[SPSEL]位用来选择最终的输出引脚为 eQEP index 引脚或 eQEP strobe 引脚。

第 10 章

SPI 接口及其应用

串行外设接口(Serial Peripheral interface,SPI)模块是一个同步串行接口,是 Freescale 公司开发的全双工同步串行总线接口。该总线主要用于处理器与 EEPROM、铁电存储器(Ferroelectric Random Access Memory,FRAM)、模数或数模转换器、显示驱动器、移位寄存器、实时时钟模块等满足外设器件通信。SPI 是一种串行同步通信协议,基于 SPI 协议构建的系统由一个主设备和一个或多个从设备组成,主设备通过同步时钟信号建立一个与从设备的同步通信,实现数据交换。SPI 接口由 SDI(串行数据输入)、SDO(串行数据输出)、SCK(串行移位时钟)和 CS(从使能信号)4 种信号构成,CS 决定了唯一的与主设备通信的从设备,如没有 CS 信号,则只能存在一个从设备,主设备通过产生移位时钟来发起通信。通信时,数据由 SDO 输出,SDI 输入,数据在时钟的上升或下降沿由 SDO 输出,在紧接着的下降或上升沿由 SDI 读入,这样经过 8/16 次时钟的改变,完成 8/16 位数据的传输。

C28x 处理器提供的串行外设接口(SPI)是一个高速 SPI 接口,其通信速率和通信数据长度都是可编程的,DSP 处理器可以采用 SPI 接口和外设或其他处理器实现通信。串行外设接口主要应用于系统扩展显示驱动器、ADC 以及日历时钟等器件,也可以采用主/从模式实现多处理器间的数据交换。

在采用 SPI 实现数据通信的过程中,多个 SPI 器件互联的系统中的一个设备必须设置成 Master 模式,其他设置为 Slave 模式。主设备驱动总线上的时钟信号为其他从设备提供通信时钟。SPI 设备的通信链接如图 10.1 所示,可以有以下几种工作模式:

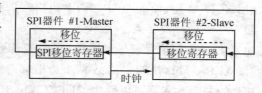

图 10.1 SPI 器件通信链接示意图

- Master 发送数据,Slave 发送伪数据;
- Master 发送数据,其中一个 Slave 发送数据;
- Master 发送伪数据,其中一个 Slave 发送数据。

10.1 SPI 模块功能概述

在简单工作模式下,SPI 可以通过移位寄存器实现数据交换,即通过 SPIDAT 寄存器移入或移出数据。此外还可以通过可编程寄存器设置 SPI 接口的工作方式。在发送数据帧的过程中将 16 位的数据发送到 SPITXBUF 缓冲,直接从 SPIRXBUF 读取接收到的数据帧。C28x 的 SPI

有 2 种操作模式：基本操作模式和增强的 FIFO 缓冲模式。串行外设接口模块功能如图 10.2 所示。

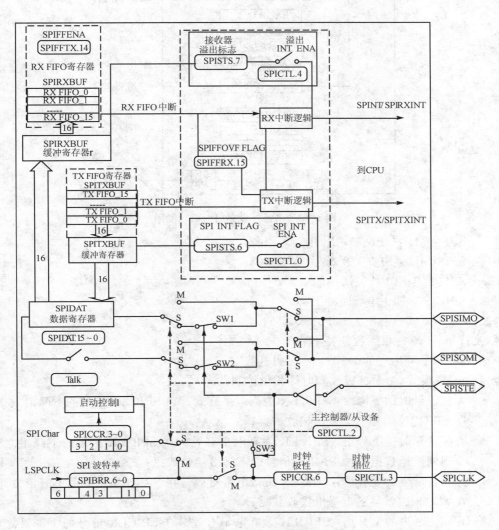

图 10.2　串行外设接口模块功能框图

在基本操作模式下，接收操作采用双缓冲，也就是在新的接收操作启动时，CPU 可以暂时不读取 SPIRXBUF 中接收到的数据，但是在新的接收操作完成之前必须读取 SPIRXBUF，否则将会覆盖原来接收到的数据。在这种模式下，发送操作不支持双缓冲操作。在下一个字写到 SPITXDAT 寄存器之前必须将当前的数据发送出去，否则会导致当前的数据损坏。由于主设备控制 SPICLK 时钟信号，它可以在任何时候配置数据传输。

在增强的 FIFO 缓冲模式下，用户可以建立 16 级深度的发送和接收缓冲，而对于程序操作仍然使用 SPITXBUF 和 SPIRXBUF 寄存器。这样可以使 SPI 具有接收或发送 16 次数据的能力。此种模式下还可以根据两个 FIFO 的数据装载状态确定其中断级别。SPI 接口的内部功能如图 10.3 所示，概括起来 C28x 的 SPI 接口有以下特点。

- 4 个外部引脚：

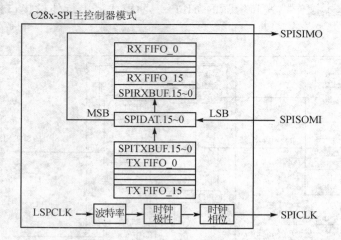

图 10.3　串行外设接口内部功能图

- ◇ SPISOMI：SPI 从输出/主输入引脚；
- ◇ SPISIMO：SPI 从输入/主输出引脚；
- ◇ $\overline{\text{SPISTE}}$：SPI 从发送使能引脚；
- ◇ SPICLK：SPI 串行时钟引脚。
- 2 种工作方式：主和从工作方式。
- 波特率：125 种可编程波特率。
- 数据字长：可编程的 1～16 个数据长度。
- 4 种时钟模式(由时钟极性和时钟相位控制)：
  - ◇ 无相位延时的下降沿：SPICLK 为高电平有效。在 SPICLK 信号的下降沿发送数据，在 SPICLK 信号的上升沿接收数据；
  - ◇ 有相位延时的下降沿：SPICLK 为高电平有效。在 SPICLK 信号的下降沿之前的半个周期发送数据，在 SPICLK 信号的下降沿接收数据；
  - ◇ 无相位延迟的上升沿：SPICLK 为低电平有效。在 SPICLK 信号的上升沿发送数据，在 SPICLK 信号的下降沿接收数据；
  - ◇ 有相位延迟的上升沿：SPICLK 为低电平有效。在 SPICLK 信号的下降沿之前的半个周期发送数据，而在 SPICLK 信号的上升沿接收数据。
- 接收和发送可同时操作(可以通过软件屏蔽发送功能)。
- 通过中断或查询方式实现发送和接收操作。
- 9 个 SPI 模块控制寄存器。
- 增强特点：
  - ◇ 16 级发送/接收 FIFO；
  - ◇ 延时发送控制。

10.2　SPI 的数据传输

SPI 主设备负责产生系统时钟，并决定整个 SPI 网络的通信速率。所有的 SPI 设备都采用相同的接口方式，可以通过调整处理器内部寄存器改变时钟的极性和相位。由于 SPI 器件并不一定遵循同一标准，比如 EEPROM、DAC、ADC、实时时钟及温度传感器等器件的 SPI 接口的时序都有所不同，为了能够满足不同的接口需要，采用时钟的极性和相位可配就能够调整 SPI 的通信时序。

SPI 设备传输数据过程中总是先发送或接收高字节数据，每个时钟周期接收器或收发器左移 1 位数据。对于小于 16 位的数据在发送之前必须左对齐，如果接收的数据小于 16 位则采用软件将无效的数据位屏蔽，如图 10.4 所示。

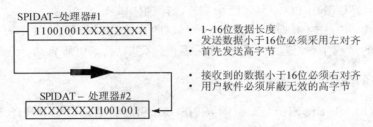

图 10.4 SPI 通信数据格式

SPI 接口有主和从两种操作模式，通过 MASTER/SLAVE 位（SPICTL.2）选择操作模式以及 SPICLK 信号的来源，如图 10.5 所示。

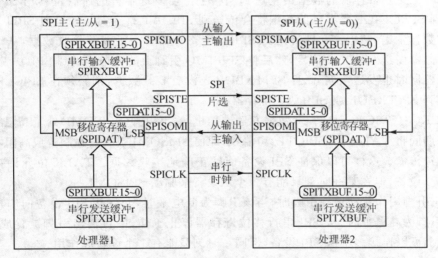

图 10.5 SPI 主控制器/从控制器的连接

10.2.1 主控制器模式

工作在主模式下（MASTER/SLAVE = 1），SPI 在 SPICLK 引脚为整个串行通信网络提供时钟。数据从 SPISIMO 引脚输出，并锁存 SPISOMI 引脚上输入的数据。SPIBRR 寄存器确定通信网络的数据传输的速率，通过 SPIBRR 寄存器可以配置 126 种不同的数据传输率。

写数据到 SPIDAT 或 SPITXBUF 寄存器启动 SPISIMO 引脚上的数据发送，首先发送的是最高有效位（MSB）。同时，接收的数据通过 SPISOMI 引脚移入 SPIDAT 的最低有效位。当传输完特定的位数后，接收到的数据被发送到 SPIRXBUF 寄存器，以备 CPU 读取。数据在

SPIRXBUF 寄存器中采用右对齐的方式存储。

当指定数量的数据位已经通过 SPIDAT 位移位后,则会发生下列事件:
- SPIDAT 中的内容发送到 SPIRXBUF 寄存器中。
- SPI INT FLAG 位(SPISTS.6)置 1。
- 如果在发送缓冲器 SPITXBUF 中还有有效的数据(SPISTS 寄存器中的 TXBUF FULL 位标志是否存在有效数据),则这个数据将被传送到 SPIDAT 寄存器并被发送出去。否则所有位从 SPIDAT 寄存器移出后,SPICLK 时钟立即停止。
- 如果 SPI INT ENA 位(SPICTL.0)置 1,则产生中断。

在典型应用中,$\overline{\text{SPISET}}$ 引脚作为从 SPI 控制器的片选控制信号,在主 SPI 设备同从 SPI 设备之间传送信息的过程中,被置成低电平;当数据传送完毕后,该引脚置高。

10.2.2 从设备模式

在从模式中(MASTER/SLAVE = 0),SPISOMI 引脚为数据输出引脚,SPISIMO 引脚为数据输入引脚。SPICLK 引脚为串行移位时钟的输入,该时钟由网络主控制器提供,传输率也由该时钟决定。SPICLK 输入频率不应超过 CLKOUT 频率的四分之一。

当从 SPI 设备检测到来自网络主控制器的 SPICLK 信号的合适时钟边沿时,已经写入 SPIDAT 或 SPITXBUF 寄存器的数据被发送到网络上。要发送字符的所有位移出 SPIDAT 寄存器后,写入到 SPITXBUF 寄存器的数据将会传送到 SPIDAT 寄存器。如果向 SPITXBUF 写入数据时没有数据发送,数据将立即传送到 SPIDAT 寄存器。为了能够接收数据,从 SPI 设备等待网络主控制器发送 SPICLK 信号,然后将 SPISIMO 引脚上的数据移入到 SPIDAT 寄存器中。如果从控制器同时也发送数据,而且 SPITXBUF 还没有装载数据,则必须在 SPICLK 开始之前把数据写入到 SPITXBUF 或 SPIDAT 寄存器。

当 TALK 位(SPICTL.1)清零,数据发送被禁止,输出引脚(SPISOMI)处于高阻状态。如果在发送数据期间将 TALK 位(SPICTL.1)清零,即使 SPISOMI 引脚被强制置成高阻状态也要完成当前的字符传输。这样可以保证 SPI 设备能够正确地接收数据。TALK 位允许在网络上有许多个从 SPI 设备,但在某一时刻只能有 1 个从设备来驱动 SPISOMI。

$\overline{\text{SPISTE}}$引脚用作从动选择引脚时,当该引脚为低电平时,允许从 SPI 设备向串行总线发送数据;当该引脚为高电平时,从 SPI 串行移位寄存器停止工作,串行输出引脚被置成高阻状态。在同一网络上可以连接多个从 SPI 设备,但同一时刻只能有 1 个设备起作用。

10.2.3 FIFO 操作

系统在上电复位时,SPI 工作在标准 SPI 模式,禁止 FIFO 功能。FIFO 的寄存器 SPIFFTX、SPIFFRX 和 SPIFFCT 不起作用。通过将 SPIFFTX 寄存器中的 SPIFFEN 的位置为 1,使能 FIFO 模式。SPIRST 能在操作的任一阶段复位 FIFO 模式。

FIFO 模式有 2 个中断,一个用于发送 FIFO、SPITXINT,另一个用于接收 FIFO、SPIINT/SPIRXINT。对于 SPI FIFO 接收来说,产生接收错误或者接收 FIFO 溢出都会产生 SPIINT/SPIRXINT 中断。对于标准 SPI 的发送和接收,唯一的 SPIINT 将被禁止且这个中断将服务于 SPI 接收 FIFO 中断。发送和接收都能产生 CPU 中断。一旦发送 FIFO 状态位 TXFFST(位 12~8)和中断触发级别位 TXFFIL(位 4~0)匹配,就会触发中断。这给 SPI 的发送和接收提供了可编程的中断触发器。接收 FIFO 的触发级别位的缺省值是 0x11111，发送 FIFO 的触发级别位的缺省值是 0x00000。

发送和接收缓冲器使用 2 个 16×16 FIFO，标准 SPI 功能的一个字的发送缓冲器作为在发送 FIFO 和移位寄存器间的发送缓冲器。移位寄存器的最后一位被移出后，这个一字发送缓冲器将从发送 FIFO 装载。FIFO 中的字发送到发送移位寄存器的速率是可编程的。SPIFFCT 寄存器位 FFTXDLY7～FFTXDLY0 定义了在两个字发送间的延时，这个延时以 SPI 串行时钟周期的数量来定义。该 8 位寄存器可以定义最小 0 个串行时钟周期的延迟和最大 256 个串行时钟周期的延时。0 时钟周期延时的 SPI 模块能将 FIFO 字一位紧接一位的移位，连续发送数据。256 个时钟周期延迟的 SPI 模块能在最大延迟模式下发送数据，每个 FIFO 字的移位间隔 256 个 SPI 时钟周期的延时。可编程延时的特点，使得 SPI 接口可以方便地同许多速率较慢的 SPI 外设如 EEPROM、ADC、DAC 等直接连接。

发送和接收 FIFO 都有状态位 TXFFST 或 RXFFST（位 12～0），状态位定义任何时刻在 FIFO 中可获得的字的数量。当发送 FIFO 复位位 TXFIFO 和接收复位位 RXFIFO 被设置为 1 时，FIFO 指针指向 0。一旦这两个复位位被清除为 0，则 FIFO 将重新开始操作。

10.3 SPI 寄存器

SPI 接口寄存器的地址及功能如表 10.1 所列。

表 10.1 SPI 接口寄存器

地　址	寄存器	功能描述
0x007040	SPICCR	SPI-A 配置控制寄存器
0x007041	SPICTL	SPI-A 操作控制寄存器
0x007042	SPISTS	SPI-A 状态寄存器
0x007044	SPIBRR	SPI-A 波特率寄存器
0x007046	SPIEMU	SPI-A 仿真缓冲寄存器
0x007047	SPIRXBUF	SPI-A 串行接收缓冲寄存器
0x007048	SPITXBUF	SPI-A 发送缓冲寄存器
0x007049	SPIDAT	SPI-A 串行数据寄存器
0x00704A	SPIFFTX	SPI-A FIFO 发送寄存器
0x00704B	SPIFFRX	SPI-A FIFO 接收寄存器
0x00704C	SPIFFCT	SPI-A FIFO 控制寄存器

10.3.1 SPI 配置控制寄存器（SPICCR）

图 10.6 给出了 SPI 配置控制寄存器的各位分配情况（地址 7040h），表 10.2 描述了各位的功能定义。

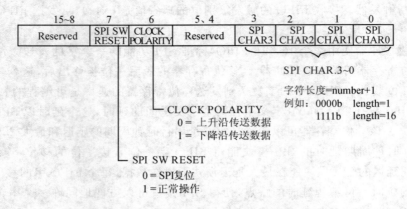

图 10.6 SPI 配置控制寄存器 (SPICCR)

表 10.2 SPI 配置控制寄存器功能定义

位	名 称	功能描述
7	SPI SW RE-SET	SPI 软件复位位 当改变配置时,用户在改变配置前应把该位清除,并在恢复操作前设置该位。 0 初始化 SPI 操作标志位到复位条件。特别地,接收器超时位(SPISTS.7)、SPI 中断标志位(SPISTS.6)和 TXBUF FULL 标志位(SPISTS.5)被清除,SPI 配置保持不变。如果该模块作为主控制器使用,则 SPICLK 信号输出返回其无效级别; 1 SPI 准备发送或接收下一个字符。当 SPI SW RESET 位是 0 时,写入发送器的字符在该位被设置时将不会被移出。新的字符必须写入串行数据寄存器中
6	CLOCK POLARITY	移位时钟极性位 　　该位控制 SPICLK 信号的极性。CLOCK POLARITY 和 CLOCK PHASE (SPICTL.3)控制在 SPICLK 引脚上的 4 种时钟控制方式。 0 数据在上升沿输出且在下降沿输入。当无 SPI 数据发送时,SPI 处于低电平。数据输入和输出边缘依靠的时钟相位位(SPICTL.3)的值如下所示: 　◇ CLOCK PHASE = 0:数据在 SPICLK 信号的上升沿输出;输入数据锁存在 SPICLK 信号的下降沿。 　◇ CLOCK PHASE = 1:数据在 SPICLK 信号的第一个上升沿前的半个周期和随后的下降沿输出;输入信号锁存在 SPICLK 信号的上升沿。 1 数据在下降沿输出且在上升沿输入。当没有 SPI 信号发送时,SPICLK 处于高阻状态。输入和输出数据所依靠的时钟相位位(SPICTL.3)的值如下所示: 　◇ CLOCK PHASE = 0:数据在 SPICLK 信号的下降沿输出;输入信号被锁存在 SPICLK 信号的上升沿。 　◇ CLOCK PHASE = 1:数据在 SPICLK 信号第一个下降沿的前的半个周期和后来的 SPICLK 信号的上升沿输出;输入信号被锁存在 SPICLK 信号的下降沿
5	保留	

续表 10.2

位	名称	功能描述
4	SPILBK	SPI 自测试模式 　　自测试模式在芯片测试期间允许模块的确认。这种模式只有在 SPI 的主控制方式中有效。 　　0　SPI 自测试模式禁止,为复位后的缺少值 　　1　SPI 自测试模式使能,SIMO/SOMI 线路被内部联接在一起。用于模块自测
3～0	SPI CHAR3～0	字符长度控制位 3～0 　　这 4 位决定了在一个移位排序期间作为单字符的移入或移出的位的数量,如表 10.3 所列

表 10.3　字符长度控制位值

SPI CHAR3	SPI CHAR2	SPI CHAR1	SPI CHAR0	字符长度
0	0	0	0	1
0	0	0	1	2
0	0	1	0	3
0	0	1	1	4
0	1	0	0	5
0	1	0	1	6
0	1	1	0	7
0	1	1	1	8
1	0	0	0	9
1	0	0	1	10
1	0	1	0	11
1	0	1	1	12
1	1	0	0	13
1	1	0	1	14
1	1	1	0	15
1	1	1	1	16

10.3.2　SPI 操作控制寄存器(SPICTL)

　　SPICTL 控制数据发送、SPI 产生中断、SPICLK 相位和操作模式(主或从模式)。图 10.7 为 SPI 操作控制寄存器的各位分配情况,表 10.4 描述了各位的功能定义。

TMS320X281x DSP 原理及 C 程序开发(第 2 版)

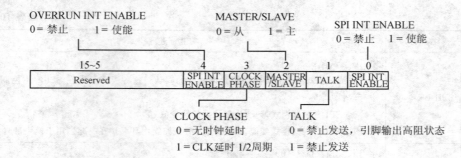

图 10.7 SPI 操作控制寄存器(SPICTL)

表 10.4 SPI 操作控制寄存器功能定义

位	名 称	功能描述
15～5	保留	
4	OVERRUN INT ENA	超时中断使能 当接收溢出标志位(SPISTS.7)被硬件设置时,设置该位引起一个中断产生。由接收溢出标志位和 SPI 中断标志位产生的中断共享同一中断向量。 0 禁止接收溢出标志位(SPISTS.7)中断 1 使能接收溢出标志位(SPISTS.7)中断
3	CLOCK PHASE	SPI 时钟相位选择 控制 SPI 信号的相位。时钟相位位和时钟极性位(SPICCR.6)屏蔽 4 种可能不同的时钟控制方式。当时钟相位高电平时,在 SPICLK 信号的第一个边沿以前 SPIDAT 寄存器被写入数据后,SPI(主动或从动)获得可得到数据的第一位,除非 SPI 模式正在使用中。 0 正常的 SPI 时钟方式,依靠位 CLOCK POLARITY (SPICCR.6) 1 SPICLK 信号延迟半个周期;极性由 CLOCK POLARITY 位决定
2	MASTER/SLAVE	SPI 网络模式控制 该位决定 SPI 是网络主动还是从动。在复位初始化期间,SPI 自动地配置为网络从动模式。 0 SPI 配置为从动模式 1 SPI 配置为主动模式

1	TALK	主动/从动发送使能
		该 TALK 位能通过放置串行数据输出在高阻状态以禁止数据发送(主动或从动)。如果该位在一个发送期间是禁止的,则发送移位寄存器继续运作直到先前的字符被移出。当 TALK 位禁止时,SPI 仍能接收字符且更新状态位。TALK 由系统复位清除(禁止)。
		0 禁止发送:
		  ◇ 从动模式操作:如果不事先配置为通用 I/O 引脚,SPISOMI 引脚将会被置于高阻状态。
		  ◇ 主动模式操作:如果不事先配置为通用 I/O 引脚,SPISIMO 引脚将会被置于高阻状态。
		1 使能发送:对于 4 引脚选项,保证使能接收器的$\overline{\text{SPISTE}}$引脚

0	SPI INT ENA	SPI 中断使能位 该位控制 SPI 产生发送/接收中断的能力。SPI 中断标志位(SPISTS.6)不受该位影响。 0 禁止中断 1 使能中断

10.3.3 SPI 状态寄存器(SPISTS)

图 10.8 给出了 SPI 状态寄存器的各位分配情况，表 10.5 描述了各位的功能定义。

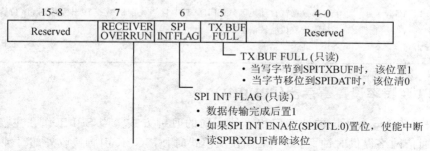

图 10.8 SPI 状态寄存器(SPISTS)

表 10.5 SPI 状态寄存器功能定义

位	名 称	功能描述
15~8	保留	
7	RECEIVER OVERRUN FLAG	SPI 接收溢出标志位 　　该位为只读/只清除标志位。在前一个字符从缓冲器读出之前又完成一个接收或发送操作，则 SPI 硬件将设置该位。该位显示最后接收到的字符已被覆盖写入，并因此而丢失(在先前的字符被用户应用读出之前，SPIRXBUF 被 SPI 模块覆盖写入时)。如果这个溢出中断使能位(SPICTL.4)被置为高，则该位每次被设置时 SPI 就发生一次中断请求。该位由下列操作之一清除： ◇ 写 1 到该位； ◇ 写 0 到 SPI SW RESET 位； ◇ 复位系统。 　　如果 OVERRUN INT ENA 位(SPICTL.4)被设置，则 SPI 仅仅在第一次 RECEIVER OVERRUN FLAG 置位时产生一个中断。如果该位已被设置，则后来的溢出将不会请求另外的中断。这意味着为了允许新的溢出中断请求，在每次溢出事件发生时用户必须通过写 1 到 SPISTS.7 位清除该位。也就是说，如果 RECEIVER OVERRUN FLAG 位由中断服务子程序保留设置(未被清除)，则当中断服务子程序退出时，另一个溢出中断将不会立即产生。无论如何，在中断服务子程序期间应清除 RECEIVER OVERRUN FLAG 位，因为 RECEIVER OVERRUN FLAG 位和 SPI INT FLAG 位(SPISTS.6)共用同样的中断向量。在接收下一个数据时这将减少任何可能的疑问
6	SPI INT FLAG	SPI 中断标志位 　　SPI 中断标志位是一个只读标志位。SPI 硬件设置该位是为了显示它已完成发送或接收最后一位且准备下一步操作。在该位被设置的同时，已接收的数据被放入接收器缓冲器中。如果 SPI 中断使能位(SPICTL.0)被设置，这个标志位会引起一个中断请求。该位由下列 3 种方法之一清除： ◇ 读 SPIRXBUF 寄存器中 ◇ 写 0 到 SPI SW RESET 位(SPICCR.7) ◇ 复位系统

续表 10.5

位	名称	功能描述
5	TX BUF FULL FLAG	发送缓冲器满标志位 　　当数据写入 SPI 发送缓冲器满标志位 SPITXBUF 时,该只读被设置为 1。在数据被自动地装入 SPIDAT 中且当先前的数据移出完成时,该位会被清除。该位复位时被清除
4~0	保留	

10.3.4　SPI 波特率设置寄存器(SPIBRR)

SPI 模块支持 125 种不同的波特率和 4 种不同的时钟方式。当 SPI 工作在主模式时,SPICLK 引脚为通信网络提供时钟;当 SPI 工作在从模式时,SPICLK 引脚接收外部时钟信号。

- 在从模式下,SPI 时钟的 SPICLK 引脚使用外部时钟源,而且要求该时钟信号的频率不能大于 CPU 时钟的 1/4;
- 在主模式下,SPICLK 引脚向网络输出时钟,且该时钟频率不能大于 LSPCLK 频率的 1/4。

下面给出 SPI 波特率的计算方法。

- 当 SPIBRR = 3~127 时:

$$SPI 波特率 = \frac{LSPCLK}{(SPIBRR+1)}$$

- 当 SPIBRR = 0、1 或 2 时:

$$SPI 波特率 = \frac{LSPCLK}{4}$$

其中:LSPCLK 为 DSP 的低速外设时钟频率;SPIBRR 为主动 SPI 模块 SPIBRR 的值。

要确定 SPIBRR 需要设置的值,用户必须知道 DSP 的系统时钟(LSPCLK)频率和用户希望使用的通信波特率。图 10.9 给出了 SPI 波特率设置寄存器的各位分配情况,表 10.6 描述了各位的功能定义。

15~7	6~0
Reserved	SPI BIT RATE (6~0)

图 10.9　SPI 波特率选择寄存器(SPIBRR)

表 10.6　SPI 波特率选择控制寄存器功能定义

位	名称	功能描述
15~7	保留	
6	SPI BIT RATE 6~0	SPI 波特率控制位 　　如果 SPI 处于网络主动模式,则这些位决定了位发送率。共有 125 种数据发送率可供选择(对于 CPU 时钟 LSPCLK 的每一功能)。在每一 SPICLK 周期一个数据位被移位(SPICLK 是在 SPICLK 引脚的波特率时钟输出)。如果 SPI 处于网络从动模式,模块在 SPICLK 引脚上从网络从动器接收一个时钟信号;因此,这些位对 SPICLK 信号无影响。来自从动器的输入时钟的频率不应超过 SPI 模块的 SPICLK 信号的 1/4。在主动模式下,SPI 时钟由 SPI 产生且在 SPICLK 引脚上输出

10.3.5 SPI 仿真缓冲寄存器(SPIRXEMU)

SPIRXEMU 包含接收到的数据。读 SPIRXEMU 寄存器不会清除 SPI INT FLAG 位(SPISTS.6)。这不是一个真正的寄存器而是来自 SPIRXBUF 寄存器的内容且在没有清除 SPI INT FLAG 位的情况下能被仿真器读的伪地址,如图 10.10 和表 10.7 所示(地址:7046h)。

15	14	13	12	11	10	9	8
ERXB15	ERXB14	ERXB13	ERXB12	ERXB11	ERXB10	ERXB9	ERXB8
R-0	R-0	R-0	R-0	R-0	R-0	R-0	R-0

7	6	5	4	3	2	1	0
ERXB7	ERXB6	ERXB5	ERXB4	ERXB3	ERXB2	ERXB1	ERXB0
R-0	R-0	R-0	R-0	R-0	R-0	R-0	R-0

图 10.10 SPI 仿真缓冲寄存器(SPIRXEMU)

表 10.7 SPI 仿真缓冲寄存器功能定义

位	名称	功能描述
位 15~0	ERXB15~ERXB0	仿真缓冲器接收数据位。除了读 SPIRXEMU 时不清除 SPI INT FLAG 位(SPISTS.6)之外,SPIRXEMU 寄存器功能几乎等同于 SPIRXBUF 寄存器的功能。一旦 SPIDAT 收到完整的数据,这个数据就被发送到 SPIRXEMU 寄存器和 SPIRXBUF 寄存器,在这两个地方数据能读出。与此同时,SPI INT FLAG 位被设置。这个镜子寄存器被创造以支持仿真。读 SPIRXBUF 寄存器清除 SPI INT FLAG 位(SPISTS.6)。在仿真器的正常操作下,读控制寄存器不断地更新在显示屏上这些寄存器的内容。创造 SPIRXEMU 以使仿真器能读这些寄存器且更新在显示屏幕上的内容。读 SPIRXEMU 不会清除 SPI INT FLAG 位,但是读 SPIRXBUF 会清除该位。换句话说,SPIRXEMU 使能仿真器更准确地仿真 SPI 的正确操作。用户在正常的仿真运行模式下观察 SPIRXEMU 是推荐方式

10.3.6 SPI 串行接收缓冲寄存器(SPIRXBUF)

SPIRXBUF 包含接收到的数据,读 SPIRXBUF 会清除 SPI INT FLAG 位(SPISTS.6),如图 10.11 和表 10.8 所示(地址:7047h)。

15	14	13	12	11	10	9	8
RXB15	RXB14	RXB13	RXB12	RXB11	RXB10	RXB9	RXB8
R-0	R-0	R-0	R-0	R-0	R-0	R-0	R-0

7	6	5	4	3	2	1	0
RXB7	RXB6	RXB5	RXB4	RXB3	RXB2	RXB1	RXB0
R-0	R-0	R-0	R-0	R-0	R-0	R-0	R-0

图 10.11 SPI 接收缓冲寄存器(SPIRXBUF)

表 10.8 SPI 接收缓冲寄存器功能定义

位	名称	功能描述
15～0	RXB15～RXB0	接收数据位。一旦 SPIDAT 接收到完整的数据,数据就被发送到 SPIRXBUF 寄存器,在这个寄存器中数据可被读出。与此同时,SPI INT FLAG 位(SPISTS.6)被设置。因为数据首选被移入 SPI 模块的最有效的位,在寄存器中它被右对齐储存

10.3.7 SPI 串行发送缓冲寄存器(SPITXBUF)

SPITXBUF 存储下一个数据是为了发送,向该寄存器写入数据会设置 TXBUF FULL FLAG 位(SPISTS.5)。当目前的数据发送结束时,寄存器的内容会自动地装入 SPIDAT 中且 TX BUF FULL FLAG 位被清除。如果当前没有发送,写到该位的数据将会传送到 SPIDAT 寄存器中且 TX BUF FULL 标志位不被设置。

在主动模式下,如果当前发送没有被激活,则向该位写入数据将启动发送,同时数据被写入到 SPIDAT 寄存器中。如图 10.12 和表 10.9 所示(地址:7048h)。

15	14	13	12	11	10	9	8
TXB15	TXB14	TXB13	TXB12	TXB11	TXB10	TXB9	TXB8
R/W-0	R/W-0	R/W-0	R/W-0	R/W-0	R/W-0	R/W-0	R/W-0

7	6	4	4	3	2	1	0
TXB7	TXB6	TXB5	TXB4	TXB3	TXB2	TXB1	TXB0
R/W-0	R/W-0	R/W-0	R/W-0	R/W-0	R/W-0	R/W-0	R/W-0

图 10.12 SPI 发送缓冲寄存器(SPITXBUF)

表 10.9 SPI 发送缓冲寄存器功能定义

位	名称	功能描述
15～0	TXV15～TXV0	发送数据缓冲位。在这里存储有准备发送的下一个数据。当目前的数据发送完成后,如果 TX BUF FULL 标志位被设置,则该寄存器的内容自动地被发送到 SPIDAT 寄存器中,且 TX BUF FULL 标志位被设置。向 SPITXBUF 中写入的数据必须是左对齐的

10.3.8 SPI 串行数据寄存器(SPIDAT)

SPIDAT 是发送/接收移位寄存器。写入 SPIDAT 寄存器的数据在后续的 SPICLK 周期中(最高有效位)依次被移出。对于移出 SPI 的每一位(最高有效位),有一位移入到移位寄存器的最低位 LSB。如图 10.13 和表 10.10 所示(地址:7049h)。

第 10 章 SPI 接口及其应用

15	14	13	12	11	10	9	8
SDAT15	SDAT14	SDAT13	SDAT12	TXB11	SDAT10	SDAT9	SDAT8
R/W-0	R/W-0	R/W-0	R/W-0	R/W-0	R/W-0	R/W-0	R/W-0

7	6	4	4	3	2	1	0
SDAT7	SDAT6	SDAT5	SDAT4	SDAT3	SDAT2	SDAT1	SDAT0
R/W-0	R/W-0	R/W-0	R/W-0	R/W-0	R/W-0	R/W-0	R/W-0

图 10.13 SPI 数据寄存器(SPIDAT)

表 10.10 SPI 数据寄存器功能定义

位	名 称	功能描述
15~0	SDAT15~SDAT0	串行数据位。写入 SPIDAT 的操作执行以下 2 个功能： ◇ 如果 TALK 位(SPICTL.1)被设置,则该寄存器提供将被输出到串行输出引脚的数据。 ◇ 当 SPI 处于主动工作方式时,数据发送开始。在开始一个发送时,参看在 SPI 配置控制寄存器中的 CLOCK POLARITY 位(SPICCR.6)描述。 在主动模式下,将伪数据写入到 SPIDAT 中用以启动接收器的排序。因为硬件不支持少于 16 位的数据进行对齐处理,所以要发送的数据必须先进行左对齐,而接收到的数据则用右对齐方式读出

10.3.9 SPIFFTX 寄存器

图 10.14 给出了 SPIFFTX 寄存器的各位分配,表 10.11 列出了各位的定义。

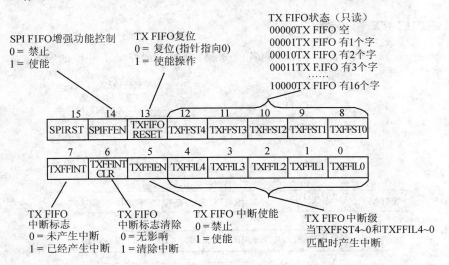

图 10.14 SPIFFTX 寄存器

表 10.11 SPIFFTX 寄存器功能定义

位	名称	复位值	功能描述
15	SPIRST	1	0 写 0 复位 SPI 发送和接收通道,SPI FIFO 寄存器配置位将被保留 1 SPI FIFO 能重新开始发送或接收。这不影响 SPI 的寄存器位
14	SPIFFENA	0	0 SPI FIFO 增强禁止,且 FIFO 处于复位状态 1 SPI FIFO 增强使能
13	TXFIFO RESET	0	0 写 0 复位 FIFO 指针为 0,且保持在复位状态 1 重新使能发送 FIFO 操作
8～12	TXFFST4～0	00000	00000 发送 FIFO 是空的; 00011 发送 FIFO 有 3 个字 00001 发送 FIFO 有 1 个字; 0xxxx 发送 FIFO 有 x 个字 00010 发送 FIFO 有 2 个字; 10000 发送 FIFO 有 16 个字
7	TXFFINT	0	0 TXFIFO 是未发生的中断,只读位 1 TXFIFO 是已发生的中断,只读位
6	TXFFINT CLR	0	0 写 0 对 TXFFINT 标志位无影响,且位的读归 0 1 写 1 清除 TXFFINT 标志的第 7 位
5	TXFFIENA	0	0 基于 TXFFIVL 匹配(少于或等于)的 TX FIFO 中断禁止 1 基于 TXFFIVL 匹配(少于或等于)的 TX FIFO 中断使能
4～0	TXFFIL4～0	00000	TXFFIL4～0 发送 FIFO 中断级别位。当 FIFO 状态位(TXFFST4～0)和 FIFO 级别位(TXFFIL4～0)匹配时(少于或等于),位发送 FIFO 将产生中断。缺省值为 0x00000

10.3.10 SPIFFRX 寄存器

图 10.15 给出了 SPIFFRX 寄存器的各位分配,表 10.12 列出了各位的定义。

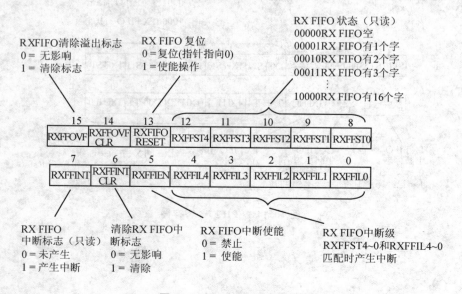

图 10.15 SPIFFRX 寄存器

表 10.12 SPIFFRX 寄存器功能定义

位	名称	复位值	功能描述
15	RXFFOVF	0	0 接收 FIFO 未溢出,只读位 1 接收 FIFO 已溢出,只读位。大于 16 位的数据接收到 FIFO,且先接收到的数据丢失
14	RXFFOVF CLR	0	0 写 0 对 RDFFOVF 标志位无影响,位读归 0 1 写 1 清除 RXFFOVF 标志的第 15 位
13	RXFIFO RESET	1	0 写 0 复位 FIFO 指针为 0,且保持在复位状态 1 重新使能发送 FIFO 操作
8～12	RXFFST4～0	00000	00000 接收 FIFO 是空的 00001 接收 FIFO 有 1 个字 00010 接收 FIFO 有 2 个字 00011 接收 FIFO 有 3 个字 0xxxx 接收 FIFO 有 x 个字 注:10000 接收 FIFO 有 16 个字
7	RXFFINT	0	0 RXFIFO 是未产生的中断,只读位 1 RXFIFO 是已产生的中断,只读位
6	RXFFINT CLR	0	0 写 0 对 RXFIFINT 标志位无影响,位读归 0 1 写 1 清除 RXFFINT 标志的第 7 位
5	RXFFIENA	0	0 基于 RXFFIVL 匹配的 RX FIFO 中断将被禁止 1 基于 RXFFIVL 匹配的 RX FIFO 中断将被使能
4～0	RXFFIL4～0	11111	接收 FIFO 中断级别位。当 FIFO 状态位(RXFFST4～0)和 FIFO(RXF-FIL4～0)级别位匹配(大于或等于)时,接收 FIFO 将产生中断。这将避免频繁的中断,复位后,作为接收 FIFO 大多数时间是空的

10.3.11 SPIFFCT 寄存器

图 10.16 给出了 SPIFFCT 寄存器的各位分配,表 10.13 列出了各位的定义。

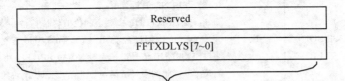

图 10.16 SPIFFCT 寄存器

表 10.13　SPIFFCT 寄存器功能定义

位	名称	复位值	功能描述
8~15	Reserved	0	保留
0~7	FFTXDLY7~0	0x0000 0000	FIFO 发送延迟位 　　这些位决定了每一个从 FIFO 发送缓冲器到发送移位寄存器间的延迟。这个延迟决定了 SPI 串行时钟周期的数量。该 8 位寄存器可以定义一个最小 0 串行时钟周期的延迟和一个最大 256 串行时钟周期的延迟。 　　在 FIFO 模式下,仅仅在移位寄存器完成了最后一位的移位后,移位寄存器和 FIFO 之间的缓冲器(TXBUF)应该被加载。这要求在发送器和数据流之间传递延迟。在 FIFO 模式下,TXBUF 不应作为一个附加级别的缓冲器来对待

10.3.12　SPI 优先级控制寄存器(SPIPRI)

图 10.17 给出了 SPI 优先级控制寄存器的各位分配(地址:704Fh),表 10.14 列出了各位的定义。

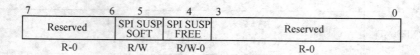

图 10.17　优先级控制寄存器

表 10.14　优先级控制寄存器的功能定义

位	名称	功能描述
6~7	Reserved	保留
5~4	SPI SUSP SOFT SPI SUSP FREE	这两位决定了仿真挂起时(例如,当调试器遇到断点)的 SPI 操作。无论外设正处于什么状态(自由运行模式),都能继续运行。如果处于停止模式,也能立即停止或在完成当前的操作(当前的接收/发送序列)时停止。 位 5　位 4 Soft　Free 0　　0　当 TSPEND 被设置时,发送将中途停止。一旦 TSUSPEND 被撤销,在 DDATBUF 中剩余的位值将被移位。例如:如果 SPIDAT 中的 8 位数据已经移出 3 位,通信将停止在该处。然而,如果 TSUSPEND 信号撤销而没有复位 SPI,SPI 将从它停止的地方开始发送(此例中是从第 4 位开始)。SCI 模块的操作将与此不同。 1　　0　如果仿真器挂起发生在一次传送的开始前,传送将不会发生。如果仿真器挂起发生在一次发送的开始后,数据将会被移出。何时启动发送依赖于使用的波特率。在标准 SPI 模式下,发送完移位寄存器和缓冲器中数据后停止。在 FIFO 模式下,移位寄存器和缓冲器发送数据后停止。 X　　1　自由运行,SPI 操作
0~3	保留	

10.4 应用实例

TLV5617A 是带有灵活 3 线串行接口的双 10 位电压输出数/模转换器 DAC 串行接口,可与 TMS320、SPI、QSPI 和 Microwire 的串行端口兼容,可用含有 4 个控制位和 10 个数据位的串行 16 位字符串编程,如图 10.20 所示。电阻字符串的输出电压由×2 增益轨对轨的输出缓冲器进行缓冲,该缓冲器以 AB 型(Class-AB)输出级来改善稳定性,并减少稳定时间。DAC 的可编程的稳定时间允许设计者使速度和功耗之间的对比达到最优化。TLV5617A 具有以下特点。

- 双 10 位电压输出数/模转换器(DAC)。
- 可编程的内部基准。
- 可编程的稳定时间:
  ◇ 快速方式 2.5 μs;
  ◇ 慢速方式 12 μs。
- 可与 TMS320 和 SPITM 串行端口兼容。
- 差分非线性<0.2 LSB(典型值)。

TLV5617A 的结构框图和引脚功能如图 10.18 和表 10.15 所示,通信时序和数据格式如图 10.19 和图 10.20 所示,SPI 与 TLV5617 接口软件的结构如图 10.21 所示,具体代码参考光盘中"10.4 SPI 接口应用实例.pdf"。

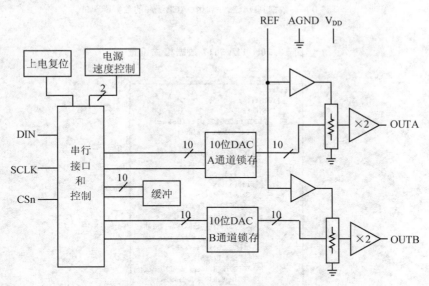

图 10.18 TLV5617A 的结构框图

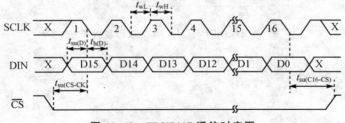

图 10.19 TLV5617 通信时序图

表 10.15 TLV5617 与 F2812 处理器接口连线

TLV5617信号	引脚	功能描述	F2812 信号	TLV5617信号	引脚	功能描述	F2812 信号
AGND	5	模拟地	AGND	REF	6	模拟参考输入	3.3 V
$\overline{CS}$	3	片选	C28x – GPIO D0	VDD	8	电源	3.3 V
DIN	1	输入数据	C28x – SPISIMO	OUT A	4	DAC 通道 A 输出	
SCLK	2	SPI 时钟	C28x – SPICLK	OUT B	7	DAC 通道 B 输出	

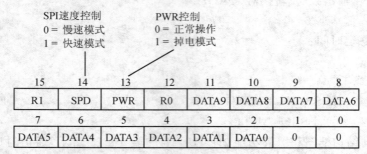

R1, R0 寄存器选择
0 0 写数据到 DACB 和缓冲
0 1 写缓冲
1 0 写数据到 DACA 并利用 DACB 缓冲的数据刷新
1 1 保留

图 10.20 TLV5617 数据格式设置

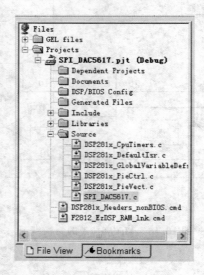

图 10.21 SPI 与 TLV5617 接口软件结构

第 11 章
I²C 总线接口及其应用

I²C(Inter-Integrated Circuit)总线是由 PHILIPS 公司开发的串行总线,作为微控制器与外围串行扩展功能器件的接口,被广泛应用于各种基于微控制器的专业、消费与电信产品中。I²C 总线可以将多个符合 I²C 总线标准的器件通过同一总线连接起来通信,如图 11.1 所示,而不需要额外的地址译码硬件电路,采用双线式连接方式也方便应用,概括起来 I²C 有以下优点。

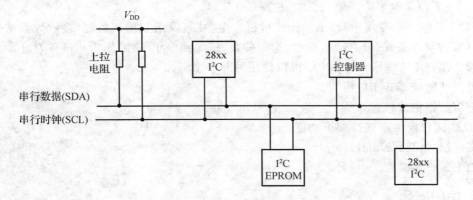

图 11.1 多 I2C 器件连接图

- 采用双线制,仅有两根信号线节省芯片的端口,方便硬件设计。
- 总线协议简单,对于带有 I²C 总线接口的处理器可以直接使用,而即便是 MCU 没有 I²C 总线端口,也能够方便地利用开漏的 I/O(如果没有,可用准双向 I/O 代替)来模拟实现。
- 多个器件互连,总线上可同时挂接多个 I²C 器件,每个器件通过唯一的地址区分,不需要单独的地址译码。
- 总线可裁减性好,在原有总线连接的基础上可以随时新增或者删除器件。用软件可以很容易实现 I²C 总线的自检功能,能够及时发现总线上的变动。
- 总线电气兼容性好,I²C 总线规定器件之间以开漏 I/O 互连,只要选取适当的上拉电阻就能轻易实现 3 V/5 V 逻辑电平的兼容,而不需要额外的电平转换电路。
- 支持多种通信方式,一主多从是最常见的通信方式,还支持双主机通信、多主机通信以及广播模式等。
- 通信速率高,串行的 8 位双向数据传输位速率在标准模式下可达 100 kbps,快速模式下可达 400 kbps,高速模式下可达 3.4 Mbps。

11.1 TMS320c28xxx 处理器 I²C 总线

11.1.1 I²C 主要特点

I²C 总线接口模块有以下特点：
- 同 PHILIPS I²C 总线接口标准兼容：
  —支持 8 位格式数据传输；
  —7 位和 10 位地址模式；
  —通用播叫功能；
  —START 字节模式；
  —支持多个主发送器和从发送器；
  —具有主发送/接收和接收/发送模式；
  —数据传输速度从 10 kbps 到 400 kbps(PHILIPS 快速模式)。
- 一个 16 位接收 FIFO 和一个 16 位发送 FIFO。
- CPU 提供一个专用中断，下列操作可以产生中断：发送数据准备好，接收数据准备好，寄存器访问准备好，没有响应接收，遗失仲裁，检测到停止条件，作为从设备寻址。
- 当工作在 FIFO 模式时，CPU 可以使用另外一个附加中断。
- 可以使能或禁止 I²C 模块。
- 自由数据格式模式。

I²C 总线接口模块不支持如下功能：
- 高速模式(Hs-mode)；
- CBUS 兼容模式。

11.1.2 功能概述

每个连接到 I²C 总线上的器件，包括 280x DSP，都有一个唯一的识别地址，根据系统中功能的需要，每个器件都可以实现发送和接收功能。当完成数据传输时，连接到 I²C 总线上的器件都可以作为主或从设备。主设备初始化总线上的数据传输，并在数据传输过程中产生时钟信号。在数据传输过程中，任何主设备寻址的地址设备都没看作为从设备。I²C 总线支持多主模式，在此种操作模式下允许多个主设备控制连接到数据同一个 I²C 总线上的设备。

为了实现数据通信任务，I²C 总线模块有一个数据引脚(SDA)和一个时钟引脚(SCL)，如图 11.2 所示。这两个引脚加载数字信号处理器和其他 I²C 设备数据传输的所有信息。SDA 和 SCL 信号都是双向的，在使用过程中都必须加一个上拉电阻，当总线处于空闲状态时，两个引脚都处于高电平。为了实现两个信号线的与操作，两个信号引脚都是采用集电极开路配置。

有两个主要的传输技术：
- 标准模式：发送 n 个数据，n 是指 I²C 模块的配置寄存器设置的传输数据个数。
- 重复模式：一直发送数据知道原件强制产生一个停止信号或者一个新的启动信号。

I²C 总线模块主要有以下几个部分构成：
- 一个串行接口：数据引脚(SDA)和时钟引脚(SCL)。

- 数据寄存器和 FIFO：用来临时存放 SDA 引脚和 CPU 控制状态寄存器之间发送或接收的数据。
- 外设总线接口：CPU 通过外设总线接口访问 I^2C 模块的寄存器和 FIFO。
- 时钟同步器：时钟同步器主要完成 DSP 产生的 I^2C 时钟和 SCL 引脚之间的时钟同步，并实现不同时钟频率情况下的同步数据传输。
- 预定标分频器：将输入时钟预定标分频产生 I^2C 时钟。
- 噪声滤波器：对 SDA 和 SCL 引脚上的信号进行滤波。
- 总线仲裁模块：当 I^2C 模块作为主模块时，总线仲裁模块完成同其他主模块之间的仲裁处理。
- 中断产生逻辑：I^2C 模块向 CPU 发送中断信号。
- FIFO 中断产生逻辑：实现 FIFO 访问与 I^2C 模块的数据接收和数据发送操作同步。

图 11.2 给出了在非 FIFO 模式下使用的 4 个寄存器。在数据发送过程中，CPU 将需要发送的数据写到寄存器 I^2CDXR，接收数据时 CPU 从 I^2CDRR 读取数据。当 I^2C 模块配置为发送器时，写到 I^2CDXR 的数据被复制到 I^2CXSR 寄存器，并将每位移位到发送引脚 SDA。当 I^2C 模块配置为接收器时，接收到的数据移位到寄存器 I^2CRSR，然后复制到寄存器 I^2CDRR。

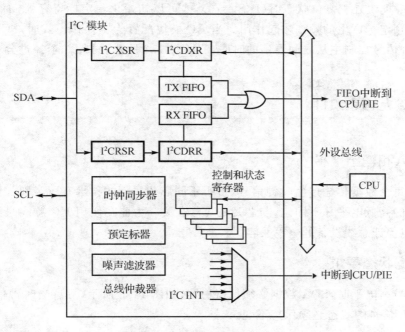

图 11.2　I^2C 模块结构功能框图

11.1.3　时钟产生

如图 11.3 所示，DSP 时钟产生器从外部时钟源接收信号，并根据程序设置产生一个 I^2C 时钟。

时钟产生模块确定 I^2C 的操作频率，一个可编程预定标器将 I^2C 的输入时钟分频后为模块提供时钟信号。为了确定初始化的值，可以通过预定标寄存器的 IPSC 控制区设置，具体操作频

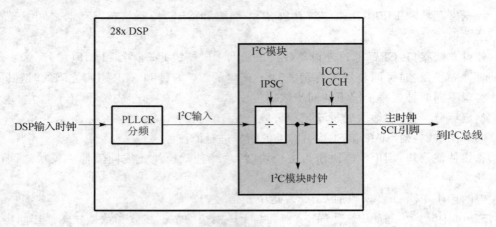

图 11.3 I²C 模块时钟信号产生逻辑

率计算方法如下：

$$模块时钟频率 = \frac{I^2C\ 输入时钟}{(IPSC+1)}$$

只有当 I²C 模块处于复位状态时(IRS = 0)，才可以初始化预定标寄存器，而且只有当 IRS 由 0 变为 1 时预定标产生的频率才起作用。当 I²C 模块配置为主操作模式时，SCL 引脚输出时钟信号，该时钟信号控制主从之间通信的时序。如图 11.3 所示，另外一个经过分频的时钟为主模块提供时钟。

11.2 I²C 总线操作

11.2.1 输入和输出电平

主设备为每个数据传输产生时钟信号，由于不同芯片采用的技术有所区别，因此连接到 I²C 总线上的器件的高低电平并不固定，与芯片的 V_{DD} 有关。为此在使用 I²C 总线时需要查看相应的数据手册，以保证总线设备的电平兼容。

11.2.2 数据状态要求

在时钟信号高电平时，SDA 数据必须保持稳定，如图 11.4 所示，只有当时钟信号 SCL 处于低电平时，SDA 信号的状态必须保持不变。

11.2.3 操作模式

I²C 总线模块支持 4 种主、从数据传输方式，如表 11.1 所列各种模式的操作方式。如果 I²C 总线模块工作在主模式，其作为一个主发送器发送一个特定的地址。当向从 I²C 总线模块发送数据时，I²C 总线模块必须保持主发送器模式。为了从 I²C 总线从模块接收数据，I²C 总线模块必须设置为主接收模式。

如果 I²C 总线模块设置为从模式，其首先作为从接收器，并在识别到主发送的相应的从地址时，发送响应信号。如果主 I²C 总线模块正在向该从模块发送数据，该模块必须保持从接收器模

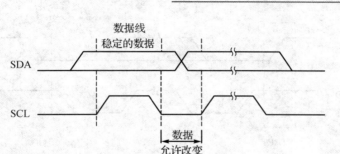

图 11.4　SDA 信号的数据状态要求

式。如果主请求 I²C 总线模块发送数据,该模块必须设置为从接收器模式。

表 11.1　I²C 总线模块操作模式

操作模式	功能描述
从接收模式	I²C 模块作为从设备,从主模块接收数据: 所有从模块都是从此种模式启动,在这种模式下 SDA 上的串行数据根据主模块产生的时钟移位到从模块的内部寄存器。作为一个从 I²C 模块并不产生时钟信号,当接收完一个字节后需要 DSP 干预时,从模块可以将 SCL 置低
从发送模式	I²C 模块作为从设备,向主模块传送数据: 此种模式只能由从接收模式进入,I²C 模块首先从主模块接收命令。当使用 7 位或 10 位地址格式时,如果从地址字节和它本身的地址相同,并且主模块的 R/$\overline{W}$ 输出为 1,I²C 模块进入从发送模式。作为从发送模块,I²C 模块在主时钟控制下将串行数据移位输出到 SDA 引脚
主接收模式	I²C 模块作为主模块并从从模块接收数据: 该模式只能从主发送模式进入,I²C 模块必须首先向从发射一个命令。当使用 7 位或 10 位地址格式时,I²C 模块传送一个从地址和 R/$\overline{W}$=1 信号后进入主接收模式。SDA 上的串行数据在 SCL 时钟信号控制下移位到 I²C 模块。当接收完一个字节后需要 DSP 干预时,禁止时钟脉冲并使 SCL 保持低电平
主发送模式	I²C 模块作为主并向从发送控制信息和数据: 所有主都是从这种模式启动,在这种模式下,7 位或 10 位格式的地址移位输出到 SDA 线,移位操作和 SCL 信号线上的时钟同步。传输完一个字节数据后要求 DSP 干预,时钟脉冲被禁止并使 SCL 处于低电平

11.2.4　I²C 模块 START 和停止条件

当 I²C 模块配置为 I²C 总线的主模式时,I²C 模块可以产生 START 和 STOP 信号,如图 11.5 所示。

START 条件定义为当 SCL 为高电平时,SDA 信号由高电平转换为低电平的过程。主模块输出 START 条件表示数据传输开始。

STOP 条件定义为当 SCL 为高电平时,SDA 信号由低电平转换为高电平的过程。主模块输出 STOP 条件表示数据传输结束。

在一个 START 信号产生后,STOP 信号产生之前,I²C 总线被认为是处于忙状态,而且总线忙标志位(I2CSTR 寄存器的 BB)为 1。在 STOP 和下一个 NEXT 产生之前,总线被认为处于空闲状态,总线忙标志位(I2CSTR 寄存器的 BB)为 0。

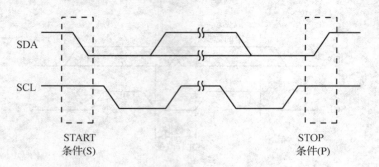

图 11.5 START 和 STOP 信号时序

对于 I²C 模块 START 启动数据传输，寄存器 I2CMDR 中的主模式位(MST)和 START 条件为(STT)必须置 1。如果希望利用 STOP 条件结束数据传输，STOP 条件位(STP)必须置 1。当 BB 位和 STT 位都置 1 时，产生重复 START 操作。

11.2.5 串行数据格式

图 11.6 给出了 I²C 总线数据传输实例，I²C 总线支持 1～8 位数据值，图 11.6 给出了 8 位数据传输模式。数据线 SDA 上传输的每位数据对应一个总线时钟脉冲，并且发送数据过程中总是先发送最高有效位。但是发送和接收数据的数量没有严格的限制。此外，图 11.6 中采用的数据传输模式采用 7 位地址方式，I²C 总线模块支持图 11.7 到 11.9 给出的数据格式。

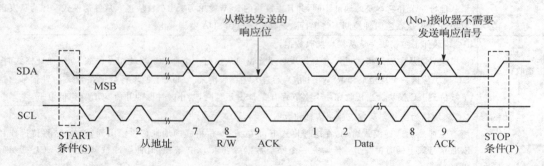

图 11.6 I²C 模块数据传输格式(7 位地址和 8 位数据)

1. 7 位地址数据格式

在 7 位地址数据格式下(如图 11.7 所示)，START 信号后的第一个字节由 7 位从地址和 1 为读写控制信号 R/$\overline{W}$组成，R/$\overline{W}$信号确定数据传输的方向：

R/$\overline{W}$ = 0：主模块写数据到从地址模块；

R/$\overline{W}$ = 1：主模块从从模块读取数据。

每个字节传输完成后，有一个专门的额外周期用于插入响应信号(ACK)，如果在主发送完成一个字节后从发送一个响应信号，根据 R/$\overline{W}$信号的状态，在响应信号后就会发送(主或从)n位数据，n 的数值可以设置为 1～8 之间的数，通过寄存器 I2CMDR 的 BC 区配置。数据传输完成后，接收方将会插入一个响应位。

如果期望选择 7 位地址传输格式，写 0 到 I2CMDR 寄存器的扩展地址使能 XA 位，并确认自选数据格式模式处于关闭状态(FDF = 0)。

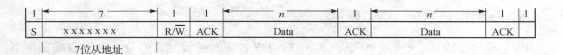

图 11.7　I²C 模块 7 位地址格式(寄存器 I2CMDR 中 FDF = 0, XA = 0)

2. 10 位地址格式

10 位地址格式(如图 11.8 所示)同 7 位地址格式相似。主发送从地址采用两个分离的字节传输,第一个字节由 11110b、10 位从地址的 2 个 MSBs 和读写信号组成,第二个字节存放 10 位从地址的剩余 8 位地址。一旦主将第二个字节的地址写到从,主模块可以写数据或使用 START 重复操作改变数据方向。

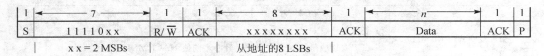

图 11.8　I²C 模块 10 位地址格式(寄存器 I2CMDR 中 FDF = 0, XA = 1)

如果期望选择 10 位地址传输格式,写 1 到 I2CMDR 寄存器的扩展地址使能 XA 位,并确认自选数据格式模式处于关闭状态(FDF = 0)。

3. 自选数据格式

自选数据格式(如图 11.9 所示)下,START 后面的第一个字节是数据字节,每个数据字节结束后插入一个响应位(ACK),数据字节的长度可以通过 BC 位设置为 1~8 位长度,不发送地址和方向信息。因此,采用这种方式传输数据,发送和接收模块都必须支持自选数据格式,而且在整个数据传输过程中,数据的传输方向必须保持不变。

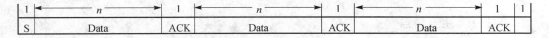

图 11.9　I²C 模块自选数据格式(寄存器 I2CMDR 中 FDF = 1)

如果期望选择自选数据格式,写 1 到 I2CMDR 寄存器的扩展地址使能 PDF 位,在 loopback 自循环测试模式下,处理器不支持自选数据格式。

4. 重复 START 操作

每个数据字节传输结束后,主可以驱动其他 START 操作。利用此点,主模块可以在不使用 STOP 操作放弃总线控制权的情况下,同多个从模块实现通信。通信数据字节的长度可以是 1~8 位。重复 START 操作可以使用 7 位地址格式、10 位地址格式和自选数据格式。图 11.10 给出了重复 START 操作的实例。

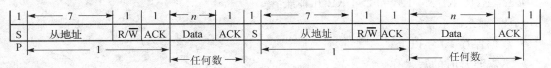

图 11.10　重复 START 操作(7 位地址格式)

11.2.6 不响应信号(NACK)产生

当 I²C 模块作为接收器时(主或从),可以响应或忽略发送器发送的位。为了忽略任何新的总线上发送的信号,I²C 模块必须在总线响应过程中发送一个不响应信号(NACK)。表 11.2 总结了可以发送 NACK 的各种方式。

表 11.2 产生 NACK 方式

I²C 模块操作	NACK 信号产生选择
从接收模式	·允许产生过载(RSFULL = 1) ·复位模块(IRS = 0) ·在需要接收最后一个数据的上升沿之前使 NACKMOD 位置位
主接收模式 和重复模式(RM = 1)	·产生 STOP 信号(STP = 1) ·复位模块(IRS = 0) ·在需要接收最后一个数据的上升沿之前使 NACKMOD 位置位
主接收模式和 和不重复模式(RM = 0)	·如果 STP = 1,允许内部数据计数器计数到 0,并强制产生 STOP 信号 ·如果 STP = 0,,使 STP = 1 产生 ·复位模块(IRS = 0),= 1 产生 STOP 信号 ·在需要接收最后一个数据的上升沿之前使 NACKMOD 位置位

11.3 I²C 总线应用举例

铁电存储器 FM31256 接口

1. FM31256 主要特点

(1) 集成多种功能
- 串行非易失性存储器;
- 实时时钟(RTC);
- 低电压复位;
- 看门狗定时器;
- 电源监测;
- 2 个 16 位事件计数器;
- 密码保护。

(2) 铁电非易失性存储器
- 4 KB、16 KB、64 KB 和 256 KB 几种兼容;
- 读/写无显示;
- 数据保存 10 年以上;
- 不需要延时的写操作。

(3) 实时时钟
- 待电模式消耗电流 1 μA;

- 秒、分、时、星期、月、年、世纪的 BCD 格式显示；
- 使用标准的 32.768 kHz 晶振(6 pF)；
- 软件校准；
- 支持电池提供备份电源。

(4) 协处理器
- V_{DD} 监测和看门狗的低电平输出；
- 可编程 V_{DD} 复位触发电位；
- 手动复位滤波和反跳电路；
- 可编程看门狗定时器；
- 双事件计数跟踪；
- 电源降低比较中断；
- 64 位可编程串行密码保护。

(5) 2 线制快速串行接口
- 总线速度最大可达 1 MHz；
- 支持 100 kHz & 400 kHz 数据传输；
- 提供 2 个片选信号能够实现统一总线上扩展 4 片处理器；
- 通过 2 接口实现 RTC 和监测电路的控制。

2. FM31xxx 的基本结构

FM31xx 是由 Ramtron 公司推出的新一代多功能系统监控和非易失性铁电存储芯片。它集成了绝大多数基于处理器开发的系统所需要的功能，主要包括非易失性铁电存储器、实时时钟、低电源电压复位、看门狗定时器、非易失性事件计数器、64 位密码保护、电源系统不可屏蔽中断以及通用比较器等功能，其结构如图 11.11 所示。

FM31xx 系列器件提供 4 KB、16 KB、64 KB 和 256 KB 几种存储空间的版本，与其他非易失性存储器比较，它具有如下优点：读/写速度快，没有写等待时间；功耗低，静态电流小于 1 mA，写入电流小于 150 mA；擦写使用寿命长，芯片的擦写次数为 100 亿次，比一般的 EEPROM 存储器高 10 万倍，即使每秒读/写 30 次，也能用 10 年；读/写的无限性，芯片擦写次数超过 100 亿次后，还能和 SRAM 一样读/写。因此，可以作为类似于外部 RAM 存储器使用，也可以作为一般性的非易失性存储介质使用。

实时时钟(RTC)模块采用 BCD 码格式提供时间和数据信息，该模块可以利用外部电源直接供电，也可以采用备用电池供电。实时时钟(RTC)模块使用 32.768 kHz 的外部晶振，允许通过软件调整时钟时间。

协处理器模块完成系统的监测功能，主要实现对电源 V_{DD} 以及看门狗的监测。当 V_{DD} 低于设定的门限值时，$\overline{RST}$ 输出低电平；当 VDD 高于触发点时，$\overline{RST}$ 继续保持低电平 100 ms 然后变为高电平。可编程看门狗定时器可以设置看门狗复位周期为 100 ms～3 s，看门狗功能可以选择，一旦被使能如果在定时器超时前没有对其复位操作，则复位信号将会输出 100ms 的的脉冲复位信号，同时相应的复位标识位置位。

通用比较器将外部输入引脚和板上的 1.2 V 参考电压比较，该功能可以和电源监测的不可屏蔽中断结合使用。64 位密码保护可以锁定存储器内容，时间计数器可以对外部事件计数，外部引脚的上升和下降沿都可以触发计数。

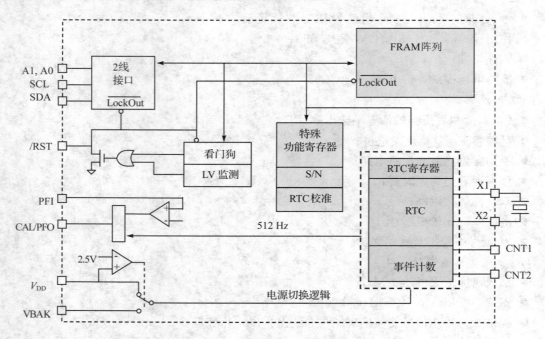

图 11.11　FM31xxx 内部结构框图

FM31xxx 器件将非易失 FRAM 与实时时钟(RTC)、处理器监控器、非易失性事件计数器、可编程可锁定的 64 位 ID 号和通用比较器相结合,采用先进的 0.35 μm 制造工艺,这些功能通过一个通用接口嵌入到 14 个引脚的 SOIC 封装中,引脚功能如表 11.3 所列,从而取代系统板上的多个元件。存储器的读/写以及其他控制功能都通过工业标准的 I^2C 总线来实现。

表 11.3　FM31xxx 信号引脚功能

引脚名称	信号类型	功能描述
CNT1, CNT2	输入	事件计数器输入: 当检测到 CNT 引脚变化(上升或下降沿)时,事件计数器计数,输入信号的跳变极性是可编程的
A0, A1	输入	片选信号: 当串行总线上连接多个芯片时,通过两个信号实现片选使能。为了操作相应的芯片,处理器提供的片选信号必须和操作对象相一致,两个引脚内部下拉
CAL/PFO	输入/输出	时钟校准和掉电输出: 在校准模式下,该引脚输出 512 Hz 的方波,正常操作模式下该引脚输出掉电错误
/RST	输入/输出	复位输入/输出: 低有效复位输出,也可以作为手动复位输入引脚
PFI	输入	掉电输入: 连接到电源系统的监测电路,监测掉电状态。该引脚不能悬空
X1, X2	输入/输出	晶振连接引脚: 32.768 kHz 晶振连接引脚,当采用外部晶振时,时钟信号连接到 X1,X2 悬空

第 11 章 I²C 总线接口及其应用

续表 11.3

引脚名称	信号类型	功能描述
SDA	输入/输出	串行数据 & 地址： 该信号是一个双向数据、地址线，能够完成同其他器件的通信。输入缓冲连接一个施密特触发器从而能够降低输入信号的噪声，输出电路包含一个边沿控制电路，该引脚需要一个上拉电阻
SCL	输入	串行时钟： 为数据传输提供时钟信号
VBAK	供电	备份电池供电 3 V 的电池或者是较大的电容为系统提供备用电源，如果 V_{DD} < 3.6 V 且没有备用电源，该引脚连接到 V_{DD} 上；如果 V_{DD} > 3.6 V 而没有备用电源，该引脚悬空且 VBC 置位
V_{DD}	供电	电源
V_{SS}	供电	地

3. FM31256 功能及使用方法

（1）存储器操作

FM31xx 系列芯片提供 4 KB、16 KB、64 KB 和 256 KB 大小存储空间的存储器，所有芯片的软件兼容并采用 2 个字节的地址寄存器寻址。存储器采用字节方式寻址，例如 4 KB 的存储器为 512×8。该系列芯片采用铁电存储技术，因此可以类似于 RAM 一样进行操作而不需要增加任何延时。

存储阵列还可以通过软件进行写保护，协处理器的两个控制位（寄存器 0x0B 地址的 WP0 和 WP1）设置写保护模式，受保护的存储区不能进行写操作，具体保护操作如表 11.4 所列。

表 11.4 写保护地址范围

写保护地址	WP1	WP0
不保护	0	0
从最低地址开始的 1/4	0	1
从最低地址开始的 1/2	1	0
全部存储区	1	1

（2）外部串行总线接口

FM31xx 采用标准的双线制串行通信总线，由于该系列芯片将两个逻辑芯片集成在一起，因此可以对两个逻辑功能单元进行独立操作。其中一个逻辑功能单元是存储阵列，其访问的从地址号为 1010b；另一逻辑功能单元为实时时钟和协处理器，其访问的从地址号为 1101b。

（3）启动操作

当时钟信号 SCL 为高电平，主控制器驱动 SDA 信号由高变为低时表示传输启动。所有读/写传输操作执行之前必须执行启动操作。在数据传输过程中一旦插入启动操作，将会终止当前的操作。一旦采用启动信号停止当前操作，同时会为开始 FM31xx 新的操作做好准备。如果在操作过程中电源低于 VTP 确定的门限，总线传输就会停止，如果需要完成其他操作则必须在操作之前重新加入启动操作。

（4）停止操作

当时钟信号 SCL 为高电平，主控制器驱动 SDA 信号由低变为高时表示传输停止。所有传输完成后必须加入停止信号。在总线传输过程中一旦插入停止操作，传输就会退出。

（5）数据和地址传输

所有数据和地址传输都是在 SCL 信号为高电平时完成，除了停止和启动操作外，其他任何操作过程中当 SCL 为高电平时 SDA 信号都应该保持不变。为了方便，称向总线上发送数据的器件为发送器，接收总线上数据的器件为接收器。主设备必须为所有操作提供时钟信号，总线上任何受控器件都称之为从，因此 FM31xx 器件总是作为从设备使用。

总线的协议是通过 SDA 和 SCL 两个信号的不同状态实现的，其中包括 4 种状态：启动、停止、数据位和响应，图 11.12 给出了执行操作的 4 种状态。

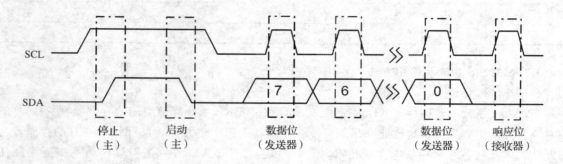

图 11.12　总线操作的几种状态时序

（6）响应操作

数据传输完成后等待总线上的响应信号，因此在发送器发送完数据后必须释放总线的控制权以便接收器能够传送响应信号。接收器驱动 SDA 信号为低电平表示接收到一个字节数据，如果接收器没有驱动 SDA 为低电平，则表示没有响应（NACK），操作将会终止。

不过大多数情况下，接收器并不发送响应信号专门终止操作。例如，在读操作过程中，只要接收器发送响应信号，FM31xx 就会连续向总线上传送数据。一旦传输结束，接收器需要发送一个不响应（NACK）信号以结束传输。如果接收器接收最后一个字节后仍发出响应信号，则会使 FM31xx 在主设备发送新的操作命令时驱动总线，从而产生总线冲突。

（7）从地址

启动信号完成后，FM31xx 器件等待接收从地址信息，该从地址信息包括从地址号、片选地址和确定读写操作的控制位，如图 11.13 所示。

FM31256 严格按 I^2C 总线的时序和数据格式操作，其访问操作过程可描述为如下步骤：启动—从机地址—应答—目标地址—应答—（启动—从机地址—应答）—数据（单或多字节）—应答—停止（注：从机地址中包含了读写命令；括号中的步骤为当前地址读和连续地址读命令所特有的）。这里对应答信号作些说明。应答脉冲发生在第 8 个数据位传送之后。在这个状态下，发送方须释放 SDA 让接收方驱动；当接收方发出低电平时，表示正常应答，当发出高电平时，表示无应答。不应答有两种情况：一是数据传送出错，无应答使发送方终止当前操作，以便重新寻址；二是接收方有意不作应答，以结束当前操作。

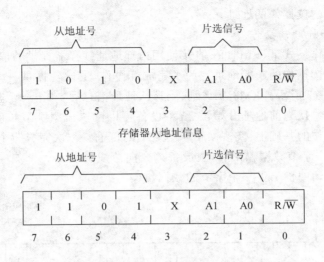

图 11.13 协处理器从地址信息

（8）存储器写操作

所有存储器的写操作都是以存储器的从地址开始，然后是存储器的操作地址。当设置从地址的最低位为 0 时表示执行写操作。访问地址信息发送完成后，向存储器发送数据，然后存储器发出响应信号。对存储器可以实现单字节操作，也可以实现连续地址操作。只有 8 位数据都传输完成后，相应地址的数据才会改变。因此，如果用户需要在存储器内容改变之前停止数据传输，则需要在第 8 位数据传输之前发送启动或停止信号，终止当前的存储器写操作，单字节和多字节的写操作时序格式如图 11.14 和 11.15 所示。

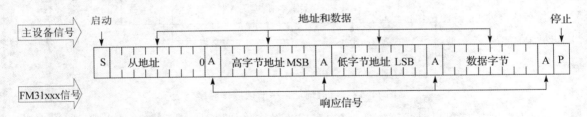

图 11.14 单字节存储器写操作时序

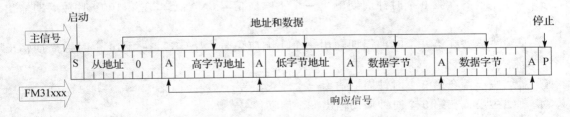

图 11.15 多字节存储器连续写操作时序

（9）存储器读操作

有当前地址读操作和指定地址读操作两种存储器读操作，在当前地址读操作模式下，FM31xx 直接使用内部地址锁存器提供的信息作为地址；在指定的地址读操作模式下，用户在实现读操作之前首先设定读操作的地址。

（10）当前地址和连续读操作

在当前地址读操作模式下，FM31xx 直接使用内部地址锁存器提供的信息作为地址，利用地址锁存器内的值作为读操作的起始地址。为了完成读操作，主设备提供一个最低位为 1 的从地址，如图 11.16 和 11.17 所示。FM31xx 接收到该从地址信息后，在下一个时钟周期开始将当前地址的数据移位输出。从当前地址开始，总线主设备可以读取任意字节长度的数据。连续读操作是在当前字节读操作的基础上，实现多个字节数据的传输。每次完成一个字节传输后，内部地址将会自动加 1。每个字节数据输出后，主设备都会向总线上发出一个响应信号，FM31xx 接收到响应信号后就会自动的输出下一个字节的数据。

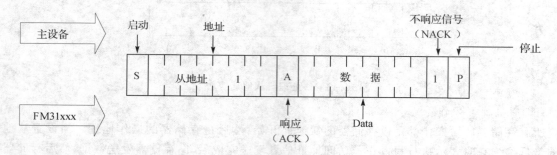

图 11.16　当前地址单字节读操作时序

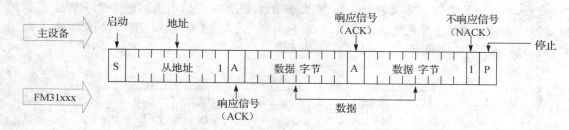

图 11.17　当前地址多字节读操作时序

总计有 4 种方法可以终止读操作，每次完成读操作时如果不能选用正确的方式终止读操作，很可能引起总线冲突。4 种终止读操作的方法分别是：

① 总线主设备在第 9 个时钟周期输出一个不响应信号（NACK），在第 10 个时钟周期输出一个停止信号；

② 总线主设备在第 9 个时钟周期输出一个不响应信号（NACK），在第 10 个时钟周期输出一个启动信号；

③ 总线主设备在第 9 个时钟周期输出一个停止信号；

④ 总线主设备在第 9 个时钟周期输出一个启动信号。

（11）指定地址（随机）读操作

允许用户针对指定的地址完成读操作，这就要求完成读操作时，前 3 个字节的写操作实现操作地址的设定，然后相应地址的读操作。为了完成指定地址的读操作，主设备首先送出最低位为 0 的从地址信息，确定写操作。根据写操作协议向总线传送指定的地址字节，并将总线提供的地址信息装载到地址锁存器中。然后 FM31xx 发出响应信号，总线主设备发出启动信号，同时退出读操作并送出最低位为 1 的从地址信息,确定读操作,总线就会从当前的地址读取数据,图 11.18 和 11.19 给出了随机存储器读操作时序。

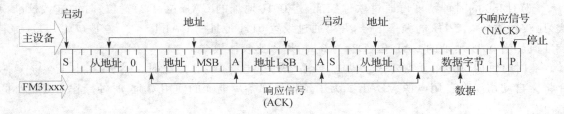

图 11.18 随机存储器读操作时序

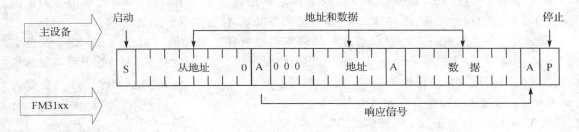

图 11.19 寄存器字节写操作

(12) 实时时钟和比较器

实时时钟单元包括晶体振荡器、时钟分频器和寄存器。时钟分频器对 32.768 kHz 的外部时钟信号分频,可以提供最小 1 s(1 Hz)的分辨率,寄存器(02H~08H)以 BCD 格式提供秒、分、时、星期、日、月、年信息,用户可对其进行读/写访问,时钟单元结构如图 11.20 所示。

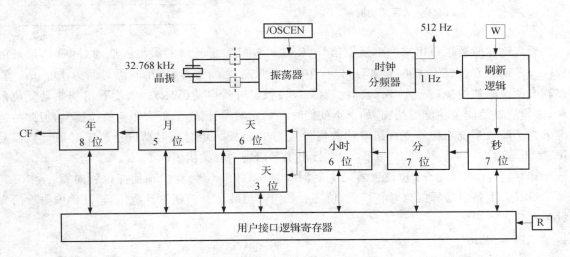

图 11.20 实时时钟模块功能结构图

用户寄存器通过寄存器 0x00 的 R 和 W 位与实时时钟内核同步,当将 R 位置位(由 0 变为 1)时,时钟内核信息写入到保持寄存器,用户可以对保持寄存器完成读操作。如果 R 位置位时正处于时钟刷新状态,由于刷新操作优先于寄存器写操作,因此保证了时钟的准确性。重新设置时钟时,只须设定 00H 地址的 W 位。W 位置 1 锁定用户寄存器,清零时会将用户寄存器的内容装载到实时时钟内核。

FM31256 的时钟精度可通过软件校准,将 00H 地址的 CAL 位(D2)置位,时钟进入校准模式,比较器输出 512 Hz 的频率信号,并可通过设置 01H 地址的 CAL4~CAL0 位(D4~D0)确定校准值。当 00H 地址的 CAL 位(D2)为 0 时,进入比较器模式。

实时时钟(日历)单元需要一致供电,当系统的主电源(V_{DD})掉电时,一旦 V_{DD} 小于 2.5 V 芯片将会自动切换到备用电源 VBAK。为了延长外部备用电池的使用寿命,时钟操作需要很小的电流。

(13) 协处理器

除了铁电存储器、日历功能外,FM31xx 系列芯片还提供了一个协处理器,主要包括的电压复位、可编程看门狗定时器、事件计数器、掉电监测以及 64 位密码保护功能。

监测单元主要实现电源监测和通过看门狗实现的软件监测功能,FM31xx 的 /RST 复位引脚可以在电源过低(或上电过程)和软件执行出错情况下对处理器复位。当 V_{DD} 低于可编程的电压阀值(V_{TP})时,$\overline{RST}$ 输出低电平。V_{DD} 回复到高于 V_{TP} 后,为保证系统稳定操作 $\overline{RST}$ 仍会保持 100 ms(t_{RPU})的低电平,然后变为高电平,其时序如图 11.21 所示。软件可以通过 0x0B 地址寄存器的 VTP1~VTP0 位设定电压阀值(V_{TP}),如表 11.5 所列。

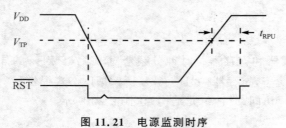

图 11.21 电源监测时序

表 11.5 可编程电压阀值(V_{TP})

V_{TP}	VTP1	VTP0
2.6 V	0	0
2.9 V	0	1
3.9 V	1	0
4.4 V	1	1

看门狗定时器也可用来产生复位信号($\overline{RST}$),看门狗定时器的溢出周期通过 0AH 地址的 WDT4~WDT0 位(D4~D0)设置,可以在 100 ms~3 s 之间选择,最小间隔时间为 100 ms。看门狗有两个附加的控制操作,看门狗使能(WDE)和定时器启动(WR)。为使看门狗驱动复位信号,必须通过使能位使能看门狗,如果不使能看门狗定时器计数,虽不会影响复位信号,但此种情况下为了降低系统功耗需要将超时计数值设置为 11111b。定时器启动位控制定时器计数器复位,防止看门狗产生复位输出。图 11.22 给出了看门狗内部结构图。

寄存器 0x0A 的 0~4 位设置看门狗超时计数值,第 7 位为看门狗使能位。向寄存器 0x09 写 1010b 会重新启动看门狗,同时写该值还会使定时器装载新的超时计数值,写其他值对看门狗没有影响。

(14) 手动复位

$\overline{RST}$ 信号为双向信号,允许 FM31xx 对手动复位信号进行滤波和去抖处理,$\overline{RST}$ 输入信号监测到低电平后,驱动 $\overline{RST}$ 为低电平并保持 100 ms,如图 11.23 所示。

(15) 电源监测比较器

电源检测比较器监测系统的电源变化,在电源降低到一定电平时输出警告信息,用户可以通过电阻分压直接监测系统的电压,如图 11.24 所示为电路结构图。PFI 输入引脚的电压和 1.2 V 参考电压比较,当 PFI 输入电压低于阀值时,比较器就会驱动 CAL/PFO 引脚变为低电平。

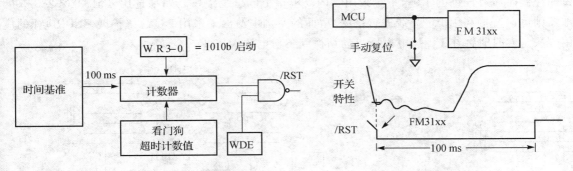

图 11.22　看门狗内部结构图　　　　图 11.23　复位信号时序

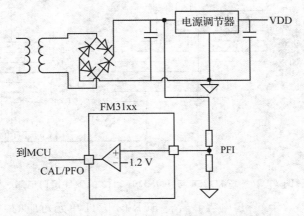

图 11.24　电源检测比较器电路图

(16) 事件计数器

FM31256 有 2 个独立的备份电池支持的 16 位事件计数器 CN1 和 CN2,位于寄存器 0DH～10H 中。若将 SFR 中 0CH 地址的 CC 位(D2)置位,则可以组成一个 32 位的计数器。CIN1 和 CIN2 是事件计数器信号输入端,在 32 位计数器模式下 CIN2 无效。计数采用可编程边沿触发方式,若 0CH 地址的 C1P 位(D0)置位,则 CIN1 采用上升沿触发,否则是下降沿触发;0CH 地址的 C2P 位(D1)用于控制 CIN2,如图 11.25 所示。

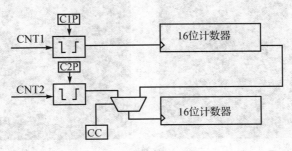

图 11.25　事件计数器结构图

4. FM31256 与 F28335 接口应用

系统应用 FM31256 的硬件接口电路如图 11.26 所示。系统以 TMS320F2812 作为控制器;

FM31256作为参数存储单元,与处理器之间采用I²C总线进行通信。为了使读者对I²C总线接口的控制时序有详细的了解,系统采用GPIO模拟I²C总线接口。如果选用TMS320F28335处理器则可以直接利用I²C总线进行扩展,后面的实例中给出了采用I²C总线扩展EEPROM的应用方法。实时时钟在V_{DD}掉电以后自动切换到备份电源VBAK。

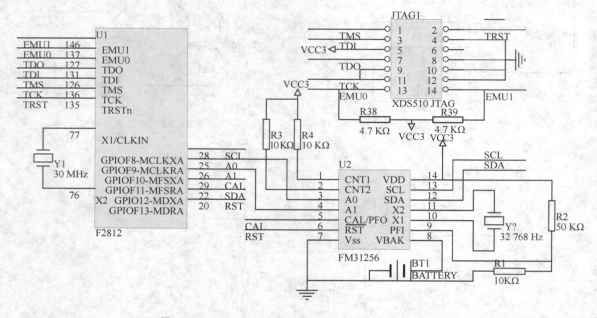

图11.26 FM31256与TMS320F2812的硬件接口电路

32.768 kHz晶振等效于6 pF电容。若将SFR的01H单元对应的OSCEN位设为0,同时置00H单元的CAL位为1,使CAL引脚输出512 Hz的脉冲信号,则可检测晶振工作是否正常,因为512 Hz是晶振频率的64分频。制PCB板时须注意:X1和X2晶振引脚均为高阻引脚,两引脚之间的距离须小于5 mm;即使信号位于板内层,也不允许信号线靠近X1和X2引脚。在晶振引脚周围使用接地保护环,内部或板反面使用接地保护敷铜,如图11.27和11.28所示。

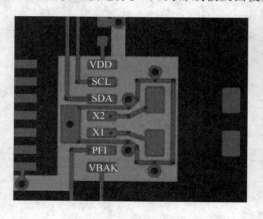

图11.27 表帖封装布线图

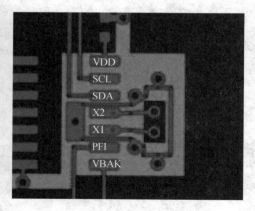

图11.28 直插封装布线图

对FM31xx存储器访问操作过程中,数字信号处理器处于主机地位,FM31xx器件始终处于从机地位。根据上述对FM31256的分析,可以把所有的通信过程归纳为3种类型:

① 单脉冲，如 Start、Stop、Ack、Nack；
② 字节发送，如从机地址、目标地址和数据传送；
③ 字节接收，如读操作中的数据传送。

因此只要把这些操作以子程序的形式编写好，所有的通信操作就可通过调用这些子程序来完成。下面给出存储器访问的操作程序。

访问存储器操作有多种，如内存"写"、当前地址或顺序连续"读"和随机地址"读"操作。在控制程序中，需要向 FM31256 内存中写入并读出给定参数、故障信息等数据。内存读/写的方法如下：

```
void FM_membyte_WR( int address,unsigned char * data_byte,int length)
{
    int i;
    unsigned char address_MSB,address_LSB;
    address_MSB = address>>8;
    address_LSB = address&0xff;
    FM_Start();
    FM_transf(mode_memwrite);
    FM_Send_Ack();
    FM_transf(address_MSB);
    FM_Send_Ack();
    FM_transf(address_LSB);
    FM_Send_Ack();
    for(i = 0;i<length;i++)
    {
        FM_transf( * data_byte);
        data_byte++;
        FM_Send_Ack();
    }
    FM_Stop();
}
```

内存写操作，首先由 CPU 发送从机地址，然后是内存 16 位地址，主机通过设置从机地址字节的最低位为 0 声明一个写操作；接收应答信号后，CPU 向 FM31256 发送数据的每个字节，之后器件又产生应答信号，任何数量的连续字节可以被写入，以停止信号结束传输。有两种类型的读操作：当前地址读操作和随机地址读操作。读操作同样先由 CPU 发送从机地址，主机通过设置从机地址字节的最低位为 1 声明一个读操作。当要进行随机读操作时，还要在读取数据之前，发送 16 位内存地址之后读取任意个字节，每个字节后应跟随应答信号，以停止信号结束传输。

采用 I²C 总线接口实现 TMS320F28335 与铁电存储器 FM31256 的连接，从而实现实时时钟和铁电存储器扩展功能。详细代码参考光盘中"11.3.1.4 I²C 接口应用.pdf"文件。

第 12 章
eCAN 总线及其应用

现场总线是当今自动化领域技术发展的热点之一,被誉为自动化领域的计算机局域网,为分布式控制系统实现各节点之间实时、可靠的数据通信提供了强有力的技术支持。CAN 是控制器局域网络(Controller Area Network,CAN)的简称,属于现场总线范畴,是一种能够支持分布式控制或实时控制的串行通信总线。由研发和生产汽车电子产品著称的德国 BOSCH 公司开发,率先将 CAN 总线应用于汽车电子控制系统,解决了控制系统的部件之间以及控制系统与测试设备之间的数据交换,替代了原有网络(用于车体控制的 LIN 网络、用于车内环境控制的 MOST 网络、用于车内通信的 Flecray 网络等)实现的功能。由于其独特的设计思想和高可靠性,在不同总线标准的竞争中获得广泛的认可,并逐渐成为汽车的最基本的控制网络,广泛应用于火车、机器人、楼宇控制、机械制造、数字机床、医疗器械、自动化仪表等领域。

近年来,其所具有的高可靠性和良好的错误检测能力受到重视,被广泛应用于汽车计算机控制系统和环境温度恶劣、电磁辐射强和振动大的工业环境。同 RS-485 等总线构建的控制网络相比,基于 CAN 总线的分布式控制系统在以下方面具有明显的优越性:

首先,CAN 控制器工作于多主方式,网络中的各节点都可根据总线访问优先权采用无损结构的逐位仲裁的方式竞争向总线发送数据,且 CAN 协议废除了站地址编码,而代之以对通信数据进行编码,这可使不同的节点同时接收到相同的数据。此特点使得 CAN 总线构成的网络各节点之间的数据通信实时性强,并且容易构成冗余结构,提高系统的可靠性和系统的灵活性。而利用 RS-485 只能构成主从式结构系统,通信方式也只能以主站轮询的方式进行,系统的实时性、可靠性较差。

其次,CAN 总线通过 CAN 控制器接口芯片提供 CANH 和 CANL 与物理总线相连,CANH 端的状态只能是高电平或悬浮状态,CANL 端只能是低电平或悬浮状态。这就保证不会出现像在 RS-485 网络中,当系统有错误,出现多节点同时向总线发送数据时,导致总线呈现短路,从而损坏某些节点的现象。而且 CAN 节点在错误严重的情况下具有自动关闭输出功能,以使总线上其他节点的操作不受影响,从而保证不会出现在网络中,因个别节点出现问题,使得总线处于"死锁"状态。

此外,CAN 具有完善的通信协议可由 CAN 控制器芯片及其接口芯片来实现,从而大大降低系统开发难度,缩短了开发周期,这些是只仅仅有电气协议的 RS-485 所无法比拟的。另外,与其他现场总线相比,CAN 总线是具有通信速率高、容易实现且性价比高等诸多特点的一种已形成国际标准的现场总线。这些也是目前 CAN 总线应用于众多领域,具有强劲的市场竞争力的重要原因。

12.1 CAN 总线概述

12.1.1 CAN 总线特点

CAN 总线并不采用物理地址模式传送数据,而是每个消息有自己的标识符用来识别总线上的节点。标识符主要有 2 个功能:消息滤波和消息优先级确定。节点利用标识符确定是否接收总线上传送的消息,当有 2 个或更多节点同时需要传送数据时,根据标识符确定消息的优先级。总线访问采用多主原则,所有节点都可以作为主节点占用总线。CAN 总线相对于 Ethernet 具有非破坏性避免总线冲突的特点,这种方式可以保证在产生总线冲突的情况下,具有更高优先级的消息没有被延时传输。

根据系统通信速率的要求,CAN 总线的物理布线长度具有严格的限制。每个数据帧由几个字节(最多 8 个字节)组成,从而提高了总线对于新的数据帧的响应时间。但另一方面,CAN 总线不适合高数据吞吐类型的信息传输,比如实时图像处理。

CAN 总线采用多主串行通信协议,具有高级别的安全性,可以有效地支持分布式实时控制,通信速率最高达 1 Mb/s。CAN 总线具有较强的抗干扰能力,能够在强噪声干扰和恶劣工作环境中可靠地工作。因此,在自动控制、工业生产等领域具有广泛的应用。CAN 总线的数据最长为 8 字节,根据消息的优先级的不同,采用仲裁协议和错误检测机制将消息发送到多主方式的串行总线上,有效地保证了数据的完整性。

CAN 协议支持 4 种不同类型的帧格式:
- 数据帧　从发送节点到接收节点的数据;
- 远程帧　由一个节点发送出,请求发送带有相同标识符的数据帧;
- 错误帧　总线上任何检测到错误的节点发出的帧;
- 过载帧　相邻数据帧或远程帧之间增加的额外延时。

12.1.2 CAN 总线数据格式

所有 CAN 总线通信在应用上都是一致的,但有两种硬件和两个版本的数据格式,分为基本型和完全型,如图 12.1 所示。几乎所有新的处理器内部嵌入的 CAN 总线模块都支持这两种操作模式,其中基本型主要用于对成本要求比较敏感的系统中。

基本型(BASIC - CAN)主要有以下特点:
- MCU 内核和 CAN 总线模块采用闭环连接方式;
- 有 1 个发送缓冲;
- 有 2 个接收缓冲;
- 需要使用软件选择输入的消息。

完全型(FULL - CAN)主要有以下特点:
- 提供消息服务;
- 对输入消息进行更大范围的接收滤波;
- 邮箱允许用户配置;
- 邮箱的存储区以及邮箱的大小与具体的芯片有关;

● 先进的错误识别功能。

此外,CAN2.0B 总线规范定义了 2 种不同的数据格式(标准帧和扩展帧),其主要区别在于标识符域的长度不同:标准帧有 11 位的标识符,扩展帧有 29 位的标识符,如图 12.2 所示。CAN 总线的标准数据帧的长度是 44～108 位,而扩展数据帧的长度是 64～128 位。根据数据流代码的不同,标准数据帧可以插入 23 位填充位,扩展数据帧可以插入 28 位填充位。因此,标准数据帧最长为 131 位,扩展数据帧最长为 156 位。

图 12.1　CAN 总线应用类型　　　　　　图 12.2　数据格式类型

图 12.3 给出了构成标准/扩展数据帧各位在整个数据帧中的位置,主要包括:
● 帧起始位;
● 包含标识符和发送消息类型的仲裁域;
● 包含数据位数的控制域;
● 最多 8 字节的数据域;
● 循环冗余检查位(CRC);
● 应答位;
● 帧结束位。

CAN 总线消息主要由仲裁区、数据区、CRC 校验区以及帧结束区 4 部分构成。各区主要情况如下。
● 仲裁区:
  ◇ 定义消息的优先级;
  ◇ 消息的逻辑地址(标识符);
  ◇ 标准帧 11 位标识符;
  ◇ 扩展帧 29 位标识符。
● 数据区:
  ◇ 每个消息最多可以包含 8 字节的数据;
  ◇ 允许不包含数据帧的帧存在(数据区长度为 0 字节)。
● CRC 校验区:包含循环冗余校验位。
● 帧结束区:帧结束区消息响应标识、错误消息、消息结束。

图 12.3 给出的数据帧包含起始位、标识符、远程传输请求、标识扩展等,所有相关的仲裁、数据、CRC 校验以及帧结束构成了完整的 CAN 总线消息帧,各部分的具体含义如下。

起始位(1 bit)　　　标识一个消息帧的开始,在空闲时间的下降沿同步所有的总线模块;
标识符(11 bits)　　定义消息的逻辑地址和优先级,优先级的数字越小优先级越高;
RTR(1 bit)　　　　远程传输请求,如果 RTR=1 表示在数据帧中没有有效数据,请求远程节点向发出请求帧的节点发送数据;
IDE(1 bit)　　　　标识符扩展,如果 IDE=1,则采用扩展的数据帧传送数据;

第 12 章 eCAN 总线及其应用

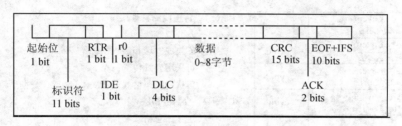

(a)标准数据帧格式

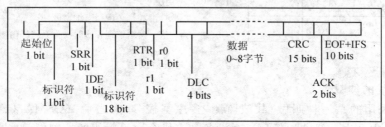

(b)扩展数据帧格式

注：仲裁区域包括：
标准数据格式：11位标识符+RTR位
扩展数据格式：29位标识符+SRR位+IDE位+RTR位
其中，RTR是远程传送请求；SRR是替代远程传送请求；IDE是标识符扩展。

图 12.3　数据帧格式

r0	保留；
DLC(4 bits)	数据长度代码，数据帧长度允许的数据字节数为{0~8}，其他长度数值不允许使用；
数据(0~8 字节)	消息数据；
CRC(15 bits)	循环冗余校验码，只用于检测错误而不能校正；
ACK(2 bits)	每一个接听者接收到消息后必须发送响应位(ACK)；
EOF(7 bits=1,recessive)	帧的结束；
IFS(3 bits =1,recessive)	内部帧空间，将接收到的消息从总线处理单元复制到缓冲，只有扩展模式有该位；
SRR(1 bit = recessive)	替代标准帧中的远程帧请求位(RTR)；
r0	保留。

12.1.3　CAN 总线的协议

1. CAN 总线的协议层

　　CAN 总线是个开放的系统，其标准遵循 ISO 的 OSI 七层模式，而 CAN 的基本协议只有物理层协议和数据链路层协议。实际上，CAN 总线的核心技术是其 MAC 应用协议，主要解决数据冲突的 CSMA/AC 协议。CAN 总线一般用于小型的现场控制网络中，如果协议的结构过于复杂，网络的信息传输速率势必会变慢。因此，CAN 总线只用了 7 层模型中的 3 层：物理层、数据链路层和应用层，被省略的 4 层协议一般由软件实现其功能，如图 12.4 所示。

Layer7 应用层	
Layer6 表示层	void
Layer5 会话层	void
Layer4 传输层	void
Layer3 网络层	void
Layer2 数据链路层	
Layer1 物理层	

Layer 1：传输线的物理接口
- 差分双绞线；
- IC集成发送和接收器；
- 可采用光纤传输；
- 可选的编码格式：PWM、NRZ、曼彻斯特编码。

Layer 2：数据链路层
- 定义消息格式和传输协议；
- CSMA/CA避免总线冲突。

Layer 7：应用层
- 工业标准和汽车应用有细微区别；
- 为通信、网络管理和实时操作系统提供接口。

图 12.4　CAN 总线协议层

2. CAN 总线的仲裁

CAN 总线采用的是一种叫做"载波监测，多主掌控/冲突避免"（CSMA/CA）的通信模式。这种总线仲裁方式允许总线上的任何一个设备都有机会取得总线的控制权并向外发送数据。如果在同一时刻有 2 个或 2 个以上的设备要求发送数据，就会产生总线冲突，CAN 总线能够实时地检测这些冲突并对其进行仲裁，从而使具有高优先级的数据不受任何损坏地传输。

当总线处于空闲状态时呈隐性电平，此时任何节点都可以向总线发送显性电平作为帧的开始。如果 2 个或 2 个以上同时发送就会产生竞争。CAN 总线解决竞争的方法同以太网的 CSMA/CD（Carrier Sense Multiple Access with Collision Detection）方法基本相似，如图 12.5 所示。此外，CAN 总线做了改进并采用 CSMA/CA（Carrier Sense Multiple Access with Collision Avoidance）访问总线，按位对标识符进行仲裁。各节点在向总线发送电平的同时，也对总线上的电平读取，并与自身发送的电平进行比较，如果电平相同继续发送下一位，不同则停止发送退出总线竞争。剩余的节点继续上述过程，直到总线上只剩下 1 个节点发送的电平，总线竞争结束，优先级高的节点获得总线的控制权。

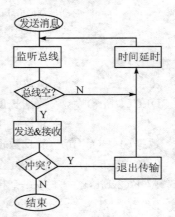

图 12.5　Ethernet 采用的 CSMA/CD 总线访问过程

CAN 总线以报文为单位进行数据传输，报文的优先级结合在 11 位标识符中（扩展帧的标识符 29 位），具有最小二进制数的标识符的节点具有最高的优先级。这种优先级一旦在系统设计时确定就不能随意地更改，总线读取产生的冲突主要靠这些位仲裁解决。之所以 CAN 总线不采用以太网使用的延时避免冲突，主要是为了保证具有更高优先级的节点能够完整地实时传输，而且 CSMA/CA 可以有效地避免冲突。

如图 12.6 所示，节点 A 和节点 B 的标识符的第 10、9、8 位电平相同，因此两个节点侦听到的信息和它们发出的信息相同。第 7 位节点 B 发出一个"1"，但从节点上接收到的消息却是"0"，说明有更高优先级的节点占用总线发送消息。节点 B 会退出发送处于单纯监听方式而不发送数据；节点 A 成功发送仲裁位从而获得总线的控制权，继而发送全部消息。总线中的信号持续跟踪最后获得总线控制权发出的报文，本例中节点 A 的报文将被跟踪。这种非破坏性位仲裁方法的优点在于，在网络最终确定哪个节点被传送前，报文的起始部分已经在网络中传输了，因此具有高优先级的节点的数据传输没有任何延时。在获得总线控制权的节点发送数据过程中，其他节点成为报文的接收节点，并且不会在总线再次空闲之前发送报文。

图 12.7 为 CAN 总线上节点的电平逻辑，总线上的节点电平对于总线电平而言是相与的关系，只有当 3 个节点的电压都等于 1（隐性电平），总线才会保持在 V_{CC}（隐性电平）状态。只要有 1 个节点切换到 0 状态（显性电平），总线就会被强制在显性状态（0）。这种避免总线冲突的仲裁方式能够使具有高优先级的消息没有延时地占用总线传输。

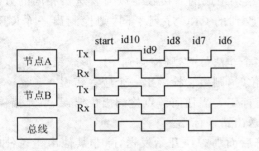

图 12.6　CAN 总线节点访问总线过程

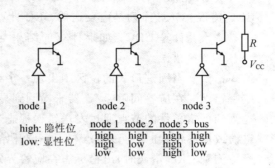

图 12.7　CAN 总线上节点的电平逻辑

3. CAN 总线的物理连接

CAN 总线的物理连接关系和电平特性分别如图 12.8 和图 12.9 所示。为使不同的 CAN 总线节点的电平符合高速 CAN 总线的电平特性，在各节点和 CAN 总线之间可以增加 CAN 的电平转换器件，实现不同电平节点的完全兼容，如图 12.10 所示。

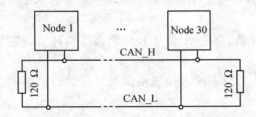

图 12.8　CAN 总线上的节点的物理连接关系

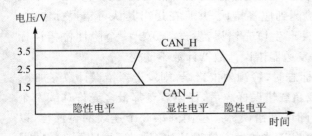

图 12.9　高速 CAN 总线电平特性

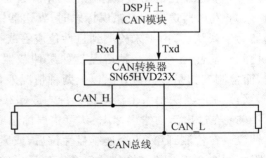

图 12.10　CAN 总线模块及驱动

4. CAN 总线的通信错误及其处理

在 CAN 总线中存在 5 种错误类型，它们互相并不排斥，下面简单介绍一下它们的区别、产生的原因及处理方法。

位错误　　　向总线送出一位的某个节点同时也在监视总线,当监视到总线位的电平与送出的电平不同时,则在该位时刻检测到一个位错误。但是在仲裁区的填充位流期间或应答间隙送出隐性位而检测到显性位时,不认为是错误位。送出认可错误标注的发送器,在检测到显性位时也不认为是错误位。

填充错误　　在使用位填充方法进行编码的报文中,出现了第 6 个连续相同的位电平时,将检测出一个填充错误。

CRC 错误　　CRC 序列是由发送器 CRC 计算的结果组成的。接收器以与发送器相同的方法计算 CRC。如果计算的结果与接收到的 CRC 序列不同,则检测出一个 CRC 错误。

形式错误　　当固定形式的位区中出现一个或多个非法位时,则检测到一个形式错误。

应答错误　　在应答间隙,发送器未检测到显性位时,则由它检测出一个应答错误。

检测到出错条件的节点通过发送错误标志进行标定。当任何节点检测出位错误、填充错误、形式错误或应答错误时,由该节点在下一位开始发送出错误标志。

当检测到 CRC 错误时,出错标志在应答界定符后面那一位开始发送,除非其他出错条件的错误标志已经开始发送。

在 CAN 总线中,任何一个单元可能处于下列 3 种故障状态之一:错误激活状态(Error Active)、错误认可状态(Error Pasitive)和总线关闭状态(Bus off)。

错误激活单元可以照常参与总线通信,并且当检测到错误时,送出一个活动错误标志。错误认可节点可参与总线通信,但是不允许送出活动错误标志。当其检测到错误时,只能送出认可错误标志,并且发送后仍为错误认可状态,直到下一次发送初始化。总线关闭状态不允许单元对总线有任何影响。

为了界定故障,在每个总线单元中都设有 2 个计数:发送出错计数和接收出错计数。这些计数按照下列规则进行。

(1) 接收器检查出错误时,接收器错误计数器加 1,除非所有检测错误是发送活动错误标志或超载标志期间的位错误。

(2) 接收器在送出错误标志后的第一位检查出显性位时,错误计数器加 8。

(3) 发送器送出一个错误标志时,发送器错误计数器加 8。有两种情况例外:其一是如果发送器为错误认可,由于未检测到显性位应答或检测到应答错误,并且在送出其认可错误标志时,未检测到显性位;另外一种情况是如果仲裁器件产生填充错误,发送器送出一个隐性位错误标志,而检测到的是显性位。除以上两种情况外,发送器错误计数器计数不改变。

(4) 发送器送出一个活动错误标志或超载标志时,检测到位错误,则发送器错误计数器加 8。

(5) 在送出活动错误标志、认可错误标志或超载错误标志后,任何节点都最多允许连续 7 个显性位。在检测到第 11 个连续显性位后,或紧随认可错误标志检测到第 8 个连续的显性位,以及附加的 8 个连续的显性位的每个序列后,每个发送器的发送错误计数都加 8,并且每个接收器的接收错误计数也加 8。

(6) 报文成功发送后,发送错误计数减 1,除非计数值已经为 0。

(7) 报文成功发送后,如果接收错误计数处于 1～127 之间,则其值减 1;如果接收错误计数为 0,则仍保持为 0;如果大于 127,则将其值记为 119～127 之间的某个数值。

(8) 当发送错误计数等于或大于 128,或接收错误计数等于或大于 128 时,节点进入错误认可状态,节点送出一个活动错误标志。

(9) 当发送错误计数器大于或等于 256 时,节点进入总线关闭状态。

(10) 当发送错误计数和接收错误计数均小于或等于 127 时,错误认可节点再次变为错误激活节点。

(11) 在检测到总线上 11 个连续的隐性位发送 128 次后,总线关闭节点将变为 2 个错误计数器均为 0 的错误激活节点。

(12) 当错误计数器数值大于 96 时,说明总线被严重干扰。

如果系统启动期间仅有 1 个节点挂在总线上,此节点发出报文后,将得不到应答,检查出错误并重复该报文,此时该节点可以变为错误认可节点,但不会因此关闭总线。

12.2　C28x 的 eCAN 模块介绍

12.2.1　eCAN 总线模块概述

eC28x 处理器的 CAN 控制器为 CPU 提供完整的 CAN 协议,减少了通信时 CPU 的开销。图 12.11 为 eCAN 模块结构图,eCAN 控制器的内部结构是 32 位的,主要由 CAN 协议内核(CPK)和消息控制器构成。

- CAN 协议内核(CPK)。
- 消息控制器:
  ◇ 存储器管理单元(MMU),包括 CPU 接口、接收控制单元(接收滤波)和定时器管理单元;
  ◇ 可以存储 32 个消息的邮箱存储器;
  ◇ 控制和状态寄存器。

CAN 协议内核接收到有效的消息后,消息控制器的接收控制单元确定是否将接收到的消息存储到邮箱存储器中。接收控制单元检查消息的状态、标识符和所有消息对象的滤波,确定相应邮箱的位置,接收到的消息经过接收滤波后存放到第一个邮箱。如果接收控制单元不能找到存放接收消息的有效地址,接收到的消息将会被丢弃。标准格式的消息由 11 位标识符、1 个控制域和最多 8 字节的数据构成。

当需要发送消息时,消息控制器将要发送的消息传送到 CPK 的发送缓冲,以便在下一个总线空闲状态开始发送该信息。当有多个消息需要发送时,消息控制器将准备发送消息中优先级最高的传送到 CPK。如果两个邮箱有同样的优先级,首先发送编号大的邮箱内存放的消息。

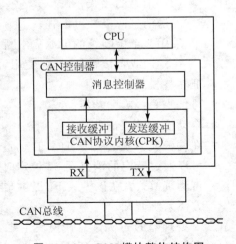

图 12.11　eCAN 模块整体结构图

定时器管理单元包括一个定时邮递计数器和一个所有接收或发送消息的定时标识。当在定时周期内没有接收或发送消息(超时)时,将产生一个超时中断。仅在增强型 CAN 总线中有定时邮递功能,标准的 CAN 总线没有这种工作模式。

如果开始数据传输,则相应控制寄存器中的传送请求位必须置位,设置好后不需要 CPU 参与传送过程和传送过程中的错误处理。如果一个邮箱配置为接收消息,CPU 使用读指令读取数据寄存器。邮箱还可以配置成中断模式,在完成消息发送或接收时向 CPU 发出中断请求。

12.2.2　eCAN 总线模块特点

DSP 的 CAN 模块是一个完全功能的 CAN 控制器,包含传送信息的处理、接收管理和帧存储功能,支持标准帧和扩展帧两种格式。

C28x 处理器上的 eCAN 总线模块同 240x 系列 DSP 上的 CAN 总线模块相比也有一些改进,比如邮箱带有独立接收屏蔽及分时邮递功能,邮箱数量也有所增加。鉴于这些差别,240x 系列 DSP 的 CAN 总线模块的代码不能直接应用到 eCAN 总线上。但是,eCAN 模块和 240x 系列 DSP 的 CAN 模块的寄存器(两者都有的寄存器)在结构和功能上都是相同的。这样即便是代码不能完全兼容,在移植上还是非常容易的。C28x 处理器上的 eCAN 总线概括起来有以下特点:

- 支持兼容的 CAN2.0B 总线协议。
- 最高支持 1 Mb/s 的总线通信速率。
- 32 个邮箱,每个邮箱有以下特点:
  ◇ 接收邮箱或发送邮箱可配置;
  ◇ 标准或扩展标识可配置;
  ◇ 1 个可编程接收滤波器屏蔽寄存器;
  ◇ 支持数据帧和远程帧;
  ◇ 数据长度 0~8 字节可编程;
  ◇ 在接受和发送消息时,使用 32 位分时邮递;
  ◇ 保护消息的接收;
  ◇ 发送消息的极性可编程;
  ◇ 采用 2 个中断级的可编程中断;
  ◇ 在发送或者接收超时时,使用可编程中断。
- 低功耗模式。
- 可编程总线唤醒功能。
- 自动应答远程请求消息。
- 在仲裁或错误丢失消息时,自动重发。
- 可以通过特定的消息同 32 位定时邮递计数器同步。
- 自测试模式:在该模式下,提供"空闲"的应答信号,因此不需要其他节点提供应答信号,方便系统调试。

C28x 处理器的 eCAN 总线模块主要由 CPU 接口及控制器单元、消息邮箱单元以及设置寄存器单元构成,如图 12.12 所示。

CAN 控制器模块为 0~8 字节的消息目标提供 32 个邮箱:

- 可配置的接收/发送邮箱;
- 可配置的标准/扩展标识符。

CAN 模块的邮箱分成几个部分:

第 12 章 eCAN 总线及其应用

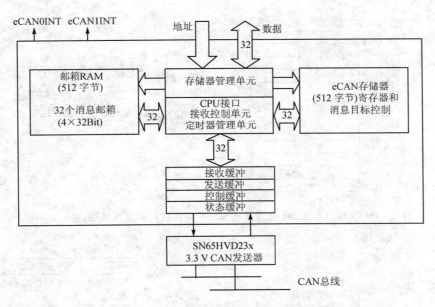

图 12.12　C28x 处理器的 eCAN 总线模块结构图

- MID：包含邮箱的标识符；
- MCF(消息控制区)：包含消息长度(发送或接收)及 RTRbit(远程传输请求,用来发送远程帧)；
- MDL 和 MDH：包含数据。

CAN 模块包含寄存器,根据功能分成 5 组,这些寄存器位于处理器的数据存储空间 0x006000～0x0061FF,如图 12.13 所示,主要包括：

- 控制 & 状态寄存器；
- 局部接收屏蔽；
- 消息目标时间标签；
- 消息目标超时；
- 邮箱。

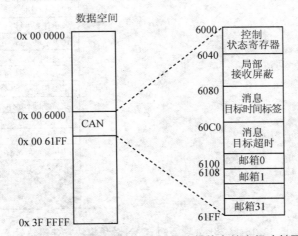

图 12.13　C28x 处理器的 eCAN 总线模块存储空间映射图

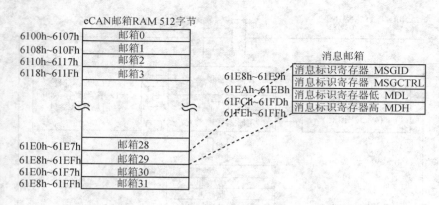

图 12.14 C28x 处理器的 eCAN 总线模块邮箱地址映射

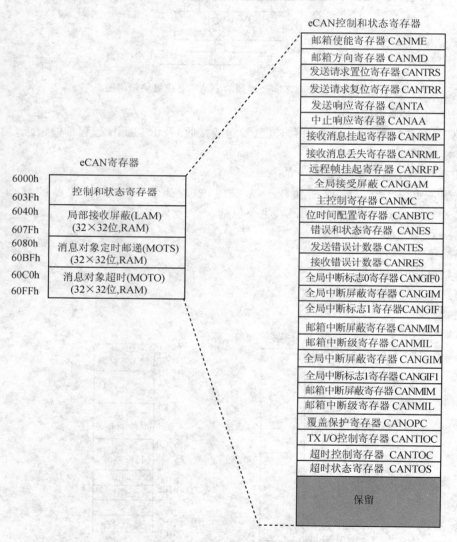

图 12.15 C28x 处理器的 eCAN 总线模块寄存器映射

在 C28x DSP 中，eCAN 模块映射到两个不同的地址段。第一段地址空间分配给控制寄存器、状态寄存器、接收滤波器、定时邮递和消息对象超时。控制和状态寄存器采用 32 位宽度访问，局部接收滤波器、定时邮递寄存器和超时寄存器可以采用 8 位、16 位和 32 位宽度访问。第二段地址空间映射到 32 个邮箱。如图 12.14 和图 12.15 所示，两段地址空间各占 512 字节。消息存储在 RAM 中，CAN 控制器和 CPU 都可以对其进行访问。CPU 通过调整 RAM 中的各种邮箱或寄存器来控制 CAN 控制器，各种存储空间存放的内容控制接收滤波、消息发送和中断处理等功能。eCAN 的邮箱模块提供 32 个邮箱，每个邮箱包括 8 字节数据区、29 位标识符和几个控制位，每个邮箱都可以配置为接收或发送邮箱。在 eCAN 模式下，每个邮箱都有自己的接收滤波器。

12.3　eCAN 总线模块的使用

12.3.1　eCAN 模块初始化

在使用 CAN 模块之前必须进行初始化，并且只有 CAN 模块工作在初始化模式下才能进行初始化。图 12.16 给出了 CAN 模块的初始化流程。

初始化模式和正常操作模式之间的转换是通过 CAN 网络同步实现的。也就是在 CAN 控制器改变工作模式之前，要检测总线空闲序列（等于 11 接收位）。如果产生占用总线错误，CAN 控制器将不能检测到总线空闲状态，也就不能完成模式切换。

将 CCR（CANMC.12）置 1，使 CAN 模块工作在初始化模式，而且只有 CCE（CANES.4）= 1 时才能执行初始化操作。完成上述设置后，CAN 模块的配置寄存器才能够完成写操作。

在标准 CAN 模式（SCC）下，为了能够调整全局接收屏蔽寄存器（CANGAM）及两个局部接收屏蔽寄存器 LAM(0) 和 LAM(3)，CAN 模块也需要工作在初始化模式。通过将 CCR(CANMC.12) 清零，可

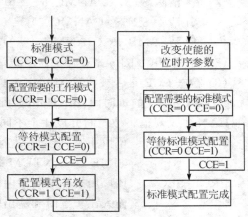

图 12.16　CAN 模块初始化流程图

以使 CAN 模块处于工作模式，硬件复位后，模块就会进入初始化模式。如果 CANBTC 寄存器的值为 0，或者为初始值，CAN 模块将一直工作在初始化模式，也就是当清除 CCR 位时 CCE（CANES.4）位保持 1。

1. eCAN 模块的初始化步骤

在 CAN 模块正常操作及初始化之前，必须使能模块的时钟。可以通过寄存器 PCLKCR 的 14 位使能/屏蔽 CAN 模块的时钟。在不使用 CAN 模块时，通过该位屏蔽 CAN 的时钟可以降低功耗。该位不能控制 CAN 模块的低功耗模式，同其他外设一样，复位后 CAN 模块的时钟被屏蔽。模块时钟的配置一般在处理器初始化中完成，eCAN 模块的初始化步骤如下。

(1) 使能 CAN 模块的时钟。
(2) 设置 CANTX 和 CANRX 作为 CAN 通信引脚：

◇ 写 CANTIOC.3:0 = 0x08；
◇ 写 CANRIOC.3:0 = 0x08。

（3）复位后，CCR（CANMC.12）位和 CCE（CANES.4）位置 1，允许用户配置位时间配置寄存器（CANBTC）。如果 CCE 位置 1（CANES.4 = 1），进行下一步；否则将 CCR 位置 1（CANMC.12 = 1），然后等待直到 CCE 置 1（CANES.4 = 1）。

（4）使用适当的值对 CANBTC 进行配置，确认 TSEG1 和 TSEG2 不等于 0。如果两个值等于 0，则 CAN 模块不能退出初始化模式。

（5）对于标准 CAN 模式（SCC），现在对接收屏蔽寄存器编程。如写 LAM(3)=0x3C0000。

（6）对主控制寄存器（CANMC）编程，具体如下：

◇ 清除 CCR（CANMC.12）= 0
◇ 清除 PDR（CANMC.11）= 0
◇ 清除 DBO（CANMC.10）= 0
◇ 清除 WUBA（CANMC.9）= 0
◇ 清除 CDR（CANMC.8）= 0
◇ 清除 ABO（CANMC.7）= 0
◇ 清除 STM（CANMC.6）= 0
◇ 清除 SRES（CANMC.5）= 0
◇ 清除 MBNR（CANMC.4～0）= 0

（7）将 MSGCTRLn 寄存器的所有位清零进行初始化。

（8）检查 CCE 是否被清零（CANES.4 = 0），如果被清零则表明 CAN 模块已经配置完成。

2. eCAN 模块的位时间（Bit-Timing）配置

CAN 协议规范将位时间分成 4 个不同的时间段，如图 12.17 所示。

SYNC_SEG　　该段用来同步总线上的各节点，在该段内需要一个边沿。本段总是一个 TIME QUANTUM（TQ）。

PROP_SEG　　该段用来补偿网络内的物理延时。它是信号在总线上传播时间和的 2 倍，输入比较延时和输出驱动延时。该段在 1～8 TIME QUANTA（TQ）之间可编程。

PHASE_SEG1　　该项用来补偿上升沿相位错误，在 1～8 TIME QUANTA（TQ）之间可编程，并且可以被重新同步延长。

PHASE_SEG2　　该项用来补偿下降沿相位错误，2～8 TIME QUANTA（TQ）之间可编程，并且可以被重新同步缩短。

在 eCAN 模式下，CAN 总线上位的长度由参数 TSEG1（BTC.6～3）、TSEG2（BTC.2～0）和 BRP（BTC.23～16）确定。CAN 协议定义 PROP_SEG 和 PHASE_SEG1 结合构成 TSEG1；TSEG2 定义了 PHASE_SEG2 时间段的长度。IPT（信息处理时间）相当于位读取操作所需要的时间，IPT 等于 2 倍的 TQ。

在确定位时间段时，必须满足下列位时间选择规则：

- TSEG1$_{(min)}$ ≥ TSEG2；
- IPT ≤ TSEG1 ≥ 6TQ；
- IPT ≤ TSEG2 ≤ 8TQ；

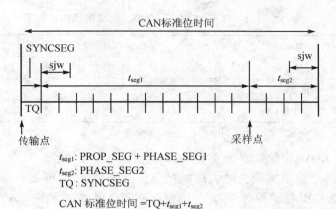

图 12.17　CAN 位时间长度

- IPT＝3/BRP（较接近 3/BRP 的整数值作为 IPT 的结果）；
- 1TQ≤SJW min[4 TQ，TSEG2]（SJW 为同步跳转宽度）；
- 为使用 3 次采样模式，必须选择 BRP≥5。

3．eCAN 通信速率的计算

波特率是通过每秒传输的位数来描述的：

$$波特率 = \frac{SYSCLK}{BRP \times Bit\_time}$$

其中：Bit_time（位时间）是每位的时间因子（TQ）数；

SYSCLK 是 CAN 模块的系统时钟频率，与 CPU 的时钟频率相同；

BRP 是 BRPreg ＋ 1（BTC.23～16）的二进制值。

Bit_time（位时间）定义如下：

$$Bit\_time = (TSEG1reg + 1) + (TSEG2reg + 1) + 1$$

4．eCAN 通信速率及相关时序配置举例

下面给出系统时钟工作在 150 MHz 时的时序配置实例。表 12.1 列出了采样点为 80%、位时间 BT＝15 时，BRP 不同配置的通信波特率。表 12.2 和表 12.3 列出了采样点和不同波特率的设置情况。

表 12.1　BRP 不同值的波特率

（BT＝15，TSEG1＝10，TSEG2＝2，采样点＝80%）

CAN 总线速度	BRPreg＋1	CAN 时钟/MHz
1 Mbps	10	15
500 Kbps	20	7.5
250 Kbps	40	3.75
125 Kbps	80	1.875
100 Kbps	100	1.5
50 Kbps	200	0.75

表 12.2　BT 等于 25 时不同的采样点（SP）

TSEG1reg	TSEG2reg	SP/%
18	4	80
17	5	76
16	6	72
15	7	68
14	8	64

表 12.3　BT 等于 25 时，不同 BRP 对应的通信波特率

CAN 总线速度	BRPreg+1	CAN 总线速度	BRPreg+1
1 Mb/s	6	125 Kb/s	48
500 Kb/s	12	100 Kb/s	60
250 Kb/s	24	50 Kb/s	120

注：当 SYSCLK=150 MHz 时，最低通信速率为 23.4 Kb/s。

5. 寄存器 EALLOW 保护处理

为防止不经意改变 eCAN 模块的关键寄存器或位的设置，关键寄存器或位采用 EALLOW 保护。只有当 EALLOW 保护屏蔽时，才能改变这些寄存器或位。在 eCAN 模块中，下列寄存器及位采用 EALLOW 保护。

- CANMC[15:9] & MCR[7:6]
- CANBTC
- CANGIM
- MIM[31:0]
- TSC[31:0]
- IOCONT1[3]
- IOCONT2[3]

6. eCAN 初始化例程

```
void InitCan(void)
{
    asm("EALLOW");
/* 使用 eCAN 寄存器配置 eCAN RX 和 TX 引脚作为 eCAN 模块传输功能引脚 */
    ECanaRegs.CANTIOC.bit.TXFUNC = 1;
    ECanaRegs.CANRIOC.bit.RXFUNC = 1;
/* 配置 eCAN 工作在 HECC 模式 */
//  HECC 模式使能定时标签功能
    ECanaRegs.CANMC.bit.SCB = 1;
/* 配置位定时参数 */
    ECanaRegs.CANMC.bit.CCR = 1 ;             // Set CCR = 1
    while(ECanaRegs.CANES.bit.CCE != 1 ){}    // 等待 CCE 位置位
    ECanaRegs.CANBTC.bit.BRPREG = 99;
    ECanaRegs.CANBTC.bit.TSEG2REG = 2;
    ECanaRegs.CANBTC.bit.TSEG1REG = 10;
    ECanaRegs.CANMC.bit.CCR = 0 ;             // Set CCR = 0
    while(ECanaRegs.CANES.bit.CCE == !0 ){}   // 等待 CCE 位清 0
/* 禁止所有邮箱 */
    ECanaRegs.CANME.all = 0;                  // 写 MSGID 之前需要此操作
    asm("EDIS");
}
```

7. 邮箱及其初始化

(1) 邮箱构成

每个邮箱都是由下面 4 个 32 位寄存器构成的。

- MSGID：存储消息 ID；
- MSGCTRL：定义字节数、发送极性和远程帧；
- MDL：4 字节的数据；
- MDH：4 字节的数据。

(2) 消息标识寄存器(MSGID)

消息标识寄存器(MSGID)包含消息 ID 和其他邮箱的控制位，如图 12.18 所示和表 12.4 所列。

表 12.4　消息标识寄存器功能定义

位	名　称	功能描述
31	IDE	标识扩展位 IDE 位的特性根据 AMI(接收屏蔽标识扩展位 CANGAM[31])位的值改变。 当 AMI＝1 时： (1) 接收邮箱的 IDE 位不起作用。接收邮箱的 IDE 位被发送消息的 IDE 覆盖； (2) 为能够接收到消息，必须符合滤波的规定； (3) 比较位的数目是发送消息的 IDE 的值的一个函数。
31	IDE	当 AMI＝0 时： (1) 接收邮箱的 IDE 位决定比较位的数目； (2) 不使用滤波，为能够接收到消息，MSGID 必须各位都匹配； (3) 比较位的数目是发送消息的 IDE 的值的一个函数。 注：IDE 位的定义根据 AMI 位的值改变。 当 AMI＝1 时： IDE ＝ 1　接收到的消息有扩展标识 IDE ＝ 0　接收到的消息有标准标识 当 AMI＝0 时： IDE ＝ 1　要接收的消息必须有扩展标识 IDE ＝ 0　要接收的消息必须有标准标识
30	AME	接受屏蔽使能位 　　只有在接收邮箱中才使用 AME 位。不能设成自动应答邮箱(AAM[n]＝1，MD[n]＝0)，否则邮箱的操作将不能确定。消息接收不能调整该位。 　　1　使用相应的接受屏蔽使能位 　　0　不使用接受屏蔽使能位，所有标识位必须与接收到的消息匹配
29	AAM	自动应答模式位 　　只有发送邮箱使用自动应答模式位。对于接收邮箱该位没有影响，邮箱总是配置为标准接收操作。消息接收不会调整该位。 　　1　自动应答模式。如果接收到匹配的远程帧请求，CAN 模块通过发送邮箱中的内容应答远程帧请求 　　0　标准发送模式，邮箱不能应答远程请求。接收到远程帧请求对消息邮箱并没有影响
28～0	ID 28:0	消息标识 　　1　标准消息标识模式，如果 IDE 位(MID.31)等于 0，消息标识存放在 ID.28:18。在这种情况下，ID.17:0没有意义 　　0　扩展消息标识模式，如果 IDE 位(MID.31)等于 1，消息标识存放在 ID.28:0

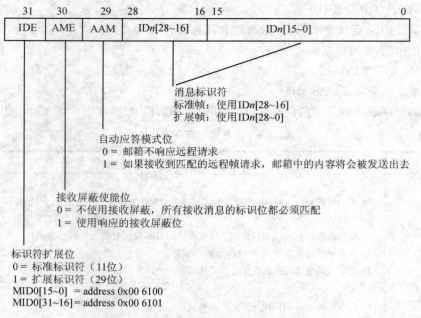

图 12.18 消息标识寄存器

（3）CPU 对邮箱的访问

如果邮箱被屏蔽（ME[n]（ME.31～0）= 0），只能对标识符进行写操作。在访问数据区域过程中，当 CAN 模块读取数据时，CPU 不能改变邮箱中的数据。因此，接收邮箱的数据区时不能对其进行写操作。

对于发送邮箱，如果 TRS（TRS.31～0）或 TRR（TRR.31～0）置位，访问一般会被拒绝。在这种情况下，会产生一个中断。要访问这些邮箱，需要在访问邮箱数据之前将 CDR（MC.8）置位。

CPU 访问完成后，必须向 CDR 标志写 0 将其清零。在读取邮箱前后，CAN 模块要检查这个标志位。如果检查过程中发现 CDR 标志置位，CAN 模块将不能发送消息，继续查找其他的发送请求。CDR 置位可以停止产生拒绝写中断（WDI）。

（4）消息控制寄存器（MSGCTRL）

对于发送邮箱，消息寄存器（如图 12.19 和表 12.5 所示）确定要发送的字节数和发送的极性。同时它还确定远程帧的操作。

表 12.5 消息控制寄存器功能定义

位	名 称	功能描述
31～13	保留	
12～8	TPL.4～0	发送优先级 　　这 5 位定义邮箱相对于其他 31 个邮箱的优先级，数越大优先级就越高。当两个邮箱有同样的优先级时，发送编号大的邮箱的消息。TPL 只对发送邮箱有效。在标准 CAN 模式下，TPL 不使用
7～5	保留	

续表 12.5

位	名 称	功能描述
4	RTR	远程发送请求位 1 对于接收邮箱：如果 TRS 置位，远程帧发送并且相应的数据帧在相同邮箱中接收；一旦远程帧发送，CAN 将邮箱的 TRS 位清零 对于发送邮箱：如果 TRS 置位，远程帧发送，但相应的数据帧必须在其他邮箱接收 0 没有远程帧请求
3~0	DLC 3~0	数据长度代码 确定发送或接收数据的字节数。0~8 有效,不允许 9~15 之间的数

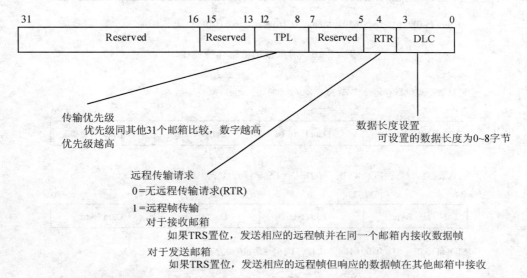

图 12.19 消息控制寄存器

注：MSGCTRLn 必须初始化为 0。作为 CAN 模块初始化的一部分,在初始化各种区域之前,必须将 MSGCTRLn 寄存器的所有位初始化为 0。

(5) 消息数据寄存器(MDL,MDH)

CAN 消息的数据区域有 8 字节,DBO (MC.10)的设置决定数据的字节排放次序。在 CAN 总线上传送数据,先从字节 0 开始。

- DBO (MC.10)=1,存储或读取数据从 CANMDL 寄存器的最低字节开始,在 CANMDH 寄存器的最高字节结束。
- DBO (MC.10)=0,存储或读取数据从 CANMDL 寄存器的最高字节开始,在 CANMDH 寄存器的最低字节结束。

只有当邮箱配置位发送邮箱(MD[n] (MD.31~0)=0)或邮箱屏蔽(ME[n] (ME.31~0)=0)时,MDL(n) 和 MDH(n) 才能进行写操作。如果 TRS[n] (TRS.31~0)=1,寄存器 MDL(n) 和 MDH(n) 不能进行写操作,除非 CDR(MC.8)=1 且 MBNR (MC.4~0)设置为 n。这些设置对于消息目标配置成应答模式(AAM (MID.29)=1)的情况也适用,如图 12.20 和图 12.21

所示。

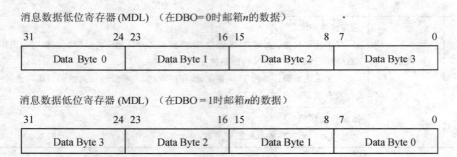

图 12.20 消息数据低寄存器(MDL)

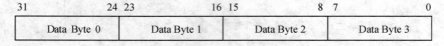

图 12.21 消息数据高寄存器(MDH)

(6) 邮箱初始化方法

消息数据分区如图 12.22 所示。

图 12.22 消息数据分区

CAN 总线消息主要包括仲裁区、数据区和控制区。各区主要情况如下：
- 仲裁区包含标识符和远程帧请求；
- 数据区包括每个消息最多可以包含 8 字节的数据；
- 控制区主要包括数据长度设置 DLC。

用户可以通过寄存器设置相应的区域：
- ECanaMboxes.MBOXn.MSGID.all 包含邮箱的标识符；
- ECanaMboxes.MBOXn.MSGID.bit.IDE 设置消息帧的类型；

- ECanaMboxes.MBOXn.MSGCTRL.bit.RTR 设置远程帧还是普通数据帧;
- ECanaMboxes.MBOXn.MSGCTRL.bit.DLC 设置消息的数据长度;
- ECanaMboxes.MBOXn.MDL 包含消息数据的低 32 位;
- ECanaMboxes.MBOXn.MDH 包含消息数据的高 32 位。

邮箱初始化步骤如图 12.23 所示。

Step1　向寄存器 CANME 写 0 禁止邮箱。
　　　　ECanaRegs.CANME.all = 0
Step2　通过寄存器 CANMC 请求改变数据区。
　　　　ECanaShadow.CANMC.CDR = 1
Step3　通过 MBOXn.MSGID($n=0\sim31$) 和 CANM-SGCTRL 设置发送邮箱的消息的 ID、远程帧请求及数据长度等。
Step4　请求正常操作。
　　　　ECanaShadow.CANMC.CDR = 1
Step5　使能邮箱,例如邮箱 5 作为发送邮箱。
　　　　配置 Mailbox 5 作为发送邮箱:
　　　　ECanaShadow.CANMD.all = ECanaRegs.CANMD.all
　　　　ECanaShadow.CANMD.bit.MD5 = 0
　　　　ECanaRegs.CANMD.all = ECanaShadow.CANMD.all
　　　　使能邮箱:
　　　　ECanaShadow.CANME.all = ECanaRegs.CANME.all
　　　　ECanaShadow.CANME.bit.ME5 = 1
　　　　ECanaRegs.CANME.all = ECanaShadow.CANME.all

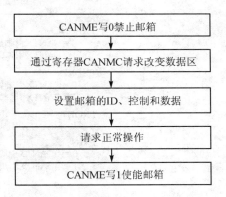

图 12.23　邮箱初始化流程

8. eCAN 模块的配置相关寄存器

CAN 模块的初始化主要通过 CAN 总线的 eCAN I/O 控制寄存器(CANTIOC,CANRIOC)、主控制寄存器(CANMC)、错误和状态寄存器(CANES)及位时序配置寄存器(CANBCR)等实现,下面介绍各寄存器的基本功能。

(1) eCAN I/O 控制寄存器(CANTIOC,CANRIOC)

CANTX 和 CANRX 引脚作为 CAN 的通信接口引脚,通过寄存器 CANTIOC 和 CANRIOC 控制。如果想把 CANTX 和 CANRX 引脚作为通用 I/O 使用,GPFMUX 寄存器的位 6 和位 7 必须清零。

① TXIO 控制寄存器(CANTIOC)

图 12.24 和表 12.6 给出了 eCAN TXIO 功能控制寄存器的各位分配和功能定义。

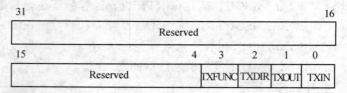

TXFUNC
　　0＝CANTX引脚配置为通用I/O
　　1＝CANTX用作CAN模块的发送引脚

TXDIR
　　0＝CANTX引脚如果配置为I/O，该引脚作为输入
　　1＝CANTX引脚如果配置为I/O，该引脚作为输出

TXOUT
　　如果CANTX引脚配置为输出，该值作为CANTX的输出值

TXIN
　　0＝当CANTX引脚配置为输入时，CANTX引脚上为低电平
　　1＝当CANTX引脚配置为输入时，CANTX引脚上为高电平

图 12.24　eCAN TXIO 功能控制寄存器

表 12.6　eCAN TXIO 功能控制寄存器功能定义

位	名　称	功能描述
31～4	保留	读不确定，写没有影响
3	TXFUNC	作为 CAN 模块的功能使用，必须置1。 1　CANTX 引脚作为 CAN 模块的发送引脚 0　保留
2～0	见图 12.24 说明	见图 12.24 说明

② RXIO 控制寄存器(CANRIOC)

图 12.25 和表 12.7 给出了 eCAN RXIO 功能控制寄存器的各位分配和功能定义。

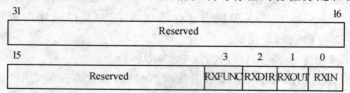

RXFUNC
　　0＝CANRX引脚配置为通用I/O
　　1＝CANRX用作CAN模块的发送引脚

RXDIR
　　0＝CANRX引脚如果配置为I/O，该引脚作为输入
　　1＝CANRX引脚如果配置为I/O，该引脚作为输出

RXOUT
　　如果CANRX引脚配置为输出，该值作为CANTX的输出值

RXIN
　　0＝当CANRX引脚配置为输入时，CANTX引脚上为低电平
　　1＝当CANRX引脚配置为输入时，CANTX引脚上为高电平

图 12.25　eCAN RXIO 功能控制寄存器

表 12.7　eCAN RXIO 功能控制寄存器功能定义

位	名称	功能描述
31~4	保留	读不确定，写没有影响
3	RXFUNC	作为 CAN 模块的功能使用，必须置 1。 1　CANRX 引脚作为 CAN 模块的接收引脚 0　保留
2~0	见图 12.25 说明	见图 12.25 说明

（2）主控寄存器（CANMC）

主控寄存器控制 CAN 模块的设置，某些位采用 EALLOW 保护。该寄存器只支持 32 位读/写操作，各位功能如图 12.26 和表 12.8 所示。

表 12.8　全局接收屏蔽寄存器功能定义

位	名称	功能描述
31~17	保留	读不确定，写没有影响
16	SUSP	SUSPEND 控制 CAN 模块在仿真挂起 SUSPEND（如断点、单步执行等）模式下的操作。 1　FREE 模式　在 SUSPEND 模式下，外设继续运行，节点正常地参与 CAN 通信（发送响应、产生错误帧及接收/发送数据） 0　SOFT 模式　在 SUSPEND 模式下，当前的消息发送完毕后，关闭外设
15	MBCC	邮箱定时邮递计数器清零 在标准 CAN 模式下，该位保留且 EALLOW 保护。 1　成功发送或邮箱 16 接收到消息后，邮箱定时邮递计数器复位清零 0　邮箱定时邮递计数器不复位
14	TCC	邮箱定时邮递计数器最高位 MSB 清零位 在标准 CAN 模式下该位保留且 EALLOW 保护。 1　邮箱定时邮递计数器最高位 MSB 复位为零，一个时钟周期后，TCC 位清零 0　邮箱定时邮递计数器不变
13	SCB	标准 CAN 模式兼容控制位 在标准 CAN 模式下该位保留且 EALLOW 保护。 1　选择 eCAN 模式 0　eCAN 工作在标准模式（SCC），只有邮箱 0~15 可用
12	CCR	改变配置请求 该位 EALLOW 保护。 1　CPU 请求向标准模式的配置寄存器 CANBTC 和接收屏蔽寄存器（CANGAM、LAM[0]和 LAM[3]）写配置信息。该位置 1 后，CPU 必须等到 CANES 寄存器的 CCE 标志为 1 后，才能对 CANBTC 寄存器进行操作 0　CPU 请求正常操作，只有在配置寄存器 CANBTC 设置为允许的值后才可以实现该操作

续表 12.8

位	名称	功能描述

11	PDR	掉电模式请求
		从低功耗模式唤醒后，eCAN 模块自动清除该位。该位 EALLOW 保护。
		    1 请求局部掉电模式
		    0 不请求局部掉电模式（正常操作模式）
		    注：如果邮箱的 TRSn 置位，然后立即将 PDR 置位，CAN 模块将不发送数据帧就进入低功耗模式(LPM)。因为将要发送的数据传送到发送缓冲的邮箱 RAM 中大约需要 80 个 CPU 周期，因此，应用程序必须保证挂起的发送全部完成后，写 PDR 位，TAn 位可以保证完成发送

10	DBO	数据字节顺序
		选择消息数据区字节的排列次序，EALLOW 保护。
		    1 首先接收或发送数据的最低有效位
		    0 首先接收或发送数据的最高有效位

9	WUBA	总线唤醒位
		该位 EALLOW 保护。
		    1 检测到任何总线工作状态，退出低功耗模式
		    0 只有向 PDR 位写 0 时，才退出低功耗模式

8	CDR	改变数据区请求
		该位允许快速刷新数据消息。
		    1 CPU 请求向由 MBNR.4～0(MC.4～0)确定的邮箱数据区写数据，CPU 访问邮箱完成后，必须将 CDR 位清零。CDR 等于 1 时，不会发送邮箱里的内容。在从邮箱中读取数据写到发送缓冲的前后由状态机检测该位
		    0 CPU 请求正常操作
		    注：一旦 TRS 置位，使用 CDR 位改变邮箱中的数据会导致 CAN 模块只能发送旧的数据，而不能发送新的数据。使用 TRRn 位并重新置 TRSn 位将发送复位，可以发送新的数据

7	ABO	自动恢复总线连接位
		该位 EALLOW 保护。
		    1 如果模块脱离总线，接收到 128×11 个隐性位后，模块将自动恢复总线的连接状态
		    0 无操作

6	STM	自测试模式使能位
		该位 EALLOW 保护。
		    1 模块工作在自测试模式，在这种工作模式下，CAN 模块产生自己的应答信号，不连接到总线上也可以工作。消息不发送，但读取回来存放在相应的邮箱里，接收到的消息的 MSGID 不保存到 MBR
		    0 模块工作在正常模式

续表 12.8

位	名 称	功能描述
5	SRES	模块的软件复位 该位只能写,读操作返回总是 0。 1 对该位写 1 操作,模块软件复位(除保护寄存器外的所有参数复位到默认值)。邮箱的内容和错误计数器不变。挂起和正在发送的帧将被取消 0 没有影响
4~0	MBNR 4~0	邮箱编号 选择使用哪个邮箱。 1 只有在 eCAN 模式下才使用 MBNR.4,标准模式该位保留 0 CPU 请求向数据区写数据的邮箱的编号,这几位同 CDR 结合使用

挂起(SUSPEND)模式 CAN 模块的操作如下。

① 如果在 CAN 总线上没有数据传输,请求 SUSPEND 模式,节点将进入 SUSPEND 模式。

② 如果在 CAN 总线上有数据传输,请求 SUSPEND 模式,则完成正在处理的帧后,节点将进入 SUSPEND 模式。

③ 如果节点正在发送数据,请求 SUSPEND 模式,节点获得响应信号后进入 SUSPEND 模式。如果没有得到响应或者有其他某种错误,发送一个错误帧,然后进入 SUSPEND 模式,TEC 适当地进行调整。在第②种情况下,发送完错误帧后进入 SUSPEND 模式,退出 SUSPEND 模式后节点将重新发送原来的帧,发送完后 TEC 适当地调整。

④ 如果节点正在接收数据,请求 SUSPEND 模式,发送响应位后进入 SUSPEND 模式。如果有错误,节点发出错误帧后进入 SUSPEND 模式,在进入 SUSPEND 模式前适当地调整 REC。

⑤ 如果在 CAN 总线上没有数据传输,请求退出 SUSPEND 模式,节点就会退出请求 SUSPEND 状态。

⑥ 如果在 CAN 总线上有数据传输,请求退出 SUSPEND 模式,总线进入空闲后退出。因此,节点不会收到任何"部分"帧,这样将会产生错误帧。

⑦ 当节点挂起,将不会参与接收或发送数据。因此,也不发送响应位和错误帧。在 SUSPEND 状态下,TEC 和 REC 也不会调整。

(3) 错误和状态寄存器(CANES)

错误状态寄存器和错误计数寄存器描述了 CAN 模块的状态。错误状态寄存器中包含了 CAN 模块的实际状态、总线上的错误标识以及错误状态标识,如图 12.27 和表 12.9 所示。CAN 模块采用特殊的机制存储错误状态标识信息,如果其中一个错误标识置位,其他所有错误标识将锁定在当前的错误状态。为了刷新 CANES 寄存器的值,必须向置位的错误标识位写 1 才能响应。这种机制允许使用软件区分产生的第一个错误和连带的错误。

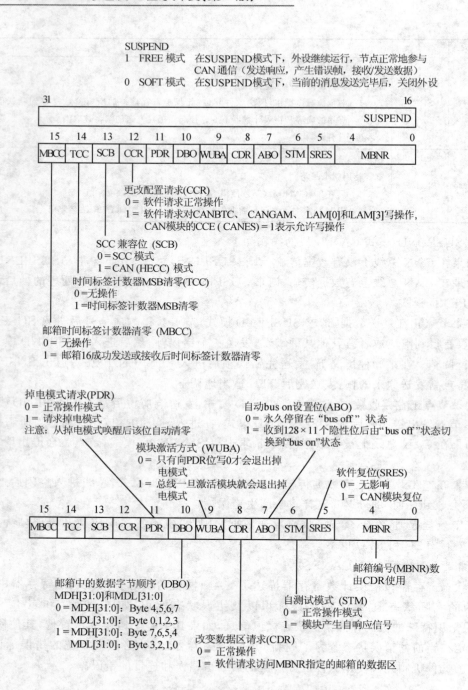

图 12.26 全局接收屏蔽寄存器

第 12 章 eCAN 总线及其应用

31		24	23	22	21	20	19	18	17	16
	Reserved		FE	BE	SA1	CRCE	SE	ACKE	BO	EP	EW

格式错误（FE）
　0 = 正常操作
　1 = 消息的固定格式位区存在错误

位错误（BE）
　0 = 检测到位错误
　1 = 接收到的位和发送的位不匹配
　　（节点退出仲裁区的发送）

Stuck 错误(SA1)
　0 = CAN 模块检测到隐性位
　1 = CAN 模块未检测到隐性位

CRC 错误（CRCE）
　0 = 正常操作
　1 = 接收到 CRC 错误

填充位（SE）
　0 = 正常错误
　1 = 产生一个填充位错误

响应错误（ACKE）
　0 = 正常操作
　1 = CAN 模块没有收到 ACK 响应信号

总线关闭状态(BO)
　0 = 正常操作
　1 = CANTEC 达到错误上限 256，模块关闭总线

错误状态极性（EP）
　0 = CAN 处于显性位错误模式
　1 = CAN 处于隐性位错误模式

警告状态（EW）
　0 = 错误计数均小于 96
　1 = 有一个错误计数已经达到 96

15		6	5	4	3	2	1	0
	Reserved		SMA	CCE	PDA	Res.	RM	TM

改变配置使能(CCE)
　0 = CPU 禁止对配置寄存器进行
　　写操作
　1 = CPU 允许对配置寄存器进行
　　写操作

挂起模式响应（SMA）
　0 = 正常操作
　1 = CAN 模块进入挂起模式
注：当 DSP 处于非运行状态时，调试
工具使 CAN 模块处于挂起状态

掉电模式响应（PDA）
　0 = 正常操作
　1 = CAN 模块进入掉电模式

接收模式(RM)
　0 = CAN 协议内核未处于正在接收消息状态
　1 = CAN 协议内核正在接收消息

发送模式（TM）
　0 = CAN 协议内核未处于正在发送消息状态
　1 = CAN 协议内核正在发送消息

图 12.27　错误和状态寄存器

表 12.9　错误和状态寄存器功能定义

位	名　称	功能描述
31~25	保留	读不确定，写没有影响
24	FE	格式错误标识位 1　在总线上产生了格式错误，即在总线上一个或多个固定格式区有错误电平 0　没有格式错误，CAN 模块可以正常地发送或接收数据
23	BE	位错误标识 1　在仲裁区域发送过程中，接收的位和发送的位不匹配。发送的是显性位而接收到的是隐性位 0　没有检测到位错误

续表 12.9

位	名称	功能描述
22	SA1	显性位阻塞错误 软硬件复位或总线关闭后 SA1 总是 1,在总线上检测到隐性位时,该位清零。 1　CAN 模块没有检测到隐性位 0　CAN 模块检测到隐性位
21	CRCE	循环冗余码校验(CRC)错误 1　CAN 模块接收到 CRC 错误 0　CAN 模块没有接收到 CRC 错误
20	SE	填充错误 1　存在填充位错误 0　不存在填充位错误
19	ACKE	应答错误 1　CAN 模块没有接收到应答信号 0　所有消息都被正确响应
18	BO	总线关闭状态 CAN 模块处于总线关闭状态 1　在总线处于关闭状态过程中或不能发送/接收消息而产生错误,当传输错误计数器(CANTEC)达到上限 256 时,在 CAN 总线上产生不正常的错误。可以将自动恢复总线位(ABO,CANMC.7)置位或接收到 128×11 个隐性位后退出总线关闭状态,一旦总线状态恢复,错误计数器将清零 0　正常操作
17	EP	消极错误状态 1　CAN 模块处于消极错误模式,CANTEC 达到 128 0　CAN 模块未处于消极错误模式
16	EW	警告状态 1　其中一个错误计数器(CANREC 或 CANTC)计数达到警告级别 96 0　两个错误计数器都小于 96
15～6	保留	读不确定,写没有影响
5	SMA	挂起模式应答 　　挂起模式有效后,在经过一个时钟周期最多一个帧的时间后,该位置位。当电路没有处于运行模式时,调试工具激活挂起模式。在处于挂起模式过程中,CAN 模块被冻结,不能发送或接收任何帧。当 CAN 模块正在发送或接收帧时,要激活挂起模式,只有当发送或接收帧结束时,才会进入挂起模式。当 SOFT 模式有效(CANMC16.1)时,进入运行模式。 1　模块处于挂起模式 0　模块不处于挂起模式
4	CCE	改变配置使能位 1　CPU 已经对配置寄存器进行写操作 0　禁止 CPU 对配置寄存器进行写操作

续表 12.9

位	名称	功能描述
3	PDA	掉电模式响应位 1　CAN 模块已经进入掉电模式 0　正常操作
2	保留	读不确定,写没有影响
1	RM	接收模式 　　CAN 模块处于接收模式。该位反映了无论邮箱如何配置,CAN 模块正在进行的操作。 1　CAN 模块正在接收消息 0　CAN 模块不是正在接收消息
0	TM	发送模式 　　CAN 模块处于发送模式,该位反映了无论邮箱的配置如何,CAN 模块实际正在进行的操作。 1　CAN 模块正在发送消息 0　CAN 模块不是正在发送消息

(4) 位定时配置寄存器(CANBTC)

CAN 总线协议规范将标准位传输分成 4 个不同的时间段,分别是 SYNC_SEG、PROP_SEG、PHASE_SEG1 和 PHASE_SEG2。位定时配置寄存器用来配置节点的网络时序参数,在使用 CAN 模块之前,必须配置该寄存器。只有 CAN 模块工作在初始化模式时才能改变该寄存器,在用户模式下,该寄存器不能进行写操作,如图 12.28 和表 12.10 所示。

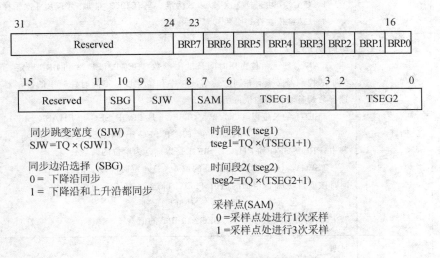

图 12.28　位定时配置寄存器

表 12.10 位定时配置寄存器功能定义

位	名称	功能描述
31~24	保留	读不确定,写没有影响
23~16	BRP 7~0	通信波特率预设置 该位确定通信速率的预定标值,TQ 值定义为 　　TQ=(BRP+1)/SYSCLK 其中: SYSCLK 为 CAN 模块的系统时钟,BRP 是预定标值。当 CAN 模块访问时,该值自动加 1,增加的值由 BRP(BRP+1)确定,BRP 1~256 可编程
15~11	保留	
10	SBG	同步边沿选择 　　0=下降沿同步 　　1=下降沿和上升沿都同步
9~8	SJW 1~0	同步跳转宽度控制位 　　当 CAN 通信节点重新同步时,SJW 表示定义了一个通信位可以延长或缩短的 TQ 值的数量。SJW 可以在 1~4 之间进行调整。 　　SJW_{reg} 定义了同步跳转宽度的寄存器值,当 CAN 模块访问时,该值自动加 1。增加的值由 SJW 确定: 　　$SJW = SJW_{reg} + 1$ 　　SJW 在 1~4 之间可编程,最大值是 TSEG2 和 4TQ 的最小值,即: 　　$SJW_{(max)} = \min[4\,TQ, TSEG2]$
7	SAM	数据采样次数设置 　　该参数设置 CAN 模块确定 CAN 总线数据的采样次数,当 SAM 置位时,CAN 模块对总线上每位数据进行 3 次采样,其中占多数的值作为最终的结果。 　　1　CAN 模块采样 3 次,以多数为准。只有 BRP>4 时,才选用 3 次采样模式 　　0　CAN 模块在每个采样点只采 1 次
6~3	TSEG1 3~0	时间段 1 　　CAN 总线上一位占用时间长度由参数 TSEG1、TSEG2 和 BRP 确定,所有 CAN 总线上的控制器必须有相同的通信波特率和位宽度。不同时钟频率的控制器必须通过上述参数调整波特率和位占用时间长度。 　　TSEG1 的长度以 TQ 为单位,TSEG1 是 PROP_SEG 和 PHASE_SEG1 之和: 　　　　TSEG1 = PROP_SEG + PHASE_SEG1 其中,PROP_SEG 和 PHASE_SEG1 是以 TQ 为单位的两段长度。 　　$TSEG1_{reg}$(CANBTC 寄存器的位 6~3)确定时间段 1 的寄存器值。当 CAN 模块访问时该值自动加 1,增加的值由 TSEG1 确定: 　　　　$TSEG1 = TSEG1_{reg} + 1$ TSEG1 的值必须大于等于 TSEG2 和 IPT 的值。
2~0	$TSEG2_{reg}$ 2~0	时间段 2 　　TSEG2 以 TQ 为单位定义 PHASE_SEG2 的长度,TSEG2 在 1~8 个 TQ 范围内可编程,TSEG2 必须小于等于 TSEG1,大于等于 IPT。 　　$TSEG2_{reg}$(CANBTC 寄存器的位 2~0)确定时间段 2 的寄存器值。当 CAN 模块访问时该值自动加 1,增加的值由 TSEG2 确定: 　　　　$TSEG2 = TSEG2_{reg} + 1$

12.3.2 消息发送

1. 消息发送流程及操作步骤

eCAN 模块发送消息过程主要包括系统的初始化、邮箱初始化、发送传输设置以及等待传输响应几个步骤。具体操作流程如图 12.29 所示。

根据上述操作流程,发送消息的具体操作步骤如下:

Step1 初始化发送邮箱。
→ 向寄存器 CANME 写 0 禁止邮箱。
　　ECanaRegs.CANME.all = 0;
→ 通过寄存器 CANMC 请求改变数据区。
　　ECanaShadow.CANMC.CDR = 1;

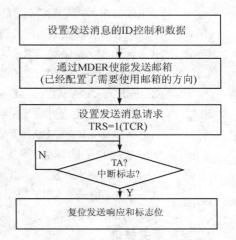

图 12.29 消息发送流程图

→ 通过 MBOXn.MSGID($n=0\sim31$)设置发送邮箱的消息的 ID。
　　ECanaMboxes.MBOX5.MSGID.all = 0x10000000;
　　ECanaMboxes.MBOX5.MSGID.bit.IDE = 1; // 扩展标识符 bit 15 IDE = 1
　　　　// 采用扩展帧发送消息(29 bits)
　　ECanaMboxes.MBOX5.MSGID.bit.AME = 1;
　　　　// 使用相应的接收屏蔽寄存器(LAM 寄存器)
　　ECanaMboxes.MBOX5.MSGID.bit.AAM = 1;
　　　　// 自动应答模式置位,如果该邮箱接收一个远程帧将会自动应答
→ 通过消息控制寄存器 CANMSGCTRL 设置消息控制区,如果该消息发送的是远程帧,需要将 RTR 置位。
　　ECanaMboxes.MBOX5.MSGCTRL.bit.RTR = 0;
　　　　// 发送一个数据帧(不是远程帧)
　　ECanaMboxes.MBOX5.MSGCTRL.bit.DLC = 8; = 1000;
　　　　// 数据长度 = 8 bytes
→ 创建消息(仅对于数据帧这样操作)。
　　ECanaMboxes.MBOX5.MDRL.all=0x01234567;
　　ECanaMboxes.MBOX5.MDRH.all=0x89ABCDEF;
→ 请求正常操作。
　　ECanaShadow.CANMC.CDR = 1;
→ 使能邮箱,例如邮箱 5 作为发送邮箱。
　　/* 配置 Mailbox 5 作为发送邮箱 */
　　ECanaShadow.CANMD.all = ECanaRegs.CANMD.all;
　　ECanaShadow.CANMD.bit.MD5 = 0;
　　ECanaRegs.CANMD.all = ECanaShadow.CANMD.all;

```
            /* 使能邮箱 */
            ECanaShadow.CANME.all = ECanaRegs.CANME.all;
            ECanaShadow.CANME.bit.ME5 = 1;
            ECanaRegs.CANME.all = ECanaShadow.CANME.all;
Step2   设置 TRS 请求发送标志,请求发送消息。
            ECanaShadow.CANTRS.all = 0;
            ECanaShadow.CANTRS.bit.TRS5 = 1;             // 为邮箱设置 TRS 位
            ECanaRegs.CANTRS.all = ECanaShadow.CANTRS.all;
Step3   等待传输响应位置位(TA = 1)和/或邮箱标志位置位。
            while(ECanaRegs.CANTA.bit.TA5 == 0){}    // 等待 TA5 置位
Step4   复位 TA 和传输标志,需要向相应寄存器位写 1 才能清零。
            CanaShadow.CANTA.all = 0;
            ECanaShadow.CANTA.bit.TA5 = 1;              // 清除 TA5
            ECanaRegs.CANTA.all = ECanaShadow.CANTA.all;
```

2. 配置发送邮箱

在发送消息过程中需要对邮箱进行适当地配置,必须采用下列配置方法(以邮箱 1 为例说明)进行配置。

(1) 清除 CANTRS 寄存器中相应的位。清除 CANTRS.1 = 0(写 0 到 TRS 没有影响,必须通过设置 TRR.1 置位,等待 TRS.1 自动清零)。如果 RTR 置 1,TRS 位可以发送一个远程帧。一旦远程帧被发送,CAN 模块将清除邮箱相应的 TRS 位。同样的节点可以用来向其他节点申请数据帧。

(2) 通过清除邮箱使能寄存器(CANME)中相应的位,屏蔽邮箱。清除 CANME.1 = 0。

(3) 装载邮箱的消息标识符寄存器(MSGID),对于正常的发送邮箱(MSGID.30 = 0 和 MSGID.29 = 0),清除 AME(MSGID.30)和 AAM(MSGID.29)。通常情况下,在操作过程中该寄存器不能调整,只有当邮箱被屏蔽时才能调整。例如:

写 MSGID(1) = 0x15AC0000;

写数据长度到消息控制区寄存器(MSGCTRL.3~0)的 DLC 区。通常 RTR 标志被清零(MSGCTRL.4 = 0)。在操作过程中 CANMSGCTRL 寄存器不能被调整,只有屏蔽邮箱时才能调整。

通过清除 CANMD 中相应的位可设置邮箱的方向:清除 CANMD.1 = 0。

(4) 通过设置 CANME 寄存器中相应的位使能邮箱。设置 CANME.1 = 1。

通过上面的设置,可以将邮箱 1 设置为发送邮箱。其他的发送邮箱采用相同的方法设置。

3. 发送消息

使用发送邮箱发送消息,配置完邮箱将需要发送的数据写到发送邮箱中,然后通过控制发送置位信号进行发送,具体操作步骤(以邮箱 1 为例)如下。

(1) 写消息到邮箱的数据区。由于在配置时,DBO(MC.10)等于 0,MSGCTRL(1)值为 1,数据存放在 CANMDL(1)寄存器的两个高字节。

写 CANMDL(1) = xxxx0000h;

(2) 在发送请求寄存器中,设置相应的标志位(CANTRS.1 = 1)以启动消息发送,CAN 模块处理 CAN 消息的发送。

（3）等待邮箱相应的发送响应标志位置位（TA.1 = 1）。成功发送消息后，CAN 模块将该位置位。

（4）成功发送或者中止发送后，模块将 TRS 标志复位为 0（TRS.1 = 0）。

（5）为了使用同一个邮箱发送下一个消息，必须将发送响应清零；置 TA.1 = 1，等待直到读取 TA.1 等于 0。

（6）使用同一个邮箱发送其他的消息，需要刷新邮箱的数据区。TRS.1 置位，启动下一个发送。写到邮箱 RAM 中的数据可以是半字（16 位），也可以是整字（32 位），但模块总是返回 32 位数据。CPU 必须接收所有 32 位，或 32 位中的一部分。

4. 发送消息相关寄存器

（1）邮箱使能寄存器（CANME）

图 12.30 给出了邮箱使能寄存器的各位分配和功能定义。

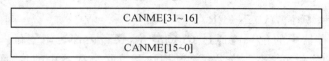

邮箱使能位
　　上电后，所有 CANME 清零，屏蔽所有邮箱。邮箱映射的存储空间可以当作一般存储器使用。
0 = 禁止相应邮箱的功能，邮箱映射的存储空间可以作为一般存储器使用
1 = 使能相应邮箱的功能，在写任何一个邮箱的标识符之前必须将邮箱设置在禁止状态。如果 CANME 的位置位，将不能对消息对象的标识符进行写操作

图 12.30 邮箱使能寄存器

（2）邮箱方向寄存器（CANMD）

图 12.31 给出了邮箱方向寄存器的各位分配和功能定义。

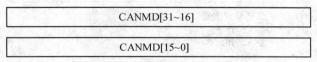

邮箱方向配置
0 = 相应邮箱配置为发送邮箱
1 = 相应邮箱配置为接收邮箱

图 12.31 邮箱方向寄存器

（3）发送请求置位寄存器（CANTRS）

当邮箱 n 准备发送时，CPU 将 TRS[n] 置 1 开始发送。该寄存器一般通过 CPU 或者 CAN 模块的逻辑进行置位。CAN 模块可以为远程帧请求设置该寄存器。如果邮箱配置成接收寄存器，除非接收邮箱用来处理远程帧，否则相应的 CANTRS 位将不起作用。如果 RTR 位置位，接收邮箱的 TRS[n] 将不会被忽略。因此，如果 RTR 位和 TRS[n] 都置位，接收邮箱可以发送一个远程帧。一旦远程帧被发送出去，CAN 模块将相应的 TRS[n] 清零。如果 CPU 和 CAN 模块同时改变某一控制位，CPU 要将相应的位置位，而 CAN 模块要将该位清零，则该位被置位。

CANTRS[n]置位,对应的消息 n 将被发送出去。几个发送请求设置位可以同时置位,这样所有 TRS 位被置位的消息都可以轮流地发送出去,首先从优先级最高的开始(邮箱编号最大的具有最高优先级),除非 TPL 位有其他的设置。CPU 写 1 到 CANTRS 位,使相应的位置位,写 0 没有影响。上电后各位默认值为 0,如图 12.32 所示。

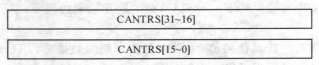

邮箱传输请求置位位 (TRS)
0 = 无操作。成功传输完成后CAN模块将自动清除该位
1 = 通过用户软件置位启动传输相应的邮箱,或者通过远程发送请求逻辑使其置位

图 12.32 发送请求置位寄存器

(4) 发送请求复位寄存器(CANTRR)

发送请求复位寄存器中的位只能通过 CPU 置位,通过内部逻辑复位。当发送消息成功或者放弃,该寄存器的相应位将复位。如果 CAN 模块要清除寄存器中的位,而 CPU 要对它置位,则相应的位将置位。

如果通过 TRS 已经对相应的位初始化,但当前没有对消息进行处理,并且相应的 TRR[n] 置位,则会取消相应的传输请求;如果当前正在处理相应的消息,发送成功或者由于在 CAN 总线上检测到错误等原因退出传输,相应的位将置位;如果发送退出,相应的状态位(AA31~0)置位;如果发送成功状态位 TA31~0 将置位。发送请求状态复位信号可以从 TRS31~0 中读取,通过 CPU 写 1 将 CANTRR 寄存器中的位置 1,如图 12.33 所示。

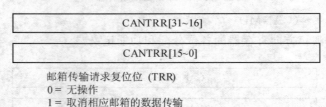

邮箱传输请求复位位 (TRR)
0 = 无操作
1 = 取消相应邮箱的数据传输

图 12.33 发送请求复位寄存器

(5) 发送响应寄存器(CANTA)

如果成功发送邮箱 n 中的消息,TA[n]将置位。如果 CANMIM 寄存器中相应的中断屏蔽位被置位,则 GMIF0/GMIF1(GIF0.15/GIF1.15)也会被置位。GMIF0/GMIF1 位表示有中断产生。

CPU 可以向 CANTA 寄存器写 1 将其复位。如果已经产生中断,向 CANTA 寄存器写 1 可以清除中断,写 0 没有影响。如果 CPU 复位的同时,CAN 模块要将相同位置位,该位将被置位。上电后,寄存器所有的位都被清除,如图 12.34 所示。

(6) 响应失败寄存器(CANAA)

如果邮箱 n 中的消息发送失败,AA[n]将置位;如果 CPU 通过向 CANAA 寄存器写 1 使能中断,则 AAIF(GIF.14)也置位,写 0 没有影响。如果 CPU 复位的同时,CAN 模块要将相同位

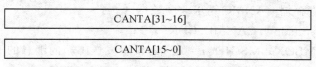

发送响应位
1 = 如果邮箱 n 中的消息成功发送出去,寄存器第 n 位将置位
0 = 消息没有发出

图 12.34 发送响应寄存器

置位,该位将置位。上电后,寄存器所有的位都被清除,如图 12.35 所示。

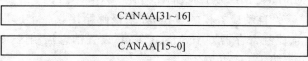

响应失败位
1 = 如果邮箱 n 中的消息发送失败,寄存器第 n 位将置位
0 = 消息成功发送

图 12.35 响应失败寄存器

12.3.3 消息接收

1. 消息接收流程

当接收到消息时,接收消息挂起寄存器(CANRMP)相应的标志位置位,同时会使相应的中断标志位置位产生中断。然后 CPU 可以读取接收邮箱数据寄存器中接收到的数据。在读取数据之前必须先将相应的挂起标志位置位。处理器接收消息过程如图 12.36 所示。

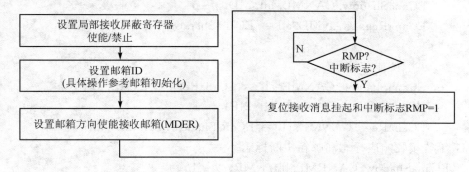

图 12.36 消息接收流程图

Step1:设置局部接收屏蔽寄存器,在 eCAN 模式下每个邮箱都有自己的屏蔽寄存器,如邮箱 1 作为接收邮箱。如果 LAMn 的位等于 1 则该邮箱可以接收标准或扩展帧。在扩展帧模式下,29 位的扩展标识符都存在邮箱中,同时局部接收屏蔽寄存器的所有 29 位都用来滤波。在标准帧模式,只有前 11 位标识符(位 28~18)和局部接收屏蔽被使用。

Step 2:设置邮箱标识符和控制。

→ 向寄存器 CANME 写 0 禁止邮箱。

ECanaRegs.CANME.all = 0;

→ 通过寄存器 CANMC 请求改变数据区。
ECanaShadow.CANMC.CDR = 1;
→ 通过 MBOXn.MSGID(n=0~31)设置发送邮箱的消息的 ID。
ECanaMboxes.MBOX1.MSGID.all = 0x10000000;
ECanaMboxes.MBOX1.MSGID.bit.IDE = 1;
　　// 扩展标识符 bit 15 IDE = 1 采用扩展帧发送消息(29 bits)
ECanaMboxes.MBOX1.MSGID.bit.AME = 1;
　　// 使用响应的接收屏蔽寄存器(LAM 寄存器)
ECanaMboxes.MBOX1.MSGID.bit.AAM = 1;
　　// 自动应答模式置位,如果该邮箱接收一个远程帧将会自动应答
→ 通过消息控制寄存器 CANMSGCTRL 设置消息控制区,如果该消息发送的是远程帧,需要将 RTR 置位。
ECanaMboxes.MBOX1.MSGCTRL.bit.RTR = 0;
　　// 发送一个数据帧(不是远程帧)
ECanaMboxes.MBOX1.MSGCTRL.bit.DLC = 8; = 1000;
　　// 数据长度 = 8 bytes
→ 请求正常操作。
ECanaShadow.CANMC.CDR = 1;
→ 使能邮箱,例如邮箱 1 作为发送邮箱。
/* 配置 Mailbox 1 作为发送邮箱 */
ECanaShadow.CANMD.all = ECanaRegs.CANMD.all;
ECanaShadow.CANMD.bit.MD1 = 0;
ECanaRegs.CANMD.all = ECanaShadow.CANMD.all;

/* 使能邮箱 */
ECanaShadow.CANME.all = ECanaRegs.CANME.all;
ECanaShadow.CANME.bit.ME1 = 1;
ECanaRegs.CANME.all = ECanaShadow.CANME.all;

Step3:等待接收响应标志和邮箱中断标志。
　　ECanaShadow.CANRMP.bit.RMP1 != 1
Step4:复位接收响应标志 RMP 和接收标志。
　　ECanaShadow.CANRMP.bit.RMP1 = 1;
Step5:读取接收邮箱中接收到的数据。

2. 配置接收邮箱

配置邮箱接收消息,采用下列步骤(以邮箱 1 为例)。
(1)清除邮箱使能寄存器(CANME)中相应的位,屏蔽邮箱。
清除 ME.1 = 0
(2)写标识符到相应的 MSGID 寄存器。必须根据需要配置标识符扩展位。如果使用接收屏蔽,接收屏蔽使能(AME)位必须置位(MSGID.30 = 1),例如:

写 MSGID(1) = 0x10000000

（3）如果 AME 位置 1，相应的接收屏蔽必须进行编程。

写 LAM(1) = 0x03c0000

（4）通过设置邮箱方向寄存器中相应的标志位(CANMD.1 = 1)，将邮箱配置为接收邮箱。确保该寄存器的其他位不受该操作的影响。

（5）如果邮箱中的数据受保护，需要对覆盖控制寄存器(CANOPC)进行编程。如果不丢弃消息，这种保护是非常有用的。如果 OPC 被置位，软件必须确保有其他的邮箱配置位存放"溢出"的消息，否则消息可能没有经过验证就被丢弃。

写 OPC.1 = 1

（6）通过设置邮箱使能寄存器(CANME)中相应的标志位，使能邮箱。必须采用读取然后写回(CANME |= 0x0008)的方式保证其他标志位不会被改变。

3. 接收消息

本例子使用邮箱 1，当接收到消息时，接收消息挂起寄存器(CANRMP)相应的标志位置 1，并产生一个中断。CPU 可以从邮箱 RAM 中读取消息，但在 CPU 从邮箱读取消息之前，应该先将 PMP 位清除(RMP.1 = 1)。CPU 还应该核对消息丢弃标志 RML.1 = 1。根据具体的应用，CPU 决定如何处理。

读取数据后，CPU 需要验证 RMP 没有被模块再次置位。如果 RMP 被置 1，说明数据已经损坏。当 CPU 读取旧的消息时，由于接收到新的消息，CPU 需要再次读取数据。

4. 接收消息相关寄存器

（1）接收消息挂起寄存器(CANRMP)

如果接收到的消息存储到邮箱 n 中，则 RMP[n] 置位。该寄存器只能通过 CPU 复位，内部逻辑置位。如果 OPC[n](OPC.31~0)位被清除，新接收的消息将会把先存储的消息覆盖掉，否则检查下一个 ID 匹配的邮箱。在这种情况下，RML[n] 的状态位置位。向寄存器 CANRMP 的基地址写 1，将 CANRMP 和 CANRML 的位清除。如果 CPU 复位的同时，CAN 模块要将相同位置位，该位置位。如果在 CANMIM 寄存器中相应的中断屏蔽位置位，则 CANRMP 寄存器相应的位会对 GMIF0/GMIF1(GIF0.15/GIF1.15)置位，GMIF0/GMIF1 位表示有中断产生，如图 12.37 所示。

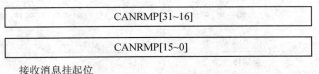

接收消息挂起位
1 = 如果邮箱n中包含接收到的消息，寄存器的RMP[n]位置位
0 = 邮箱内没有消息

图 12.37　接收消息挂起寄存器

（2）接收消息丢失寄存器(CANRML)

如果邮箱中存放的消息被新接收到的消息覆盖，则寄存器 CANRML 相应的位置位。该寄存器只能通过 CPU 复位，内部逻辑置位。向 CAMRMP 相应的位写 1，清除该位。如果 CPU 对寄存器 CANRML 相应位复位的同时，CAN 模块要将相同位置位，则该位置位。如果 OPC[n](OPC.31~0)置位，CANRML 寄存器不会改变，如图 12.38 所示。

如果 CANRML 寄存器的一个或者多个位置位，则 RMLIF(GIF0.11/GIF1.11)位置位。如果 RMLIM 位置位，表示产生中断。

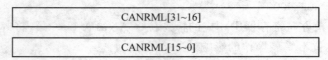

接收消息丢失位
1=新接收的消息将邮箱中没有读取的消息覆盖
0=邮箱内没有消息丢失,可以通过软件向相应的位写1使其清零

图 12.38　接收消息丢失挂起寄存器

(3) 全局接收屏蔽寄存器(CANGAM)

在标准 CAN 模式(SCC)下，CAN 模块使用全局接收屏蔽功能，如果相应邮箱的 AME 位(MID.30)置位，则全局屏蔽用于邮箱 6～15。接收到的消息只存储到第一个标识符匹配的邮箱内，如图 12.39 和表 12.11 所示。

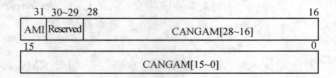

图 12.39　全局接受屏蔽寄存器

表 12.11　全局接受屏蔽寄存器功能定义

位	名　称	功能描述
31	AMI	接收屏蔽标识扩展位 1　可以接收标准帧和扩展帧。在扩展帧模式下,29 位的标识符都存放在邮箱中,全局接收屏蔽寄存器的 29 位全部用来进行滤波;在标准帧模式下,只使用前 11 位标识符和全局接收屏蔽功能。接收邮箱的 IDE 位不起作用,而且会被发送消息的 IDE 位覆盖。为了接收到消息,必须满足滤波的规定,用来比较的位的数量是发送消息 IDE 的值的函数 0　邮箱中存放的标识符扩展位确定接收哪些消息,接收邮箱 IDE 位决定比较位的长度,不使用滤波。为了能够接收到消息,MSGID 对应位必须各个匹配
30～29	保留	读不确定,写没有影响
28～0	GAM[28～0]	全局接受屏蔽 　　可以通过这些位屏蔽收到消息的任何标识位,接收到的标识符的值必须同 MID 寄存器中相应的标识符的位匹配

(4) 错误计数寄存器(CANTEC/ CANREC)

CAN 模块有两个错误计数器：接收错误计数器(CANREC)和发送错误计数器(CANTEC)，CPU 可以读取计数器内的值。根据 CAN2.0 协议规范，两个计数器可以递增或递减计数，如图 12.40 和图 12.41 所示。

达到或超过错误上限 128，接收错误计数器将不再增加。当正确地接收到一个消息后，计数器重新置数，值在 119～127 之间。一旦总线关闭，发送错误计数器不再起作用，而接收错误计数

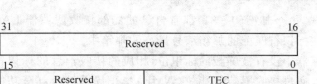

发送错误计数器(TEC)
根据CAN总线协议规范TEC递增或递减计数。

图 12.40 发送错误计数寄存器

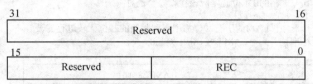

发送错误计数器(REC)
根据CAN总线协议规范REC递增或递减计数。

图 12.41 接收错误计数寄存器

器将用作其他功能。

总线关闭后,接收错误计数器清零,然后总线上每出现11个连续的隐性位接收错误计数器就加1。当计数器值达到128时,如果ABO(MC.7)等于1,模块将自动恢复到总线开启状态,所有内部标识复位,错误计数器清零。CAN初始完毕,退出初始模式,计数器清零。

(5) 接收滤波器

接收消息的标识符首先和邮箱的消息标识符进行比较,然后,使用适当的接收屏蔽将不需要比较的标识符屏蔽,如图12.42所示。在兼容的标准CAN模式下,对于邮箱6~15使用全局接收屏蔽寄存器(GAM)。接收到的消息存放在标识符匹配的邮箱编号最大的邮箱中。如果在邮箱6~15中没有标识符匹配的邮箱,接收消息和邮箱5~3的标识符进行比较,然后是2~0。

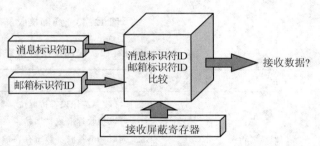

图 12.42 接收滤波过程图

邮箱5~3使用SCC寄存器的局部接收屏蔽滤波器LAM3,邮箱2~0使用SCC寄存器的局部接收屏蔽寄存器LAM0,具体应用请参考局部接收屏蔽寄存器。

要调整标准CAN模式的全局接收屏蔽寄存器(CANGAM)和两个局部接收屏蔽寄存器,必须将CAN模块设置在初始化模式。参考CAN模块初始化一节。

eCAN每个邮箱都有自己的局部接收屏蔽寄存器,LAM0~LAM31。在eCAN模式没有全局接收屏蔽寄存器,因此对于滤波的操作,还要根据CAN模块的工作模式适当地进行调整。

局部接收滤波允许用户局部屏蔽输入消息的标识符。在SCC模式,局部接收屏蔽寄存器LAM0为邮箱2~0使用;局部接收屏蔽寄存器LAM3为邮箱5~3使用。邮箱6~15使用全局接收屏蔽寄存器(CANGAM)。

SCC模式硬件或软件复位后,CANGAM复位清零。eCAN模式复位,LAM寄存器不进行调整。在 eCAN 模式,每个邮箱(0~31)都有自己的局部接收滤波器 LAM0~LAM31。任何一个输入的消息存放在标识符匹配的邮箱编号最高的邮箱中。

在接收屏蔽寄存器中没有被屏蔽的标识位,相应的接收消息的标识符位必须同接收邮箱的标识符位一致。可以通过接收屏蔽使能位(AME)禁止局部接收屏蔽功能。如果不一致则消息既不会被接收也不会存放到邮箱数据寄存器中。局部接收屏蔽寄存器及功能定义如图 12.43 和表 12.12 所示。

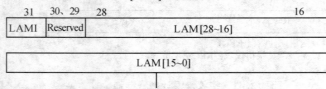

LAMI:
0 = 邮箱的IDE位确定应该接收哪个消息
1 = 接收扩展或标准
扩展帧:LAM的所有29位都用来和邮箱的29位比较进行滤波
标准帧:只有LAM[28~18]用来滤波

31	30、29	28	16
LAMI	Reserved	LAM[28~16]	

LAM[15~0]

LAM[28~0]:屏蔽接收消息标识符相应的位
1 = 与输入消息的标识符的相应位的值无关
0 = 接收到的消息的标识符的位必须和消息标识符匹配(MID)

注:CAN模块有"HECC"和"SCC"两种操作模式
在"SCC"模式下(复位默认),邮箱0和2使用LAM0,邮箱3和5使用LAM3,邮箱6~15使用全局屏蔽(CANGAM);
在"HECC"模式下(CANMC0~13 = 1),LAM0~LAM31对应相应的邮箱。

图 12.43 局部接收屏蔽寄存器

表 12.12 局部接收屏蔽寄存器功能定义

位	名称	功能描述
31	LAMI	局部接收屏蔽标识符扩展位 1 可以接收标准或扩展帧。在扩展帧模式,29 位的扩展标识符都存在邮箱中,同时局部接收屏蔽寄存器的所有 29 位都用来滤波。在标准正模式,只有前 11 位标识符(位 28~18)和局部接收屏蔽被使用 0 标识扩展符放在由将要收到的消息确定的邮箱中
30、29	保留	读不确定,写没有影响
28~0	LAM[28~0]	这些位使能输入消息的任何标识符的屏蔽。 1 接收一个接收到的标识符相应的位 0 或 1(无关) 0 接收到的标识符的位的值必须同 MSGID 寄存器中相应位匹配

消息屏蔽应用设置举例:

消息标识符 ID = 1 0000 0000 0000 0000 0000 1111 0000
邮箱标识符 ID = 1 0000 0000 0000 0000 0000 0000 0000
接收屏蔽   = 1 0000 0000 0000 0000 0000 1111 0000   (消息被接收)
接收屏蔽   = 1 0000 0000 0000 0000 0000 0000 1111   (消息被拒绝)

12.3.4 过载情况的处理

1. 过载情况处理方法

如果 CPU 不能快速地处理重要的消息,最好配置多个具有相同标识符的邮箱。本例中消息对象 3、4 和 5 有相同的标识符,且共享一个屏蔽。对于标准 CAN 模式,使用 LAM3 屏蔽。对于 eCAN 模式,每个消息对象有自己的屏蔽 LAM:LAM3、LAM4 和 LAM5,三个屏蔽要使用相同的配置值。

为保证消息不会丢失,将消息对象 4 和 5 的 OPC 标志置位,从而防止未读的消息被覆盖。如果 CAN 模块需要存储接收到的消息,首先检查邮箱 5。如果邮箱是空的,消息就存放在邮箱 5 中。如果对象 5 的 RMP 标志位置位(邮箱被占用),CAN 模块检查邮箱 4 的情况。如果邮箱也被使用,则检查邮箱 3。由于邮箱 3 的 OPC 标志没有置位,因此将消息存放在这里。如果邮箱 3 的内容没有被预先读走,则对象 3 的 RML 标志被置位,并会产生一个中断。

也可以使消息对象 4 产生中断,通知 CPU 同时读取邮箱 4 和 5。对于需要多于 8 字节数据的消息(即多于一个消息),这种方法也非常有用。在这种情况下,消息包含的所有数据会全部收集到邮箱中,然后一次全部读取。

2. 过载处理相关寄存器

覆盖保护控制寄存器(CANOPC)

如果有邮箱 n 满足了上溢条件(RMP[n]置 1,并且新接收到的消息也是邮箱 n 的),新的消息如何存放取决于 CANOPC 寄存器的设置。如果相应的 OPC[n]置 1,则原来的消息受保护不能被新的消息覆盖;因此,会检测下一个 ID 号匹配的邮箱。如果没有找到新的 ID 号匹配的邮箱,该消息将会被丢掉同时不会产生任何通报。如果 OPC[n]等于 0,新的消息将旧的消息覆盖掉,同时会将接收消息丢失位 RML[n]置位,通报已经覆盖。该寄存器只支持 32 位读/写操作。图 12.44 和表 12.13 给出覆盖保护控制寄存器的功能定义。

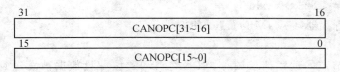

过载保护控制位(MIM)
0 = 允许新接收到的消息覆盖邮箱中原有的消息同时会将接收消息丢失位 RML[n]置位
1 = 原来邮箱中的消息受保护,不能被新的消息覆盖,因此会检测下一个 ID 匹配的邮箱。如果没有找到新的 ID 匹配的邮箱,该消息将会被丢掉

图 12.44 覆盖保护控制寄存器

表 12.13 覆盖保护控制寄存器功能定义

位	名 称	功能描述
31~0	OPC 31~0	覆盖保护控制位 1 如果 OPC[n]=1,邮箱中原有信息受保护,不会被新的消息覆盖 0 如果 OPC[n]=0,新的消息将邮箱中旧的消息覆盖

12.3.5 远程帧邮箱的处理

远程帧处理有两种功能：其一，向其他节点发出数据请求；其二，应答其他模块发出的数据请求。

1. 远程帧数据请求

为了从其他节点获取数据，消息对象配置为接收邮箱。以消息对象 3 为例，CPU 需要完成下列操作：

(1) 将消息控制区寄存器（CANMSGCTRL）的 RTR 位置 1。

写 MSGCTRL(3) = 0x12

(2) 写正确的标识符到消息标识寄存器（MSGID）。

写 MSGID(3) = 0x4F780000

(3) 将相应邮箱的 CANTRS 标志置位。由于邮箱配置成接收邮箱，它只能向其他节点发送一个远程请求消息。

置位 CANTRS.3 = 1

(4) 当接收到消息时，模块将应答消息存放在邮箱中，并将 RMP 置位。这样可以产生一个中断，且确认没有其他邮箱有相同的 ID 号。

等待 RMP.3 = 1

(5) 读取接收到的消息。

2. 应答远程请求

(1) 配置对象为发送邮箱。

(2) 在使能邮箱之前，将寄存器 MSGID 中的自动应答模式（AAM）（MSGID.29）位置 1。

MSGID(1) = 0x35AC0000

(3) 刷新数据区。

MDL, MDH(1) = xxxxxxxxh

(4) 将邮箱使能寄存器（CANME）置位，使能邮箱。

CANME.1 = 1

当收到来自其他节点的远程请求帧时，TRS 将自动置位并且数据被发送到那个节点。接收和发送的消息的标识符相同。数据发送完后，TA 置位，CPU 可以刷新数据。

等待 TA.1 = 1。

3. 刷新数据区

为刷新配置成自动应答模式的对象的数据，需要完成下列操作。下列操作也可以用来刷新配置成标准发送对象（带 TRS 标志置位）的数据。

(1) 将数据请求位（CDR）（MC.8）置位，在主控制寄存器（CANMC）中设置邮箱编号（MB-NR）。这样可以告诉 CPU，CAN 模块要改变数据器。以对象 1 为例：

写 CANMC = 0x0000101

(2) 写消息数据到邮箱数据寄存器，例如：

写 CANMDL(1) = xxxx0000h

(3) 清除 CDR(MC.8) 位，使能对象。

写 CANMC = 0x00000000

4. 远程帧挂起寄存器(CANRFP)

只要 CAN 模块接收到远程帧请求,远程帧挂起寄存器相应的 RFP[n]位就置位。如果已经有远程帧存放在接收邮箱(AAM=0,MD=1),RFP[n]就不会置位,如图 12.45 所示。

CANRFP[31~16]
CANRFP[15~0]

远程帧挂起寄存器
  对于接收邮箱,如果接收到远程帧RFPn置位,TRSn无影响;对于发送邮箱,如果接收到远程帧RFPn置位并且邮箱的AAM值为1,TRSn也置位。邮箱的ID号必须和远程帧的ID号匹配。
  1 CAN模块接收到远程帧
  0 CAN模块没有接收到远程帧,CPU清除该寄存器,可以通过软件向相应的位写1使其清零

图 12.45 远程帧挂起寄存器

为防止自动应答邮箱响应远程帧请求,CPU 必须通过对发送请求复位 TRR[n]位置位,清除 RFP[n]标识位和 TRS[n]位。CPU 也可以清除 AAM 位,停止模块发送消息。如果 CPU 复位的同时,CAN 模块要将相同位置位,则该位将置位。CPU 不能中断正在处理的远程帧。

如果接收到远程帧(接收消息有 RTR(MCF.4) = 1),CAN 模块使用适当的滤波器,按邮箱序号由高到低的顺序比较所有邮箱的标识符,标识符匹配的消息对象(该消息对象对应的邮箱配置为发送邮箱且消息对象的 AAM(MID.29)置位)作为被发送的消息对象(TRS[n] 置位)。

如果标识符匹配且相应的邮箱配置为发送邮箱,而邮箱的 AAM 位没有置位,该消息将不会被接收。在发送邮箱中找到匹配的标识符之前,不会再进行比较。

如果标识符匹配且消息对象配置为接收邮箱,该消息当作数据帧处理,接收消息挂起寄存器(CANRMP)相应位置位,然后 CPU 确定如何处理这种情况(参考 8.2.7 小节)。

如果 CPU 需要改变已配置成远程帧邮箱内的数据,则必须先设置邮箱编号并改变 MCR 的数据请求位(CDR[MC.8]),然后 CPU 可以访问并清除 CDR 位,通知 eCAN 模块已经完成了访问。除非 CDR 位被清除,否则不允许邮箱发送消息。因此,CPU 清除 CDR 位后,最新的消息就被发送出去。

要改变邮箱中的标识符,必须先将邮箱屏蔽(MEn=0)。

如果 CPU 要从其他节点获取数据,就要配置邮箱为接收邮箱并将 TRS 置位。在这种情况下,eCAN 模块发送一个远程帧请求,并在发送请求的同一个邮箱内接收数据帧。因此,对于远程帧请求只要一个邮箱就可以了。需要注意的是,CPU 必须将 RTR(MCF.4)置位,使能远程帧传输。一旦远程帧被发送,邮箱的 TRS 位将被 CAN 模块清除,在这种情况下,邮箱的 TRS 不会被置位。

消息对象 n 的操作由 MD[n](MD.31~0)、AAM(MID.29)和 RTR(MCF.4)配置。根据不同的操作要求进行不同的配置,主要有下面 4 种配置情况:

(1) 发送消息对象只能发送消息;
(2) 接收消息对象只能接收消息;
(3) 请求消息对象可以发送远程请求帧,等待相应的数据帧;
(4) 只要接收到相应标识符的远程请求帧,应答消息对象就可以发送数据帧。

12.3.6 CAN 模块中断及其应用

如图 12.46 所示，有两种类型的中断：一类是与邮箱相关的中断，例如，接收消息挂起中断或中止响应中断；另一类是系统中断，处理错误或者与系统相关的中断，比如错误消极中断或唤醒中断。

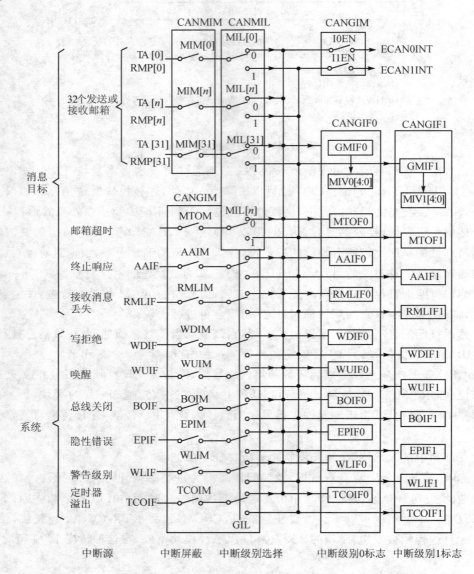

图 12.46　CAN 模块中断结构图

邮箱中断
◇ 消息接收中断：接收到一个消息；
◇ 消息发送中断：一个消息被成功发送；
◇ 中止响应中断：挂起发送被中止；

◇ 接收消息丢失中断：接收到的旧的消息被新的覆盖（旧的被读取之前）；
◇ 邮箱超时中断（只有 eCAN 模式存在）：在预定的时间内没有消息被发送或接收。

系统中断

◇ 拒绝写中断：CPU 试图写邮箱，但被拒绝；
◇ 唤醒中断：唤醒后产生该中断；
◇ 脱离总线中断：CAN 模块进入脱离总线状态；
◇ 错误消极中断：CAN 模块进入错误消极模式；
◇ 警告级中断：一个或两个错误计数器值大于等于 96；
◇ 定时邮递计数器溢出中断（只有 eCAN 存在）：定时邮递计数器产生溢出。

1. 中断配置

根据产生中断邮箱的 MIL[n] 置位情况，GMIF0/GMIF1(CANGIF0.15/CANGIF1.15)位进行置位。MIL[n]位置位，相应邮箱的中断标志 MIF[n]将寄存器 CANGIF1 中的 GMIF1 标志置位；否则，将 GMIF0 标志置位。

如果所有中断清除且有新的中断标志置位，相应的中断屏蔽位被置位，CAN 模块的中断输出线(ECAN0INT 或 ECAN1INT)有效。除非 CPU 向相应的位写 1 清除中断标志，否则中断线一直保持有效状态。

向 CANTA 或 CANRMP 寄存器（和邮箱配置有关）相应的位写 1，清除 GMIF0（CANGIF0.15）或 GMIF1（CANGIF0.15）中的中断标志。不能直接对 CANGIF0/CANGIF1 清零。

如果 GMIF0 或 GMIF1 置位，邮箱中断向量 MIV0(CANGIF0.4~0)或 MIV1(CANGIF1.4~0)给出使 GMIF0/1 置位的邮箱的编号，总是显示分配到中断线上的最高的邮箱中断向量。

2. 邮箱中断

CAN 模块的每个邮箱都可以在中断输出线 1 或 0 上产生中断，eCAN 模式有 32 个邮箱，标准 CAN 模式有 16 个邮箱。根据邮箱配置的不同，可以产生接收或发送中断。

每个邮箱有一个专用的中断屏蔽位(MIM[n])和一个中断级位(MIL[n])，为使邮箱能够在接收或发送消息时产生中断，MIM 位必须置位。接收邮箱接收到 CAN 的消息(RMP[n]=1)或者从发送邮箱发出消息(TA[n]=1)，都会产生中断。如果邮箱配置成远程请求邮箱(CANMD[n]=1，MSGCTRL.RTR=1)，一旦接收到远程帧应答就会产生中断。远程应答邮箱在成功发送应答帧后(CANMD[n]=0，MSGID.AAM=1)，产生一个中断。

如果相应的中断屏蔽位置位，RMP[n]和 TA[n]置位的同时也会将寄存器 GIF0/GIF1 中的 GMIF0/GMIF1 (GIF0.15/GIF1.15)标志置位。GMIF0/GMIF1 标志位就会产生一个中断，而且可以从 GIF0/GIF1 寄存器的 MIV0/MIV1 区读取相应的邮箱向量（邮箱编号）。除此之外，中断的产生还与邮箱中断级寄存器的设置有关。

当 TRR[n]位置位后中止发送消息，GIF0/GIF1 寄存器中的中止响应标志(AA[n])和中止响应中断标志都被置位。如果 GIM 寄存器中的屏蔽位 AAIM 置位，发送中止就会产生中断。清除 AA[n]标志位并不能使 AAIF0/AAIF1 标志复位，中断标志不许独立清除。中止响应中断选择哪个中断线，取决于相关邮箱的 MIL[n]位的设置。

当丢失接收消息时，会使接收消息丢失标志 RML[n]和 GIF0/GIF1 寄存器中的接收消息丢失中断标志 RMLIF0/RMLIF1 置位。如果接收消息丢失中断屏蔽位(RMLIM)置位，接收消息发生丢失时就会产生中断。中断标志 RMLIF0/RMLIF1 必须独立清除。根据邮箱的中断级

（MIL[n]）设置，接收消息丢失中断选择相应的中断线。

每个 eCAN 邮箱都与消息对象寄存器和超时寄存器相连。如果发生超时事件（TOS[n] = 1），且 CANGIM 寄存器中的邮箱超时中断屏蔽位（MTOM）置位，在其中一条中断线上就会产生一个超时中断。根据邮箱中断级（MIL[n]）的设置选择相应的中断线。清除 TOS[n] 标志并不能使 MTOF0/MTOF1 标志复位。

3. 中断处理

中断通过中断线向 CPU 申请中断，CPU 处理完中断后，还要清除中断源和中断标志。为此，CANGIF0 或 CANGIF1 寄存器中的中断标志必须被清除，通过向相应的标志位写 1 即可清除相应的中断标志。但也会存在例外情况，如表 12.14 所列。

表 12.14 eCAN 中断声明/清除

中断标志	中断条件	GIF0/GIF1 的确定	清除机制
WLIFn	一或两个错误计数器值大于等于 96	GIL 位	写 1 清除
EPIFn	CAN 模块进入"错误消极"模式	GIL 位	写 1 清除
BOIFn	CAN 模块进入"脱离总线"模式	GIL 位	写 1 清除
RMLIFn	有一个接收邮箱满足溢出条件	GIL 位	写 1 将 RMPn 位置位
WUIFn	CAN 模块已经退出局部掉电模式	GIL 位	写 1 清除
WDIFn	写邮箱操作被拒绝	GIL 位	写 1 清除
AAIFn	发送请求被中止	GIL 位	通过清除 AAn 的置位，清除
GMIFn	其中一个邮箱成功发送或接收消息	MILn 位	适当地对引起中断的条件进行清除。写 1 到寄存器 CANTA 或 CANRMP 相应的位进行清除
TCOFn	TSC 的最高位 MSB 从 0 变为 1	GIL 位	写 1 清除
MTOFn	在规定时间内没有邮箱成功发送或接收消息	MILn 位	清除 TOSn 的置位，清除

注：① 中断标志：寄存器 CANGIF0/CANGIF1 使用的中断标志的名称。
② 中断条件：该列描述了引起中断产生的条件。
③ GIF0/GIF1 的确定：中断标志位可以在 CANGIF0 或 CANGIF1 寄存器中置位，这主要取决于 CANGIM 寄存器中的 GIL 位或 CANMIL 寄存器中的 MILn 位。该列描述了特定的中断置位决定于 GIL 位还是 MILn 位。
④ 清除机制：该列描述了如何清除中断标志。有些位直接写 1 进行清除，其他位则需要对 CAN 控制寄存器的某些位进行操作。

(1) 中断处理的配置

中断处理的配置主要包括邮箱中断级寄存器（CANMIL）、邮箱中断屏蔽寄存器（CANMIM）以及全局中断屏蔽寄存器（CANGIM）的配置。具体操作步骤如下：

① 写 CANMIL 寄存器。定义成功发送消息在中断线 0 还是 1 上产生中断。例如，CANMIL = 0xFFFFFFFF，设置中断级为 1；

② 配置邮箱中断屏蔽寄存器(CANMIM)，屏蔽不应该产生中断的邮箱。寄存器可以设置为 0xFFFFFFFF，使能所有的邮箱中断。无论如何，不使用的邮箱不会产生中断；

③ 配置 CANGIM 寄存器，标志位 AAIM、WDIM、WUIM、BOIM、EPIM 和 WLIM（GIM.14～9）要一直置位（使能这些中断）。除此之外，GIL（GIM.2）也可以置位使能另外一个中断级上的全局中断。I1EN（GIM.1）和 I0EN（GIM.0）两个标志位置位使能两个中断线。根据 CPU 的负载占用情况，标志位 RMLIM（GIM.11）置位。

该设置将所有邮箱中断配置在中断线 1 上，其他系统中断在中断线 0 上。这样，CPU 处理其他系统中断具有更高的优先级，而邮箱中断优先级相对较低。所有具有高优先级的邮箱中断也可以设置在中断线 0 上。

(2) 处理邮箱中断

邮箱中断有 3 个中断标志。邮箱中断的处理过程如下：

① 产生中断时，读取全局中断寄存器 GIF 半字。如果值是负的，是邮箱产生的中断；否则检查 AAIF0/AAIF1（GIF0.14/GIF1.14）位（中止响应中断标志）或 RMLIF0/RMLIF1（GIF0.11/GIF1.11）（接收消息丢失中断标志）。如果上述都不是，则产生了系统中断。在这种情况下，必须检查每一个中断标志；

② 如果 RMLIF（GIF0.11）标志引起中断，则有一个邮箱的消息被新的消息覆盖。在正常操作情况下，不应该发生这种情况。CPU 需要向标志位写 1 清除标志，然后检查接收消息丢失寄存器(RML)，找出是哪个邮箱产生的中断。根据应用，CPU 确定下一步如何处理。该中断也会产生全局中断 GMIF0/GMIF1；

③ 如果 AAIF（GIF.14）标志引起中断，CPU 中止发送操作。CPU 检查中止响应寄存器(AA.31～0)，确认哪个邮箱产生的中断，如果需要的话重新发送消息。必须写 1 清除中断标志；

④ 如果 GMIF0/GMIF1（GIF0.15/GIF1.15）标志引起中断，可以从 MIV0/MIV1(GIF0.4～0/GIF1.4～0)区获取产生中断的邮箱编号。该向量可以用来跳转到相应的邮箱处理程序。如果是接收邮箱，CPU 应该读取数据并通过写 1 清除 RMP.31～0 标志；如果是发送邮箱，除非 CPU 需要发送更多的数据，否则不需要其他操作。在这种情况下，前面阐述的正常发送过程是必要的。CPU 需要写 1 清除发送响应位(TA.31～0)。

(3) 中断处理顺序

为使 CPU 内核能够识别并处理 CAN 中断，在 CAN 中断服务子程序中必须进行如下处理。

① 首先清除 CANGIF0/CANGIF1 寄存器中引起中断的标志位，在该寄存器中有两种类型的标志位：

a. 一种类型的标志位，通过向相应的标志位写 1 清除标志。主要包括：TCOFn、WDIFn、WUIFn、BOIFn、EPIFn 及 WLIFn；

b. 另一种需要对相关的寄存器进行操作才能清除标志。主要包括：MTOFn、GMIFn、AAIFn 及 RMLIFn。

ⅰ）通过清除 TOS 寄存器中相应的位清除 MTOFn 位。例如，由于 MTOFn 置位，邮箱 27 产生超时，若中断服务子程序 ISR 需要清除 MTOFn 位，就需要清除 TOS27 位。

ⅱ）清除 TA 或 RMP 寄存器中相应的位，即可清除 GMIFn 位。例如，如果邮箱 19 配置为发送邮箱，且已经成功发送了一个消息，TA19、GMIFn 被依次置位。为了清除 GMIFn，中断服务子程序就需要清除 TA19。如果邮箱 8 配置为接收邮箱且已经接收到一个消息，RMP8、GMIF 依次置位，为了清除 GMIFn，中断服务子程序就需要清除 RMP8。

ⅲ）清除 AA 寄存器中相应的位，清除 AAIFn 标志位。例如，如果由于 AAIFn 置位邮箱 13 的发送被中止，中断服务子程序需要通过清除 AA13 位来清除 AAIFn 位。

ⅳ）清除 RMP 寄存器中相应的位，清除 RMLIFn 标志位。例如，如果由于 RMLIFn 置位使邮箱 13 被覆盖，中断服务子程序需要通过清除 RMP13 位来清除 RMLIFn 位。

② CAN 模块相应的 PIEACK 位必须写 1，可以通过下面的 C 语言完成：

```
PieCtrlRegs.PIEACK.bit.ACK9 = 1;   // 使能 PIE 向 CPU 发送脉冲
```

③ 必须使能 CAN 模块到 CPU 相应的中断线，可以通过下面的 C 语言完成：

```
IER |= 0x0100;                     // Enable INT9
```

④ 清除 INTM 位，全局使能 CPU 中断。

4. 中断寄存器

CAN 模块的中断由中断标志寄存器、中断屏蔽寄存器和邮箱中断优先级寄存器控制。这些寄存器描述如下。

（1）全局中断标志寄存器（CANGIF0/CANGIF1）

CPU 通过这两个全局寄存器来辨别中断源（如图 12.47 和 12.48 所示，表 12.15 列出了寄存器各位的定义）。如果满足相应的中断条件，中断标志位置位。全局中断标志根据 CANGIM 寄存器的 GIL 位的设置置位。如果该位置 1，全局中断置 CANGIF1 中的中断标志位，否则置 CANGIF0 中的中断标志位。这条规则也适合中断标志 AAIF 和 RMLIF。

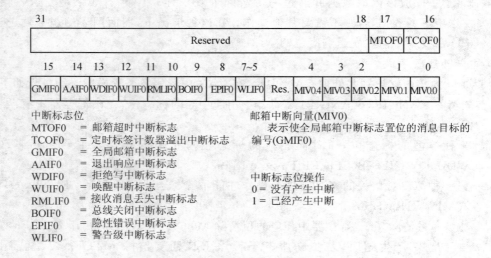

图 12.47　全局中断标志寄存器 0（CANGIF0）

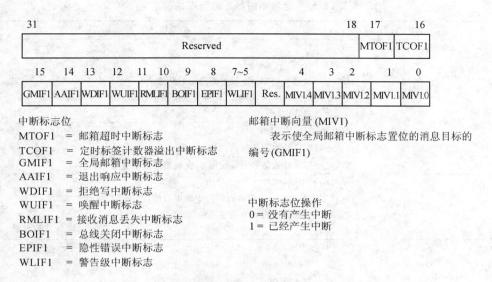

图 12.48　全局中断标志寄存器 1(CANGIF1)

下列位的置位,与 CANGIM 寄存器相应的中断屏蔽位没有关系。

MTOFn　　WDIFn　　BOIFn

TCOFn　　WUIFn　　EPIFn

AAIFn　　RMLIFn　　WLIFn

对于任何邮箱,只有 CANMIM 寄存器中的邮箱中断屏蔽位置位时,GMIFn 才会置位。

当相应的中断屏蔽位置位时,如果所有中断标志被清除,有新的中断被置位,则中断输出线将有效。除非 CPU 写 1 到中断标志位清除中断标志或清除中断产生的条件,否则中断线将一直保持有效状态。

如果希望清除 GMIFn 标志,必须向 CANTA 或 CANRMP 寄存器的相关位写 1(具体与邮箱的配置有关),而不能在 CANGIFn 寄存器中直接清除。清除一个或多个中断标志后,随着新的中断的产生,会有一个或多个中断标志被置位。如果 GMIFn 置位,邮箱中断向量 MIVn 就会给出引起 GMIFn 置位的邮箱编号。在多个邮箱中断挂起的情况下,邮箱中断向量 MIVn 总是存放优先级最高的邮箱中断向量。

注:表 12.15 中描述的寄存器各位的定义对于 CANGIF0 和 CANGIF1 两个寄存器都适用。对于下面几个中断标志,在 CANGIF0 和 CANGIF1 中的哪个寄存器置位,取决于 CANGIM 寄存器的 GIL 位的设置:对于 TCOFn、AAIFn、WDIFn、WUIFn、RMLIFn、BOIFn、EPIFn 和 WLIFn,如果 GIL＝0,这些中断标志在寄存器 CANGIF0 中置位;如果 GIL＝1,这些中断标志在寄存器 CANGIF1 中置位。同样,对于 MTOFn 和 GMIFn 位选择哪个寄存器置位,取决于 CANMIL 寄存器中 MILn 位的设置。

(2) 全局中断屏蔽寄存器

中断屏蔽寄存器和中断标志寄存器的建立方法基本相同。如果有一个位置位,将会使能相应的中断。该寄存器 EALLOW 保护。图 12.49 和表 12.16 给出了全局中断寄存器的功能分配和功能定义。

表 12.15　全局中断标志寄存器功能定义

位	名称	功能描述
31～18	保留	读不确定,写没有影响
17	MTOF0/1	邮箱超时标志 标准 CAN 模式(SCC)下没有邮箱超时标志。 1　在特定的时间内,邮箱没有接收或发送消息 0　邮箱没有超时
16	TCOF0/1	定时邮递计数器上溢出标志位 1　定时邮递计数器的最高位从 0 变为 1 0　定时邮递计数器的最高位是 0,也就是没有从 0 变为 1
15	GMIF0/1	全局邮箱中断标志 只有当 CANMIM 寄存器的邮箱中断屏蔽位置位,该位才会被置位。 1　有 1 个邮箱接收或发送消息成功 0　没有消息发送或接收
14	AAIF0/1	中止应答中断标志 1　发送传输请求被中止 0　没有发送被中止
13	WDIF0/WDIF1	拒绝写中断标志 1　CPU 对邮箱进行写操作没有成功 0　CPU 成功地完成了对邮箱写操作
12	WUIF0/WUIF1	唤醒中断标志 1　在局部掉电过程中,该位表示模块已经退出睡眠模式 0　模块处于睡眠模式或正常操作
11	RMLIF0/1	接收消息丢失中断标志 1　至少有 1 个接收邮箱产生了上溢出,并且 MILn 寄存器相应的位被清除 0　没有消息丢失
10	BOIF0/BOIF1	总线关闭中断标志 1　CAN 模块处于总线关闭模式 0　CAN 模块处于总线有效模式
9	EPIF0/EPIF1	消极错误中断标志 1　CAN 模块已经进入消极错误模式 0　CAN 模块没有进入消极错误模式
8	WLIF0/WLIF1	警告级中断标志 1　至少有 1 个 0　没有错误计数器达到了警告级别
7～5	保留	读不确定,写没有影响
4～0	MIV0.4～0 MIV1.4～0	邮箱中断向量 　　在标准 CAN 模式,只有位 3～0 有效。 　　中断向量给出了使全局邮箱中断标志置位的邮箱的编号。除非对应的 MIFn 被清除或者有更高优先级的邮箱产生中断,否则中断向量一直保持不变。在 32 个邮箱中,邮箱 31 拥有最高的优先级。在标准 CAN 模式,邮箱 15 拥有最高的优先级,邮箱 16～31 无效。 　　如果在 TA/RMP 寄存器中没有标志位置位,并且 GMIF1 或 GMIF0 被清除,则邮箱中断向量不确定

第 12 章 eCAN 总线及其应用

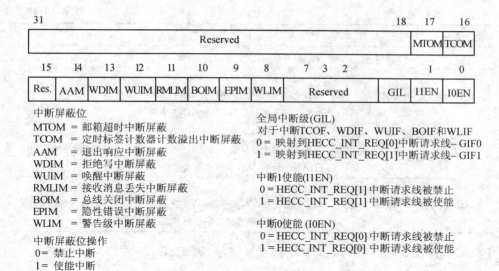

中断屏蔽位
- MTOM = 邮箱超时中断屏蔽
- TCOM = 定时标签计数器计数溢出中断屏蔽
- AAM = 退出响应中断屏蔽
- WDIM = 拒绝写中断屏蔽
- WUIM = 唤醒中断屏蔽
- RMLIM = 接收消息丢失中断屏蔽
- BOIM = 总线关闭中断屏蔽
- EPIM = 隐性错误中断屏蔽
- WLIM = 警告级中断屏蔽

中断屏蔽位操作
- 0 = 禁止中断
- 1 = 使能中断

全局中断级(GIL)
对于中断TCOF、WDIF、WUIF、BOIF和WLIF
- 0 = 映射到HECC_INT_REQ[0]中断请求线 – GIF0
- 1 = 映射到HECC_INT_REQ[1]中断请求线 – GIF1

中断1使能(I1EN)
- 0 = HECC_INT_REQ[1] 中断请求线被禁止
- 1 = HECC_INT_REQ[1] 中断请求线被使能

中断0使能 (I0EN)
- 0 = HECC_INT_REQ[0] 中断请求线被禁止
- 1 = HECC_INT_REQ[0] 中断请求线被使能

图 12.49 全局中断屏蔽寄存器

表 12.16 全局中断屏蔽寄存器功能定义

位	名 称	功能描述
31～18	保留	读不确定,写没有影响
17	MTOM	邮箱超时中断屏蔽 1 使能　0 屏蔽
16	TCOM	定时邮递计数器上溢出屏蔽 1 使能　0 屏蔽
15	保留	读不确定,写没有影响
14	AAIM 中	中止应答中断屏蔽 1 使能　0 屏蔽
13	WDIM	拒绝写中断屏蔽 1 使能　0 屏蔽
12	WUIM	唤醒中断屏蔽 1 使能　0 屏蔽
11	RMLIM	接收消息丢失中断屏蔽 1 使能　0 屏蔽
10	BOIM	总线关闭中断屏蔽 1 使能　0 屏蔽
9	EPIM	消极错误中断屏蔽 1 使能　0 屏蔽
8	WLIM	警告级中断屏蔽 1 使能　0 屏蔽

续表 12.16

位	名称	功能描述
7~3	保留	读不确定,写没有影响
2	GIL	TCOF、WDIF、WUIF、BOIF、EPIF 和 WLIF 的全局中断级 1 所有全局中断映射到 ECAN1INT 中断线上 0 所有全局中断映射到 ECAN0INT 中断线上
1	I1EN	中断 1 使能 1 如果相应的中断屏蔽位置位,使能 ECAN1INT 中断线上的所有中断 0 ECAN1INT 中断线所有中断被屏蔽
0	I0EN	中断 0 使能 1 如果相应的中断屏蔽位置位,使能 ECAN0INT 中断线上的所有中断 0 ECAN0INT 中断线所有中断被屏蔽

由于在 CANMIM 寄存器中每个邮箱都有屏蔽位,因此 GMIF 在 CANGIM 中没有相应的屏蔽位。

(3) 邮箱中断屏蔽寄存器

每个邮箱都有一个中断标志,根据邮箱配置的不同,可以是接收中断标志也可以是发送中断标志。邮箱中断屏蔽寄存器(如图 12.50 和表 12.17 所示)用来屏蔽使能邮箱的中断,该寄存器是 EALLOW 保护。

```
CANMIM[31~16]
```

```
CANMIM[15~0]
```

邮箱中断屏蔽位 (MIM)
0 = 邮箱中断被禁止
1 = 邮箱中断被使能。如果消息被成功发送或接收将会产生中断

图 12.50 邮箱中断屏蔽寄存器

表 12.17 邮箱中断屏蔽寄存器功能定义

位	名称	功能描述
31~0	MIM 31~0	邮箱中断屏蔽 上电后,所有中断屏蔽位被清零,屏蔽所有中断。这些位允许每个邮箱中断被独立使能。 1 邮箱中断使能。如果消息被成功地发送或消息没有任何错误地被接收,都会产生中断 0 邮箱中断被屏蔽

(4) 邮箱中断级别寄存器

32 个邮箱中的任何一个都可以被初始化,使得两个中断线中的一个产生中断。选择哪个中断线,取决于邮箱中断级别寄存器(CANMIL,如图 12.51 和表 12.18 所示)的设置。如果 $MILn$ =0,中断产生在 ECAN0INT 上;如果 $MIL[n]=1$,中断产生在 ECAN1INT 上。AAIFn 和 RM-LIFn 两个中断也一样。

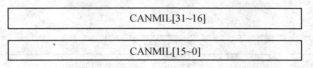

邮箱中断屏蔽位 (MIL)
0 = 在 HECC_INT_REQ[0] 线上产生邮箱中断
1 = 在 HECC_INT_REQ[1] 线上产生邮箱中断

图 12.51　邮箱中断级别设置寄存器

表 12.18　邮箱中断级别设置寄存器功能定义

位	名　称	功能描述
31~0	CANMIL 31~0	邮箱中断级别 任何一个邮箱的中断级别都可以独立地选择。 1　邮箱中断产生在 ECAN1INT 上 0　邮箱中断产生在 ECAN0INT 上

12.3.7　eCAN 模块定时器管理

eCAN 采用几个功能监测发送/接收消息时的时序。在 eCAN 中有一个独立的状态机处理时序控制功能。相对于 CAN 的状态机,该状态机的优先级要低,因此,时序控制功能可能会因为正在运行的操作而被延时。

1. 定时邮递功能

为确定消息在哪一时刻发送或接收,模块使用一个 32 位的定时器(TSC)。当消息存储或发送时,将定时器的内容存储到相应邮箱的定时邮递寄存器中。定时器的时钟采用 CAN 总线的位时钟。在初始化模式,睡眠或挂起模式下,定时器停止工作。上电后定时器清零。向 TCC (CANMC.16) 写 1 可以使 TSC 寄存器清零。当邮箱 16 成功地接收或发送一个消息时,TSC 寄存器也清零,该功能需要设置 MSCC 位(CANMC.15)进行使能。因此,可以使用邮箱 16 实现通信网络的全局时序同步。CPU 也可以读/写该寄存器。

TSC 计数上溢中断标志(TCOFn – CANGIFn.16)可以检测计数器的上溢,当 TSC 计数器的最高位由 0 变为 1 时,产生上溢。因此 CPU 有足够的时间来处理这种状况。

(1) 定时邮递计数器(CANLNT)

定时邮递计数寄存器(如图 12.52 和表 12.19 所示)存放定时邮递计数器的计数值,使用的是 CAN 总线上的时钟。比如,CAN 总线的通信如果是 1 Mb/s,则 CANTSC 每隔 1 μs 增加 1。

表 12.19　定时邮递计数器功能定义

位	名　称	功能描述
31~0	LNT.31~0	定时邮递计数寄存器 用于定时邮递和超时功能的局部网络定时器的值

(2) 消息目标定时邮递寄存器(MOTS)

当邮箱成功地发送或接收数据时,消息目标定时邮递寄存器(MOTS,如图 12.53 和表 12.20 所示)存放 TSC 的值。每个邮箱都有自己的 MOTS 寄存器。

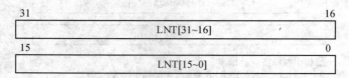

注：LNT是自由运行的计数器，其时钟是CAN总线模块的位时钟。
当接收到的消息被存储或发送时，LNT被写到时间标签寄存器。
当邮箱#16被发送或者接收到消息，LNT被清除。因此#16可以用作全局网络时间同步。

图 12.52　定时邮递计数器

```
31                                                    16
┌──────────────────────────────────────────────────────┐
│                    MOTS[31~16]                       │
└──────────────────────────────────────────────────────┘
15                                                     0
┌──────────────────────────────────────────────────────┐
│                    MOTS[15~0]                        │
└──────────────────────────────────────────────────────┘
```

注：自由运行的计数器（寄存器CANLNT）用来获得接收或发送消息的时间标识；
CANLNT是一个直接使用CAN总线上的位时钟驱动的32位定时器，当接收到
的消息被存储或者被发送出去，CANLNT的值就会写到MOTSn。

图 12.53　消息目标定时邮递寄存器

表 12.20　消息目标定时邮递功能定义

位	名称	功能描述
31~0	MOTS.31~0	消息目标定时邮递寄存器 当邮箱成功地发送或接收数据时，消息目标定时邮递寄存器(MOTS)存放 TSC 的值

2. 超时功能

为保证所有消息在预定的周期内成功发送或接收，每个邮箱都有自己的超时寄存器。如果消息没有在超时寄存器规定的时间内成功发送或接收，寄存器 TOC 中相应的 TOC[n]将会置位，在超时状态寄存器(TOS)中相应的位也会置位。

对于发送邮箱，无论是否成功发送消息或中止发送请求，当 TOC[n]位被清除或相应的 TRS[n]位被清除，TOS[n]标志将被清除。对于接收邮箱，当相应的 TOC[n]被清除，TOS[n]就会被清除。

消息目标超时寄存器(MOTO)当作 RAM 使用。状态机扫描所有 MOTO 寄存器，并和 TSC 计数器比较。如果 TSC 寄存器的值大于或等于超时寄存器的值，相应的 TRS 和 TOC[n]以及 TOS[n]位被置位。由于所有超时寄存器按顺序进行扫描，因此在 TOS[n]位置位前会有一定的延时。

(1) 消息目标超时寄存器(MOTO)

消息目标超时寄存器(如图 12.54 和表 12.21 所示)保存 TSC 的超时值，每个邮箱都有自己的 MOTO 寄存器。

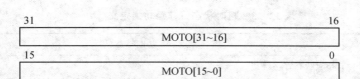

注：自由运行的计数器（寄存器CANLNT）用来获得接收或发送消息的时间标识；CANLNT是一个直接使用CAN总线上的位时钟驱动的32位定时器，当接收到的消息被存储或者消息被发送出去，CANLNT的值就会写到MOTSn；如果CANLNT的值等于或者大于MOTOn，寄存器CANTOS中相应的位就会被置位（前提是CANTOC中允许这种功能）。

图 12.54　消息目标超时寄存器

表 12.21　消息目标超时寄存器功能定义

位	名称	功能描述
31~0	MOTO.31~0	消息目标超时寄存器 实际发送或接收消息的定时邮递计数器（TSC）的限制值

（2）超时控制寄存器（CANTOC）

邮箱的超时功能控制寄存器的各位定义如图 12.55 和表 12.22 所示。

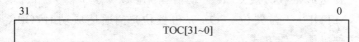

超时控制位 (TOC)
0 = 邮箱n的超时功能禁止
1 = 邮箱n的超时功能使能
如果相应的MOTO寄存器的值大于LNT的值，将会产生超时

图 12.55　超时控制寄存器

表 12.22　超时控制寄存器功能定义

位	名称	功能描述
31~0	TOC.31~0	超时控制寄存器 1　必须通过 CPU 将 TOC[n]位置位，使能邮箱 n 的超时功能。在将 TOC[n]置位前，要将与 TSC 相关的超时值装到相应的 MOTO 寄存器 0　超时功能屏蔽，TOS[n]位从不置位

（3）超时状态寄存器（CANTOS）

超时状态寄存器存放邮箱超时的状态信息，如图 12.56 和表 12.23 所示。

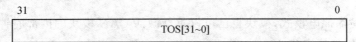

超时状态控制(TOS)
0 = 邮箱n没有超时
1 = CANLNT的值大于或等于相应的MOTO寄存器的值

图 12.56　超时状态寄存器

表 12.23　超时状态寄存器功能定义

位	名　称	功能描述
31～0	TOS.31～0	超时状态寄存器 1　邮箱 n 超时,TSC 寄存器中的值大于或等于相应邮箱的超时寄存器的值,TOC[n] 置位 0　没有超时产生,或者邮箱超时功能被屏蔽

当同时满足下列 3 个条件时,TOSn 置位:
① TSC 的值大于或等于超时寄存器(MOTOn)内的值;
② TOCn 置位;
③ TRSn 值位。

超时寄存器可以当作 RAM 使用。状态机扫描所有超时寄存器并将它们和定时邮寄计数器值比较。由于所有超时寄存器顺序扫描,很有可能即便是有发送邮箱超时而 TOSn 没有置位。如果在状态机扫描超时寄存器之前,邮箱已经成功发送消息并清除了 TRSn 位,这种情况也是有可能发生的。对于接收邮箱同样如此。在这种情况下,在状态机扫描邮箱超时定时器时使 RMPn 位置位。然而,在超时寄存器指定时间之前接收邮箱可能不能接收消息。

3. MTOF0/1 位的操作及使用

MTOF0/1 位在发送或接收时被 CPK 自动清除(TOS.n 也清除),用户也可以使用 CPU 将其清除。如果超时,MTOF0/1 位置位(TOS.n 也置位)。通信成功时,CPK 自动清除这些位。MTOF0/1 有下列几种可能操作方式。

(1) 当超时,MTOF0/1 位和 TOS.n 位都置位。通信最终没有成功,没有发出或接收到帧,同时会产生一个中断。应用程序需要处理这些情况,最终将 MTOF0/1 位和 TOS.n 位清零。

(2) 当超时,MTOF0/1 位和 TOS.n 位都置位。但通信最终成功了,发送出去帧或接收到了帧,CPK 自动清零 MTOF0/1 和 TOS.n 位。由于在 PIE 模块中已经有了中断发生的记录,因此还会产生一个中断。当中断服务程序扫描 GIF 寄存器时,并不能检查到 MTOF0/1 被置位,这只是一个没有实际意义的中断。应用程序中断程序只要返回主程序就可以了。

(3) 当超时,MTOF0/1 位和 TOS.n 位都置位,执行与超时有关的中断服务程序时通信成功了。对于这种情况要谨慎处理。如果在产生中断和中断服务子程序要执行校正操作中间邮箱发送出去了信息,应用代码就不要再重新发送。处理这种情况的一种方法就是使用 GSR 寄存器中的 TM/RM 位。TM/RM 位能够反映出当前 CPK 是否正在发送或接收消息。如果确定正在发送或接收消息,应用代码应该等到通信结束后再重新检查 TOS.n。如果通信还是没有成功,则应用程序应该完成校正操作。

12.3.8　CAN 模块的掉电模式

CAN 模块有局部掉电模式,模块自己可以重新激活 CAN 模块的内部时钟。

1. 进入/退出局部掉电模式

在局部掉电模式下,CAN 模块的时钟关闭,只有唤醒逻辑工作,其他的外设正常工作。需要向 PDR(CANMC.11)位写 1 时 CAN 模块进入局部掉电模式,在操作过程中允许完成正在处理的传输。传输完成后,PDA(CANES.3)置位,确认 CAN 模块进入局部掉电模式。在局部掉电模式下,读取CAN模块的寄存器,CANES返回的值为0x08(PDA位置位),其他寄存器都返回0x00。

当PDR清零或者CAN总线上检测到总线激活状态(总线激活唤醒被使能)时,CAN模块将退出局部掉电模式。通过配置CANMC寄存器的WUBA位使能/屏蔽总线激活自动唤醒功能。只要总线上有动作,模块将开始顺序上电。模块等待直到在CANRX引脚上检测到11个连续的接收位,才使总线进入激活状态。需要注意的是,在掉电模式或者自动唤醒模式过程中,接收到的第一个消息将会丢失。

退出睡眠模式后,PDR和PDA位都清零。CAN的错误计数器保持不变。

如果PDR置位,CAN模块正在传送消息,CAN模块将等待传送完毕、丢失仲裁或总线上产生错误。然后PDA有效模块进入掉电模式,以避免模块在CAN总线上引起错误。

要使用局部掉电模式,在CAN模块内部需要2个独立的时钟。一个时钟总是保持有效,保证掉电模式的正常操作,如唤醒逻辑和读写PDA(CANES.3)位;另一个时钟根据PDR位的设置使能或屏蔽。

2. 防止器件进入/退出低功耗模式

C28x DSP器件有2种低功耗模式,即STANDBY和HALT,在低功耗模式下外设时钟将关闭。由于CAN模块连接在拥有多个节点的网络上,在器件进入和退出低功耗模式之前必须小心,要保证所有节点接收到完整的数据包。如果消息传输了一半就被中止,中止的包将违反CAN协议,从而导致网络上的所有节点都产生错误帧。节点也不能突然地退出低功耗模式。如果CAN总线上正在传送数据,节点将会从总线上接收到不完整的帧,从而产生错误帧干扰总线的正常传输。

在进入低功耗模式之前需要考虑以下几点:
(1) CAN模块已经完成最后一个包请求的传输;
(2) CAN模块已经通知CPU准备好进入LPM。

也就是说,只有当CAN模块进入局部掉电模式后,器件才可以进入低功耗模式。

12.4 CAN总线应用举例

了解eCAN总线的寄存器功能和CAN总线的配置过程后,可以根据上述方法使用CAN总线构建基于总线的通信网络。下面首先介绍最基本的eCAN总线通信系统的建立和使用,然后介绍比较复杂的"远程帧传输请求"、"自动应答模式"、"邮箱传输"以及"唤醒模式"应用。此外根据实际工程中经常遇到的问题,介绍有效的错误识别和错误管理,这对于实际系统开发非常重要。为了简单,首先介绍采用查询方式(DSP内核和CAN总线模块之间)实现。

采用C28x处理器实现CAN总线的节点,需要在CAN总线与处理器之间增加变换器电路,以便能够实现兼容的电平转换,本系统采用TI公司的SN65HVD230转换器(符合ISO 11898)实现高速CAN总线网络。ISO 11898要求CAN总线上的终端节点增加120 Ω的终端电阻,防止总线信号产生反射。基本实验设置如下:

- 通过CAN总线间隔1 s发送一个数据帧;
- CAN总线通信速率设置为100 Kb/s;
- 采用扩展标识符0x1000 0000发送消息,也可以使用其他的标识符;

- 使用邮箱5作为发送邮箱；
- 一旦启动CAN传输通过查询状态位完成传输；
- 使用CPU的定时器0产生1 s的定时周期。

操作步骤如下：

Step1：创建新的项目F2812_CANv0.pjt。

Step2：为项目文件增加源代码F2812_CANv0.c。

Step3：增加其他代码：

    DSP281x_GlobalVariableDefs.c

    DSP281x_PieCtrl.c

    DSP281x_PieVect.c

    DSP281x_DefaultIsr.c

    DSP281x_CpuTimers.c

Step4：增加链接文件F2812_Headers_nonBIOS.cmd及F2812_EzDSP_RAM_lnk.cmd。

Step5：增加库文件rts2800_ml.lib。

Step6：设置编译配置选项，填写头文件目录：

    C:\tidcs\C28\dsp281x\v100\DSP281x_headers\include;..\include

Step7：在Build Options的Linker选项中添加设置堆栈大小。Size (-stack) box：400

Step8：调整源代码：在调整用户代码之前需要将"DSP281x_ECan.h"版本1.0的字节定义次序"CANMDL_BYTES"和"CANMDH_BYTES"更改。

```
struct  CANMDL_BYTES {        // 位 描述
    Uint16  BYTE3:8;          // 31:24
    Uint16  BYTE2:8;          // 23:16
    Uint16  BYTE1:8;          // 15:8
    Uint16  BYTE0:8;          // 7:0
};

struct  CANMDH_BYTES {        // 位 描述
    Uint16  BYTE7:8;          // 63:56
    Uint16  BYTE6:8;          // 55:48
    Uint16  BYTE5:8;          // 47:40
    Uint16  BYTE4:8;          // 39:32
};
```

Ste9：打开主函数文件F2812_CANv0.c调整超循环while(1)的代码。

具体应用代码请参考光盘中"12.4.1消息发送与接收例程.pdf"。

第 13 章

SCI 接口应用

串行通信接口(SCI)是采用双线制通信的异步串行通信接口(UART)。SCI 模块采用标准非归零(NRZ)数据格式,能够实现多 CPU 之间或同其他具有兼容数据格式 SCI 端口的外设进行数据通信。F2812 处理器提供两个 SCI 接口,为减小串口通信时 CPU 的开销,F2812 的串口支持 16 级接收和发送 FIFO。也可以不使用 FIFO 缓冲,SCI 的接收器和发送器可以使用双级缓冲传送数据,并且 SCI 接收器和发送器有各自独立的中断和使能位,可以独立地操作实现半双工通信,或者同时操作实现全双工通信,如图 13.1 所示。

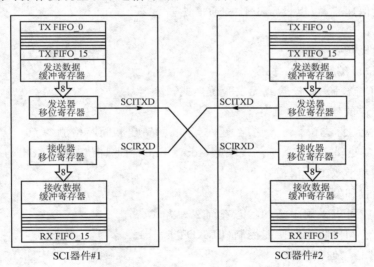

图 13.1 SCI 全双工通信连接图

为保证数据完整,SCI 模块对接收到的数据进行间断、极性、超限和帧错误的检测。为减少软件的负担,SCI 采用硬件对通信数据进行极性和数据格式检查。通过对 16 位的波特率控制寄存器进行编程,配置不同的 SCI 通信速率。

13.1 SCI 接口特点

C28x 的 SCI 接口相对 C240x 的 SCI 接口,功能上有很大改进,在原有功能的基础上增加了通信速率自动检测和 FIFO 缓冲等新的功能,如图 13.2 所示,具体特点概括如下:

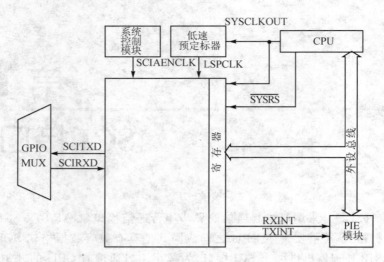

图 13.2　SCI 与 CPU 接口结构图

- 2 个外部引脚：SCITXD 为 SCI 数据发送引脚；SCIRXD 为 SCI 数据接收引脚。两个引脚为多功能复用引脚，如果不使用可以作为通用数字量 I/O。
- 可编程通信速率，可以设置 64K 种通信速率。
- 数据格式：
  ◇ 1 个启动位；
  ◇ 1～8 位可编程数据字长度；
  ◇ 可选择奇校验、偶校验或无校验位模式；
  ◇ 1 或 2 位的停止位。
- 4 种错误检测标志位：奇偶错误、超时错误、帧错误和间断检测。
- 2 种唤醒多处理器方式：空闲线唤醒（Idle-line）和地址位唤醒（Address Bit）。
- 全双工或者半双工通信模式。
- 双缓冲接收和发送功能。
- 发送和接收可以采用中断和状态查询 2 种方式。
- 独立的发送和接收中断使能控制（BRKDT 除外）。
- NRZ（非归零）通信格式。
- 13 个 SCI 模块控制寄存器，起始地址为 7050H。
- 自动通信速率检测（相对 F240x 增强的功能）。
- 16 级发送/接收 FIFO（相对 F240x 增强的功能）。

图 13.3 给出了 SCI 采用全双工通信模式的主要功能单元，具体如下。

- 1 个发送器（TX）及相关寄存器。
  ◇ SCITXBUF：发送数据缓冲寄存器，存放要发送的数据（由 CPU 装载）；
  ◇ TXSHF 寄存器：发送移位寄存器，从 SCITXBUF 寄存器接收数据，并将数据移位到 SCITXD 引脚上，每次移 1 位数据。
- 1 个接收器（RX）及相关寄存器。
  ◇ RXSHF 寄存器：接收移位寄存器，从 SCIRXD 引脚移入数据，每次移 1 位；

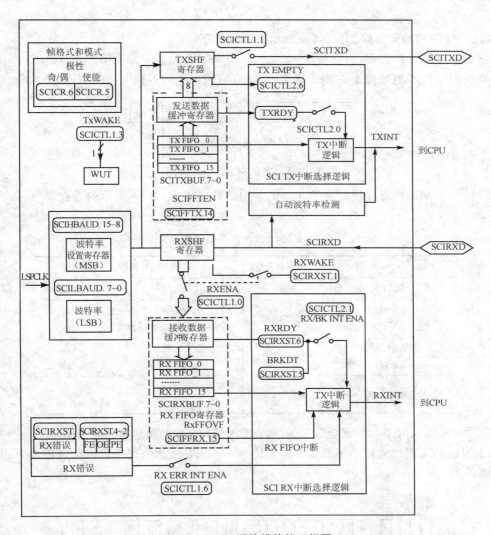

图 13.3　SCI 通信模块接口框图

◇ SCIRXBUF：接收数据缓冲寄存器，存放 CPU 要读取的数据。来自远程处理器的数据装入寄存器 RXSHF，然后又装入接收数据缓冲寄存器 SCIRXBUF 和接收仿真缓冲寄存器 SCIRXEMU 中。
- 一个可编程的波特率产生器。
- 数据存储器映射的控制和状态寄存器。

13.2　SCI 数据格式

SCI 的接收和发送数据都采用非归零数据格式，具体包括：
- 1 位启动位。
- 1~8 位数据。
- 1 个奇/偶校验位(可选择)。

- 1 或 2 位停止位。
- 区分数据和地址的附加位(仅在地址位模式存在)。

数据的基本单元称为字符,它有 1～8 位长。每个字符包含 1 位启动位、1 或 2 位停止位、可选择的奇偶校验位和地址位。在 SCI 通信中,带有格式信息的数据字符叫帧,如图 13.4 所示。

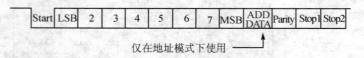

图 13.4 典型 SCI 数据帧格式

可以使用 SCICCR 寄存器配置 SCI 通信采用的数据格式,表 13.1 所列为控制寄存器各位功能的定义。

表 13.1 SCICCR 寄存器功能定义

位	名 称	寄存器名称	功能描述
2~0	SCI CHAR2~0	SCICCR	选择字符(数据)长度(1~8 位)
5	PARITY ENABLE	SCICCR	如果置 1,使能奇偶校验功能 如果清 0,禁止奇偶校验功能
6	EVEN/ODD PARITY	SCICCR	如果使能奇偶校验 0 选择偶校验　　1 选择奇校验
7	STOP BITS	SCICCR	确定发送停止位 0 一位停止位　　1 两位停止位

SCI 异步通信采用半双工或全双工通信方式。SCI 的数据帧包括 1 个起始位、1～8 位的数据位、1 个可选的奇偶校验位和 1 或 2 个停止位,如图 13.5 所示。每个数据位占用 8 个 SCICLK 时钟周期。

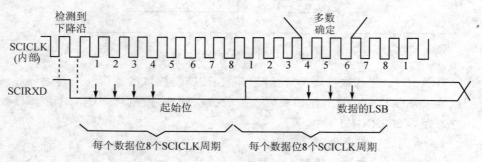

图 13.5 SCI 异步通信格式

接收器在收到一个起始位后开始工作,4 个连续 SCICLK 周期的低电平表示有效的起始位,如图 13.5 所示。如果没有连续 4 个 SCICLK 周期的低电平,则处理器重新寻找另一个起始位。

对于 SCI 数据帧的起始位后面的位,处理器在每位的中间进行 3 次采样,确定位的值。3 次采样点分别在第 4、第 5 和第 6 个 SCICLK 周期,3 次采样中 2 次相同的值即为最终接收位的值。图 13.5 给出了异步通信格式的起始位的检测,并给出了确定起始位后面位的值的采样位置。

由于接收器使用帧同步,外部发送和接收器不需要使用串行同步时钟,时钟由器件本身提供。

1. 通信模式中的接收器信号

图 13.6 描述了满足下列条件时,接收器的信号时序。
- 地址位唤醒模式(地址位不出现在空闲模式中)。
- 每个字符有 6 位数据。

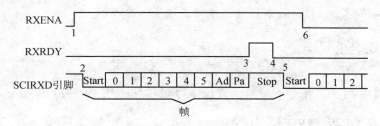

图 13.6 串行通信模式中的 SCI RX 信号

SCI 接收信号的几点说明:

(1) 标志位 RXENA(SCICTL1,位 0)变高,使能接收器接收数据;

(2) 数据到达 SCIRXD 引脚后,检测起始位;

(3) 数据从 RXSHF 寄存器移位到接收缓冲寄存器(SCIRXBUF),产生一个中断申请,标志位 RXRDY(SCIRXST,位 6)变高表示已接收一个新字符;

(4) 程序读 SCIRXBUF 寄存器,标志位 RXRDY 自动被清除;

(5) 数据的下一字节到达 SCIRXD 引脚时,检测启动位,然后清除;

(6) 位 RXENA 变为低,禁止接收器接收数据。继续向 RXSHF 装载数据,但不移入到接收缓冲寄存器。

2. 通信模式中的发送器信号

图 13.7 描述了满足下列条件时,发送器的信号时序。
- 地址位唤醒模式(地址位不出现在空闲模式中)。
- 每个字符有 3 位数据。

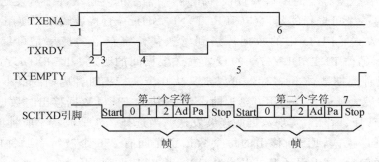

图 13.7 通信模式中的 SCI TX 信号

SCI 发送信号的几点说明:

(1) 位 TXENA(SCICTL1,位 1)变高,使能发送器发送数据;

(2) 写数据到 SCITXBUF 寄存器,从而发送器不再为空,TXRDY 变低;

(3) SCI 发送数据到移位寄存器(TXSHF)。发送器准备传送第二个字符(TXRDY 变高)，并发出中断请求(为使能中断，位 TXINTENA，即 SCICTL2 中的第 0 位必须置 1)；

(4) 在 TXRDY 变高后，程序写第二个字符到 SCITXBUF 寄存器(在第二个字节写入到 SCITXBUF 后 TXRDY 又变低)；

(5) 发送完第一个字符，开始将第二个字符移位到寄存器 TXSHF；

(6) 位 TXENA 变低，禁止发送器发送数据，SCI 结束当前字符的发送；

(7) 第二个字符发送完成，发送器变空准备发送下一个字符。

13.3 SCI 增强功能

TMS320F2812 的 SCI 串口支持自动波特率检测和发送/接收 FIFO 操作。

13.3.1 SCI 的 16 级 FIFO 缓冲

下面介绍 FIFO 特征和使用 FIFO 时 SCI 的编程。

(1) 复位：在上电复位时，SCI 工作在标准 SCI 模式，禁止 FIFO 功能。FIFO 的寄存器 SCIFFTX、SCIFFRX 和 SCIFFCT 都被禁止。

(2) 标准 SCI：标准 F24x SCI 模式，TXINT/RXINT 中断作为 SCI 的中断源。

(3) FIFO 使能：通过将 SCIFFTX 寄存器中的 SCIFFEN 位置 1，使能 FIFO 模式。在任何操作状态下 SCIRST 都可以复位 FIFO 模式。

(4) 寄存器有效：所有 SCI 寄存器和 SCI FIFO 寄存器(SCIFFTX，SCIFFRX 和 SCIFFCT)有效。

(5) 中断：FIFO 模式有两个中断，一个是发送 FIFO 中断 TXINT，另一个是接收 FIFO 中断 RXINT。FIFO 接收、接收错误和接收 FIFO 溢出共用 RXINT 中断。标准 SCI 的 TXINT 将被禁止，该中断将作为 SCI 发送 FIFO 中断使用。

(6) 缓冲：发送和接收缓冲器增加了 2 个 16 级的 FIFO，发送 FIFO 寄存器是 8 位宽，接收 FIFO 寄存器是 10 位宽。标准 SCI 的一个字的发送缓冲器作为发送 FIFO 和移位寄存器间的发送缓冲器。只有移位寄存器的最后一位被移出后，一个字的发送缓冲才从发送 FIFO 装载。使能 FIFO 后，经过一个可选择的延迟(SCIFFCT)，TXSHF 被直接装载而不使用 TXBUF。

(7) 延迟的发送：FIFO 中的数据传送到发送移位寄存器的速率是可编程的，可以通过 SCIFFCT 寄存器的位 FFTXDLY(7~0)设置发送数据间的延迟。FFTXDLY(7~0)确定延迟的 SCI 波特率时钟周期数，8 位寄存器可以定义从 0 个波特率时钟周期的最小延迟到 256 个波特率时钟周期的最大延迟。当使用 0 延迟时，SCI 模块的 FIFO 数据移出时数据间没有延时，一位紧接一位地从 FIFO 移出，实现数据的连续发送。当选择 256 个波特率时钟的延迟时，SCI 模块工作在最大延迟模式，FIFO 移出的每个数据字之间有 256 个波特率时钟的延迟。在慢速 SCI/UART 的通信时，可编程延迟可以减少 CPU 对 SCI 通信的开销。

(8) FIFO 状态位：发送和接收 FIFO 都有状态位 TXFFST 或 RXFFST (位 12~0)，这些状态位显示当前 FIFO 内有用数据的个数。当发送 FIFO 复位位 TXFIFO 和接收复位位 RXFIFO 将 FIFO 指针复位为 0 时，状态位清零。一旦这些位被设置为 1，则 FIFO 从开始运行。

(9) 可编程的中断级：发送和接收 FIFO 都能产生 CPU 中断，只要发送 FIFO 状态位

TXFFST（位 12~8）与中断触发优先级位 TXFFIL（位 4~0）相匹配，就能产生一个中断触发，从而为 SCI 的发送和接收提供一个可编程的中断触发逻辑。接收 FIFO 的默认触发优先级为 0x11111，发送 FIFO 的默认触发优先级为 0x00000。图 13.8 和表 13.2 给出了在 FIFO 或非 FIFO 模式下 SCI 中断的操作和配置。

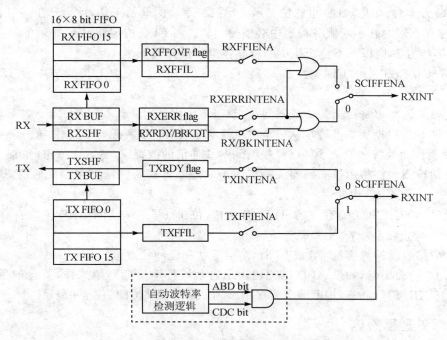

图 13.8　SCI FIFO 中断标志和使能逻辑位

表 13.2　SCI 中断标志位

FIFO 选项	SCI 中断源	中断标志	中断使能	FIFO 使能 SCIFFENA	中断线
SCI 不使用 FIFO	接收错误	RXERR	RXERRINTENA	0	RXINT
	接收中止	BRKDT	RX/BKINTENA	0	RXINT
	数据接收	RXRDY	RX/BKINTENA	0	RXINT
	发送空	TXRDY	TXINTENA	0	TXINT
SCI 使用 FIFO	接收错误和接收中止	RXERR	RXERRINTENA	1	RXINT
	FIFO 接收	RXFFIL	RXFFIENA	1	RXINT
	发送空	TXFFIL	TXFFIENA	1	TXINT
自动波特率	自动波特率检测	ABD	无关	X	TXINT

13.3.2　SCI 自动波特率检测

大多数 SCI 模块硬件不支持自动波特率检测。一般情况下嵌入式控制器的 SCI 时钟由 PLL 提供，设计的系统工作会改变 PLL 复位时的工作状态，这样很难支持自动波特率检测功能。而在 TMS320F2812 处理器上，增强功能的 SCI 模块硬件支持自动波特率检测逻辑。寄存器 SCIFFCT 位 ABD 和 CDC 位控制自动波特率逻辑,使能 SCIRST 位使自动波特率逻辑工作。增加自动波特率检测功能的 SCI 通信接口除了能够满足正常通信自动检测系统的通信速率外,还支持采用 SCI 接口上电引导装载程序,这对于通过上位机采用 SCI 接口实时更新系统软件非常重要。

当 CDC 为 1 时,如果 ABD 也置位表示自动波特率检测开始工作,就会产生 SCI 发送 FIFO 中断(TXINT)。同时在中断服务程序中必须使用软件将 CDC 位清 0,否则如果中断服务程序执行完 CDC 仍然为 1,则以后不会产生中断。具体操作步骤如下。

(1) 将 SCIFFCT 中的 CDC 位(位 13)置位,清除 ABD 位(位 15),使能 SCI 的自动波特率检测模式。

(2) 初始化波特率寄存器为 1 或限制在 500 Kb/s 内。

(3) 允许 SCI 以期望的波特率从一个主机接收字符"A"或字符"a"。如果第一个字符是"A"或"a",则说明自动波特率检测硬件已经检测到 SCI 通信的波特率,然后将 ABD 位置 1。

(4) 自动检测硬件将用检测到的波特率的十六进制值刷新波特率寄存器的值,这个刷新逻辑器也会产生一个 CPU 中断。

(5) 通过向 SCIFFCT 寄存器的 ABD CLR 位(位 13)写入 1 清除 ABD 位,响应中断。写 0 清除 CDC 位,禁止自动波特率逻辑。

(6) 读到接收缓冲为字符"A"或"a"时,清空缓冲和缓冲状态位。

(7) 当 CDC 为 1 时,如果 ABD 也置位表示自动波特率检测开始工作,就会产生 SCI 发送 FIFO 中断(TXINT),同时在中断服务程序中必须使用软件将 CDC 位清 0。

13.3.3 多处理器通信

在同一条串行连接线上,多处理器通信模式允许一个处理器向串行线上其他多个处理器发送数据,但是一条串行线上,每次只能实现一次数据传送,也就是在一条串行线上一次只能有一个节点发送数据。多处理器通信方式主要包括空唤醒(Idle-line)和地址位(Address Bit)两种多处理器通信模式。

1. 地址位多处理器通信

在地址位多处理器协议中(ADDR/IDLE MODE 位为 1),最后一个数据位后有一个附加位,称之为地址位。数据块的第一个帧的地址位设置为 1,其他帧的地址位设置为 0。地址位多处理器模式的数据传输与数据块之间的空闲周期无关(参看图 13.9,在 SCICCR 寄存器中的位 3——ADDR/IDLE MODE 位)。

TXWAKE 位的值被放置到地址位,在发送期间,当 SCITXBUF 寄存器和 TXWAKE 分别装载到 TXSHF 寄存器和 WUT 中时,TXWAKE 清 0,且 WUT 的值为当前帧的地址位的值。因此,发送一个地址需要完成下列操作:

● TXWAKE 位置 1,写适当的地址值到 SCITXBUF 寄存器。当地址值被送到 TXSHF 寄存器又被移出时,地址位的值被作为 1 发送。这样串行总线上其他处理器就读取这个地址。

● TXSHF 和 WUT 加载后,向 SCITXBUF 和 TXWAKE 写入值(由于 TXSHF 和 WUT 是双缓冲的,它们能被立即写入)。

● TXWAKE 位保持 0,发送块中无地址的数据帧。

一般情况下,地址位格式应用于 11 个或更少字节的数据帧传输。这种格式在所有发送的数

第 13 章 SCI 接口应用

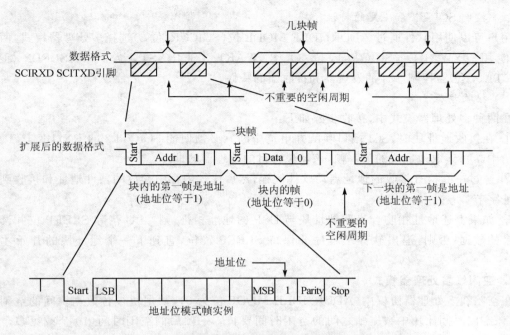

图 13.9 地址位多处理器通信格式

据字节中增加了一位(1 代表地址帧,0 代表数据帧);通常 12 个或更多字节的数据帧传输使用空闲线格式。

(1) 地址字节

发送节点(Talker)发送信息的第一个字节是一个地址字节,所有接收节点(Listener)都读取该地址字节。只有接收数据的地址字节同接收节点的地址字节相符时,才能中断接收节点。如果接收节点的地址和接收数据的地址不符,接收节点将不会被中断,等待接收下一个地址字节。

(2) Sleep 位

连接到串行总线上的所有处理器都将 SCI SLEEP 位置 1(SCICTL1 的第二位),这样只有检测到地址字节后才会被中断。当处理器读到的数据块地址与用户应用软件设置的处理器地址相符时,用户程序必须清除 SLEEP 位,使 SCI 能够在接收到每个数据字节时产生一个中断。

尽管当 SLEEP 位置 1 时接收器仍然工作,但它并不能将 RXRDY、RXINT 或任何接收器错误状态位置 1,只有在检测到地址位且接收的帧地址位是 1 时才能将这些位置 1。SCI 本身并不能改变 SLEEP 位,必须由用户软件改变。

(3) 识别地址位

处理器根据所使用的多处理器模式(空闲线模式或地址位模式),采用不同的方式识别地址字节,例如:

- 空闲线模式在地址字节前预留一个静态空间,该模式没有额外的地址/数据位。它在处理包含 10 个以上字节的数据块传输方面比地址位模式效率高。空闲线模式一般用于非多处理器的 SCI 通信。
- 地址位模式在每个字节中加入一个附加位(也就是地址位)。由于这种模式数据块之间不需要等待,因此在处理小块数据时比空闲线模式效率更高。

(4) 控制 SCI TX 和 RX 的特性

用户可以使用软件通过 ADDR/IDLE MODE 位(SCICCR,位 3)选择多处理器模式,两种模式都使用 TXWAKE（SCICTL1,位 3）、RXWAKE（SCIRXST,位 1）和 SLEEP 标志位(SCICTL1,位 2)控制 SCI 的发送器和接收器的特性。

(5) 接收步骤

在两种多处理器模式中,接收步骤如下：

① 在接收地址块时,SCI 端口唤醒并申请中断（必须使能 SCICTL2 的 RX/BK INT ENA 位申请中断）,读取地址块的第一帧,该帧包含目的处理器的地址。

② 通过中断检查接收的地址启动软件例程,然后比较内存中存放的器件地址和接收到数据的地址字节。

③ 如果上述地址相吻合表明地址块与 DSP 的地址相符,则 CPU 清除 SLEEP 位并读取块中剩余的数据；否则,退出软件子程序并保持 SLEEP 置位,直到下一个地址块的开始才接收中断。

2. 空闲线多处理器模式

在空闲线多处理器协议中(ADDR/IDLE MODE 位为 0),数据块被各数据块间的空闲时间分开,该空闲时间比块中数据帧之间的空闲时间要长。一帧后的空闲时间(10 个或更多个高电平位)表明新块的开始,每位的时间可直接由波特率的值(bit/s)计算,空闲线多处理器通信格式如图 13.10 所示。

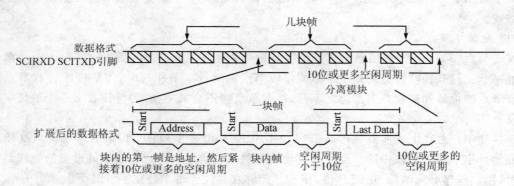

图 13.10 空闲线多处理器通信格式

(1) 空闲线模式操作步骤

① 接收到块起始信号后,SCI 被唤醒。

② 处理器识别下一个 SCI 中断。

③ 中断服务子程序将接收到的地址与接收节点的地址进行比较。

④ 如果 CPU 的地址与接收到的地址相符,则中断服务子程序清除 SLEEP 位,并接收块中剩余的数据。

⑤ 如果 CPU 的地址与接收到的地址不符,则 SLEEP 位仍保持在置位状态,直到检测到下一个数据块的开始,否则 CPU 都不会被 SCI 端口中断,继续执行主程序。

(2) 块起始信号

有两种方法发送块的开始信号。

方法 1：特意在前后两个数据块之间增加 10 位或更多位的空闲时间。

方法 2：在写 SCITXBUF 寄存器之前，SCI 口首先将 TXWAKE 位（SCICTL1，位 3）置 1。这样就会自动发送 11 位的空闲时间。在这种模式中，除非必要，否则串行通信线不会空闲。在设置 TXWAKE 后发送地址数据前，要向 SCITXBUF 写入一个无关的数据，以保障能够发送空闲时间。

（3）唤醒暂时（WUT）标志

与 TXWAKE 位相关的是唤醒暂时（WUT）标志位，这是一个内部标志，与 TXWAKE 构成双缓冲。当 TXSHF 从 SCITXBUF 装载时，WUF 从 TXWAKE 装入，TXWAKE 清 0，如图 13.11 所示。

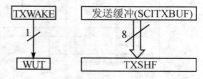

图 13.11　双缓冲的 WUT 和 TXSHF

（4）块的发送开始信号

在块传送过程中需要采用下列步骤发送块开始信号：

① 写 1 到 TXWAKE 位。

② 为发送一个块开始信号，写一个数据字（内容不重要）到 SCITXBUF 寄存器。当块开始信号被发送时，写入的数据字被禁止，且在块开始信号发送后被忽略。当 TXSHF（发送移位寄存器）再次空闲后，SCITXBUF 寄存器的内容被移位到 TXSHF 寄存器，TXWAKE 的值被移位到 WUT 中，然后 TXWAKE 被清除。由于 TXWAKE 置 1，在前一帧发送完停止位后，起始位、数据位和奇偶校验位被发送的 11 位空闲位取代。

③ 写一个新的地址值到 SCITXBUF 寄存器。

在传送开始信号时，必须先将一个无关数据写入 SCITXBUF 寄存器，从而使 TXWAKE 位的值能被移位到 WUT 中。由于 TXSHF 和 WUT 都是双级缓冲，在无关数据字被移位到 TXSHF 寄存器后，才能再次将数据写入 SCITXBUF。

（5）接收器操作

接收器的操作和 SLEEP 位无关，然而在检测到一个地址帧之前，接收器并不对 RXRDY 位和错误状态位置位，也不申请接收中断。

13.4　SCI 接口应用

13.4.1　硬件设计

SCI 模块的接收器和发送器是双缓冲的，每一个都有自己单独的使能和中断标志位。两者可以单独工作，也可以在全双工方式下同时工作。SCI 使用奇偶校验、超时和帧出错监测确保数据的准确传输。SCI 有一个 16 位波特率选择寄存器，在 100 MHz 的晶振下，外设低速时钟 25 MHz，选择 19 200 b/s 的波特率。图 13.12 是 TMS320F2812 的串行通信接口电路。该电路采用了符合 RS－232 标准的驱动芯片 MAX232 进行串行通信。MAX232 芯片功耗低，集成度高，+5 V 供电，具有两个接收和发送通道。由于 TMS320LF2407 采用+3.3 V 供电，所以在 MAX232 与 TMS320LF2407 之间必须加电平转换电路。

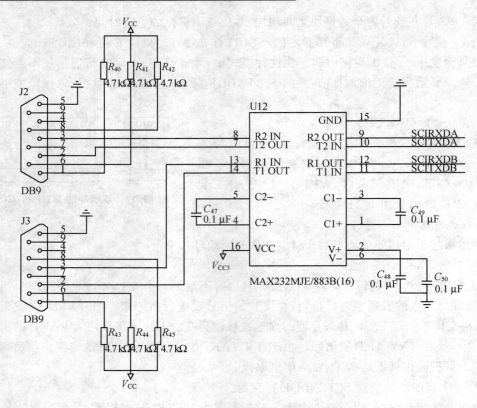

图 13.12 TMS320F2812 接口电路图

13.4.2 SCI 寄存器

SCI 寄存器的地址及功能描述如表 13.3 所列。

表 13.3 SCI 寄存器

地　址	寄存器	功能描述
0x007050	SCICCR	SCI-A 通信控制寄存器
0x007051	SCICTL1	SCI-A 控制寄存器 1
0x007052	SCIHBAUD	SCI-A 波特率设置寄存器(高字节)
0x007053	SCIHBAUD	SCI-A 波特率设置寄存器(低字节)
0x007054	SCICTL2	SCI-A 控制寄存器 2
0x007055	SCIRXST	SCI-A 接收状态寄存器
0x007056	SCIRXEMU	SCI-A 接收仿真缓冲
0x007057	SCIRXBUF	SCI-A 接收数据缓冲
0x007059	SCITXBUF	SCI-A 发送数据缓冲
0x00705A	SCIFFTX	SCI-A FIFO 发送寄存器
0x00705B	SCIFFRX	SCI-A FIFO 接收寄存器
0x00705C	SCIFFCT	SCI-A FIFO 控制寄存器
0x00705F	SCIPRI	SCI-A 优先级控制寄存器

13.4.3 SCI 初始化

采用 SCI 接口实现 DSP 与外部串口设备的通信，除了硬件上需要电平转换外，还需要根据通信的要求对处理器的 SCI 接口模块进行初始化操作。主要包括串口通信的引脚功能配置、通信控制(波特率、每帧包含的数据位长度、停止位长度、奇偶校验方式以及数据流控制等)、状态选择、增强功能使用以及中断配置等。

1. SCI 通信控制寄存器

通信控制寄存器主要定义 SCI 通信的字符格式、协议和通信模式。如果不使用多处理器唤醒模式，可以将控制寄存器的第三位清 0，以避免在数据帧后面产生附加的地址/数据选择位，因为有些主机或者设备并不能处理这些附加的位。其他的控制位可以根据具体的 SCI 通信需求进行配置，如图 13.13 所示。表 13.4 列出了通信控制寄存器的功能。

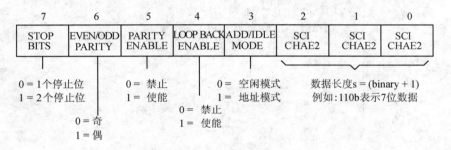

图 13.13 SCI 通信控制寄存器(SCICCR)

表 13.4 SCI 通信控制寄存器(SCICCR)功能描述

位	名称	功能描述
7	STOP BITS	SCI 停止位的个数 该位决定了发送的停止位的个数。接收器仅对一个停止位检查。 0　1 个停止位　　1　2 个停止位
6	EVEN/ODD PARITY	奇偶校验选择位 　　如果 PARITY ENABLE 位(SCICCR，位 5)置位，则 PARITY (位 6)确定采用奇校验还是偶校验(在发送和接收的字符中奇偶校验位的位数都是 1 位)。 　　0　奇校验　　1　偶校验
5	PARITY ENABLE	SCI 奇偶校验使能位 　　该位使能或禁止奇偶校验功能。如果 SCI 处于地址位多处理器模式(设置这个寄存器的第三位)，地址位包含在奇偶校验计算中(如果奇偶校验是使能的)。对于少于 8 位的字符，剩余无用的位由于没有奇偶校验计算而应被屏蔽。 　　0　奇偶校验禁止。在发送期间没有奇偶位产生或在接收期间不检查奇偶校验位 　　1　奇偶校验使能
4	LOOP BACK ENABLE	自测试模式使能位 　　该位使能自测试模式，这时发送引脚与接收引脚在系统内部连接在一起。 　　0　自测试模式禁止 　　1　自测试模式使能

续表 13.4

位	名称	功能描述
3	ADDR/IDLE MODE	SCI 多处理模式控制位 　　该位选择一种多处理器协议。由于使用了 SLEEP 和 TXWAKE 功能（分别是 SCICTL1 的位 2 和 SCICTL1 的位 3），多处理器通信同其他的通信模式有所不同。地址位模式在帧中增加了一个附加位，空闲线模式通常用于正常通信。空闲线模式没有增加这个附加位，同典型的 RS232 通信兼容。 　　0　空闲位模式协议选择 　　1　地址位模式协议选择
2~0	SCI CHAR2~0	字符长度控制位 2~0 　　这些位选择了 SCI 的字符长度(1~8 位)。少于 8 位的字符在 SCIRXBUF 和 SCIRXEMU 中右对齐，且在 SCIRXBUF 中前面的位填 0。SCITXBUF 前面的位不需要填 0。 SCI CHAR2~0 位的位值和字符长度关系如下： CHAR2　CHAR1　CHAR0　字符长度(Bit) 　0　　　0　　　0　　　1 　0　　　0　　　1　　　2 　0　　　1　　　0　　　3 　0　　　1　　　1　　　4 　1　　　0　　　0　　　5 　1　　　0　　　1　　　6 　1　　　1　　　0　　　7 　1　　　1　　　1　　　8

当配置 SCI 通信控制寄存器时必须使 SCI 处于不工作状态，可以通过 SCICTL1 寄存器的 SW RESET 软件复位实现。将 0 写入该位，初始化 SCI 状态机和操作标志位（寄存器 SCICTL2 和 SCIRXST）至复位状态，然后配置通信控制寄存器 SCICCR。配置完成后向 SW RESET 位写 1 重新使能串口，系统复位后 SW RESET 等于 0。SCI 控制寄存器 1 的功能如图 13.14 和表 13.5 所示。

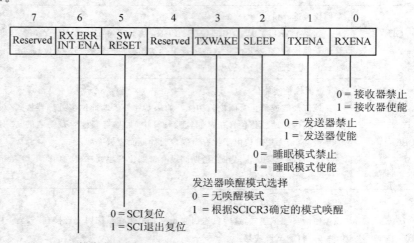

图 13.14　SCI 控制寄存器 1 (SCICTL1，地址 7051h)

表 13.5 SCI 控制寄存器 1（SCICTL1）功能描述

位	名称	功能描述
7	保留	读返回 0，写没有影响
6	RX ERR INT ENA	接收错误中断使能位 　　如果由于产生错误而置位了接收错误位（SCIRXST，位 7），则置位该位使能一个接收错误中断。 　　0　禁止接收错误中断　　　1　使能接收错误中断
5	SW RESET	软件复位位（低有效） 　　将 0 写入该位，初始化 SCI 状态机和操作标志位（寄存器 SCICTL2 和 SCIRXST）至复位状态。软件复位并不影响其他任何配置位。 　　直至将 1 写入到软件复位位，所有起作用的逻辑都保持确定的复位状态。因此，系统复位后，应将该位置 1 以重新使能 SCI。 　　检测到一个接收器间断（BRKDT 标志位，位 SCIRXST，位 5）后清除该位。 　　SW RESET 影响 SCI 的操作标志位，但是它既不影响配置位也不恢复复位值。一旦产生 SW RESET，直到该位停止，标志位一直被冻结。 　　SW RESET 影响 SCI 的操作标志位如下所示： SCI 标志　　　　寄存器相应位　　　　　SW RESET 复位后的值 TXRDY　　　　SCICTL2，bit 7　　　　　1 TX EMPTY　　SCICTL2，bit 6　　　　　1 RXWAKE　　　SCIRXST，bit 1　　　　　0 PE　　　　　　SCIRXST，bit 2　　　　　0 OE　　　　　　SCIRXST，bit 3　　　　　0 FE　　　　　　SCIRXST，bit 4　　　　　0 BRKDT　　　　SCIRXST，bit 5　　　　　0 RXRDY　　　　SCIRXST，bit 6　　　　　0 RX ERROR　　SCIRXST，bit 7　　　　　0
4	保留	读返回 0，写没有影响
3	TXWAKE	发送器唤醒方式选择 　　MODE（SCICCR，位 3）设置发送模式（空闲模式或地址位模式），TXWAKE 位控制数据发送特征的选择。 　　0　发送特征不被选择 　　　　在空闲线模式下：写 1 到 TXWAKE，然后写数据到 SCITXBUF 寄存器以产生 1 个 11 数据位的空闲周期。 　　　　在地址位模式下：写 1 到 TXWAKE，然后写数据到 SCITXBUF 寄存器以设置地址位格式为 1。TXWAKE 位不由 SW RESET 位（SCICTL1，位 5）清除；它由系统复位或发送到 WUF 标志位的 TXWAKE 清除。 　　1　根据通信模式（空闲线模式或地址线模式）的不同选择发送特征

续表 13.5

位	名 称	功能描述
2	SLEEP	休眠位 根据 ADDR/IDLEMODE(SCICCR，位 3)确定的发送模式(空闲线模式或地址位模式),TXWAKE 位控制数据发送特征的选择。在多处理器配置中,该位控制接收器睡眠功能。清除该位唤醒 SCI。 当 SLEEP 位置位时,接收器仍可操作;然而除非地址位字节被检测到,否则操作不会更新接收器缓冲准备位(SCIRXST,位 6,RXRDY)或错误状态位(SCIRXST,位 5~2:BRKDT、FE、OE 和 PE)。当地址位字节被检测到时,SLEEP 位不会被清除。 0 禁止睡眠模式　　1 使能睡眠模式
1	TXENA	发送使能位 只有当 TXENA 被置位时,数据才会通过 SCITXD 引脚发送。如果复位,当所有已经写入到 SCITXBUF 的数据被发送后,发送就停止。 0 禁止发送　　1 使能发送
0	RXENA	接收使能位 从 SCIRXD 引脚上接收数据传送到接收移位寄存器,然后再传到接收缓冲器。该位使能或禁止接收器的工作(发送到缓冲器)。 清除 RXENA,停止将接收到的字符传送到两个接收缓冲器,并停止产生接收中断。但是接收移位寄存器仍然能继续装配字符。因此,如果在接收一个字符过程中 RXENA 被置位,完整的字符将会被发送到接收缓冲寄存器 SCIRXEMU 和 SCIRXBUF 中。 0 禁止接收到的字符发送到 SCIRXEMU 和 SCIRXBUF 1 接收到的字符传送到 SCIRXEMU 和 SCIRXBUF

2. SCI 通信的波特率计算

C28x 处理器通信速率可以根据系统需求进行编程,最多支持 64 K 种速率模式。系统内部产生的串行时钟由低速外设时钟 LSPCLK 频率和波特率选择寄存器确定。在器件时钟频率确定的情况下,使用 16 位的波特率选择寄存器设置 SCI 的波特率,因此 SCI 可以采用 64 K 种波特率进行通信。

SCI 波特率由下列公式计算:

$$\text{SCI 异步波特率} = \frac{\text{LSPCLK}}{(\text{BRR}+1) \times 8}$$

因此:

$$\text{BRR} = \frac{\text{LSPCLK}}{\text{SCI 异步波特率} \times 8} - 1$$

注意,上述公式只有在 $1 \leqslant \text{BRR} \leqslant 65535$ 时成立,如果 BRR=0,则:

$$\text{SCI 异步波特率} = \frac{\text{LSPCLK}}{16}$$

其中,BRR 的值是 16 位波特率选择寄存器内的值。

例如系统时钟 SYSCLK 的频率等于 150 MHz,低速外设时钟的预定标器设置为 4,可以计算波特率等于 9 600 时 BRR 设置的值为:

$$9\,600 = \frac{150/4 \text{ MHz}}{(\text{BRR}+1) \times 8}$$

$$BRR = \frac{37.5\text{MHz}}{9600 \times 8} - 1 = 487.2$$

BRR 只能近似设置为 487,计算出的波特率为 9605.5,实际通信速率的误差为 0.06%。在 LSPCLK 时钟频率等于 37.5 MHz 时,常用的 BRR 设置如表 13.6 所列。波特率选择寄存器及功能如图 13.15 和表 13.7 所示。

表 13.6　SCI 的波特率选择

理想的波特率	BRR	实际波特率	错误百分比/%
2400	1952 (7A0h)	2400	0
4800	976 (3D0h)	4798	−0.04
9600	487 (1E7h)	9606	0.06
19200	243 (F3h)	19211	0.06
38400	121 (79h)	38422	0.06

15	14	13	12	11	10	9	8
BAUD15 (MSB)	BAUD14	BAUD13	BAUD12	BAUD11	BAUD10	BAUD9	BAUD8

7	6	5	4	3	2	1	0
BAUD7	BAUD6	BAUD5	BAUD4	BAUD3	BAUD2	BAUD1	BAUD0 (LSB)

图 13.15　波特率选择寄存器

表 13.7　波特率选择寄存器功能描述

位	名称	功能描述
15~0	BAUD15~0 复位值为 0	16 位波特率选择寄存器 SCIHBAUD(高字节)和 SCILBAUD(低字节),连接在一起构成 16 位波特率设置寄存器 BRR。 内部产生的串行时钟由低速外设时钟(LSPCLK)和两个波特率选择寄存器确定。 SCI 使用这些寄存器的 16 位值选择 64 K 种串行时钟速率中的一种作为通信模式

3. SCI 初始化代码

SCITX 和 SCIRX 引脚作为处理器的功能复用引脚,可以工作在通用 I/O 模式也可以工作在串口模式,系统上电后默认为通用 I/O 模式。如果使用 SCI 功能,必须对 GPIO 初始化,具体方法如下。

```
void Gpio_select(void)
{
    EALLOW;
    GpioMuxRegs.GPAMUX.all = 0x0;          // 所有 GPIO 端口配置为 I/O
    GpioMuxRegs.GPBMUX.all = 0x0;
    GpioMuxRegs.GPDMUX.all = 0x0;
```

```c
    GpioMuxRegs.GPFMUX.all = 0x0;
    GpioMuxRegs.GPFMUX.bit.SCIRXDA_GPIOF5 = 1;    // 配置 SCI-RX
    GpioMuxRegs.GPFMUX.bit.SCITXDA_GPIOF4 = 1;    // 配置 SCI-TX
    GpioMuxRegs.GPEMUX.all = 0x0;
    GpioMuxRegs.GPGMUX.all = 0x0;

    GpioMuxRegs.GPADIR.all = 0x0;                 // GPIO PORT   配置为输入
    GpioMuxRegs.GPBDIR.all = 0x0;                 // GPIO PORT   配置为输入
    GpioMuxRegs.GPDDIR.all = 0x0;                 // GPIO PORT   配置为输入
    GpioMuxRegs.GPEDIR.all = 0x0;                 // GPIO PORT   配置为输入
    GpioMuxRegs.GPFDIR.all = 0x0;                 // GPIO PORT   配置为输入
    GpioMuxRegs.GPGDIR.all = 0x0;                 // GPIO PORT   配置为输入

    GpioMuxRegs.GPAQUAL.all = 0x0;                // 设置所有 GPIO 输入的量化值等于 0
    GpioMuxRegs.GPBQUAL.all = 0x0;
    GpioMuxRegs.GPDQUAL.all = 0x0;
    GpioMuxRegs.GPEQUAL.all = 0x0;
    EDIS;
}
```

串口通信功能配置(包括波特率、每帧包含的数据位长度、停止位长度、奇偶校验方式以及数据流控制等):

```c
void SCI_Init(void)
{
    SciaRegs.SCICCR.all = 0x0007;        // 1bit 停止位      无循环模式
                                         // 无极性,          字符长度: 8 bit
                                         // 异步模式,        空闲线协议
    SciaRegs.SCICTL1.all = 0x0003;       // 使能 TX、RX、内部 SCICLK,
                                         // 禁止 RX ERR、SLEEP、TXWAKE
    SciaRegs.SCIHBAUD = 487 >> 8;        // 波特率: 9600(LSPCLK = 37.5 MHz)
    SciaRegs.SCILBAUD = 487 & 0x00FF;
    SciaRegs.SCICTL1.all = 0x0023;       // 使 SCI 退出复位
}
```

此外,为使 SCI 模块正常工作,还必须在系统初始化过程中对 SCI 外设时钟进行配置,并使能 SCI 模块的时钟。在计算上述通信波特率时也要根据所设置的时钟进行计算。

```c
void InitSystem(void)
{
    EALLOW;
    SysCtrlRegs.WDCR = 0x00AF;           // 配置看门狗
                                         // 0x00E8   禁止看门狗,预定标系数 Prescaler = 1
                                         // 0x00AF   不禁止看门狗,预定标系数 Prescaler = 64
    SysCtrlRegs.SCSR = 0;                // 看门狗产生复位
```

```
    SysCtrlRegs.PLLCR.bit.DIV = 10;           // 配置处理器锁相环,倍频系数为 5
    SysCtrlRegs.HISPCP.all = 0x1;             // 配置高速外设时钟分频系数为 2
    SysCtrlRegs.LOSPCP.all = 0x2;             // 配置低速外设时钟分频系数为 4
    // 设置使用的外设时钟
    // 一般不使用的外设时钟禁止,降低系统功耗
    SysCtrlRegs.PCLKCR.bit.EVAENCLK = 0;
    SysCtrlRegs.PCLKCR.bit.EVBENCLK = 0;
    SysCtrlRegs.PCLKCR.bit.SCIAENCLK = 1;     // 使能 SCI 模块的时钟
    SysCtrlRegs.PCLKCR.bit.SCIBENCLK = 0;
    SysCtrlRegs.PCLKCR.bit.MCBSPENCLK = 0;
    SysCtrlRegs.PCLKCR.bit.SPIENCLK = 0;
    SysCtrlRegs.PCLKCR.bit.ECANENCLK = 0;
    SysCtrlRegs.PCLKCR.bit.ADCENCLK = 0;
    EDIS;
}
```

13.4.4 SCI 发送数据

1. 状态查询方式发送数据

C28x 串口通信支持状态查询和中断两种方式进行操作,在状态查询方式下主要通过检测发送寄存器的状态标志是否清零来判断发送器的工作状态。状态查询方式的文件结构如图 13.16 所示。

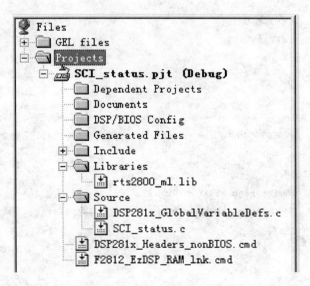

图 13.16　状态查询方式文件结构

```
// ==================================================================
// 文件名称:SCI_status.c
// 功能描述:DSP28 SCI 同计算机通信,采用超级中断接收数据
//          DSP 间隔 2 s 向计算机发送"The F2812 - UART is fine !"字符
```

```c
//              SCI 配置：波特率 9 600，数据长度 8bit，无极性，1 位停止位
//============================================================
#include "DSP281x_Device.h"
// 使用的函数声明
void Gpio_select(void);
void InitSystem(void);
void SCI_Init(void);
void main(void)
{
    char message[] = {"The F2812 - UART is fine ! \n\r"};
    int index = 0;                                    // 字符指针定义
    long i;
    InitSystem();                                     // 初始化 DSP 内核寄存器
    Gpio_select();                                    // 配置 GPIO 复用功能寄存器
    SCI_Init();                                       // SCI 接口初始化
    while(1)
    {
        SciaRegs.SCITXBUF = message[index++];
        while ( SciaRegs.SCICTL2.bit.TXEMPTY == 0);
        //状态检测模式
        //状态检测，等待发送标识为空：TXEMPTY = 0
        EALLOW;
        SysCtrlRegs.WDKEY = 0x55;                     // 看门狗控制
        SysCtrlRegs.WDKEY = 0xAA;
        EDIS;
        if (index > 26)
        {
            index = 0;
            for(i=0;i<15000000;i++)                   // 软件延时,近似 2 s
            {
                EALLOW;
                SysCtrlRegs.WDKEY = 0x55;             // 看门狗控制
                SysCtrlRegs.WDKEY = 0xAA;             // 看门狗控制
                EDIS;
            }
        }
    }
}
```

状态查询方式主要检测 SCI 控制寄存器 2(SCICTL2)的 TX_EMPTY 位的状态,同时该寄存器还提供控制使能接收准备好、间断检测、发送准备中断、发送器准备好及空标志等状态标识,如图 13.17 和表 13.8 所示。

第 13 章 SCI 接口应用

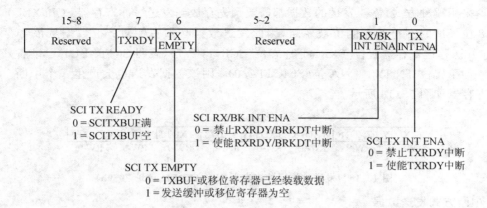

图 13.17 SCI 控制寄存器 2（SCICTL2,地址 7054h）

表 13.8 SCI 控制寄存器 2（SCICTL2）功能描述

位	名 称	功能描述
15~8	保留	
7	TXRDY	发送缓冲寄存器准备好标志位 当 TXRDY 置位时,表示发送数据缓冲寄存器(SCITXBUF)已经准备好接收另一个字符。向 SCITXBUF 写数据自动清除 TXRDY 位。如果 TXRDY 置位时,中断使能位 TXINT ENA（SCICTL2.0）置位,将会产生一个发送中断请求。使能 SW RESET 位（SCICTL.2）或系统复位可以使 TXRDY 置位。 0　SCITXBUF 满 1　SCITXBUF 准备好接收下一个字符
6	TX EMPTY	发送器空标志位 该标志位的值显示了发送器的缓冲寄存器(SCITXBUF)和移位寄存器(TXSHF)的内容。一个有效的 SW RESET(SCICTL1.2)或系统复位使该位置位。该位不会引起中断请求。 0　发送器缓冲器或移位寄存器或两者都装入数据 1　发送器缓冲器和移位寄存器都是空的
5~2	保留	读返回 0,写没有影响
1	RX/BK INT	接收缓冲器/间断中断使能 该位控制由于 RXRDY 标志位或 BRKDT 标志位(SCIRXST 的 5、6 位)置位引起的中断请求。但是 RX/BK INT ENA 并不能阻止 RX/BK INT 置位。 0　禁止 RXRDY/BRKDT 中断 1　使能 RXRDY/BRKDT 中断
0	TX INT ENA	SCITXBUF 寄存器中断使能位 该位控制由 TXRDY 标志位(SCICTL2.7)置位引起的中断请求。但是它并不能阻止 TXRDY 被置位(被置位表示寄存器 SCITXBUF 准备接收下一个字符)。 0　禁止 TXRDY 中断 1　使能 TXRDY 中断

无论采用哪种方式,需要发送的数据都需要预先存放到发送缓冲寄存器 SCITXBUF 中。由于小于 8 位长度的字符的左侧位被忽略,因此发送数据必须右侧对齐。数据从该寄存器移到 TXSHF 发送移位寄存器置位 TXRDY 标志位(SCICTL2.7),表明 SCITXBUF 已准备好接收下一数据。如果置位 TX INT ENA 位(SCICTL2.0),则该数据发送也会产生一个中断。发送数据缓冲寄存器如图 13.18 所示。

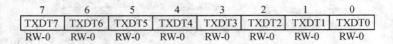

图 13.18　发送数据缓冲寄存器(SCITXBUF,地址 7059h)

2. 中断方式发送数据

中断方式的文件结构如图 13.19 所示。

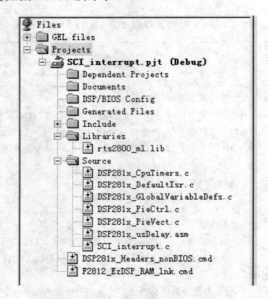

图 13.19　中断方式文件结构

```
//================================================================
// 文件名称：SCI_interrupt.c
// 功能描述：DSP28 SCI 同计算机通信,采用超级中断接受数据
//          DSP 间隔 2 s 向计算机发送"The F2812 - UART is fine!"字符
// SCI 配置：波特率 9 600,数据长度 8bit,无极性,1 位停止位
//          TX 缓冲空触发 SCI - TX INT 中断
//          CPU CORE 定时器 0 中断触发第一次传输
//================================================================
# include "DSP281x_Device.h"
// 使用的函数原型声明
void Gpio_select(void);
void InitSystem(void);
void SCI_Init(void);
interrupt void cpu_timer0_isr(void);
```

第 13 章　SCI 接口应用

```c
interrupt void SCI_TX_isr(void);
// 全局变量
char message[] = {"The F2812 - UART is fine ! \n\r"};
int index = 0;                          // 字符串指针
void main(void)
{
    InitSystem();                       // 初始化 DSP 内核寄存器
    Gpio_select();                      // 配置 GPIO 复用功能寄存器
    InitPieCtrl();                      // 调用外设中断扩展初始化单元 PIE - unit
                                        //（代码：DSP281x_PieCtrl.c）
    InitPieVectTable();                 //初始化 PIE vector 向量表（代码：DSP281x_PieVect.c）
    // 重新映射 PIE - Timer 0 的中断
    EALLOW;                             // 解除寄存器保护
    PieVectTable.TINT0 = &cpu_timer0_isr;
    EDIS;                               //使能寄存器保护
    InitCpuTimers();
    //配置 CPU - Timer 0 周期 50 ms：
    // 150 MHz CPU 频率，50 000 μs 中断周期
    ConfigCpuTimer(&CpuTimer0, 150, 50 000);
    // 使能 PIE 内的 TINT0：Group 1 interrupt 7
    PieCtrlRegs.PIEIER1.bit.INTx7 = 1;
    // 使能 CPU INT1（连接到 CPU - Timer 0 中断）
    IER = 1;
    EALLOW;                             // 解除寄存器保护
    PieVectTable.TXAINT = &SCI_TX_isr;
    EDIS;                               // 使能寄存器保护
    // 使能 PIE 内的 SCI_A_TX_INT 中断
    PieCtrlRegs.PIEIER9.bit.INTx2 = 1;
    // 使能 CPU INT 9
    IER |= 0x100;
    // 全局中断使能和更高优先级的实时调试事件
    EINT;                               // 全局中断使能 INTM
    ERTM;                               // 使能实时调试中断 DBGM
    CpuTimer0Regs.TCR.bit.TSS = 0;      // 启动定时器 0
    SCI_Init();
    while(1)
    {
        while(CpuTimer0.InterruptCount < 40)   // 等待 50 ms × 40
        {
            EALLOW;
            SysCtrlRegs.WDKEY = 0xAA;          // 看门狗控制
            EDIS;
        }
        CpuTimer0.InterruptCount = 0;          // 复位计数器
        index = 0;
```

```c
            SciaRegs.SCITXBUF = message[index++];
        }
    }
    void Gpio_select(void)
    {
        EALLOW;
        GpioMuxRegs.GPAMUX.all = 0x0;           // 所有 GPIO 端口配置为 I/O
        GpioMuxRegs.GPBMUX.all = 0x0;
        GpioMuxRegs.GPDMUX.all = 0x0;
        GpioMuxRegs.GPFMUX.all = 0x0;
        GpioMuxRegs.GPFMUX.bit.SCIRXDA_GPIOF5 = 1;  //配置  SCI-RX
        GpioMuxRegs.GPFMUX.bit.SCITXDA_GPIOF4 = 1;  //配置  SCI-TX
        GpioMuxRegs.GPEMUX.all = 0x0;
        GpioMuxRegs.GPGMUX.all = 0x0;

        GpioMuxRegs.GPADIR.all = 0x0;           // GPIO PORT   配置为输入
        GpioMuxRegs.GPBDIR.all = 0x0;           // GPIO PORT   配置为输入
        GpioMuxRegs.GPDDIR.all = 0x0;           // GPIO PORT   配置为输入
        GpioMuxRegs.GPEDIR.all = 0x0;           // GPIO PORT   配置为输入
        GpioMuxRegs.GPFDIR.all = 0x0;           // GPIO PORT   配置为输入
        GpioMuxRegs.GPGDIR.all = 0x0;           // GPIO PORT   配置为输入

        GpioMuxRegs.GPAQUAL.all = 0x0;          // 设置所有 GPIO 输入的量化值等于 0
        GpioMuxRegs.GPBQUAL.all = 0x0;
        GpioMuxRegs.GPDQUAL.all = 0x0;
        GpioMuxRegs.GPEQUAL.all = 0x0;
        EDIS;
    }
    void InitSystem(void)
    {
        EALLOW;
        SysCtrlRegs.WDCR = 0x00AF;              // 配置看门狗
                                                // 0x00E8  禁止看门狗,预定标系数 Prescaler = 1
                                                // 0x00AF  不禁止看门狗,预定标系数 Prescaler = 64
        SysCtrlRegs.SCSR = 0;                   // 看门狗产生复位
        SysCtrlRegs.PLLCR.bit.DIV = 10;         // 配置处理器锁相环,倍频系数为 5
        SysCtrlRegs.HISPCP.all = 0x1;           // 配置高速外设时钟分频系数为 2
        SysCtrlRegs.LOSPCP.all = 0x2;           // 配置低速外设时钟分频系数为 4
        // 设置使用的外设时钟
        // 一般不使用的外设时钟禁止,降低系统功耗
        SysCtrlRegs.PCLKCR.bit.EVAENCLK = 0;
        SysCtrlRegs.PCLKCR.bit.EVBENCLK = 0;
        SysCtrlRegs.PCLKCR.bit.SCIAENCLK = 1;   // 使能 SCI 模块的时钟
        SysCtrlRegs.PCLKCR.bit.SCIBENCLK = 0;
        SysCtrlRegs.PCLKCR.bit.MCBSPENCLK = 0;
```

```c
    SysCtrlRegs.PCLKCR.bit.SPIENCLK = 0;
    SysCtrlRegs.PCLKCR.bit.ECANENCLK = 0;
    SysCtrlRegs.PCLKCR.bit.ADCENCLK = 0;
    EDIS;
}
void SCI_Init(void)
{
    SciaRegs.SCICCR.all = 0x0007;        // 1bit 停止位      无循环模式
                                          // 无极性,          字符长度:8 bit
                                          // 异步模式,        空闲线协议
    SciaRegs.SCICTL1.all = 0x0003;        // 使能 TX、RX、内部 SCICLK
                                          // 禁止 RX ERR、SLEEP、TXWAKE
    SciaRegs.SCIHBAUD = 487 >> 8 ;
    SciaRegs.SCILBAUD = 487 & 0x00FF;     // 波特率:9 600(LSPCLK = 37.5 MHz)
    SciaRegs.SCICTL2.bit.TXINTENA = 1;    // 使能 SCI 发送中断
    SciaRegs.SCICTL1.all = 0x0023;        // 使 SCI 退出复位
}
interrupt void cpu_timer0_isr(void)
{
    CpuTimer0.InterruptCount ++;
    // 每个定时器中断清除一次看门狗计数器
    EALLOW;
    SysCtrlRegs.WDKEY = 0x55;             // 看门狗控制
    EDIS;
    // 响应中断并允许系统接收更多的中断
    PieCtrlRegs.PIEACK.all = PIEACK_GROUP1;
}
//==================================================================
// SCI_A 发送中断服务程序
// 发送字符串 message[]
//==================================================================
interrupt void SCI_TX_isr(void)
{
    if (index < 26) SciaRegs.SCITXBUF = message[index++];
    // 重新初始化 PIE,为 SCI - A TX 准备接收下一次中断
    PieCtrlRegs.PIEACK.all = 0x0100;      //响应中断
}
```

3. 使用 FIFO 缓冲发送数据

FIFO 模式的文件结构如图 13.20 所示。

```
//==================================================================
// 文件名称:SCI_interruptFIFO.c
// 功能描述:DSP28 SCI 同计算机通信,采用超级中断接收数据
//          DSP 间隔 2 s 向计算机发送字符"The F2812 - UART is fine!"
// SCI 配置:波特率 9 600,数据长度 8 bit,无极性 ,1 位停止位
```

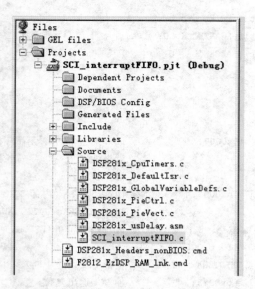

图 13.20　FIFO 模式文件结构

```
//              TX 缓冲空,触发 SCI-TX INT 中断
//              CPU CORE 定时器 0 中断触发第一次传输
//              SCI TX FIFO 存放 16 字节
//==================================================================
#include "DSP281x_Device.h"
// 使用的函数原型声明
void Gpio_select(void);
void InitSystem(void);
void SCI_Init(void);
interrupt void cpu_timer0_isr(void);
interrupt void SCI_TX_isr(void);
// 全局变量
char message[] = {"BURST-Transmit\n\r"};
int index = 0;                              // 字符串指针
void main(void)
{
    InitSystem();                           // 初始化 DSP 内核寄存器
    Gpio_select();                          // 配置 GPIO 复用功能寄存器
    InitPieCtrl();                          // 调用外设中断扩展初始化单元 PIE-unit
                                            // (代码:DSP281x_PieCtrl.c)
    InitPieVectTable();                     // 初始化 PIE vector 向量表(代码:DSP281x_PieVect.c)
    // 重新映射 PIE-Timer 0 的中断
    EALLOW;                                 // 解除寄存器保护
    PieVectTable.TINT0 = &cpu_timer0_isr;
    EDIS;                                   // 使能寄存器保护
    InitCpuTimers();
    // 配置 CPU-Timer 0 周期 50 ms:
    // 150 MHz CPU 频率,50 000 μs 中断周期
```

```
    ConfigCpuTimer(&CpuTimer0, 150, 50000);
    // 使能 PIE 内的 TINT0：Group 1 interrupt 7
    PieCtrlRegs.PIEIER1.bit.INTx7 = 1;
    // 使能 CPU INT1(连接到 CPU－Timer 0 中断)
    IER = 1;
    EALLOW;                                  // 解除寄存器保护
    PieVectTable.TXAINT = &SCI_TX_isr;
    EDIS;                                    // 使能寄存器保护
    // 使能 PIE 内的 SCI_A_TX_INT 中断
    PieCtrlRegs.PIEIER9.bit.INTx2 = 1;
    // 使能 CPU INT 9
    IER |= 0x100;
    // 全局中断使能和更高优先级的实时调试事件
    EINT;                                    // 全局中断使能 INTM
    ERTM;                                    // 使能实时调试中断 DBGM
    CpuTimer0Regs.TCR.bit.TSS = 0;           // 启动定时器 0
    SCI_Init();
    while(1)
    {
        while(CpuTimer0.InterruptCount < 40) // 等待 50 ms×40
        {
        EALLOW;
        SysCtrlRegs.WDKEY = 0xAA;            // 看门狗控制
        EDIS;
        }
        CpuTimer0.InterruptCount = 0;        // 复位清零
        SciaRegs.SCIFFTX.bit.TXINTCLR = 1 ;  // 清除中断标志
    }
}
void Gpio_select(void)
{
    EALLOW;
    GpioMuxRegs.GPAMUX.all = 0x0;            // 所有 GPIO 端口配置为 I/O
    GpioMuxRegs.GPBMUX.all = 0x0;
    GpioMuxRegs.GPDMUX.all = 0x0;
    GpioMuxRegs.GPFMUX.all = 0x0;
    GpioMuxRegs.GPFMUX.bit.SCIRXDA_GPIOF5 = 1;//配置 SCI－RX
    GpioMuxRegs.GPFMUX.bit.SCITXDA_GPIOF4 = 1;//配置 SCI－TX
    GpioMuxRegs.GPEMUX.all = 0x0;
    GpioMuxRegs.GPGMUX.all = 0x0;
    GpioMuxRegs.GPADIR.all = 0x0;            // GPIO PORT 配置为输入
    GpioMuxRegs.GPBDIR.all = 0x00;           // GPIO PORT 配置为输入
    GpioMuxRegs.GPDDIR.all = 0x0;            // GPIO PORT 配置为输入
    GpioMuxRegs.GPEDIR.all = 0x0;            // GPIO PORT 配置为输入
    GpioMuxRegs.GPFDIR.all = 0x0;            // GPIO PORT 配置为输入
```

```c
        GpioMuxRegs.GPGDIR.all = 0x0;        // GPIO PORT 配置为输入
        GpioMuxRegs.GPAQUAL.all = 0x0;       // 设置所有 GPIO 输入的量化值等于 0
        GpioMuxRegs.GPBQUAL.all = 0x0;
        GpioMuxRegs.GPDQUAL.all = 0x0;
        GpioMuxRegs.GPEQUAL.all = 0x0;
        EDIS;
}
void InitSystem(void)
{
        EALLOW;
        SysCtrlRegs.WDCR = 0x00AF;           // 配置看门狗
                                             // 0x00E8  禁止看门狗,预定标系数 Prescaler = 1
                                             // 0x00AF  不禁止看门狗,预定标系数 Prescaler = 64
        SysCtrlRegs.SCSR = 0;                // 看门狗产生复位
        SysCtrlRegs.PLLCR.bit.DIV = 10;      // 配置处理器锁相环,倍频系数为 5
        SysCtrlRegs.HISPCP.all = 0x1;        // 配置高速外设时钟分频系数为 2
        SysCtrlRegs.LOSPCP.all = 0x2;        // 配置低速外设时钟分频系数为 4
        // 设置使用的外设时钟
        // 一般不使用的外设时钟禁止,降低系统功耗
        SysCtrlRegs.PCLKCR.bit.EVAENCLK = 0;
        SysCtrlRegs.PCLKCR.bit.EVBENCLK = 0;
        SysCtrlRegs.PCLKCR.bit.SCIAENCLK = 1;  // 使能 SCI 模块的时钟
        SysCtrlRegs.PCLKCR.bit.SCIBENCLK = 0;
        SysCtrlRegs.PCLKCR.bit.MCBSPENCLK = 0;
        SysCtrlRegs.PCLKCR.bit.SPIENCLK = 0;
        SysCtrlRegs.PCLKCR.bit.ECANENCLK = 0;
        SysCtrlRegs.PCLKCR.bit.ADCENCLK = 0;
        EDIS;
}
void SCI_Init(void)
{
        SciaRegs.SCICCR.all = 0x0007;        // 1 bit 停止位     无循环模式
                                             // 无极性,          字符长度: 8 bit
                                             // 异步模式,        空闲线协议
        SciaRegs.SCICTL1.all = 0x0003;       // 使能 TX、RX、内部 SCICLK
                                             // 禁止 RX ERR、SLEEP、TXWAKE
        SciaRegs.SCIHBAUD = 487 >> 8;        // 波特率: 9 600(LSPCLK = 37.5 MHz)
        SciaRegs.SCILBAUD = 487 & 0x00FF;
        SciaRegs.SCICTL2.bit.TXINTENA = 1;   // 使能 SCI 发送中断
        SciaRegs.SCIFFTX.all = 0xE060;
                                             // bit 15 = 1 : 退出复位
                                             // bit 14 = 1 : 使能 FIFO 增强模式
                                             // bit 13 = 1 : 使能 TX FIFO 操作
                                             // bit 6 = 1 :  CLR TXFFINT - 标志
                                             // bit 5 = 1 :  使能 TX FIFO 匹配
```

```
                                        // bit 4~0:    如果 TX FIFO 等于 0,产生 TX-ISR 中断
    SciaRegs.SCICTL1.all = 0x0023;      // 使 SCI 退出复位
}
interrupt void cpu_timer0_isr(void)
{
    CpuTimer0.InterruptCount ++ ;
    // 每个定时器中断清除一次看门狗计数器
    EALLOW;
    SysCtrlRegs.WDKEY = 0x55;           // 看门狗控制
    EDIS;
    // 响应中断并允许系统接收更多的中断
    PieCtrlRegs.PIEACK.all = PIEACK_GROUP1;
}
//================================================================
// SCI_A 发送中断服务程序
// 发送字符串 message[]
//================================================================
interrupt void SCI_TX_isr(void)
{
    if (index < 26) SciaRegs.SCITXBUF = message[index ++ ];
    // 重新初始化 PIE,为 SCI-A TX 准备接收下一次中断
    PieCtrlRegs.PIEACK.all = 0x0100;    //响应中断
}
```

(1) SCI FIFO 发送(SCIFFTX)寄存器

图 13.21 给出了 SCI FIFO 发送(SCIFFTX)寄存器的各位分配情况,表 13.9 描述了 SCI FIFO 发送(SCIFFTX)寄存器各位的功能定义。

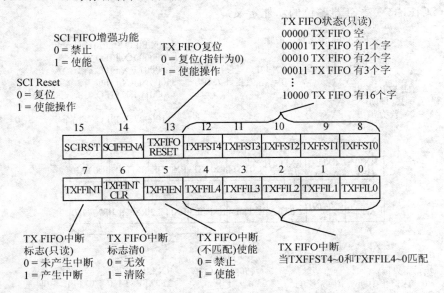

图 13.21 SCI FIFO 发送寄存器(SCIFFTX,地址 0x00 705Ah)

表 13.9　SCI FIFO 发送(SCIFFTX)寄存器功能描述

位	名称	功能描述
15	SCIRST	0　写 0 复位 SCI 发送和接收通道，SCI FIFO 寄存器配置位将保留 1　SCI FIFO 可以恢复发送或接收。即便是工作在自动波特率逻辑，SCIRST 也应该为 1
14	SCIFFENA	0　SCI FIFO 增强功能禁止，且 FIFO 处于复位状态 1　使能 SCI FIFO 增强功能
13	TXFIFO RESET	复位 0　复位 FIFO 指针为 0，保持在复位状态 1　重新使能发送 FIFO 操作
12~8	TXFFST4~0	00000：发送 FIFO 是空的　　00011：发送 FIFO 有 3 个字 00001：发送 FIFO 有 1 个字　0xxxx：发送 FIFO 有 x 个字 00010：发送 FIFO 有 2 个字　10000：发送 FIFO 有 16 个字
7	TXFFINT	0　没有产生 TXFIFO 中断，只读位 1　产生了 TXFIFO 中断，只读位
6	TXFFINT CLR	0　写 0 对 TXFIFINT 标志位没有影响，读取返回 0 1　写 1 清除 bit7 的 TXFFINT 标志位
5	TXFFIEN	0　基于 TXFFIVL 匹配(小于或等于)的 TX FIFO 中断禁止 1　基于 TXFFIVL 匹配(小于或等于)的 TX FIFO 中断使能
0~4	TXFFIL4~0	TXFFIL4~0 发送 FIFO 中断级别位。当 FIFO 状态位(TXFFST4~0)和 FIFO 级别位(TXFFIL4~0)匹配(小于或等于)时，发送 FIFO 将产生中断。 缺省值　0x00000

(2) SCI FIFO 接收(SCIFFRX)寄存器

图 13.22 给出了 SCI FIFO 接收(SCIFFRX)寄存器的各位分配情况，表 13.10 描述了 SCI FIFO 接收(SCIFFRX)寄存器各位的功能定义。

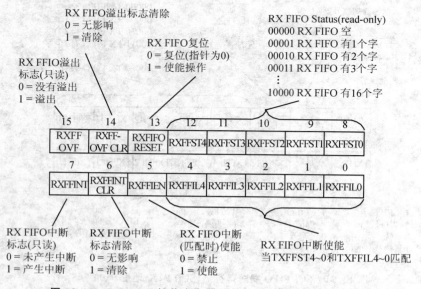

图 13.22　SCI FIFO 接收寄存器(SCIFFRX，地址 0x00 705Bh)

第13章　SCI 接口应用

表 13.10　SCI FIFO 接收(SCIFFRX)寄存器功能描述

位	名称	功能描述
15	RXFFOVF	0　接收 FIFO 没有溢出,只读位 1　接收 FIFO 溢出,只读位。多于 16 个字接收到 FIFO,且第一个接收到的字丢失 　　这将作为标志位,但它本身不能产生中断。当接收中断有效时,该种状况就会产生。接收中断应处理这种标志状况
14	RXFFOVF CLR	0　写 0 对 RXFFOVF 标志位无影响,读返回 0 1　写 1 清除 bit15 中的 RXFFOVF 标志位
13	RXFIFO RESET	RXFIFO 复位 0　写 0 复位 FIFO 指针为 0,且保持在复位状态 1　重新使能接收 FIFO 操作
8~12	RXFFST4~0	00000：接收 FIFO 是空的　　　00011：接收 FIFO 有 3 个字 00001：接收 FIFO 有 1 个字　　0xxxx：接收 FIFO 有 x 个字 00010：接收 FIFO 有 2 个字　　10000：接收 FIFO 有 16 个字
7	RXFFINT	0　没有产生 RXFIFO 中断,只读位 1　已经产生 RXFIFO 中断,只读位
6	RXFFINT CLR	0　写 0 对 RXFIFINT 标志位没有影响,读返回 0 1　写 1 清除 bit7 中的 RXFFINT 标志位
5	RXFFIEN	0　基于 RXFFIVL 匹配的(小于或等于) RX FIFO 中断将被禁止 1　基于 RXFFIVL 匹配的(小于或等于) RX FIFO 中断将使能
0~4	RXFFIL4~0	RXFFIL4~0 接收 FIFO 中断级别位 　　当 FIFO 状态位(RXFFST4~0)和 FIFO 级别位(RXFFIL4~0)匹配(例如,大于或等于)时,接收 FIFO 产生中断。这些位复位后的缺省值为 11111。这将避免频繁的中断,复位后,作为接收 FIFO 在大多数时间里是空的

（3）SCI FIFO 控制(SCIFFCT)寄存器

图 13.23 给出了 SCI FIFO 控制(SCIFFCT)寄存器的各位分配情况,表 13.11 描述了 SCI FIFO 控制(SCIFFCT)寄存器各位的功能定义。

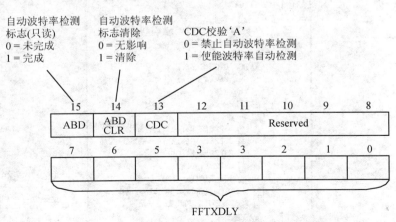

图 13.23　SCI FIFO 控制寄存器(SCIFFCT,地址 0x00 705Ch)

表 13.11　SCI FIFO 控制(SCIFFCT)寄存器功能描述

位	名称	功能描述
15	ABD	自动波特率检测(ABD)位 0　自动波特率检测没有是不完整的。没有成功接收"A"、"a"字符 1　自动波特率硬件在 SCI 接收寄存器检测到"A"或"a"字符。完成了自动检测 只有在 CDC 位置位时,使能自动波特率检测位才能工作
14	ABD CLR	ABD 清除位 0　写 0 对 ABD 标志位没有影响,读返回 0 1　写 1 清除 bit15 中的 ABD 标志位
13	CDC	CDC 校准 A-检测位 0　禁止自动波特率校验 1　使能自动波特率校验
8~12	保留	
7~0	FFTXDLY7~0	这些位定义了每个从 FIFO 发送缓冲器到发送移位寄存器发送间的延迟。延迟以 SCI 串行波特率时钟的个数定义。8 位的寄存器可以定义最小 0 周期延迟,最大 256 波特率时钟周期延迟。 　　　在 FIFO 模式中,在移位寄存器完成最后一位的移位后,移位寄存器和 FIFO 间的缓冲器(TXBUF)应该填满。在发送器到数据流之间的传送必须延迟。在 FIFO 模式中,TXBUF 不应作为一个附加级别的缓冲器。在标准的 UARTS 中,延迟的发送特征有助于在没有 RTS/CTS 的控制下建立一个自动传输方案

13.5　接收发送数据

FIFO 模式下中断方式收发文件结构如图 13.24 所示。

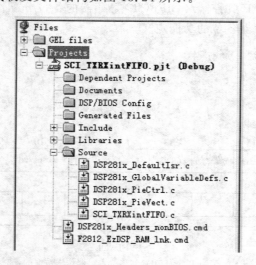

图 13.24　FIFO 模式下中断方式收发文件结构

```c
//==============================================================
// 文件名称：SCI_TXRXintFIFO.c
// 功能描述：DSP28 SCI 同计算机通信,采用超级中断接收发送数据
//           DSP 等待从计算机接收数据"Texas"并向计算机发送"Instruments"
// SCI 配置：波特率 9600 ,数据长度 8 bit,无极性,1 位停止位
//           TX 缓冲空触发 SCI - TX INT 中断
//           CPU CORE 定时器 0 中断触发第一次传输
//           SCI TX FIFO 存放 16 字节
//==============================================================
#include "DSP281x_Device.h"
// 使用的函数原型声明
void Gpio_select(void);
void SpeedUpRevA(void);
void InitSystem(void);
void SCI_Init(void);
interrupt void SCI_TX_isr(void);
interrupt void SCI_RX_isr(void);
// 全局变量
char message[] = {" Instruments\n\r"};
void main(void)
{
    InitSystem();                       // 初始化 DSP 内核寄存器
    Gpio_select();                      // 配置 GPIO 复用功能寄存器
InitPieCtrl();                          // 调用外设中断扩展初始化单元 PIE - unit
                                        // (代码：DSP281x_PieCtrl.c)
    InitPieVectTable();                 // 初始化 PIE vector 向量表(代码：DSP281x_PieVect.c)
    EALLOW;                             // 解除寄存器保护
    PieVectTable.TXAINT = &SCI_TX_isr;
    PieVectTable.RXAINT = &SCI_RX_isr;
    EDIS;                               // 使能寄存器保护
    // 使能 PIE 中的 SCI_A_TX_INT 中断
    PieCtrlRegs.PIEIER9.bit.INTx2 = 1;
    // 使能 PIE 中的 SCI_A_RX_INT 中断
    PieCtrlRegs.PIEIER9.bit.INTx1 = 1;
    // 使能 CPU INT 9
    IER |= 0x100;
    // 全局中断使能和更高优先级的实时调试事件
    EINT;                               // 全局中断使能 INTM
    ERTM;                               // 使能实时调试中断 DBGM
    SCI_Init();
    while(1)
    {
        EALLOW;
```

```c
        SysCtrlRegs.WDKEY = 0x55;           // 看门狗控制
        SysCtrlRegs.WDKEY = 0xAA;
        EDIS;
    }
}
void Gpio_select(void)
{
    EALLOW;
    GpioMuxRegs.GPAMUX.all = 0x0;           // 所有 GPIO 端口配置为 I/O
    GpioMuxRegs.GPBMUX.all = 0x0;
    GpioMuxRegs.GPDMUX.all = 0x0;
    GpioMuxRegs.GPFMUX.all = 0x0;
    GpioMuxRegs.GPFMUX.bit.SCIRXDA_GPIOF5 = 1;   //配置  SCI-RX
    GpioMuxRegs.GPFMUX.bit.SCITXDA_GPIOF4 = 1;   //配置  SCI-TX
    GpioMuxRegs.GPEMUX.all = 0x0;
    GpioMuxRegs.GPGMUX.all = 0x0;
    GpioMuxRegs.GPADIR.all = 0x0;           // GPIO PORT   配置为输入
    GpioMuxRegs.GPBDIR.all = 0x0;           // GPIO PORT   配置为输入
    GpioMuxRegs.GPDDIR.all = 0x0;           // GPIO PORT   配置为输入
    GpioMuxRegs.GPEDIR.all = 0x0;           // GPIO PORT   配置为输入
    GpioMuxRegs.GPFDIR.all = 0x0;           // GPIO PORT   配置为输入
    GpioMuxRegs.GPGDIR.all = 0x0;           // GPIO PORT   配置为输入
    GpioMuxRegs.GPAQUAL.all = 0x0;          // 设置所有 GPIO 输入的量化值等于 0
    GpioMuxRegs.GPBQUAL.all = 0x0;
    GpioMuxRegs.GPDQUAL.all = 0x0;
    GpioMuxRegs.GPEQUAL.all = 0x0;
    EDIS;
}
void InitSystem(void)
{
    EALLOW;
    SysCtrlRegs.WDCR = 0x00AF;              // 配置看门狗
                                            // 0x00E8   禁止看门狗,预定标系数 Prescaler = 1
                                            // 0x00AF   不禁止看门狗,预定标系数 Prescaler = 64
    SysCtrlRegs.SCSR = 0;                   // 看门狗产生复位
    SysCtrlRegs.PLLCR.bit.DIV = 10;         // 配置处理器锁相环,倍频系数为 5
    SysCtrlRegs.HISPCP.all = 0x1;           // 配置高速外设时钟分频系数为 2
    SysCtrlRegs.LOSPCP.all = 0x2;           // 配置低速外设时钟分频系数为 4
    // 设置使用的外设时钟
    // 一般不使用的外设时钟禁止,降低系统功耗
    SysCtrlRegs.PCLKCR.bit.EVAENCLK = 0;
    SysCtrlRegs.PCLKCR.bit.EVBENCLK = 0;
    SysCtrlRegs.PCLKCR.bit.SCIAENCLK = 1;   // 使能 SCI 模块的时钟
```

```c
    SysCtrlRegs.PCLKCR.bit.SCIBENCLK = 0;
    SysCtrlRegs.PCLKCR.bit.MCBSPENCLK = 0;
    SysCtrlRegs.PCLKCR.bit.SPIENCLK = 0;
    SysCtrlRegs.PCLKCR.bit.ECANENCLK = 0;
    SysCtrlRegs.PCLKCR.bit.ADCENCLK = 0;
    EDIS;
}
void SCI_Init(void)
{
    SciaRegs.SCICCR.all = 0x0007;           // 1bit 停止位     无循环模式
                                            // 无极性,         字符长度: 8 bit
                                            // 异步模式,       空闲线协议
    SciaRegs.SCICTL1.all = 0x0003;          // 使能 TX、RX、内部 SCICLK
                                            // 禁止 RX ERR、SLEEP、TXWAKE
    SciaRegs.SCIHBAUD = 487 >> 8 ;          // 波特率: 9 600(LSPCLK = 37.5MHz)
    SciaRegs.SCILBAUD = 487 & 0x00FF;
    SciaRegs.SCICTL2.bit.TXINTENA = 1;      // 使能 SCI 发送中断
    SciaRegs.SCICTL2.bit.RXBKINTENA = 1;    // 使能 SCI 接收中断
    SciaRegs.SCIFFTX.all = 0xE060;
                                            // bit 15 = 1 : 退出复位
                                            // bit 14 = 1 : 使能 FIFO 增强模式
                                            // bit 13 = 1 : 使能 TX FIFO 操作
                                            // bit 6 = 1 : CLR TXFFINT - 标志
                                            // bit 5 = 1 : 使能 TX FIFO 匹配
                                            // bit 4~0 : 如果 TX FIFO 等于 0,产生 TX - ISR 中断
    SciaRegs.SCIFFRX.all = 0xE065;          // Rx 中断级设置为 5
    SciaRegs.SCICTL1.all = 0x0023;          // 使 SCI 退出复位
}
//============================================================
// SCI_A 发送中断服务程序
// 发送字符串 message[]
//============================================================
interrupt void SCI_TX_isr(void)
{
    int i;
    for(i = 0;i<16;i ++ )SciaRegs.SCITXBUF = message[i];
        // 重新初始化 PIE,为 SCI - A TX 准备接收下一次中断
    PieCtrlRegs.PIEACK.all = 0x0100;        //响应中断
}
interrupt void SCI_RX_isr(void)
{
    int i;
    char buffer[16];
```

```
for (i = 0; i<16; i++) buffer[i] = SciaRegs.SCIRXBUF.all;
if (strncmp(buffer, "Texas", 5) == 0)
{
    SciaRegs.SCIFFTX.bit.TXFIFOXRESET = 1;
    SciaRegs.SCIFFTX.bit.TXINTCLR = 1;
}
SciaRegs.SCIFFRX.bit.RXFIFORESET = 0;      // 复位 FIFO 指针
SciaRegs.SCIFFRX.bit.RXFIFORESET = 1;      // 使能操作
SciaRegs.SCIFFRX.bit.RXFFINTCLR = 1;       // 清除 FIFO INT 中断标志
PieCtrlRegs.PIEACK.all = 0x0100;           // 响应中断
}
```

1. SCI 接收器状态寄存器（SCIRXST）

接收器或发送器完成一个字符（长度由通信控制寄存器确定）传输后，中断逻辑将产生中断标志，中断逻辑可以为发送器或接收器提供方便高效的操作控制。接收中断标志是 RXRDY（SCIRXST.6），发送中断标志是 TXRDY（SCICTL2.7）。当一个字符传送到 TXSHF 并且 SCITXBUF 准备好发送下一个字符时，TXRDY 置位。当 SCITXBUF 和 TXSHF 为空时，TX EMPTY（SCICTL2.6）置位。

当接收到新的字符并移位到接收缓冲 SCIRXBUF 中时，RXRDY 置位。此外如果有中止条件产生，BRKDT 标志位置位，中止条件必须满足在停止位后至少保持 10 位的连续电平。CPU 可以强制改变上述标志位控制 SCI 的操作，或者通过设置 RX/BK INT RNA（SCICTL2.1）或 RX INT RNA（SCICTL2.0）位控制相应中断的使能或禁止。

在 SCIRXST 寄存器中共包含 7 个接收器状态标志位（其中 2 个能产生中断请求）。每次发送一个完整的字符到接收缓冲器（SCIRXEMU 和 SCIRXBUF）后，状态标志位刷新。每次缓冲器被读取时，标志位清除。图 13.25 给出了寄存器各位的分配情况，表 13.12 列出了 SCI 接收状态寄存器各位的功能定义。

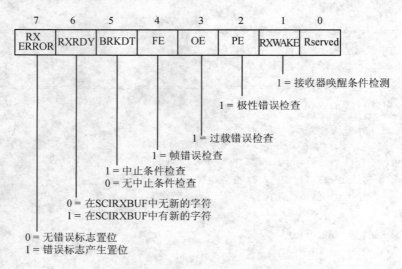

图 13.25　SCI 接收器状态寄存器（SCIRXST，地址 7055h）

表 13.12 SCI 接收器状态寄存器(SCIRXST)功能描述

位	名称	功能描述
7	RX ERROR	接收器错误标志位 　　RX ERROR 标志位说明在接收状态寄存器中有一位错误标志位置位。RX ERROR 是间断检测、帧错误、超时和奇偶错误使能标志位(位 5～2：BRKDT、FE、OE 及 PE)的逻辑或。如果 RX ERR INT ENA 位(SCICTL1.6)置位,则该位上的一个 1 将会引起一个中断。在中断服务子程序中可以使用该位进行快速错误条件检测。错误标志位不能被直接清除,而是由有效的 SW RESET 或者系统复位来清除。 　　0　无错误标志设置 　　1　错误标志设置
6	RXRDY	接收器准备好标志位 　　当准备好从 SCIRXBUF 寄存器中读一个新的字符时,接收器置位接收器准备好标志位,并且如果 RX/BK INT ENA 位(SCICTL2.1)是 1 则产生接收器中断。取 SCIRXBUF 寄存器、有效的 SW RESET 或者系统复位可以清除 RXRDY。 　　0　在 SCIRXBUF 中没有新的字符 　　1　准备好从 SCIRXBUF 中读取字符
5	BRKDT	间断检测标志位 　　当满足间断条件时,SCI 将置位该位。从丢失第一个停止位开始,如果 SCI 接收数据线路(SCIRXD)连续地保持至少 10 位低电平,则产生一个间断条件。如果 RX/BK INT ENA 位为 1,则间断的发生会引发产生一个接收中断,但不会引起重新装载接收缓冲器。即使接收 SLEEP 被置位为 1,也能发生一个 BRKDT 中断。有效的 SW RESET 或者系统复位可以清除 BRKDT。在检测到一个间断后,接收字符并不能清除该位。为了接收更多的字符,必须通过触发 SW RESET 位或者系统复位来复位 SCI。 　　0　没有产生间断条件 　　1　间断条件发生
4	FE	帧错误标志位 　　当检测不到期望的停止位时,SCI 就置位该位,而仅检测第一个停止位。丢失停止位表明没有能够和起始位同步,且字符帧发生了错误。SW RESET 或系统复位清除该 FE 位。 　　0　没有检测到帧错误 　　1　检测到帧错误
3	OE	超时错误标志位 　　在前一个字符被 CPU 或 DMAC 完全读走前,当字符被发送到 SCIRXEMU 和 SCIRXBUF 时,SCI 就置位该位。前一个字符将会被覆盖或丢失。SW RESET 或系统复位将 OE 标志位复位。 　　0　没有检测到超时错误 　　1　检测到超时错误
2	PE	奇偶校验错误标志位 　　当接收字符的 1 的数量与其奇偶校验位之间不匹配时,该标志位被置位。在计算时地址位被包括在内。如果奇偶校验的产生和检测没有被使能,则 PE 标志位被禁止且读作 0。有效的 SW RESET 信号或系统复位将 PE 标志位复位。 　　0　没有检测到奇偶校验错误 　　1　检测到奇偶校验错误

续表 13.12

位	名称	功能描述
1	RXWAKE	接收器唤醒检测标志位 当该位为 1 时,表示检测到了接收器唤醒的条件。在地址位多处理器模式中(SCICCR. 3 = 1),RXWAKE 反映了 SCIRXBUF 中的字符的地址位的值。在空闲线多处理器模式,如果 SCIRXD 被检测为空闲状态则 RXWAKE 被置位。RXWAKE 是一个只读标志位,它由以下条件来清除: ◇ 地址位传送到 SCIRXBUF 后传送第一个字节 ◇ 读 SCIRXBUF ◇ 有效的 SW RESET ◇ 系统复位
0	保留	读返回 0,写操作没有影响

2. SCI 优先级控制寄存器(SCIPRI)

图 13.26 给出了 SCI 优先级控制寄存器的各位分配情况,表 13.13 描述了 SCI 优先级控制寄存器各位的功能定义。

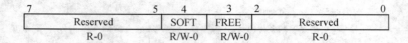

图 13.26　SCI 优先权控制寄存器 (SCIPRI)

表 13.13　SCI 优先权控制寄存器 (SCIPRI)功能描述

位	名称	功能描述
7~5	保留	读返回 0,写没有影响
4~3	SOFT 和 FREE	这些位确定了当发生仿真挂起时(例如,调试器遇到断点),执行哪些操作。无论外设在执行什么操作(运行模式)或处于停止模式,都能继续执行;一旦当前的操作(当前的接收/发送序列)完成,可以立即停止。 SOFT　　FREE 0　　　　0　　在挂起状态下立即停止 1　　　　0　　在停止前,完成当前的接收/发送序列 X　　　　1　　自由运行。忽略挂起继续 SCI 操作
2~0	保留	

3. 接收数据缓冲寄存器 (SCIRXEMU, SCIRXBUF)

接收的数据从 RXSHF 传送到 SCIRXEMU 和 SCIRXBUF。当传送完成后,RXRDY 标志位(位 SCIRXST.6)置位,表示接收的数据可以被读取。两个寄存器存放着相同的数据;两个寄存器有各自的地址,但物理上不是独立的缓冲器。它们唯一的区别在于,读 SCIRXEMU 操作不清除 RXRDY 标志位,而读 SCIRXBUF 操作清除该标志位。

正常 SCI 接收数据操作从 SCIRXBUF 寄存器中读接收到的数据,因为它能连续地为屏幕更新读接收到的数据而不用清除 RXRDY 标志位。SCIRXEMU 寄存器由仿真器(EMU)使用,系统复位清除 SCIRXEMU,在窗口观察 SCIRXBUF 寄存器时使用该寄存器。物理上 SCIRXE-

MU 是不可用的,它仅仅是在不清除 RXRDY 标志位的情况下访问 SCIRXBUF 寄存器的一个不同的地址空间。其功能定义如图 13.27 所示。

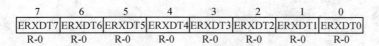

图 13.27　仿真数据缓冲寄存器(SCIRXEMU)

在当前接收的数据从 RXSHF 移位到接收缓冲器时,RXRDY 标志位置位,数据准备好被读取。如果 RX/BK INT ENA 位(SCICTL2.1)置位,移位将产生一个中断。当读取 SCIRXBUF 时,RXRDY 标志位复位;系统复位清除 SCIRXBUF。SCIRXBUF 的功能如图 13.28 和表 13.14 所示。

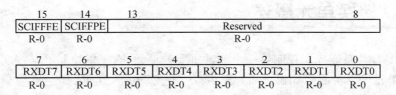

图 13.28　SCIRXBUF 寄存器

表 13.14　SCIRXBUF 寄存器功能描述

位	名称	功能描述
15	SCIFFFE	SCI FIFO 帧错误标志位 1　当接收字符时,产生帧错误。该位与在 FIFO 顶部的字符有关联 0　当接收字符时,没有产生帧错误。该位与 FIFO 顶部的字符有关联
14	SCIFFPE	FIFO 奇偶校验错误位 1　当接收字符时,产生奇偶校验错误。该位与 FIFO 顶部的字符有关联 0　当接收字符时,没有产生奇偶校验错误。该位与 FIFO 顶部的字符有关联
13~8	保留	
7~0	RXDT7~0	接收字符位

光盘中"13.5 接收发送数据.pdf"给出了详细的应用参考代码。

第 14 章
A/D 转换单元

14.1 A/D 转换单元概述

A/D 转换(ADC)是嵌入式控制器一个非常重要的单元,它提供控制器与现实世界的连接通道,通过 ADC 单元可以检测诸如温度、湿度、压力、电流、电压、速度、加速度等模拟量。上述绝大部分信号都可以采用介于 V_{min} 和 V_{max}(如 $0\sim3$ V)间的正比于原始信号的电压信号来表示,ADC 转换的目的就是将这些模拟信号转换成数字信号,输入的模拟电压和转换后的数字信号之间的关系可以表示为:

$$V_{in} = \frac{D(V_{REF+} - V_{REF-})}{2^n - 1} + V_{REF-}$$

其中:V_{in} 为输入的模拟电压信号;V_{REF-} 为参考低电平;V_{REF+} 为参考高电平;D 为转换后的数字量;n 为模数转换的位数。

在 TMS320F28x DSP 中,ADC 模块是一个 12 位带流水线的模/数转换器,模/数转换单元的模拟电路包括前向模拟多路复用开关(MUX)、采样/保持(S/H)电路、A/D 转换内核、电压参考以及其他模拟辅助电路。模数转换单元的数字电路包括可编程转换序列器、结果寄存器、与模拟电路的接口、与芯片外设总线的接口以及同其他片上模块的接口。

为满足绝大多数系统多传感器的需要,F281x 的模/数转换模块有 16 个通道,可配置为 2 个独立的 8 通道模块,分别服务于事件管理器 A 和 B,2 个独立的 8 通道模块也可以级联构成 1 个 16 通道模块。尽管在模/数转换模块中有多个输入通道和 2 个排序器,但仅有 1 个转换器,图 14.1 给出了 F2810、F2811 和 F2812 的 ADC 模块的功能框图。

2 个 8 通道模块能够自动排序,每个模块可以通过多路选择器(MUX)选择 8 通道中的任何一个通道。在级联模式下,自动排序器将变成 16 通道。对于每个通道而言,一旦 ADC 完成,将会把转换结果存储到结果寄存器(ADCRESUILT)中。自动排序器允许对同一个通道进行多次采样,用户可以完成过采样算法,以获得更高的采样精度。ADC 模块主要包括以下特点:

- 12 位模/数转换模块 ADC;
- 2 个采样和保持(S/H)器;
- 同时或顺序采样模式;
- 模拟输入电压范围:$0\sim3$ V;
- 快速的转换时间,ADC 时钟可以配置为 25 MHz,最高采样带宽 12.5 MSPS;

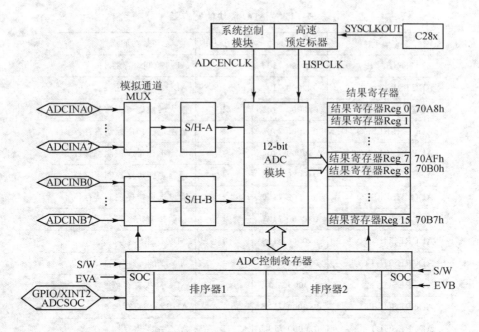

图 14.1 ADC 模块功能框图

- 16 通道模拟输入；
- 自动排序功能支持 16 通道独立循环"自动转换"，每次转换的通道可以软件编程选择；
- 排序器可以工作在 2 个独立的 8 通道排序器模式，也可以工作在 16 通道级联模式；
- 16 个结果寄存器存放 ADC 的转换结果，转换后的数字量表示为：

$$数字值 = 4095 \times \frac{输入模拟值 - ADCLO}{3}$$

- 有多个触发源启动 ADC 转换（SOC）：
  ◇ S/W—软件立即启动
  ◇ EVA—事件管理器 A（在 EVA 中有多个事件源可启动 A/D 转换）
  ◇ EVB—事件管理器 B（在 EVB 中有多个事件源可启动 A/D 转换）
  ◇ 外部引脚
- 灵活的中断控制，允许每个或每隔一个序列转换结束产生中断请求；
- 排序器可工作在启动/停止模式，允许"多个排序触发"同步转换；
- EVA 和 EVB 可以独立触发，工作在双触发模式；
- 采样保持（S/H）采集时间窗口有独立的预定标控制；
- 只有 F2810/F2811/F2812 芯片的 B 版本以后的芯片才有增强的重叠排序器功能。

为获得更高精度的模数转换结果，正确的 PCB 板设计是非常重要的。连接到 ADCINxx 引脚的模拟量输入信号线要尽可能地远离数字电路信号线。为减小数字信号的转换引起的噪声对 ADC 产生耦合干扰，需要将 ADC 模块的电源输入同数字电源隔离开。ADC 模块寄存器的功能如表 14.1 所列。

表 14.1 ADC 模块的寄存器

名 称	地 址	占用空间	功能描述
ADCTRL1	0x0000 7100	1	ADC 控制寄存器 1
ADCTRL2	0x0000 7101	1	ADC 控制寄存器 2
ADCMAXCONV	0x0000 7102	1	最大转换通道寄存器
ADCCHSELSEQ1	0x0000 7103	1	通道选择排序控制寄存器 1
ADCCHSELSEQ2	0x0000 7104	1	通道选择排序控制寄存器 2
ADCCHSELSEQ3	0x0000 7105	1	通道选择排序控制寄存器 3
ADCCHSELSEQ4	0x0000 7106	1	通道选择排序控制寄存器 4
ADCASEQSR	0x0000 7107	1	自动排序状态寄存器
ADCRESULT0	0x0000 7108	1	ADC 结果寄存器 0
ADCRESULT1	0x0000 7109	1	ADC 结果寄存器 1
ADCRESULT2	0x0000 710A	1	ADC 结果寄存器 2
ADCRESULT3	0x0000 710B	1	ADC 结果寄存器 3
ADCRESULT4	0x0000 710C	1	ADC 结果寄存器 4
ADCRESULT5	0x0000 710D	1	ADC 结果寄存器 5
ADCRESULT6	0x0000 710E	1	ADC 结果寄存器 6
ADCRESULT7	0x0000 710F	1	ADC 结果寄存器 7
ADCRESULT8	0x0000 7110	1	ADC 结果寄存器 8
ADCRESULT9	0x0000 7111	1	ADC 结果寄存器 9
ADCRESULT10	0x0000 7112	1	ADC 结果寄存器 10
ADCRESULT11	0x0000 7113	1	ADC 结果寄存器 11
ADCRESULT12	0x0000 7114	1	ADC 结果寄存器 12
ADCRESULT13	0x0000 7115	1	ADC 结果寄存器 13
ADCRESULT14	0x0000 7116	1	ADC 结果寄存器 14
ADCRESULT15	0x0000 7117	1	ADC 结果寄存器 15
ADCTRL3	0x0000 7118	1	ADC 控制寄存器 3
ADCST	0x0000 7119	1	ADC 状态寄存器
保留	0x0000 711A 0x0000 711F	6	保留

14.2 排序器操作

模/数转换模块 ADC 排序器由 2 个独立的 8 状态排序器(SEQ1 和 SEQ2)构成,这 2 个排序器还可以级联构成 1 个 16 状态的排序器(SEQ)。排序器的状态是指排序器内能够完成的模/数自动转换通道的个数。模/数转换模块 ADC 排序器支持单排序器方式(级联组成 1 个 16 状态排序器)和双排序器方式(2个相互独立的8状态排序器)两种操作方式。在 ADC 的这两种排序器任何一种工作方式下,模/数转换模块都可以对系列转换进行自动排序,每次模/数转换模块收到一个开始转换请求,能自动完成多个转换。可通过模拟复用器对 16 个输入通道中的任何一个通道进行变换,转换结束后所选通道转换的结果保存到相应的结果寄存器(ADCRESULTn)中。此外,用户也可以对同一通道进行多次采样,从而实现模拟信号的过采样,在过采样模式下可以有效地提高转换的精度。

使用 ADC 采集外部信号时,可以选择"同时"和"顺序"两种转换模式。在"同时"转换模式下,A、B 通道的两个输入信号可以并行转换(比如 ADCINA3 和 ADCINB3);在"顺序"转换模式下,ADC 的输入信号线可以连接到自动排序器的任何一个转换序列中(CHSELxx)。

使用 ADC 的过程中,可以采用设置特定的控制位软件启动转换,也可以应用外部引脚、事件管理器(EVA 和 EVB)等硬件方式启动转换。采用事件管理器定时启动 A/D 转换,可以准确地控制转换周期,对于某些数字信号处理算法采用这种转换方式是十分必要的。在顺序转换过程中并不需要触发中断服务程序(由于中断相应存在延时,可能会引起抖动)切换变换通道,通道的切换主要通过自动排序器完成。在一个序列的转换全部完成后触发中断,读取所有转换结果。

14.2.1 排序器操作方式

1. 级联操作方式

如图 14.2 所示,ADC 单元工作在级联方式,自动排序器控制所有通道的转换。在启动 ADC 之前,必须初始化转换的通道数(如 MAX_CONV1)和配置需要的转换输入信号对应的转换次序(CHSELxx),最终的转换结果存放到各自的结果寄存器(RESULT0～RESULT15)。

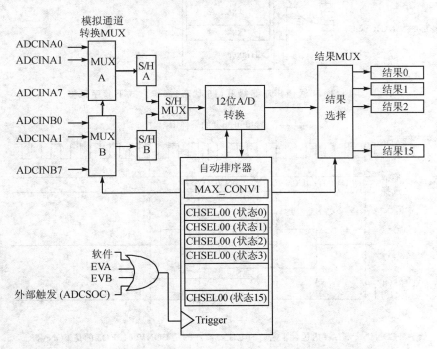

图 14.2 排序器级联(16 状态)操作方式

(1) 级联排序器顺序采样模式

在级联排序器操作方式,2 个 8 状态排序器(SEQ1 和 SEQ2)构成一个 16 状态的排序器(SEQ)控制外部输入的模拟信号的排序。CONVxx 的 4 位值确定输入引脚,其中最高位确定采用哪个采样和保持缓冲器,其他 3 位定义偏移量。

例如,在级联操作方式顺序采样工作模式下,需要轮回采集 ADCINA0、ADCINB1、ADCINA2 和 ADCINB5 四个通道的模拟量输入,则 ADC 内部数据流程如图 14.3 的操作结构和图 14.4 的操作时序所示,具体操作代码如例 1 所示。

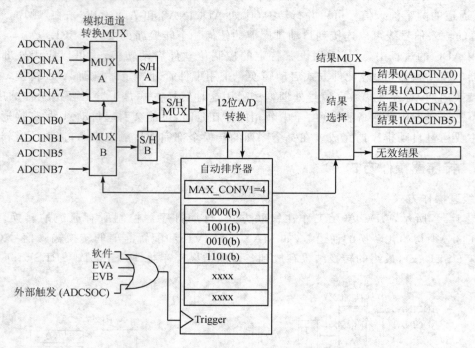

图 14.3 4 通道排序器级联(16 状态)操作方式下顺序采样

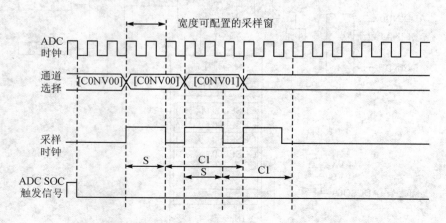

注:CONVxx 寄存器内包含了通道的地址,SEQ1 的是 CONV00;SEQ2 的是 CONV08。
S 为采样窗的时间,C 为结果寄存器刷新时间。

图 14.4 顺序采样模式(SMODE=0)

第 14 章　A/D 转换单元

【例1】　级联模式下 ADCINA0、ADCINB1、ADCINA2 和 ADCINB5 输入 4 通道顺序采样。表 14.2 为 ADCCHSELSEQn 寄存器（一）。

```
// 配置 ADC
    AdcRegs.ADCTRL1.bit.SEQ_CASC = 1;           // 建立级联序列器方式
    AdcRegs.ADCTRL1.bit.CONT_RUN = 0;           // 非连续运行
    AdcRegs.ADCTRL1.bit.CPS = 0;                // 预定标系数 = 1
    AdcRegs.ADCMAXCONV.all = 0x0003;            // 设置 4 个转换
    AdcRegs.ADCCHSELSEQ1.bit.CONV00 = 0x0;
        // 设置 ADCINA0 作为第 1 个变换
        // 假定在系统初始化中 EVA 的时钟已经使能
    AdcRegs.ADCCHSELSEQ1.bit.CONV01 = 0x9;
        // 设置 ADCINB1 作为第 2 个 SEQ1 变换
        // 由 T1/T2 逻辑驱动 T1PWM / T2PWM
    AdcRegs.ADCCHSELSEQ1.bit.CONV002 = 0x2;
        // 设置 ADCINA0 作为第 3 个变换
    AdcRegs.ADCCHSELSEQ1.bit.CONV03 = 0xD;
        // 设置 ADCINB1 作为第 4 个 SEQ1 变换
    AdcRegs.ADCTRL2.bit.EVA_SOC_SEQ1 = 1;
        // 使能 EVASOC 启动 SEQ1（GP Timer 1 比较输出的有效）
    AdcRegs.ADCTRL2.bit.INT_ENA_SEQ1 = 1;
        // 使能 SEQ1 中断（每次 EOSvaRegs.GPTCONA.bit.T1PIN = 1）
    AdcRegs.ADCTRL3.bit.ADCCLKPS = 2;           // HSPCLK 进行 4 分频
```

级联排序器运行，将相应通道的结果存储到结果寄存器当中：

```
ADCINA0 -> ADCRESULT0
ADCINB1 -> ADCRESULT1
ADCINA2 -> ADCRESULT2
ADCINB5 -> ADCRESULT3
```

【例2】　级联模式下轮回转换 16 个通道的操作。表 14.3 为 ADCCHSELSEQn 寄存器（二）。配置及结果存放位置如图 14.5 所示。

```
// 配置 ADC
    AdcRegs.ADCTRL3.bit.SMODE_SEL = 0;          // 顺序采样模式
    AdcRegs.ADCTRL1.bit.SEQ_CASC = 1;           // 建立级联序列器模式
    AdcRegs.ADCMAXCONV.all = 0x000F;            // 16 通道对转换
    AdcRegs.ADCCHSELSEQ1.bit.CONV00 = 0x0;      // 设置 ADCINA0 转换
    AdcRegs.ADCCHSELSEQ1.bit.CONV01 = 0x1;      // 设置 ADCINA1 转换
    AdcRegs.ADCCHSELSEQ1.bit.CONV02 = 0x2;      // 设置 ADCINA2 转换
    AdcRegs.ADCCHSELSEQ1.bit.CONV03 = 0x3;      // 设置 ADCINA3 转换
    AdcRegs.ADCCHSELSEQ2.bit.CONV04 = 0x4;      // 设置 ADCINA4 转换
    AdcRegs.ADCCHSELSEQ2.bit.CONV05 = 0x5;      // 设置 ADCINA5 转换
    AdcRegs.ADCCHSELSEQ2.bit.CONV06 = 0x6;      // 设置 ADCINA6 转换
    AdcRegs.ADCCHSELSEQ2.bit.CONV07 = 0x7;      // 设置 ADCINA7 转换
    AdcRegs.ADCCHSELSEQ3.bit.CONV08 = 0x8;      // 设置 ADCINB0 转换
```

```
AdcRegs.ADCCHSELSEQ3.bit.CONV09 = 0x9;      // 设置 ADCINB1 转换
AdcRegs.ADCCHSELSEQ3.bit.CONV10 = 0xA;      // 设置 ADCINB2 转换
AdcRegs.ADCCHSELSEQ3.bit.CONV11 = 0xB;      // 设置 ADCINB3 转换
AdcRegs.ADCCHSELSEQ4.bit.CONV12 = 0xC;      // 设置 ADCINB4 转换
AdcRegs.ADCCHSELSEQ4.bit.CONV13 = 0xD;      // 设置 ADCINB5 转换
AdcRegs.ADCCHSELSEQ4.bit.CONV14 = 0xE;      // 设置 ADCINB6 转换
AdcRegs.ADCCHSELSEQ4.bit.CONV15 = 0xF;      // 设置 ADCINB7 转换
AdcRegs.ADCTRL2.bit.EVA_SOC_SEQ1 = 1;       // 使能 EVASOC 启动排序器 SEQ
AdcRegs.ADCTRL2.bit.INT_ENA_SEQ1 = 1;       // 使能 SEQ1 中断
```

表 14.2 ADCCHSELSEQn 寄存器（一）

地址	位 15～12	位 11～8	位 7～4	位 3～0	寄存器
70A3h	13	2	9	0	CHSELSEQ1
70A4h	x	x	x	x	CHSELSEQ2
70A5h	x	x	x	x	CHSELSEQ3
70A6h	x	x	x	x	CHSELSEQ4

表 14.3 ADCCHSELSEQn 寄存器（二）

地址	位 15～12	位 11～8	位 7～4	位 3～0	寄存器
70A3h	3	2	1	0	CHSELSEQ1
70A4h	7	6	5	4	CHSELSEQ2
70A5h	11	10	9	8	CHSELSEQ3
70A6h	15	14	13	12	CHSELSEQ4

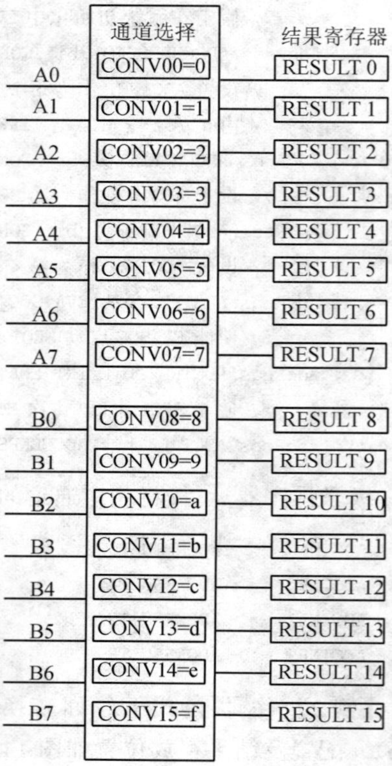

图 14.5 16 通道排序器级联通道选择配置及结果存放位置

级联排序器运行，将相应通道的结果存储到结果寄存器当中：

```
ADCINA0 -> ADCRESULT0
ADCINA1 -> ADCRESULT1
ADCINA2 -> ADCRESULT2
ADCINA3 -> ADCRESULT3
ADCINA4 -> ADCRESULT4
ADCINA5 -> ADCRESULT5
ADCINA6 -> ADCRESULT6
ADCINA7 -> ADCRESULT7
ADCINB0 -> ADCRESULT8
```

ADCINB1 -> ADCRESULT9
ADCINB2 -> ADCRESULT10
ADCINB3 -> ADCRESULT11
ADCINB4 -> ADCRESULT12
ADCINB5 -> ADCRESULT13
ADCINB6 -> ADCRESULT14
ADCINB7 -> ADCRESULT15

如图 14.6 所示为 16 个通道顺序采样工作方式,程序代码如下:

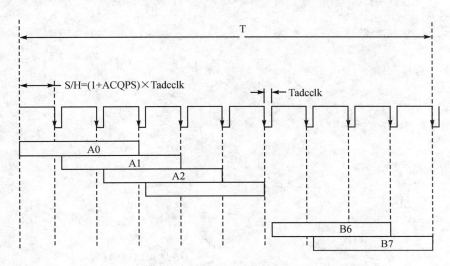

图 14.6 16 个通道顺序采样工作方式

```
//**********************************************************************
// 文件名称:Example_28xAdc.c
// 功能描述:ADC 模块应用例程
// 设置 PLL 工作在 x10/2 模式,SYSCLKOUT 经过 6 分频得到 25 MHz 的 HSPCLK
// ADC 内部不再对时钟分频,采用中断方式
// EVA 为 SEQ1 产生 ADC SOC 信号,顺序 16 通道
// 转换读取 ADCINA3 和 ADCINA2 两个通道的转换结果
// 观察变量
//         Voltage1[1024]       Last 10 ADCRESULT0 values
//         Voltage2[1024]       Last 10 ADCRESULT1 values
//         ConversionCount      Current result number 0~9
//         LoopCount            Idle loop counter
//**********************************************************************
#include "DSP28_Device.h"
// 中断服务程序函数声明
interrupt void adc_isr(void);
// 全局变量定义及初始化
Uint16 LoopCount;
Uint16 ConversionCount;
```

```c
Uint16 Voltage1[256];
Uint16 Voltage2[256];
main()
{
// Step 1 初始化系统控制寄存器、PLL、看门狗和时钟
// 该函数在 DSP28_SysCtrl.c 文件中
    InitSysCtrl();
    // 时钟初始化 HSPCLK = SYSCLKOUT / 6 = 25 MHz(假设系统时钟为 150 MHz)
    EALLOW;
    SysCtrlRegs.HISPCP.all = 0x3;                // HSPCLK = SYSCLKOUT/6
    EDIS;
// Step 2  GPIO 配置
// InitGpio();
// Step 3  初始化 PIE 相量表
    // 禁止和清除所有 CPU 中断
    DINT;
    IER = 0x0000;
    IFR = 0x0000;
    InitPieCtrl();
    InitPieVectTable();
// Step 4  初始化外设模块
    InitAdc();                                    // DSP28_Adc.c
// Step 5  重新分配中断向量
    EALLOW;
    PieVectTable.ADCINT = &adc_isr;
    EDIS;
// 使能 PIE 中的 ADCINT 中断
    PieCtrlRegs.PIEIER1.bit.INTx6 = 1;
// 使能 CPU 中断
    IER |= M_INT1;                                // 使能全局中断 INT1
    // 使能全局中断和高优先级适时调试功能
    EINT;                                         // 使能全局中断 INTM
    ERTM;                                         // 使能全局实时调试中断 DBGM
    LoopCount = 0;
    ConversionCount = 0;
    // 配置 ADC
    AdcRegs.ADCTRL3.bit.SMODE_SEL = 0;            // 设置顺序采样模式
    AdcRegs.ADCTRL1.bit.SEQ_CASC = 1;             // 建立级联序列器操作方式
    AdcRegs.ADCMAXCONV.all = 0x0007;              // 8 对转换(共 16 通道)
    AdcRegs.ADCCHSELSEQ1.bit.CONV00 = 0x0;        // 设置 ADCINA0 转换
    AdcRegs.ADCCHSELSEQ1.bit.CONV01 = 0x1;        // 设置 ADCINA1 转换
    AdcRegs.ADCCHSELSEQ1.bit.CONV02 = 0x2;        // 设置 ADCINA2 转换
```

```c
    AdcRegs.ADCCHSELSEQ1.bit.CONV03 = 0x3;        // 设置 ADCINA3 转换
    AdcRegs.ADCCHSELSEQ2.bit.CONV04 = 0x4;        // 设置 ADCINA4 转换
    AdcRegs.ADCCHSELSEQ2.bit.CONV05 = 0x5;        // 设置 ADCINA5 转换
    AdcRegs.ADCCHSELSEQ2.bit.CONV06 = 0x6;        // 设置 ADCINA6 转换
    AdcRegs.ADCCHSELSEQ2.bit.CONV07 = 0x7;        // 设置 ADCINA7 转换
    AdcRegs.ADCCHSELSEQ3.bit.CONV08 = 0x8;        // 设置 ADCINB0 转换
    AdcRegs.ADCCHSELSEQ3.bit.CONV09 = 0x9;        // 设置 ADCINB1 转换
    AdcRegs.ADCCHSELSEQ3.bit.CONV10 = 0xA;        // 设置 ADCINB2 转换
    AdcRegs.ADCCHSELSEQ3.bit.CONV11 = 0xB;        // 设置 ADCINB3 转换
    AdcRegs.ADCCHSELSEQ4.bit.CONV12 = 0xC;        // 设置 ADCINB4 转换
    AdcRegs.ADCCHSELSEQ4.bit.CONV13 = 0xD;        // 设置 ADCINB5 转换
    AdcRegs.ADCCHSELSEQ4.bit.CONV14 = 0xE;        // 设置 ADCINB6 转换
    AdcRegs.ADCCHSELSEQ4.bit.CONV15 = 0xF;        // 设置 ADCINB7 转换
    AdcRegs.ADCTRL2.bit.EVA_SOC_SEQ1 = 1;         // 使能 EVASOC 启动排序器
    AdcRegs.ADCTRL2.bit.INT_ENA_SEQ1 = 1;         // 使能 SEQ1 中断
    // 配置事件管理器 EVA
    EvaRegs.T1CMPR = 0x0080;                      // 设置 T1 比较值
    EvaRegs.T1PR = 0xFFFF;                        // 设置周期寄存器
    EvaRegs.GPTCONA.bit.T1TOADC = 1;              // 使能事件管理器 A 的 EVASOC
    EvaRegs.T1CON.all = 0x1042;                   // 使能定时器 1 比较（递增计数模式）
    // 等待 ADC 中断    while (1)
    {
        LoopCount ++;
    }
}
interrupt void  adc_isr(void)
{
    Voltage1[ConversionCount] = AdcRegs.ADCRESULT0;    // 读取结果
    Voltage2[ConversionCount] = AdcRegs.ADCRESULT1;    // 读取结果
    if(ConversionCount == 256)
    {
        ConversionCount = 0;
    }
    else ConversionCount ++;
    // 重新初始化下一个 ADC 排序
        AdcRegs.ADCTRL2.bit.RST_SEQ1 = 1;             // 复位 SEQ1
        AdcRegs.ADCST.bit.INT_SEQ1_CLR = 1;           // 清除 INT SEQ1 位
        PieCtrlRegs.PIEACK.all = PIEACK_GROUP1;       // 响应中断
    return;
}
// ADC 模块初始化
void InitAdc(void)
```

```
{
    extern void DSP28x_usDelay(unsigned long Count);
    AdcRegs.ADCTRL3.bit.ADCBGRFDN = 0x3;          // 参考等电路上电
    DELAY_US(ADC_usDELAY);                         // 其他 ADC 上电
    AdcRegs.ADCTRL3.bit.ADCPWDN = 1;
    DELAY_US(ADC_usDELAY2);                        // 延时
}
```

(2) 级联排序器同时采样模式

如果一个输入来自 ADCINA0~7,另一个输入来自 ADCINB0~7,ADC 能够实现 2 个 ADCINxx 输入的同时采样。此外,要求 2 个输入必须有同样的采样和保持偏移量(例如,ADCINA4 和 ADCINB4,但不能是 ADCINA7 和 ADCINB6)。为了让 ADC 模块工作在同步采样模式,必须设置 ADCTRL3 寄存器中的 SMODE_SEL 位为 1。

在同步采样模式,CONVxx 寄存器的最高位不起作用,每个采样和保持缓冲器对 CONVxx 寄存器低 3 位确定的引脚进行采样。例如,如果 CONVxx 寄存器的值是 0110b,ADCINA6 就由采样和保持器 A(S/H-A)采样,ADCINB6 由采样和保持器 B(S/H-B)采样;如果 CONVxx 寄存器的值是 1001b,ADCINA1 由采样和保持器 A 采样,ADCINB1 由采样和保持器 B 采样。转换器首先转换采样和保持器 A 中锁存的电压量,然后转换采样和保持器 B 中锁存的电压量。采样和保持器 A 转换的结果保存到当前的 ADCRESULTn 寄存器(如果排序器已经复位,SEQ1 的结果放在 ADCRESULT0);采样和保持器 B 转换的结果保存在下一个 ADCRESULTn 寄存器(如果排序器已经复位,SEQ1 的结果放在 ADCRESULT1),结果寄存器指针每次增加 2。图 14.7 描述了同步采样模式的时序,在这个例子中,ACQ_PS3 位设置为 0001b。

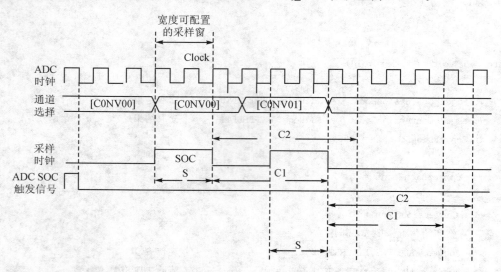

注:CONVxx 寄存器内包含了通道的地址,CONV00 表示 A0/B0 通道;CONV01 表示 A1/B1 通道。
C1 为 Ax 通道结果寄存器刷新时间,C2 为 Bx 通道结果寄存器刷新时间,S 为采样窗的时间。

图 14.7 同步采样模式(SMODE=1)

【例 3】 双通道同时采样级联排序器操作方式下,8 对(16 个通道)模拟量均由 SEQ1 排序控制,操作时序如图 14.8 所示,配置及转换结果存放位置如图 14.9 所示。

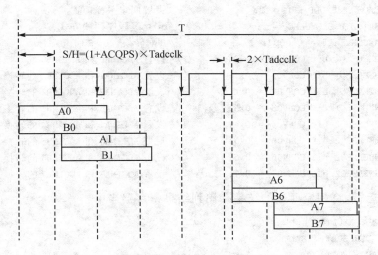

图 14.8　双通道同时采样级联排序器操作时序

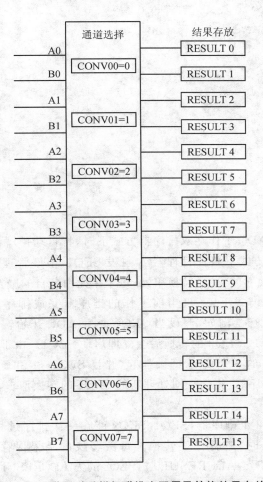

图 14.9　双通道同时采样级联排序配置及转换结果存放位置

```
    AdcRegs.ADCTRL3.bit.SMODE_SEL = 1;              // 设置同步采样模式
    AdcRegs.ADCTRL1.bit.SEQ_CASC = 1;               // 建立级联序列器方式
    AdcRegs.ADCMAXCONV.all = 0x0007;                // 8 对转换(共 16 通道)
    AdcRegs.ADCCHSELSEQ1.bit.CONV00 = 0x0;          // 设置 ADCINA0 和 ADCINB0 的转换
    AdcRegs.ADCCHSELSEQ1.bit.CONV01 = 0x1;          // 设置 ADCINA1 和 ADCINB1 的转换
    AdcRegs.ADCCHSELSEQ1.bit.CONV02 = 0x2;          // 设置 ADCINA2 和 ADCINB2 的转换
    AdcRegs.ADCCHSELSEQ1.bit.CONV03 = 0x3;          // 设置 ADCINA3 和 ADCINB3 的转换
    AdcRegs.ADCCHSELSEQ2.bit.CONV04 = 0x4;          // 设置 ADCINA4 和 ADCINB4 的转换
    AdcRegs.ADCCHSELSEQ2.bit.CONV05 = 0x5;          // 设置 ADCINA5 和 ADCINB5 的转换
    AdcRegs.ADCCHSELSEQ2.bit.CONV06 = 0x6;          // 设置 ADCINA6 和 ADCINB6 的转换
    AdcRegs.ADCCHSELSEQ2.bit.CONV07 = 0x7;          // 设置 ADCINA7 和 ADCINB7 的转换
```

级联排序器运行,将相应通道的结果存储到结果寄存器当中:

```
ADCINA0 -> ADCRESULT0
ADCINB0 -> ADCRESULT1
ADCINA1 -> ADCRESULT2
ADCINB1 -> ADCRESULT3
ADCINA2 -> ADCRESULT4
ADCINB2 -> ADCRESULT5
ADCINA3 -> ADCRESULT6
ADCINB3 -> ADCRESULT7
ADCINA4 -> ADCRESULT8
ADCINB4 -> ADCRESULT9
ADCINA5 -> ADCRESULT10
ADCINB5 -> ADCRESULT11
ADCINA6 -> ADCRESULT12
ADCINB6 -> ADCRESULT13
ADCINA7 -> ADCRESULT14
ADCINB7 -> ADCRESULT15
```

2. 双排序器操作方式

如图 14.10 所示,当 ADC 工作在双排序器方式下时,将自动排序器分成 2 个独立的状态机(SEQ1 和 SEQ2),在这种方式下事件管理器 A 触发 SEQ1,事件管理器 B 触发 SEQ2。双排序器方式将 ADC 看成 2 个独立的 A/D 转换单元,每个单元由各自的触发源触发转换。

在双排序器连续采样模式下,一旦当前工作的排序器完成排序,任何一个排序器的挂起 ADC 开始转换都会开始执行。例如,假设当 SEQ1 产生 ADC 开始转换请求时,A/D 转换单元正在对 SEQ2 进行转换,完成 SEQ2 的转换后会立即启动 SEQ1。由于 SEQ1 排序器有更高的优先级,如果 SEQ1 和 SEQ2 的 SOC 请求都没挂起,并且 SEQ1 和 SEQ2 同时产生 SOC 请求,则 ADC 完成 SEQ1 的有效排序后,将会立即处理新的 SEQ1 的转换请求,SEQ2 的转换请求处于挂起状态。

由于双排序方式使用 2 个排序器,SEQ1/SEQ2 能在一次排序过程中对多达 8 个任意通道(当排序器级联成 16 通道时)进行排序转换。每次转换的结果保存在相应的结果寄存器中(SEQ1 的为 ADCRESULT0~ADCRESULT7,SEQ2 的为 ADCRESULT8~ADCRESULT15),这些寄存器由低地址向高地址依次进行填充。

每个排序中的转换个数受 MAX CONVn(ADCMAXCONV 寄存器中的一个 3 位或 4 位选

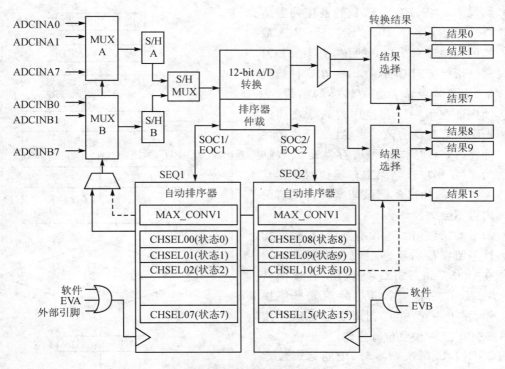

图 14.10 双排序器操作方式

择位)控制,该值在自动排序的转换开始时被装载到自动排序状态寄存器(AUTO_SEQ_SR)的排序计数器控制位(SEQ CNTR3~0),MAX CONVn 的值在 0~7 范围内变化。当排序器从通道 CONV00 开始按顺序转换时,SEQ CNTRn 的值从装载值开始向下计数直到 SEQ CNTRn 等于 0。一次自动排序完成的转换数为(MAX CONVn + 1)。

(1) 双排序器顺序采样

假定使用 SEQ1 完成 7 个通道的模数转换(例如模拟输入 ADCINA2、ADCINA3、ADCINA2、ADCINA3、ADCINA6、ADCINA7 和 ADCINB4 作为自动排序的一部分进行转换),则 MAX CONV 应被设为 6,且 ADCCHSELSEQn 寄存器应根据表 14.4 中的值确定。

表 14.4 ADCCHSELSEQn 寄存器

地 址	位 15~12	位 11~8	位 7~4	位 3~0	寄存器
70A3h	3	2	3	2	CHSELSEQ1
70A4h	x	12	7	6	CHSELSEQ2
70A5h	x	x	x	x	CHSELSEQ3
70A6h	x	x	x	x	CHSELSEQ4

一旦排序器接收到开始转换(SOC)触发信号就开始转换,SOC 触发信号也会装载 SEQ CNTRn 位。ADCCHSELSEQn 寄存器中确定的通道按规定的顺序进行转换,每次转换完成后 SEQCNTRn 位自动减 1,如图 14.11 所示。一旦 SEQCNTRn 递减到 0,根据寄存器 ADCTRL1 中的连续运行状态位(CONT RUN)的不同会出现 2 种情况:

- 如果CONT_RUN置1,转换序列重新自动开始(例如,SEQ CNTRn装入最初的 MAX CONV1 的值,并且 SEQ1 通道指针指向CONV00)。在这种情况下,为了避免覆盖先前转换的结果,必须保证在下一个转换序列开始之前读走结果寄存器的值。当 ADC 模块产生冲突时(ADC 向结果寄存器写入数据的同时,用户从结果寄存器读取数据),ADC 内的仲裁逻辑保证结果寄存器的内容不会被破坏。
- 如果 CONT_RUN 没有被置位,排序指针停留在最后状态(例如,本例中停留在 CONV06),SEQ CNTRn 继续保持0。为了在下一个启动时重复排序操作,在下一个 SOC 到来之前必须使用 RST SEQn 位复位排序器。

SEQ CNTRn 每次归零时,中断标志位都置位,必要时用户可以在中断服务子程序中(ISR)用 ADCTRL2 寄存器的 RST SEQn 位将排序器手动复位。这样可以将 SEQn 状态复位到初始值(SEQ1 复位值为 CONV00, SEQ2 复位值为 CONV08),这一特点在启动/停止排序器操作时非常有用。

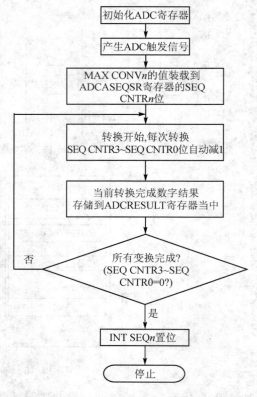

图 14.11　连续自动排序模式的流程图

【例4】　SEQ1 完成 7 个通道的模/数转换,分别是模拟输入 ADCINA2、ADCINA3、ADCINA2、ADCINA3、ADCINA6、ADCINA7 和 ADCINB4。

```
// 配置 ADC
AdcRegs.ADCTRL1.bit.SEQ_CASC = 0;           // 双排序器方式
AdcRegs.ADCTRL1.bit.CONT_RUN = 1;           // 连续运行
AdcRegs.ADCTRL1.bit.CPS = 0;                // 预定标系数 = 1
AdcRegs.ADCMAXCONV.all = 0x0006;            // 设置7个转换
AdcRegs.ADCCHSELSEQ1.bit.CONV00 = 2;        // 设置 ADCINA2 的转换
AdcRegs.ADCCHSELSEQ1.bit.CONV01 = 3;        // 设置 ADCINA3 的转换
AdcRegs.ADCCHSELSEQ1.bit.CONV02 = 2;        // 设置 ADCINA2 的转换
AdcRegs.ADCCHSELSEQ1.bit.CONV03 = 3;        // 设置 ADCINA3 的转换
AdcRegs.ADCCHSELSEQ2.bit.CONV04 = 6;        // 设置 ADCINA6 的转换
AdcRegs.ADCCHSELSEQ2.bit.CONV05 = 7;        // 设置 ADCINA7 的转换
AdcRegs.ADCCHSELSEQ2.bit.CONV06 = 12;       // 设置 ADCINB4 的转换
AdcRegs.ADCTRL2.bit.EVA_SOC_SEQ1 = 1;
AdcRegs.ADCTRL2.bit.INT_ENA_SEQ1 = 1;
AdcRegs.ADCTRL3.bit.ADCCLKPS = 2;           // HSPCLK 进行 4 分频
```

级联排序器运行,将相应通道的结果存储到结果寄存器当中:

```
ADCINA2   -> ADCRESULT0
ADCINA3   -> ADCRESULT1
ADCINA2   -> ADCRESULT2
ADCINA3   -> ADCRESULT3
ADCINA6   -> ADCRESULT4
ADCINA7   -> ADCRESULT5
ADCINA12  -> ADCRESULT6
```

(2) 双排序器同时采样

如果一个输入来自 ADCINA0~7，另一个输入来自 ADCINB0~7，ADC 能够实现 2 个 ADCINxx 输入的同时采样。此外，要求 2 个输入必须有同样的采样和保持偏移量（例如，ADCINA4 和 ADCINB4，但不是 ADCINA7 和 ADCINB6）。为了让 ADC 模块工作在同步采样模式，必须设置 ADCTRL3 寄存器中的 SMODE_SEL 位为 1。在同时采样模式下，双排序器同级联排序器相比，主要区别在于排序器控制：在双排序器中每个排序器最多控制 4 个转换 8 个通道构成 16 通道，而在级联排序器的同步采样模式下，实际上只是用 SEQ1 作为排序器，控制 8 个转换 16 个通道（参考例 3）。下面给出双排序器模式下同步采样设计实例。

【例 5】 双排序器同步采样模式 ADC 应用实例。

```
AdcRegs.ADCTRL3.bit.SMODE_SEL = 1;        // 设置同步采样模式
AdcRegs.ADCMAXCONV.all = 0x0033;          // 每个序列器 4 个转换（共 8 通道）
AdcRegs.ADCCHSELSEQ1.bit.CONV00 = 0x0;    // 设置 ADCINA0 和 ADCINB0 的转换
AdcRegs.ADCCHSELSEQ1.bit.CONV01 = 0x1;    // 设置 ADCINA1 和 ADCINB1 的转换
AdcRegs.ADCCHSELSEQ1.bit.CONV02 = 0x2;    // 设置 ADCINA2 和 ADCINB2 的转换
AdcRegs.ADCCHSELSEQ1.bit.CONV03 = 0x3;    // 设置 ADCINA3 和 ADCINB3 的转换
AdcRegs.ADCCHSELSEQ3.bit.CONV08 = 0x4;    // 设置 ADCINA4 和 ADCINB4 的转换
AdcRegs.ADCCHSELSEQ3.bit.CONV09 = 0x5;    // 设置 ADCINA5 和 ADCINB5 的转换
AdcRegs.ADCCHSELSEQ3.bit.CONV10 = 0x6;    // 设置 ADCINA6 和 ADCINB6 的转换
AdcRegs.ADCCHSELSEQ3.bit.CONV11 = 0x7;    // 设置 ADCINA7 和 ADCINB7 的转换
```

SEQ1 和 SEQ2 同时运行，将相应通道的转换结果存储到结果寄存器当中：

```
ADCINA0 -> ADCRESULT0
ADCINB0 -> ADCRESULT1
ADCINA1 -> ADCRESULT2
ADCINB1 -> ADCRESULT3
ADCINA2 -> ADCRESULT4
ADCINB2 -> ADCRESULT5
ADCINA3 -> ADCRESULT6
ADCINB3 -> ADCRESULT7
ADCINA4 -> ADCRESULT8
ADCINB4 -> ADCRESULT9
ADCINA5 -> ADCRESULT10
ADCINB5 -> ADCRESULT11
ADCINA6 -> ADCRESULT12
ADCINB6 -> ADCRESULT13
ADCINA7 -> ADCRESULT14
ADCINB7 -> ADCRESULT15
```

14.2.2 排序器的启动/停止模式

除了连续的自动排序模式外,任何一个排序器(SEQ1、SEQ2 或 SEQ)都可工作在启动/停止模式,这种方式可在时间上分别和多个启动触发信号同步。一旦排序器完成了第一个排序(例如,排序器在中断服务子程序中未被复位),除了排序器不需要复位到初始状态 CONV00 外,这种模式和例 1 基本相同。因此,当一个转换序列结束时,排序器就停止在当前转换状态。在这种工作模式下,ADCTRL1 寄存器中的连续运行位(CONT RUN)必须设置为 0。

【例 6】 排序器启动/停止操作模式:要求触发源 1(定时器下溢)启动 3 个自动转换(例如 I_1、I_2 和 I_3),触发源 2(定时器周期)启动 3 个自动转换(例如 V_1、V_2 和 V_3)。触发源 1 和触发源 2 在时间上是分开的(如间隔 25 μs),都是由事件管理器 A 提供,如图 14.12 所示,本例中只有 SEQ1。

在这种情况下,MAX CONV1 的值设置为 2,ADC 模块的输入通道选择排序控制寄存器(ADCCHSELSEQn)应按表 14.5 设置。

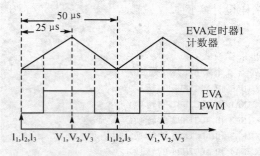

表 14.5 ADCCHSELSEQn 寄存器使用情况

地 址	位 15~12	位 11~8	位 7~4	位 3~0	寄存器
70A3h	V_1	I_3	I_2	I_1	CHSELSEQ1
70A4h	x	x	V_3	V_2	CHSELSEQ2
70A5h	x	x	x	x	CHSELSEQ3
70A6h	x	x	x	x	CHSELSEQ4

图 14.12 事件管理器触发启动排序器实例

一旦复位和初始化完成,SEQ1 就等待触发。第一个触发到来之后,执行通道选择值为 CONV00(I_1)、CONV01(I_2)和 CONV02(I_3)的 3 个转换。转换完成后,SEQ1 停在当前的状态等待下一个触发源,25 μs 后另一个触发源到来,ADC 模块开始选择通道为 CONV03(V_1)、CONV04(V_2)和 CONV05(V_3)的 3 个转换。

对于这两种触发,MAX CONV1 的值会自动地装入 SEQ CNTRn 中。如果第二个触发源要求转换的个数与第一个不同,用户必须通过软件在第二个触发源到来之前改变 MAX CONV1 的值,否则 ADC 模块会重新使用原来的 MAX CONV1 的值。可以使用中断服务程序 ISR 适当地改变 MAX CONV1 的值。

在第二个转换序列完成之后,ADC 模块的转换结果存储到相应的寄存器,如表 14.6 所列。

表 14.6 ADCCHSELSEQn 寄存器使用情况

缓冲寄存器	ADC 转换结果缓冲	缓冲寄存器	ADC 转换结果缓冲	缓冲寄存器	ADC 转换结果缓冲	缓冲寄存器	ADC 转换结果缓冲
RESULT0	I_1	RESULT4	V_2	RESULT8	x	RESULT12	x
RESULT1	I_2	RESULT5	V_3	RESULT9	x	RESULT13	x
RESULT2	I_3	RESULT6	x	RESULT10	x	RESULT14	x
RESULT3	V_1	RESULT7	x	RESULT11	x	RESULT15	x

第二个转换序列完成后,SEQ1保持在下一个触发的"等待"状态。用户可以通过软件复位 SEQ1,将指针指到 CONV00,重复同样的触发源 1、2 转换操作。

14.2.3 输入触发源

每一个排序器都有一系列可以使能或禁止的触发源。SEQ1、SEQ2 和级联 SEQ 的有效输入触发如表 14.7 所列。

表 14.7 排序器触发信号

SEQ1	SEQ2	级联 SEQ
软件触发(软件 SOC)	软件触发(软件 SOC)	软件触发(软件 SOC)
事件管理器 A(EVA SOC)	事件管理器 B(EVB SOC)	事件管理器 A(EVA SOC) 事件管理器 B(EVB SOC)
外部 SOC 引脚		外部 SOC 引脚

- 只要排序器处于空闲状态,SOC 触发源就能启动一个自动转换排序。空闲状态是指:在收到触发信号前,排序器的指针指向 CONV00,或者是排序器已经完成了一个转换排序,也就是 SEQ CNTRn 为 0 时。
- 如果转换序列正在进行时,到来一个新的 SOC 触发信号,则 ADCTRL2 寄存器中的 SOC SEQn 位置 1(该位在前一个转换开始时已被清除)。但如果又有一个 SOC 触发信号到来,则该信号将被丢失,也就是当 SOC SEQn 位置 1 时(SOC 挂起),随后的触发不起作用。
- 被触发后,排序器不能在中途停止或中断。程序必须等到一个序列的结束或复位排序器,才能使排序器返回到初始空闲状态(SEQ1 和级联的排序器指针指向 CONV00;SEQ2 的指针指向 CONV08)。
- 当 SEQ1/2 用于级联同时采样模式时,到 SEQ2 的触发源被忽略,而 SEQ1 的触发源有效。因此,级联模式可以看做 SEQ1 有最多 16 个转换通道的情况。

14.2.4 排序转换的中断操作

排序器可以在两种工作方式产生中断,这两种方式由 ADCTRL2 寄存器中的中断模式使能控制位决定。下面几个例子说明在不同工作模式下如何使用中断模式 1 和中断模式 2。

Case1:在第一个序列和第二个序列中采样的数量不相等
中断模式 1 操作(每个 EOS 到来时产生中断请求):
(1) 排序器用 MAX CONVn=1 初始化,转换 I_1 和 I_2。
(2) 在中断服务子程序 a 中,通过软件将 MAX CONVn 的值设置为 2,转换 V_1、V_2 和 V_3。
(3) 在中断服务子程序 b 中,完成下列任务:
① 将 MAX CONVn 的值再次设置为 1,转换 I_1 和 I_2。
② 从 ADC 结果寄存器中读出 I_1、I_2、V_1、V_2 和 V_3 的值。
③ 复位排序器。
(4) 重复操作第(2)步和第(3)步。每次 SEQ CNTRn 等于 0 时产生中断,且中断能够被识别。

Case 2：在第一个序列和第二个序列中采样的数量相等

中断模式 2 操作（每隔一个 EOS 信号产生中断请求）：

(1) 排序器设置 MAX CONVn=2 初始化，转换 I_1、I_2 和 I_3（或 V_1、V_2 和 V_3）。

(2) 在服务子程序 b 和 d 中，完成下列任务：

① 从 ADC 结果寄存器中读出 I_1、I_2、I_3、V_1、V_2 和 V_3 的值。

② 复位排序器。

③ 重复第(2)步。

Case 3：两个序列的采样个数是相等的（带空读）

模式 2 中断操作（隔一个 EOS 信号产生中断请求）：

(1) MAX CONVn=2，初始化排序器，转换 I_1、I_2 和 x。

(2) 在中断服务子程序 b 和 d 中，完成下列任务：

① 从 ADC 结果寄存器中读出 I_1、I_2、x、V_1、V_2 和 V_3 的值。

② 复位排序器。

③ 重复第(2)步。第(3)个 x 采样为一个空的采样，其实并没有要求采样。然而，利用模式 2 间隔产生中断请求的特性，可以减小中断服务子程序和 CPU 的开销。

如图 14.13 所示为 ADC 在序列转换过程中的中断操作的时序。

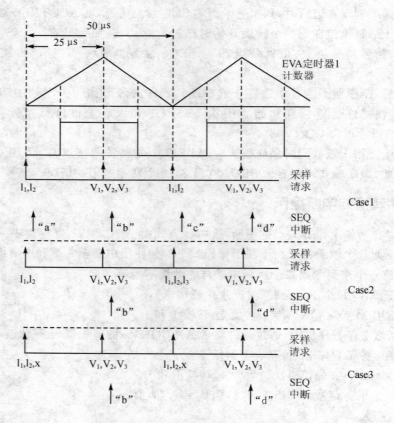

图 14.13　在排序转换时的中断操作时序

14.3 ADC 的时钟控制

外设时钟 HSPCLK 是通过 ADCTRL3 寄存器的 ADCCLKPS[3~0]位来分频的,然后再通过寄存器 ADCTRL1 中的 CPS 位进行 2 分频。此外,ADC 模块还通过扩展采样获取周期调整信号源阻抗,这由 ADCTRL1 寄存器中的 ACQ_PS3~0 位控制。这些位并不影响采样保持和转换过程,但通过扩展变换脉冲的长度可以增加采样时间的长度。如图 14.14 所示。

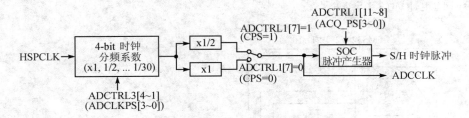

图 14.14　ADC 内核时钟和采样保持时钟

ADC 模块有几种时钟预定标方法,从而产生不同速度的操作时钟。图 14.15 给出了 ADC 模块时钟的选择方法。

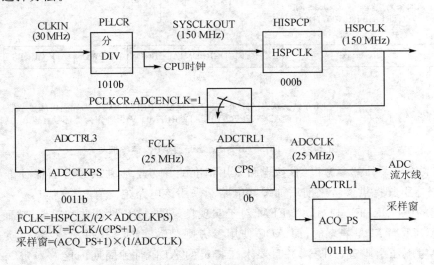

图 14.15　输入到 ADC 模块的时钟

【例 7】 ADC 模块时钟选择,如表 14.8 所列。

表 14.8　ADC 时钟选择

XCLKIN	PLLCR[3~0]	HISPCLK	ADCTRL3[4~1]	ADCTRL[7]	ADC_CLK	ADCTRL[11~8]	SH 宽度
	0000b	HSPCP=0	ADCLKPS=0	CPS=1		ACQ_PS=0	
30 MHz	150 MHz	150 MHz	15 MHz	7.5 MHz	7.5 MHz	SH 脉冲时钟	1
	0000b	HSPCP=3	ADCLKPS=2	CPS=1		ACQ_PS=15	
30 MHz	150 MHz	150/2×3= 25 MHz	25/2×2= 6.25 MHz	6.25/2×1= 3.125 MHz	3.125 MHz	SH 脉冲时钟=16	16

14.4 ADC 参考电压

C281x 处理器的模/数转换单元的参考电压有 2 种提供方式,即内部参考电压和外部参考电压。具体选择哪种参考电压由控制寄存器 3 的第 8 位(EXTREF)控制,如图 14.16 所示,这种设计方式为模/数转换的增益校准提供了方便。为了获得良好的增益性能,处理器要求 2 个参考引脚 ADCREFP 和 ADCREFM 的电压差为 1 V。一般情况下,ADCREFP 的电压为 2×(1±5%) V,ADCREFM 的电压为(1±5%) V。

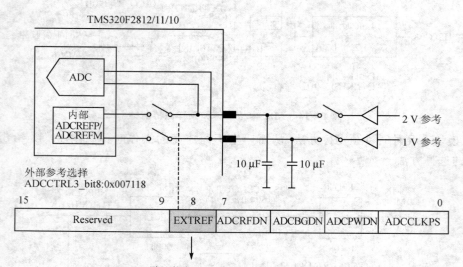

图 14.16 TMS320F281x 处理器 ADC 参考信号

图 14.17 给出了外部参考电路,该电路采用精准的参考电压并通过分压保证准确的参考范围,在给处理器引脚提供参考之前增加缓冲电路。采用该电路主要有 2 个优点:

- 稳定的 ADCREFP 和 ADCREFM 对于实现良好的 ADC 性能非常重要,然而 ADCREFP 和 ADCREFM 是静态的,而 ADC 使用参考则是动态的。在每次模/数转换过程中对两个参考电压引脚进行采样,并且要求在特定的 ADC 时钟周期内能够稳定。外部参考电路刚好能够满足 ADC 的动态和稳定性要求。
- 在 ADC 操作过程中 ADCREFP 和 ADCREFM 的电流会有所波动,如果不采用外部缓冲电路则分压电阻上的电流会产生变化,从而改变输入的参考电压值,结果会使增益误差变大。

图 14.17 给出的外部参考电路为 ADCREFP 和 ADCREFM 引脚分别提供 2.048 V 和 1.0489 V 参考电压,为减少参考信号负载对参考电压的影响增加了缓冲电路。ADCREFP 和 ADCREFM 的参考压差要求等于 1 V,外部实际电压差为 0.999 V,满足 1%的误差要求。ADC 的精度除了受原理上的设计的影响,选择的元器件的精度也会影响 ADC 的精度。此外,在 PCB 设计时所有元器件应尽量靠近 ADCREFP 和 ADCREFM 引脚。

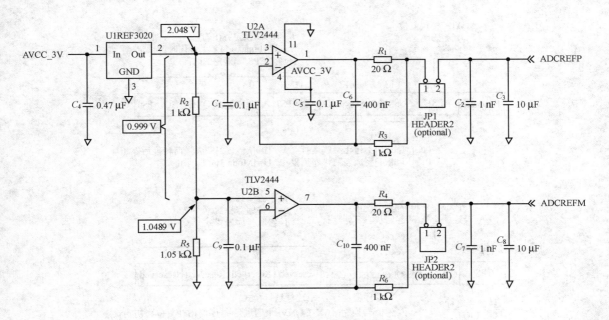

图 14.17 外部参考电路原理图

在软件设计时需要完成下列操作：
- F281x 器件初始化完成后，使能 ADC 时钟。
- 设置寄存器配置 ADCREFP 和 ADCREFM 引脚为输入。由于 ADCREFP 和 ADCREFM 引脚默认为输出，因此上电后要尽快配置为输入，防止 ADC 上电后产生冲突。
- 使能 ADC 上电。

选择外部参考信号源的 ADC 初始化代码如下：

```
// ADC 初始化
void InitAdc(void)
{
    AdcRegs.ADCTRL3.all = 0x0100;           // 配置 ADCREFP/REFM 为输入引脚
    asm(" rpt #10 || nop");                 // 等待外部参考使能
    AdcRegs.ADCTRL3.bit.ADCBGRFDN = 0x3;    // bandgap 和参考电路上电
    DELAY_US(ADC_usDELAY);                  // 延时等待 ADC 上电
    AdcRegs.ADCTRL3.bit.ADCPWDN = 1;        // ADC 其他部分上电
    DELAY_US(ADC_usDELAY2);                 // 延时等待 ADC 上电
}
```

14.5 ADC 单元寄存器

14.5.1 ADC 模块控制寄存器 1

ADC 模块控制寄存器 1 的定义及功能如图 14.18 和表 14.9 所示。

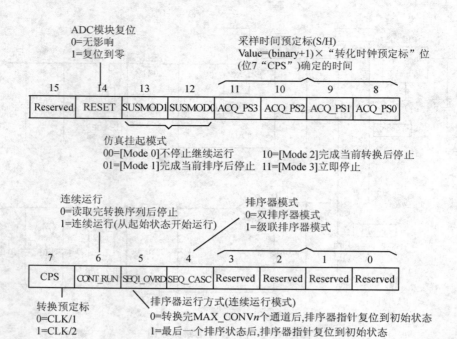

图 14.18　ADC 模块控制寄存器 1 的定义

表 14.9　ADC 模块控制寄存器 1 功能表

位	名称	功能描述
15	保留	读返回 0,写没有影响
14	复位	ADC 模块软件复位 　　该位可以使整个 ADC 模块复位,当芯片的复位引脚被拉低(或一个上电复位)时,所有的寄存器和序列器状态机构复位到初始状态。 　　这是一个一次性的影响位,也就是说它置 1 后会立即自动清 0。 　　读取该位时返回 0,ADC 的复位信号需要锁存 3 个时钟周期(即 ADC 复位后,3 个时钟周期内不能改变 ADC 的控制寄存器) 　　0　没有影响 　　1　复位整个 ADC 模块(ADC 控制逻辑将该位清 0) 　　在系统复位期间,ADC 模块被复位。如果在任一时间需要对 ADC 模块复位,用户可通过向该位写 1。在 12 个空操作后,用户将需要的配置值写到 ADCTRL1 寄存器。 MOV ADCTRL1, ＃01xxxxxxxxxxxxxxb；　复位 ADC 模块(RESET = 1) RPT　　12＃ NOP　　；在 ADCTRL1 寄存器改变配置前必要的延迟 NOP MOV ADCTRL1, ＃00xxxxxxxxxxxxxxb；配置 ADCTRL1 寄存器 注：如果缺省配置满足系统要求,可以不使用第二个 MOV 改变控制寄存器的配置

续表 14.9

位	名称	功能描述
13~12	SUSMOD1 SUSMOD0	仿真悬挂模式 这两位决定产生仿真挂起时执行的操作(例如,调试器遇到断点)。 　　00　模式 0,仿真挂起被忽略 　　01　模式 1,当前排序完成后排序器和其他逻辑停止工作,锁存最终结果更新状态机 　　10　模式 2,当前转换完成后排序器和其他逻辑停止工作,锁存最终结果更新状态机 　　11　模式 3,仿真挂起时,排序器和其他逻辑立即停止
11~8	ACQ_PS3 ACQ_PS0	采样时间选择位 　　控制 SOC 的脉冲宽度,同时也决定了采样开关闭合的时间。SOC 的脉冲宽度是 ADCTRL[11~8] + 1 个 ADCLK 周期数
7	CPS	内核时钟预定标器(转换时间预定表器) 　　该预定标器用来对外设时钟 HSPCLK 分频。 　　0　f_{clk} = CLK/1 　　1　f_{clk} = CLK/2 注:CLK = 定标后的 HSPCLK (ADCCLKPS3~0)
6	CONT RUN	连续运行 　　该位决定排序器工作在连续运行模式还是开始—停止模式。在一个转换序列有效时,可以对该位进行写操作,当转换序列结束时该位将会生效。例如,为实现有效的操作,软件可以在 EOS 产生之前将该位置位或清零。在连续转换模式中不需要复位排序器。但是在开始和停止模式,排序器必须被复位以使转换器处于 CONV00 状态。 　　0　开始—停止模式。EOS 信号产生后排序器停止。在下一个 SOC 到来时排序器将从停止时的状态开始(除非对排序器复位) 　　1　连续转换模式。EOS 信号产生后,排序器从 CONV00(对于 SEQ1 和级联排序器)或 CONV08(对于 SEQ2)状态开始
5	保留	
4	SEQ CASC	级联排序器工作方式 　　该位决定了 SEQ1 和 SEQ2 作为 2 个独立的 8 状态排序器还是作为 1 个 16 状态排序器(SEQ)工作。 　　0　双排序模式,SEQ1 和 SEQ2 作为 2 个 8 状态排序器操作 　　1　级联模式,SEQ1 和 SEQ2 作为 1 个 16 状态排序器工作
3~0	保留	读返回 0,写没有影响

14.5.2 ADC 模块控制寄存器 2

ADC 模块控制寄存器 2 的定义及功能如图 14.19 和表 14.10 所示。

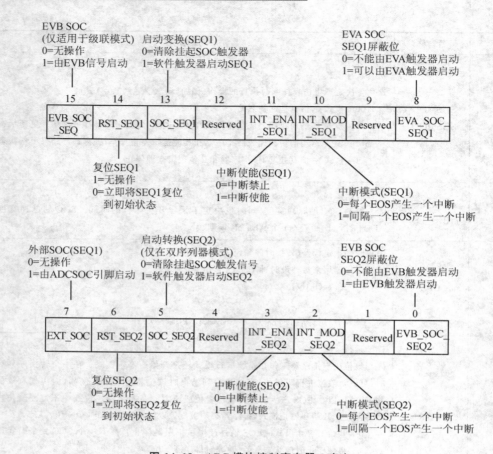

图 14.19　ADC 模块控制寄存器 2 定义

表 14.10　ADC 模块控制寄存器 2 功能表

位	名称	功能描述
15	EVB SOC SEQ	为级联排序器使能 EVB SOC（注：该位只有级联模式有效）。 0　不起作用 1　该位置位，允许事件管理器 B 的信号启动级联排序器，可以对事件管理器编程，使用各种事件启动转换
14	RST SEQ1	复位排序器 1 向该位写 1 立即将排序器复位为一个初始的"预触发"状态。例如，在 CONV00 等待一个触发，当前执行的转换序列将会失败。 0　不起作用 1　将排序器立即复位到 CONV00 状态
13	SOC SEQ1	SEQ1 的启动转换触发 以下触发可以引起该位的设置： ● S/W——软件向该位写 1 ● EVA——事件管理器 A ● EVB——事件管理器 B（仅在级联模式中）

第14章 A/D转换单元

续表 14.10

位	名称	功能描述
13	SOC SEQ1	● EXT——外部引脚（例如 ADCSOC 引脚） 当触发源到来时，有 3 种可能的情况。 情况 1：SEQ1 空闲且 SOC 位清 0。SEQ1 立即开始（仲裁控制）。允许任何"挂起"触发请求。 情况 2：SEQ1 忙且 SOC 位清 0。该位的置位表示有一个触发请求正被挂起。当完成当前转换 SEQ1 重新开始时，该位清 0。 情况 3：SEQ1 忙且 SOC 位置位。在这种情况下任何触发都被忽略（丢失）。 0　清除一个正在挂起的 SOC 触发 注：如果排序器已经启动，该位会自动被清除，因而，向该位写 0 不会起任何作用。例如，用清除该位的方法不能停止一个已启动的排序。 1　软件触发——从当前停止的位置启动 SEQ1（例如，在空闲模式中） 注：RST SEQ1（ADCTRL2.14）和 SOC SEQ1（ADCTRL2.13）位不应用同样的指令设置。这会复位排序器，但不会启动排序器。正确的排序操作是首先设置 RST SEQ1 位，然后在下一指令设置 SOC SEQ1 位。这会保证复位排序器和启动一个新的排序。这种排序也应用于 RST SEQ2（ADCTRL2.6）和 SOC SEQ2（ADCTRL2.5）位
12	保留	读返回 0，写没有影响
11	INT ENA SEQ1	SEQ1 中断使能 该位使能 INT SEQ1 向 CPU 发出的中断申请。 0　禁止 INT SEQ1 产生的中断申请 1　使能 INT SEQ1 产生的中断申请
10	INT MOD SEQ1	SEQ1 中断模式 该位选择 SEQ1 的中断模式，在 SEQ1 转换序列结束时影响 INT SEQ1 的设置。 0　每个 SEQ1 序列结束时，INT SEQ1 置位 1　每隔一个 SEQ1 序列结束时，INT SEQ1 置位
9	保留	读返回 0，写没有影响
8	EVA SOC SEQ1	SEQ1 的事件管理器 A 的 SOC 屏蔽位 0　EVA 的触发信号不能启动 SEQ1 1　允许事件管理 A 触发信号启动 SEQ1/SEQ,可以对事件管理器编程,采用各种事件启动转换
7	EXT SOC SEQ1	SEQ1 的外部信号启动转换位 0　无操作 1　外部 ADCSOC 引脚信号启动 ADC 自动转换序列
6	RST SEQ2	复位 SEQ2 0　无操作 1　立即复位 SEQ2 到初始的"预触发"状态，例如在 CONV08 状态等待触发，将会退出正在执行的转换序列

续表 14.10

位	名称	功能描述

5	SOC SEQ2	序列 2(SEQ2)的转换触发启动
		仅适用于双排序模式,在级联模式中不使用。下列触发可以使该位置位:
		● S/W—软件向该位写 1
		● EVB—事件管理器 B
		当一个触发源到来时,有 3 种可能的情况。
		情况 1:SEQ2 空闲且 SOC 位清 0。SEQ2 立即开始(仲裁控制),允许任何"挂起"触发请求。
		情况 2:SEQ2 忙且 SOC 位清 0。该位的置位表示有一个触发请求正被挂起。当完成当前转换 SEQ2 重新开始时,该位清 0。
		情况 3:SEQ2 忙且 SOC 位置位。在这种情况下任何触发都被忽略(丢失)。
		  0 清除一个正在挂起的 SOC 触发。
		      注:如果排序器已经启动,该位会自动被清除,因而,向该位写 0 不会起任何作用。例如,用清除该位的方法不能停止一个已启动的排序。
		  1 软件触发—从当前停止的位置启动 SEQ2(例如,在空闲模式中)

4	保留	读返回 0,写没有影响

3	INT ENA SEQ2	SEQ2 中断使能
		该位使能 INT SEQ2 向 CPU 发出的中断申请。
		  0 禁止 INT SEQ2 产生的中断申请
		  1 使能 INT SEQ2 产生的中断申请

2	INT MOD SEQ2	SEQ2 中断模式
		该位选择 SEQ2 的中断模式,在 SEQ2 转换序列结束时影响 INT SEQ2 的设置。
		  0 每个 SEQ2 序列结束时,INT SEQ2 置位
		  1 每隔一个 SEQ2 序列结束时,INT SEQ2 置位

1	保留	读返回 0,写没有影响

0	EVB SOC SEQ2	SEQ2 的事件管理器 B 的 SOC 屏蔽位
		  0 EVB 的触发信号不能启动 SEQ2
		  1 允许事件管理 A 触发信号启动 SEQ2,可以对事件管理器编程,采用各种事件启动转换

14.5.3 ADC 模块控制寄存器 3

ADC 模块控制寄存器 3 的定位及功能如图 14.20 及表 14.11 所示。

表 14.11 ADC 模块控制寄存器 3 功能表

位	名称	功能描述
15~9	保留	读返回 0,写没有影响

8	EXTREF	使能 ADCREFM 和 ADCREFP 作为输入参考
		  0 ADCREFP(2V)和 ADCREFM(1V)引脚使能内部参考源的输出引脚
		  1 ADCREFP(2V)和 ADCREFM(1V)引脚使能外部参考电压的输入引脚

第14章 A/D转换单元

续表 14.11

位	名 称	功能描述
7～6	ADCDGRFDN[1～0]	ADC 带隙（Bandgap）和参考的电源控制 该位控制内部模拟的内部带隙和参考电路的电源。 　　00　带隙和参考电路掉电 　　11　带隙和参考电路上电
5	ADCPWDN	ADC 电源控制 该位控制除带隙和参考电路外的 ADC 其他模拟电路的供电。 　　0　除带隙和参考电路外的 ADC 其他模拟电路掉电 　　1　除带隙和参考电路外的 ADC 其他模拟电路上电
4～1	ADCCLKPS[3～0]	ADC 的内核时钟分频器 除 ADCCLKPS[3～0]等于 0000 外（在这种情况下，直接使用 HSPCLK），对 F28x 外设时钟 HSPCLK 进行 2×ADCLKPS[3～0]的分频，分频后的时钟再进行 ACTRL1[7]+1 分频从而产生 ADC 的内核时钟 ADCCLK。 ADCCLKPS[3～0]　ADC 内核时钟分频数　ADCLK 　　0000　　　　　　　0　　　HSPCLK/(ADCTRL1[7]+1) 　　0001　　　　　　　1　　　HSPCLK/[2×(ADCTRL1[7]+1)] 　　0010　　　　　　　2　　　HSPCLK/[4×(ADCTRL1[7]+1)] 　　0011　　　　　　　3　　　HSPCLK/[6×(ADCTRL1[7]+1)] 　　0100　　　　　　　4　　　HSPCLK/[8×(ADCTRL1[7]+1)] 　　0101　　　　　　　5　　　HSPCLK/[10×(ADCTRL1[7]+1)] 　　0110　　　　　　　6　　　HSPCLK/[12×(ADCTRL1[7]+1)] 　　0111　　　　　　　7　　　HSPCLK/[14×(ADCTRL1[7]+1)] 　　1000　　　　　　　8　　　HSPCLK/[16×(ADCTRL1[7]+1)] 　　1001　　　　　　　9　　　HSPCLK/[18×(ADCTRL1[7]+1)] 　　1010　　　　　　　10　　HSPCLK/[20×(ADCTRL1[7]+1)] 　　1011　　　　　　　11　　HSPCLK/[22×(ADCTRL1[7]+1)] 　　1100　　　　　　　12　　HSPCLK/[24×(ADCTRL1[7]+1)] 　　1101　　　　　　　13　　HSPCLK/[26×(ADCTRL1[7]+1)] 　　1110　　　　　　　14　　HSPCLK/[28×(ADCTRL1[7]+1)] 　　1111　　　　　　　15　　HSPCLK/[30×(ADCTRL1[7]+1)]
0	SMODESEL	采样模式选择 该位选择顺序或者同步采样模式。 　　0　选择顺序采样模式 　　1　选择同步采样模式

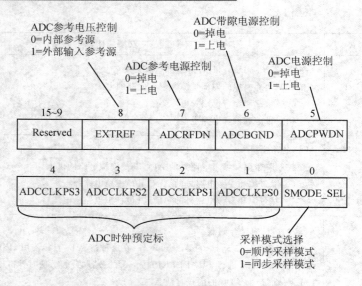

图 14.20 ADC 模块控制寄存器 3(ADCTRL3)

14.5.4 最大转换通道寄存器(MAXCONV)

最大转换通道寄存器 MAX CONVn 定义了自动转换中最多转换的通道数,该位根据排序器的工作模式变化而变化,如图 14.21 所示。功能如表 14.12 所列。

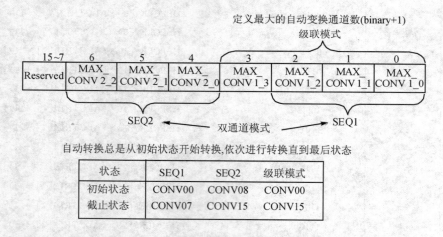

图 14.21 最大转换通道寄存器(MAXCONV)

【例 8】 ADCMAXCONV 寄存器位的编程。

如果需要 5 个转换,则 MAX CONVn 设置为 4。

Case 1:双模式 SEQ1 和级联模式

排序器依次从 CONV00 到 04,5 个转换结果分别存储到转换结果缓冲器的结果寄存器 00~04。

Case 2:双模式 SEQ2

排序器依次从 CONV08 到 12,5 个转换结果分别存储到转换结果缓冲器的结果寄存器 08~12。

第14章 A/D转换单元

表14.12 最大转换通道数设置寄存器功能表

位	名称	功能描述
15～7	保留	读返回0,写没有影响
6～0	MAX CONVn	MAX CONVn 定义了自动转换中最多转换的通道数,该位根据排序器的工作模式变化而变化。 ● 对于SEQ1,使用 MAX CONV1_2～0 ● 对于SEQ2,使用 MAX CONV2_2～0 ● 对于SEQ,使用 MAX CONV1_3～0 自动转换序列总是从初始状态开始,依次连续地转换直到结束状态,并将转换结果按顺序装载到结果寄存器。每个转换序列可以转换 1～(MAX CONVn +1)个通道,转换的通道数可以编程。具体选择的通道数量如表14.13所列

最大 CONV1 值＞双排序模式的7

如果双排序器模式下 MAX CONV 的值大于7(例如2个独立的8通道排序器),则 SEQ CNTRn 超过7时仍继续计数,这样就会使排序器计数到 CONV00 然后继续计数。

MAX CONV1 的位定义和转换通道数的关系如表14.13所列。

表14.13 MAX CONV1 的位定义和转换通道数的关系

MAX CONV1.3～0	转换通道数	MAX CONV1.3～0	转换通道数
0000	1	1000	9
0001	2	1001	10
0010	3	1010	11
0011	4	1011	12
0100	5	1100	13
0101	6	1101	14
0110	7	1110	15
0111	8	1111	16

14.5.5 自动排序状态寄存器(AUTO_SEQ_SR)

自动排序状态寄存器包含自动排序的计数值,SEQ1、SEQ2 和级联排序器使用 SEQ CNTRn 4位计数状态位,在级联模式中与 SEQ2 无关。在转换开始,排序器的计数位 SEQ CNTR(3～0)初始化为在序列 MAX CONV 中的值,如图14.22所示。各位的功能如表14.14所列。

15			12	11	10	9	8
	Reserved			SEQ CNT3	SEQ CNT2	SEQ CNT1	SEQ CNT0
	R-0			R-0	R-0	R-0	R-0

7	6	5	4	3	2	1	0
Reserved	SEQ1 STATE2	SEQ1 STATE1	SEQ2 STATE0	SEQ1 STATE3	SEQ1 STATE2	SEQ1 STATE1	SEQ1 STATE0
R-0	R-0	R-0	R-0	R-0	R-0	R-0	R-0

图14.22 自动排序状态寄存器(AUTO_SEQ_SR)

表 14.14 自动排序状态寄存器功能表

位	名称	功能描述
15~12	保留	
11~8	SEQ CNTR 3~0	排序器计数状态位 　　SEQ1、SEQ2 和级联排序器使用 SEQ CNTRn 4 位计数状态位,在级联同时采样模式中与 SEQ2 无关。转换开始时,排序器的计数位 SEQ CNTR(3~0)初始化为在序列 MAX CONV 中的值。每次自动序列转换完成(或同步采样模式中的一对转换完成)后,排序器计数减 1。 　　在递减计数过程中随时可以读取 SEQ CNTRn 位检查序列器的状态。读取的值与 SEQ1 和 SEQ2 的忙位一起标示了正在执行的排序器的状态。 SEQ CNTRn　等待转换的通道数　　SEQ CNTRn　等待转换的通道数 　0000　　　1 或 0,取决于 busy 状态　　1000　　　9 　0001　　　2　　　　　　　　　　　　1001　　　10 　0010　　　3　　　　　　　　　　　　1010　　　11 　0011　　　4　　　　　　　　　　　　1011　　　12 　0100　　　5　　　　　　　　　　　　1100　　　13 　0101　　　6　　　　　　　　　　　　1101　　　14 　0110　　　7　　　　　　　　　　　　1110　　　15 　0111　　　8　　　　　　　　　　　　1111　　　16
7	保留	
6~0	SEQ2 PTR2~ SEQ2 PTR0 SEQ1 PTR3~ SEQ1 PRT0	SEQ2 PTR2~0 和 SEQ1 PTR3~0 位分别是 SEQ2 和 SEQ1 的指针。这些位保留给 TI 芯片测试使用

14.5.6　ADC 状态和标志寄存器 (ADC_ST_FLG)

ADC 状态和标志寄存器是一个专门的状态和标志寄存器。该寄存器中的各位是只读状态或只读位,或在清 0 时读返回 0,如图 14.23 所示。各位的功能如表 14.15 所列。

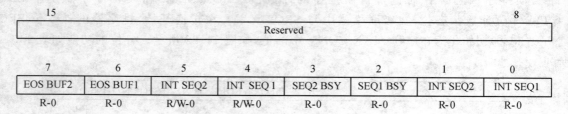

图 14.23　ADC 状态和标志寄存器(ADC_ST_FLG)

表 14.15　ADC 状态和标志寄存器功能表

位	名　称	功能描述
15～8	保留	
7	EOS BUF2	SEQ2 的排序缓冲结束位 　　在中断模式 0 下，该位不用或保持 0，例如在 ADCTRL2[2]=0 时；在中断模式 1 下，例如在 ADCTRL2[2]=1 时，在每一个 SEQ2 排序的结束时触发。该位在芯片复位时被清除，不受排序器复位或清除相应中断标志的影响
6	EOS BUF1	SEQ1 的排序缓冲结束位 　　在中断模式 0 下，该位不用或保持 0，例如在 ADCTRL2[10]=0 时；在中断模式 1 下，例如在 ADCTRL2[10]=1 时，在每一个 SEQ1 排序的结束时触发。该位在芯片复位时被清除，不受排序器复位或清除相应中断标志的影响
5	INT SEQ2 CLR SEQ2	中断清除位 读该位返回 0，向该位写 1 可以清除中断标志。 　　0　向该位写 0 时无影响 　　1　向该位写 1 清除 SEQ2 的中断标志位-INT_SEQ2
4	INT SEQ1 CLR SEQ1	中断清除位 读该位返回 0，向该位写 1 可以清除中断标志。 　　0　向该位写 0 时无影响 　　1　向该位写 1 清除 SEQ1 的中断标志位-INT_SEQ1
3	SEQ2 BSY	SEQ2 的忙状态位 　　0　SEQ2 处于空闲状态，等待触发 　　1　SEQ2 正在运行 对该位写操作无影响
2	SEQ1 BSY	SEQ1 的忙状态位 　　0　SEQ1 处于空闲状态，等待触发 　　1　SEQ1 正在运行 对该位写操作无影响
1	INT SEQ2	SEQ2 中断标志位 向该位的写无影响。在中断模式 0，例如，在 ADCTRL2[2]=0 中，该位在每个 SEQ2 排序结束时被置位；在中断模式 1 下，在 ADCTRL2[2]=1，如果 EOS_BUF2 被置位，该位在一个 SEQ2 排序结束时置位。 　　0　没有 SEQ2 中断事件 　　1　已产生 SEQ2 中断事件
0	INT SEQ1	SEQ1 中断标志位 向该位的写无影响。在中断模式 0，例如，在 ADCTRL2[10]=0 中，该位在每个 SEQ1 排序结束时被置位；在中断模式 1 下，在 ADCTRL2[10]=1，如果 EOS_BUF1 被置位该位在一个 SEQ1 排序结束时置位。 　　0　没有 SEQ1 中断事件 　　1　已产生 SEQ1 中断事件

14.5.7 ADC 输入通道选择排序控制寄存器

图 14.24 给出了 ADC 输入通道选择排序控制寄存器,表 14.16 给出了各 CONVxx 位的值和 ADC 输入通道之间的关系。

	Bits 15~12	Bits 11~8	Bits 7~4	Bits 3~0	
0x007103	CONV03	CONV02	CONV01	CONV00	ADCCHSELSEQ1
0x007104	CONV07	CONV06	CONV05	CONV04	ADCCHSELSEQ2
0x007105	CONV11	CONV10	CONV09	CONV08	ADCCHSELSEQ3
0x007106	CONV15	CONV14	CONV13	CONV12	ADCCHSELSEQ4

图 14.24 ADC 输入通道选择排序控制寄存器

每一个 4 位 CONVxx 为一个自动排序转换在 16 个模拟输入 ADC 通道中选择一个通道。

表 14.16 CONVxx 位的值和 ADC 输入通道选择

CONVxx	ADC 输入通道选择	CONVxx	ADC 输入通道选择
0000	ADCINA0	1000	ADCINB0
0001	ADCINA1	1001	ADCINB1
0010	ADCINA2	1010	ADCINB2
0011	ADCINA3	1011	ADCINB3
0100	ADCINA4	1100	ADCINB4
0101	ADCINA5	1101	ADCINB5
0110	ADCINA6	1110	ADCINB6
0111	ADCINA7	1111	ADCINB7

14.5.8 ADC 转换结果缓冲寄存器 (RESULTn)

在级联排序模式中,寄存器 RESULT8~15 保持第 9~16 位的结果,如图 14.25 所示。

15	14	13	12	11	10	9	8	7	6	5	4	3	2	1	0
MSB											LSB	x	x	x	x

图 14.25 ADC 转换结果缓冲寄存器 (RESULTn)

模拟输入电压范围 0~3 V,因此有如下结果:

模拟电压/V	转换结果	结果寄存器 (RESULTn)
3.0	FFFh	1111 1111 1111 0000
1.5	7FFh	0111 1111 1111 0000
0.00073	1h	0000 0000 0001 0000
0	0h	0000 0000 0000 0000

14.6 ADC 应用举例

模/数转换单元主要完成模拟量到数字量的转换,为采用 DSP 实现对现实世界模拟信号的数字处理提供有效的数据。由于在实际应用中存在外界干扰、系统本身的串扰等噪声信息,转换后的信号往往都存在一定的噪声。除了在硬件上采取一定的降噪措施外,还可以采用软件算法进行滤波去除信号噪声。本节在给出 TMS320X281x 系列处理器的 ADC 应用的同时,简要介绍了 ADC 采样后进一步处理的方法(FIR 滤波)。详细代码请参考光盘中"14.6 ADC 应用举例.pdf"。

第 15 章

存储器应用及 Boot 引导模式

15.1 F28xx 映射空间概述

TMS320X28xxx 数字信号处理器采用增强的哈佛总线结构,能够并行访问程序和数据存储空间,内部集成了大量的 SRAM、ROM 以及 Flash 等存储器,并且采用统一寻址方式(程序、数据和 I/O 统一寻址),从而提高了存储空间的利用率,方便程序的开发。除此之外,部分型号的 TMS320X28xxx 处理器还提供外部并行总线扩展接口,为开发大规模复杂系统扩展提供了方便。

TMS320X28xxx 的 CPU 并不包含任何存储器,但是可以通过数据、地址和控制总线访问片内或片外扩展的存储器及外设,如 TMS320X2812 最大可寻址 4G 字(每个字 16 位)的存储空间。本章主要以 TMS320F2812 处理器为例介绍存储器的扩展、BOOT 引导模式配置以及程序固化和脱机运行等内容。该处理器的存储器配置及地址映射如图 15.1 所示。

用户采用 DSP 开发相应的数字信号处理或数字控制系统时,无论是硬件开发还是软件编程都需要对所使用处理器的存储空间映射(内部和外部)有比较详细的了解。只有明确所使用的存储器、片上集成的外设、外部扩展的设备(存储器或其他应用接口)在处理器中所处映射空间的地址,才能够完成相关的操作。此外,在软件编译链接产生可执行代码过程中,用户还需要通过.cmd 或 DSP/BIOS 指定代码段、数据段、堆栈等对象的映射空间,采用.cmd 格式给出的指定空间映射代码如下:

```
MEMORY
{
PAGE 0 :
    /* 本例中 H0 分成 PAGE 0 和 PAGE 1                        */
    /* BEGIN is used for the "boot to H0" bootloader mode   */
    /* 如果从 XINTF Zone 7 空间 boot,RESET 装载复位向量        */
    /* 其他复位矢量从 BOOTROM 中装载                          */
    RAMM0           : origin = 0x000000,   length = 0x000400
    BEGIN           : origin = 0x3F8000,   length = 0x000002
    PRAMH0          : origin = 0x3F8002,   length = 0x0014FE
    BOOTROM         : origin = 0x3FF000,   length = 0x000FC0
    RESET           : origin = 0x3FFFC0,   length = 0x000002
PAGE 1 :
    RAMM1           : origin = 0x000400,   length = 0x000400
```

第 15 章 存储器应用及 Boot 引导模式

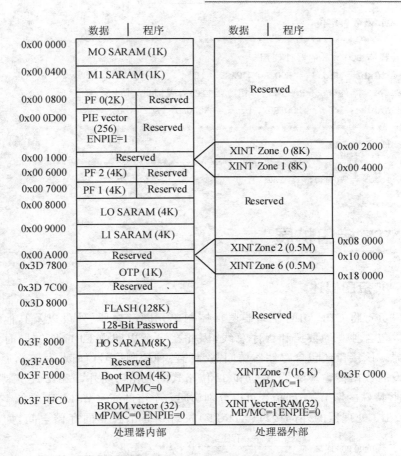

图 15.1 F2812 处理器存储器配置及地址映射

```
    L0L1RAM         : origin = 0x008000,   length = 0x002000
    DRAMH0          : origin = 0x3f9500,   length = 0x000B00
}
SECTIONS
{
/* 设置 boot to H0 模式：代码起始段(DSP281x_CodeStartBranch.asm)        */
/* 然后重新定位用户代码开始入口。将该段放在 H0 的起始                    */
    codestart       : > BEGIN,      PAGE = 0
    ramfuncs        : > PRAMH0      PAGE = 0
    .text           : > PRAMH0,     PAGE = 0
    .cinit          : > PRAMH0,     PAGE = 0
    .pinit          : > PRAMH0,     PAGE = 0
    .switch         : > RAMM0,      PAGE = 0
    .reset          : > RESET,      PAGE = 0, TYPE = DSECT/* 没用 */
    .stack          : > RAMM1,      PAGE = 1
    .ebss           : > DRAMH0,     PAGE = 1
    .econst         : > DRAMH0,     PAGE = 1
    .esysmem        : > DRAMH0,     PAGE = 1
    DLOG            : > L0L1RAM,    PAGE = 1
/*********************************************************************/
```

```
/* IQmath 函数表定位：                                              */
/******************************************************************/
/*  对于没有 BOOTROM 的器件使用                                       */
/*  IQmathTables: load = BOOTROM, PAGE = 0                          */
/*  F2810/12 器件(Boot ROM 内包含相应函数的查表信息)使用              */
    IQmathTables: load = BOOTROM, type = NOLOAD, PAGE = 0
/******************************************************************/
/*  IQmath 函数定位                                                 */
/******************************************************************/
    IQmath: load = PRAMH0,    PAGE = 0
}
```

15.2　XINTF 接口扩展

15.2.1　XINTF 接口概述

存储器接口负责将 CPU 访问存储器逻辑控制单元同存储器、外设以及其他的接口连接起来。存储器接口包含独立的数据和程序总线，因此在一个周期内 CPU 能够同时访问程序存储器和数据存储器。该接口还包含存储器访问需要的各种控制信号(如读、写等)，通过这些信号控制存储器或外设的数据传输。除了 16 位和 32 位格式的数据访问外，F2812 还支持特殊的字节访问指令，通过这些特殊的字节，访问指令可以分别访问一个字的高字节(MSB)和低字节(LSB)。

TMS320F2812 处理器的外部接口(XINTF)映射到 5 个独立的存储空间，如图 15.2 所示。

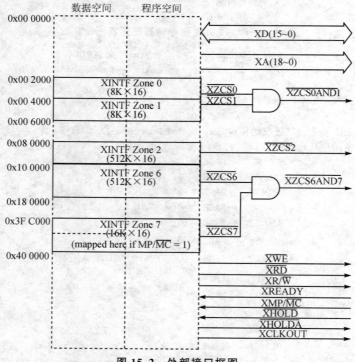

图 15.2　外部接口框图

当访问相应的存储空间时,会产生一个片选信号;不过有的存储空间共用一个片选信号,使用时采用统一的编址方式。每个空间都可以独立地设置访问等待、选择、建立以及保持时间,同时还可以使用 XREADY 信号来控制外设的访问。外部接口的访问时钟频率由内部的 XTIMCLK 提供,XTIMCLK 可以等于 SYSCLKOUT 或 SYSCLKOUT/2。

在复位状态下,根据 XMP/$\overline{\text{MC}}$ 的状态,处理器选择微处理器或微计算机操作模式。在微处理器模式(XMP/$\overline{\text{MC}}$=1),Zone 7 映射到高位置地址空间,中断向量表可以定位在外部存储空间。在这种工作模式下,Boot ROM 将被屏蔽。在微计算机模式下(XMP/$\overline{\text{MC}}$=0),Zone 7 被屏蔽且从 Boot ROM 获取中断向量表。因此用户可以选择从片上存储器或片外存储器启动应用程序。上电复位时,XMP/$\overline{\text{MC}}$ 的状态存放在 XINTCNF2 寄存器的 XMP/$\overline{\text{MC}}$ 模式位,用户也可以通过软件改变该位控制 Boot ROM 和 XINTF Zone 7 的映射。其他存储器并不受 XMP/$\overline{\text{MC}}$ 状态的影响。此外,F2812 的外部扩展接口并不支持 I/O 空间。

15.2.2 XINTF 接口操作

在 F2812 DSP 上,有些空间共用同一个片选信号,如:空间 0(Zone0)和空间 1(Zone1)共用 $\overline{\text{XZCS0ANDCS1}}$;空间 6(Zone6)和空间 7(Zone7)共用 $\overline{\text{XZCS6ANDCS7}}$。各空间均可以独立设置访问等待、选择、建立以及保持时间。所有空间共享 19 位的外部地址总线,处理器根据所访问的空间产生相应的地址。

1. Zone2 和 Zone6

Zone2 和 Zone6 共享外部地址总线,当 CPU 访问 Zone2 和 Zone6 的第一个字时,地址总线产生 0x00000 地址;当 CPU 访问 Zone2 和 Zone6 的最后一个字时,地址总线产生 0xFFFFF 地址。访问 Zone2 和 Zone6 的唯一区别在于控制的片选信号不同,分别是 $\overline{\text{XZCS2}}$ 和 $\overline{\text{XZCS6ANDCS7}}$,对应的起始地址分别是 0x08 0000 和 0x10 0000。

因为 Zone2 和 Zone6 使用两个不同的片选信号,所以对这两个空间的访问可以采用不同的时序,同时可以使用片选信号来区分对两个空间的访问,使用地址线控制具体访问的地址。

2. Zone0 和 Zone1

Zone0 和 Zone1 共用一个外部片选信号,但是采用不同的内部地址。Zone0 的寻址范围是 0x20000～0x3FFFF,Zone1 的寻址范围是 0x40000～0x5FFFF。在这种情况下,如果希望区分两个空间,需要增加其他控制逻辑。在访问 Zone0 时 XA[13]为高电平,XA[14]为低电平;在访问 Zone1 时 XA[13]为低电平,XA[14]为高电平。这样就可以根据图 15.3 和图 15.4 的控制逻辑区分两个地址空间。

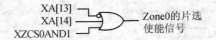

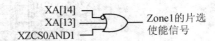

图 15.3　Zone0 片选使能控制逻辑　　　　　图 15.4　Zone1 片选使能控制逻辑

根据图 15.3 和图 15.4 的控制逻辑所确定的存储空间的起始地址分别为 0x2000 和 0x4000,最大存储范围是 8K×16 位。

3. Zone7

Zone7 是一个独立的地址空间,复位时,如果 XMP/$\overline{\text{MC}}$ 引脚为高电平,Zone7 空间映射到

0x3FC000。系统复位后,可以通过改变寄存器 XINTCNF2 中的 MP/$\overline{MC}$ 控制位,使能或屏蔽 Zone7 空间。如果 XMP/$\overline{MC}$ 引脚为低电平,则 Zone7 不能映射到 0x3FC000 存储空间,而片上的 ROM 将映射到该存储空间。Zone7 的映射同 MP/$\overline{MC}$ 有关,而 Zone0、1、2、6 总是有效的存储空间,同 MP/$\overline{MC}$ 状态无关。

如果用户需要建立自己的引导程序并存放在外部空间,可以使用 Zone7 空间进行程序的引导。引导成功后,通过软件使能内部的 ROM,以便访问存放在 ROM 中的数学表。Boot ROM 映射到 Zone7 空间时,Zone7 空间的存储器仍然可以访问。这主要是因为 Zone7 和 Zone6 空间共用一个片选信号 $\overline{XZCS6ANDCS7}$。访问外部 Zone7 空间的地址范围是 0x7C000~0x7FFFF,Zone6 也使用这个地址空间。如图 15.5 所示,Zone7 空间的使用只影响 Zone6 的高 16K 地址空间。

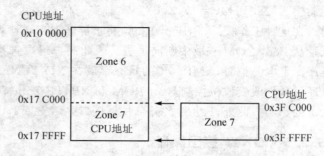

图 15.5 Zone7 空间存储器映射

15.2.3 XINTF 接口应用举例

可以采用 CY7C1041BV 存储器实现 F2812 处理器外部存储器的扩展。由于 DSP 采用统一寻址方式,CY7C1041BV 既可以作为程序存储器,也可以作为数据存储器。具体接口如图 15.6 所示。

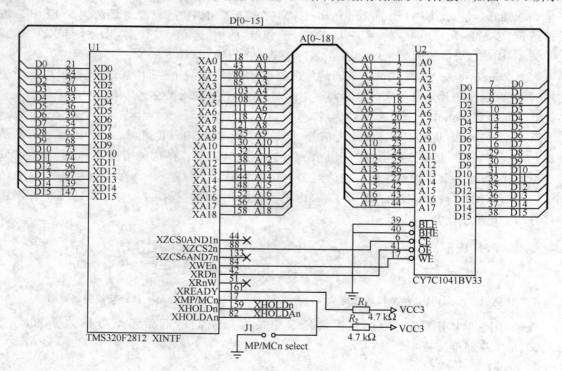

图 15.6 外部存储器扩展原理图

由于 CY7C1041BV 是 SRAM 存储器，因此不需要负载的控制逻辑。在上述例程中直接由 F2812 处理器提供存储器片选（$\overline{XZCS2}$）、读使能和写使能控制信号，由于直接采用 16 位扩展，因此存储器的字节选择直接拉低处于使能状态。为此，该外扩存储器的基地址为 0x08 0000，寻址范围是 512K。

15.3　Flash 及其应用

28x 系列 DSP 上都有 Flash 存储器和 2K×16 位的一次性可编程存储器（One-time-programmable，OTP）。OTP 能够存放程序或数据，只能编程一次而不能擦除。在 F2812 DSP 上，包含 128K×16 位的 Flash 存储器，Flash 存储器被分成 4 个 8K×16 位单元和 6 个 16K×16 位的单元，用户可以单独地擦除、编程和验证每个单元，而不会影响其他 Flash 单元。F2812 处理器采用专用的存储器流水线操作，保证 Flash 存储器能够获得良好的性能。Flash/OTP 存储器可以映射到程序存储空间存放执行的程序，也可以映射到数据空间存储数据信息。

15.3.1　Flash 存储器特点

28x 系列 DSP 上都有 Flash 和 2K×16 位的 OTP 存储器，片上 Flash 统一映射到程序和数据存储空间。主要有以下几个特点：
- 整个存储器分成多段（Sector）；
- 代码安全保护；
- 低功耗模式；
- 可根据 CPU 频率调整等待周期；
- Flash 流水线模式能够提高线性代码（Linear Code）的执行效率。

15.3.2　Flash 存储器寻址空间分配

表 15.1 给出了 TMS320F2812 的内部 Flash 存储器单元的寻址空间地址分配情况，在使用

表 15.1　F2812 内部 Flash 存储器单元寻址表

寻址空间	程序和数据空间	寻址空间	程序和数据空间
0x3D 8000 0x3D 9FFF	Sector J, 8K×16	0x3F 0000 0x3F 3FFF	Sector C, 16K×16
0x3D A000 0x3D BFFF	Sector I, 8K×16	0x3F 4000 0x3F 5FFF	Sector B, 8K×16
0x3D C000 0x3D FFFF	Sector H, 16K×16	0x3F 6000 0x3F 7F7F	Sector A, 8K×16
0x3E 0000 0x3E 3FFF	Sector G, 16K×16	0x3F 7F80 0x3F 7FF5	当使用代码安全模块时，编程到 0x0000
0x3E 4000 0x3E 7FFF	Sector F, 16K×16	0x3F 7FF6 0x3F 7FF7	Boot-to-Flash（或 ROM）入口（这里存放程序调转指令）
0x3E 8000 0x3E BFFF	Sector E, 16K×16	0x3F 7FF8 0x3F 7FFF	安全密码（128 位）（不要将全部编程为 0）
0x3E C000 0x3E FFFF	Sector D, 16K×16		

Flash 过程中需要掌握 Flash 内部扇区的地址分配情况,以便使用 Flash 插件或 API 函数对整个扇区进行操作。

15.3.3 C28x 启动顺序

在程序开发调试阶段,通常将编译链接产生的可执行代码装载到内部 RAM 中(H0-SRAM)。一旦程序调试完成需要系统作为产品独立地运行,就要求将应用程序固化到非易失性存储器(如 ROM、EEPROM、Flash 等)中,系统每次上电后能够采用特定的引导操作自动运行应用程序。C28x 上电后有 6 种不同的启动模式,主要通过 GPIOF 端口的 4 个引脚上电复位过程中所处的状态确定选择哪种方式启动。引脚状态同启动方式的关系如表 15.2 所列。

表 15.2 处理器引导方式同 GPIO 引脚状态的关系

GPIO 端口引脚				引导方式		GPIO 端口引脚				引导方式
F4	F12	F3	F2			F4	F12	F3	F2	
1	x	x	x	FLASH	地址 0x3F 7FF6	0	1	x	x	从 SPI 接口引导
0	0	1	0	H0-SARAM	地址 0x3F 8000	0	0	1	1	从 SCI-A 接口引导
0	0	0	1	OTP	地址 0x3D 7800	0	0	0	0	从 GPIO 端口 B 引导

在调试程序时程序主要在内部 H0-SRAM 存储器中运行,如果希望程序从内部的 Flash 运行就需要在系统上电过程中改变 F4 引脚的状态。此外,需要将处理器配置为计算机模式(XMP/$\overline{\text{MC}}$=0)。图 15.7 给出了从 Flash 启动的操作流程。

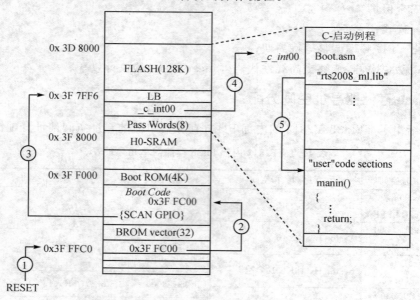

图 15.7 Flash 启动的操作流程

(1) 系统复位后跳转到 0x3F FFC0 地址,该地址是 DSP 内部的 BOOT-ROM 起始地址。

(2) BOOT-ROM 执行跳转指令跳转到 0x3F FC00(引导代码),引导代码主要完成基本的初始化任务和引导模式的选择。

(3) 如果 GPIO-F4=1,PC 指针直接跳转到 0x3F 7FF6(Flash 存储空间的入口地址)。但该段仅有 2 个字长,因此如果使用 Flash 固化并执行用户程序,需要在这两个地址处增加跳转到应用程序入口的跳转指令。如果采用 C 语言编写用户程序,需要跳转到 c_int00 函数。

(4) c_int00 函数完成 C 环境和全局变量的初始化,该段必须放在 Flash 内。

(5) 在 c_int00 函数执行完毕后,调用用户主程序 main。

15.3.4　Flash 初始化

采用任何处理器设计系统都希望能够最大限度地发挥处理器的处理能力,如果采用 F281x 处理器的内部 Flash 直接执行程序,则需要配置访问 Flash 的等待状态。处理器退出复位时默认访问 Flash 增加 16 个等待状态,一个 150 MHz 的处理器实际只有 150/(16+1) MHz 的处理能力,在实际应用中是绝对不允许的。为此,在系统设计时要根据实际选择的处理器的要求配置 Flash 等待状态的数量。根据 C28x 数据手册增加的等待状态并没有最少数量限制,只是 C 版本的芯片如果工作在 150 MHz,要求最少加入 5 个等待。

150 MHz 的 C28x 处理器如果增加 5 个访问等待,执行单周期指令的实际频率为 150/(5+1)=25 MHz,即处理器的速度为 25 MIPS,相对于 150 MHz 显然降低很多。不过可以采用流水线的方式访问 Flash,如图 15.8 所示。每(1+5)个周期访问 4 条指令,则采用内部 Flash 执行程序的速度为 100 MHz。如果使用 Flash 流水线获取程序代码,需要将 ENPIPE 控制位置 1。系统上电时 Flash 流水操作禁止。

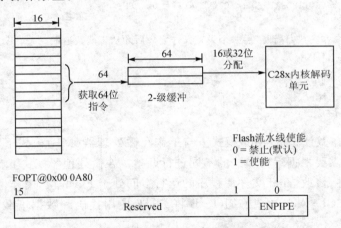

图 15.8　采用流水线从 Flash 中获取指令

在 C28x 处理器内部有专门用于设置 Flash 操作和时序的寄存器,如表 15.3 所列。用户可以通过这些寄存器改变相关设置。

表 15.3　Flash 寄存器

地　址	名　称	功能描述
0x00 0A80	FOPT	Flash 设置寄存器
0x00 0A82	FPWR	Flash 电源模式寄存器
0x00 0A83	FSTATUS	Flash 状态寄存器
0x00 0A84	FSTDBYWAIT	Flash 睡眠到独立运行等待状态寄存器
0x00 0A85	FACTIVEWAIT	Flash 独立运行到睡眠状态寄存器
0x00 0A86	FBANKWAIT	Flash 读访问操作寄存器
0x00 0A87	FOTPWAIT	OTP 读访问等待寄存器

```
//--------------------------------------------------------------
// 函数名称： InitFlash      (在 DSP281x_SysCtrl.c 文件中)
//--------------------------------------------------------------
// 该函数完成 Flash 控制寄存器的初始化
// 该函数必须在 RAM 中执行,如果在 OTP/Flash 中执行可能会产生错误
void InitFlash(void)
{
    EALLOW;
    // 使能 Flash 流水线操作,提高处理器程序在 Flash 中执行时系统的性能
        FlashRegs.FOPT.bit.ENPIPE = 1;
    // 减少 Flash 操作的等待状态,必须根据 TI 提供的数据手册设置
    // 设置 Flash 的随机访问等待状态(Random Waitstate)
        FlashRegs.FBANKWAIT.bit.RANDWAIT = 5;
    // 设置页切换等待状态(Paged Waitstate)
        FlashRegs.FBANKWAIT.bit.PAGEWAIT = 5;
    // 设置处理器由睡眠状态转换到独立运行状态过程的等待状态
        FlashRegs.FSTDBYWAIT.bit.STDBYWAIT = 0x01FF;
    // 设置处理器由独立运行状态转换到睡眠状态过程的等待状态
        FlashRegs.FACTIVEWAIT.bit.ACTIVEWAIT = 0x01FF;
    EDIS;
    // 等待流水操作完成,保证最后一个设置操作完成后才从该函数返回
    asm(" RPT #7 || NOP");
}
```

15.3.5 Flash 编程

由于 DSP 工作在微计算机(MC)模式下与工作在微处理器(MP)模式下程序的启动地址不同,所以程序的位置需要根据运行模式的不同进行调整。在微处理器模式下,将调试好的程序增加一个代码启动文件,修改.cmd 文件使程序的运行空间处于 Flash 段,编译生成.out 文件,使用 CCS 插件或者通过 SCI-A、SPI 或 GPIO-B 将 Flash 应用代码和数据下载到 DSP 处理器,如图 15.9 所示。

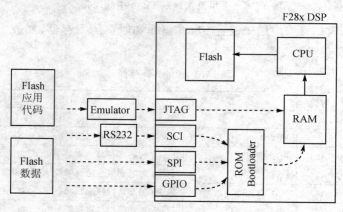

图 15.9 Flash 程序下载方式

从图 15.9 可以看出,除了使用仿真器下载 Flash 程序和数据外,还可以通过 SCI、SPI 或 GPIO-B 下载。不过对于独立的嵌入式控制系统最常用的还是通过仿真器采用 CCS 插件下载程序。下面主要介绍 Flash 烧录插件的基本使用。

1. 代码转化

用户程序在 RAM 中调试完毕后,下一步就是如何将其转换烧录到 Flash 存储器中。首先需要在原有调试程序项目中增加跳转代码文件 DSP281x_CodeStartBranch.asm,在处理器完成引导后跳转到用户应用程序入口。然后修改.cmd 文件中的各代码和数据段的地址映射以及程序的装载起始地址、装载结束地址以及程序运行地址,具体参考 F2812.cmd 文件,如图 15.10 所示。

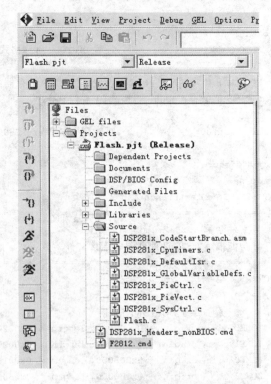

图 15.10 烧录程序代码转换文件结构

```
//==============================================================
// 文件名称:DSP281x_CodeStartBranch.asm
// 功能描述:BOOT 完成后跳转到代码执行地址入口处
//==============================================================
WD_DISABLE.set    1              ;禁止看门狗操作,否则清零
    .ref _c_int00
***********************************************************************
* 代码段:代码起始段
* 功能描述:跳转到代码起始地址入口
***********************************************************************
    .sect "codestart"
code_start:
    .if WD_DISABLE == 1
        LB wd_disable          ;跳转到看门狗禁止代码
    .else
        LB _c_int00            ;跳转到 RTS 库(rts2800_ml.lib)中的 boot.asm 起始位置
    .endif
//代码起始段结束
***********************************************************************
* 代码段:看门狗代码禁止段
* 功能描述:禁止看门狗定时器
***********************************************************************
    .if WD_DISABLE == 1
```

```
        .text
wd_disable:
    SETC OBJMODE              ;设置 OBJMODE 目标格式
    EALLOW
    MOVZ DP, #7029h>>6        ;设置访问 WDCR 寄存器的数据页指针
    MOV @7029h, #0068h        ;禁止看门狗
    EDIS
    LB _c_int00               ;跳转到 RTS 库(rts2800_ml.lib)中的 boot.asm 起始位置
    .endif
;end wd_disable
    .end
; DSP281x_CodeStartBranch.asm 文件结束
/* ==============================================================*/
//      文件名称：F2812.cmd
//      功能描述：F2812 处理器的连接文件
/* ==============================================================*/
MEMORY
{
PAGE 0:    /* 程序存储空间 */
    ZONE0     : origin = 0x002000, length = 0x002000     /* XINTF zone 0 */
    ZONE1     : origin = 0x004000, length = 0x002000     /* XINTF zone 1 */
    RAML0     : origin = 0x008000, length = 0x001000     /* on-chip RAM block L0 */
    ZONE2     : origin = 0x080000, length = 0x080000     /* XINTF zone 2 */
    ZONE6     : origin = 0x100000, length = 0x080000     /* XINTF zone 6 */
    OTP       : origin = 0x3D7800, length = 0x000800     /* on-chip OTP */
    FLASHJ    : origin = 0x3D8000, length = 0x002000     /* on-chip FLASH */
    FLASHI    : origin = 0x3DA000, length = 0x002000     /* on-chip FLASH */
    FLASHH    : origin = 0x3DC000, length = 0x004000     /* on-chip FLASH */
    FLASHG    : origin = 0x3E0000, length = 0x004000     /* on-chip FLASH */
    FLASHF    : origin = 0x3E4000, length = 0x004000     /* on-chip FLASH */
    FLASHE    : origin = 0x3E8000, length = 0x004000     /* on-chip FLASH */
    FLASHD    : origin = 0x3EC000, length = 0x004000     /* on-chip FLASH */
    FLASHC    : origin = 0x3F0000, length = 0x004000     /* on-chip FLASH */
    FLASHA    : origin = 0x3F6000, length = 0x001F80     /* on-chip FLASH */
    CSM_RSVD  : origin = 0x3F7F80, length = 0x000076
    BEGIN     : origin = 0x3F7FF6, length = 0x000002
    CSM_PWL   : origin = 0x3F7FF8, length = 0x000008
    ROM       : origin = 0x3FF000, length = 0x000FC0     /* Boot ROM (MP/MCn = 0) */
    RESET     : origin = 0x3FFFC0, length = 0x000002     /* part of boot ROM (MP/MCn = 0) */
    VECTORS   : origin = 0x3FFFC2, length = 0x00003E     /* part of boot ROM (MP/MCn = 0) */
PAGE 1:                                                   /* 数据存储器 */
    RAMM0     : origin = 0x000000, length = 0x000400     /* on-chip RAM block M0 */
    RAMM1     : origin = 0x000400, length = 0x000400     /* on-chip RAM block M1 */
    RAML1     : origin = 0x009000, length = 0x001000     /* on-chip RAM block L1 */
    FLASHB    : origin = 0x3F4000, length = 0x002000     /* on-chip FLASH */
    RAMH0     : origin = 0x3F8000, length = 0x002000     /* on-chip RAM block H0 */
}
SECTIONS
```

```
{
    /* 分配程序段 */
    .cinit          : > FLASHA          PAGE = 0
    .pinit          : > FLASHA,         PAGE = 0
    .text           : > FLASHA          PAGE = 0
    codestart       : > BEGIN           PAGE = 0
    ramfuncs        : LOAD = FLASHD,
                      RUN = RAML0,
                      LOAD_START(_RamfuncsLoadStart),
                      LOAD_END(_RamfuncsLoadEnd),
                      RUN_START(_RamfuncsRunStart),
                      PAGE = 0
    csmpasswds      : > CSM_PWL         PAGE = 0
    csm_rsvd        : > CSM_RSVD        PAGE = 0
    /* 定位未初始化的数据段 */
    .stack          : > RAMM0           PAGE = 1
    .ebss           : > RAML1           PAGE = 1
    .esysmem        : > RAMH0           PAGE = 1
    /* 初始化 Flash 相关数据段 */
    /* 采用 SDFlash 编程,必须定位在 page 0 */
    .econst         : > FLASHA          PAGE = 0
    .switch         : > FLASHA          PAGE = 0
    /* 定位 IQ math 段 */
    IQmath          : > FLASHC          PAGE = 0              /* 数学代码 */
    IQmathTables    : > ROM             PAGE = 0, TYPE = NOLOAD  /* ROM 中的数学表 */
    /* .reset 是编译器使用的标准段,包含 C 程序使用的_c_int00 */
    .reset          : > RESET,          PAGE = 0, TYPE = DSECT
    vectors         : > VECTORS         PAGE = 0, TYPE = DSECT
}
```

采用上述文件更改项目并重新编译链接,生成的可执行文件就可以利用 CCS 插件烧录到 Flash 存储器中。

2. Flash 烧写步骤

步骤 1:下载并安装 Flash 插件(C2000-3[1].1-SA-to-UA-TI-FLASH2X.exe)。

步骤 2:运行 F28xx Flash 编程工具(见图 15.11 和图 15.12)。

图 15.11　运行 F28xx Flash 编程工具

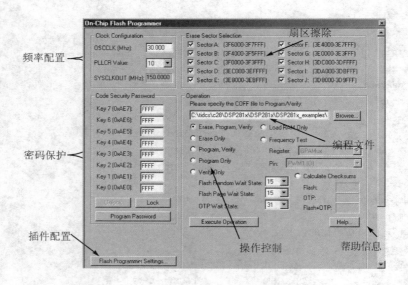

图 15.12 F28xx Flash 编程工具基本功能

步骤 3：选择需要编程的处理器类型(见图 15.13)。

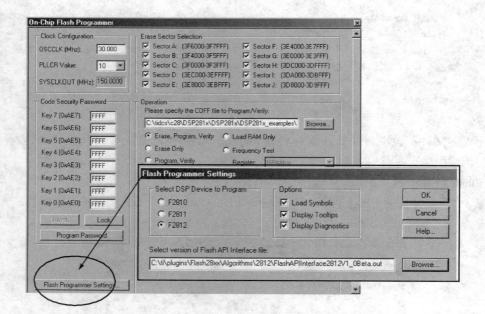

图 15.13 选择编程器件

步骤4：配置系统时钟（见图15.14）。

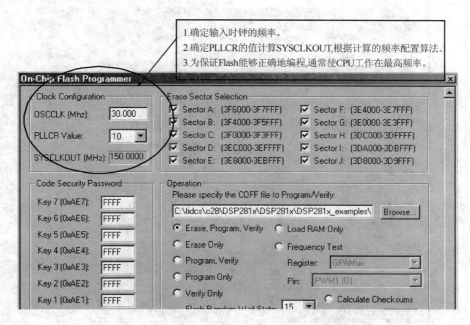

图 15.14　配置处理器工作频率

步骤5：测试系统时钟（见图15.15）。

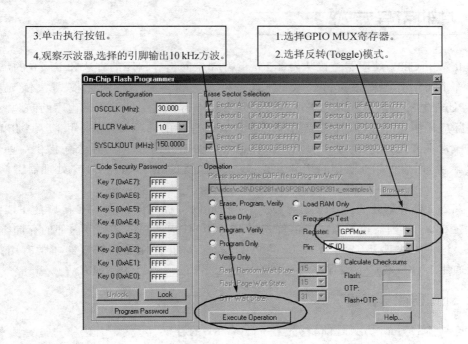

图 15.15　测试处理器工作频率

步骤6：选择操作,烧写程序（见图15.16）。

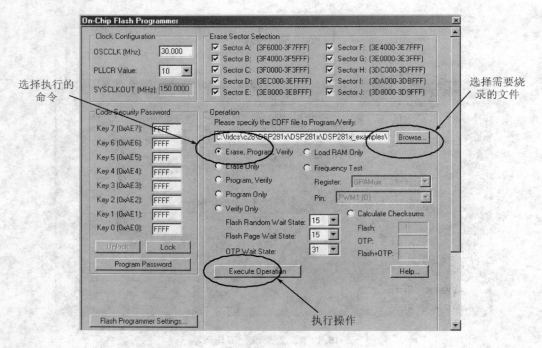

图 15.16　向 Flash 中烧写程序

15.4　其他引导方式

前面介绍了 C28x 处理器直接从内部 Flash 存储空间引导程序的方法和 Flash 的烧录方法。除了从内部 Flash 引导程序执行外，C28x 处理器还支持多种串行引导模式。本节主要介绍 C28x 信号处理器的上电过程以及采用 SCI 以及 SPI 串行方式引导并执行程序的问题。

在实际应用中，在系统设计完成后有时会升级处理器的内部程序，采用 JTAG 仿真器完成此项工作非常不方便，而且对于最终用户来讲也会增加额外的开销。TI 公司提供一些 Flash 编程的 API 函数，用户可以通过串口引导方式将新的代码和数据传送到 C28x 处理器中，方便程序的升级或更新。

此外，C28x 处理器还支持 SPI 引导方式，用户可以将程序固化在 SPI 接口的 EEPROM 存储器中。在 C28x 处理器执行程序之前首先将 EEPROM 内的程序装载到内部的存储空间，然后执行程序。这种方法对于 C28x 或 R28x 等内部没有 Flash 存储器的处理器非常有用。此外将讨论采用通用 I/O B 端口下载程序代码和数据到 C28x 处理器上的实现方法。

15.4.1　处理器引导配置

在讨论具体的 Boot 方式之前，首先看一下 C28x 的存储器映射，无论用户选择哪种引导方式，程序最终只能从 Flash、OTP 和 H0－SARAM 存储空间执行程序。在上电过程中对于 C28x 处理器有 6 种不同的启动模式，可以通过处理器的 GPIO 端口 F 的 4 个引脚(F4、F12、F3 和 F2)控制，如图 15.17 所示。

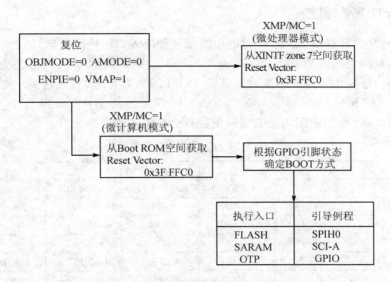

图 15.17　处理器复位操作及模式选择

处理器引导过程如图 15.18 所示。

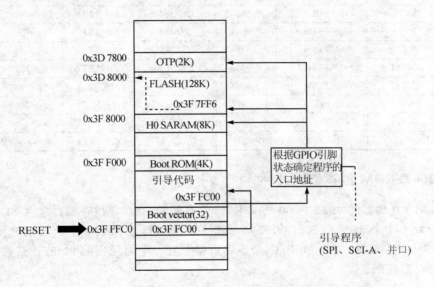

图 15.18　处理器引导过程

(1) 系统复位后总是跳到地址 0x3F FFC0 处,此处为 DSP 内部的 BOOT-ROM;

(2) BOOT-ROM 执行跳转指令跳转到 0x3F FC00(引导代码),该段代码主要完成基本的初始化任务和 boot 模式的选择;

(3) 仍然执行代码,根据 GPIO 的引脚状态确定执行程序的入口;

(4) 如果选择了 SCI、SPI 或端口 B 其中一种引导模式,引导代码将同相应的接口建立标准的通信链接;

(5) 将代码复制到指定的内部代码执行区,控制程序开始执行。

15.4.2　C28x 中断向量表

最后 64 个地址空间存放 32 个 32 位的中断服务程序入口的地址信息,如表 15.4 所列,每一个中断线连接到存储空间的独立入口。如果 CPU 响应中断,处理器内核将会为中断分配专门的服务程序入口地址。由于用户不能改变 TI-ROM 的内容,必须将跳转到中断服务程序的汇编指令放到 M0-SARAM(0x00 0040～0x00 007F)固定的位置。在采用 DSP 设计系统时,可以使用 M0-SARAM 作为中断向量表重新定位各中断服务程序的入口。

表 15.4　C28x 中断向量表

中断向量	地	址	中断向量	地	址
RESET	0x3F FFC0	0x3F FC00	RTOSINT	0x3F FFE0	0x00 0060
INT1	0x3F FFC2	0x00 0042	reserved	0x3F FFE2	0x00 0062
INT2	0x3F FFC4	0x00 0044	NMI	0x3F FFE4	0x00 0064
INT3	0x3F FFC6	0x00 0046	ILLEGAL	0x3F FFE6	0x00 0066
INT4	0x3F FFC8	0x00 0048	USER 1	0x3F FFE8	0x00 0068
INT5	0x3F FFCA	0x00 004A	USER 2	0x3F FFEA	0x00 006A
INT6	0x3F FFCC	0x00 004C	USER 3	0x3F FFEC	0x00 006C
INT7	0x3F FFCE	0x00 004E	USER 4	0x3F FFEE	0x00 006E
INT8	0x3F FFD0	0x00 0050	USER 5	0x3F FFF0	0x00 0070
INT9	0x3F FFD2	0x00 0052	USER 6	0x3F FFF2	0x00 0072
INT10	0x3F FFD4	0x00 0054	USER 7	0x3F FFF4	0x00 0074
INT11	0x3F FFD6	0x00 0056	USER 8	0x3F FFF6	0x00 0076
INT12	0x3F FFD8	0x00 0058	USER 9	0x3F FFF8	0x00 0078
INT13	0x3F FFDA	0x00 005A	USER 10	0x3F FFFA	0x00 007A
INT14	0x3F FFDC	0x00 005C	USER 11	0x3F FFFC	0x00 007C
DLOGINT	0x3F FFDE	0x00 005E	USER 12	0x3F FFFE	0x00 007E

15.4.3　BOOTROM 基本情况介绍

观察 F2812 处理器的 0x3F F000～0x3F F501 空间的内容,该段存储器包含 SIN/COS 运算的数据表,总计 641 个 32 位的数据,如表 15.5 所列。前 512 个数表示一个周期的正弦值,两个相邻数据的角度差 360°/512＝0.703°,余下的数据重复一个周期中前 90°的正弦数据。可以采用 CCS 功能观察数据。

表 15.5　BOOTROM 固化的程序和数据

地址范围	数据及程序空间	地址范围	数据及程序空间
0x3F F000～0x3F F501	SIN/COS 表;641×32(Q30)	0x3F FB50～0x3F FBFF	保留空间
0x3F F502～0x3F F711	Normal. Inverse;264×32(Q29)	0x3F FC00～0x3F FFBF	Bootloader;960×16
0x3F F712～0x3F F833	Normal. Sqrt;145×32(Q30)	0x3F FFC0～0x3F FFC1	RESET-Vector;2×16
0x3F F834～0x3F F9E7	Normal. Arctan;218×32(Q30)	0x3F FFC2～0x3F FFFF	Int. Vectors;62×16
0x3F F9E8～0x3F FB4F	Round/Sat. 180×32(Q30)		

如图 15.19 所示，在"Q-Value"选项中的数据表示"IQ 格式"，30 代表 2 位整数 30 位小数。SIN/COS 表中的数据如图 15.20 所示。

图 15.19　观察正弦表数据

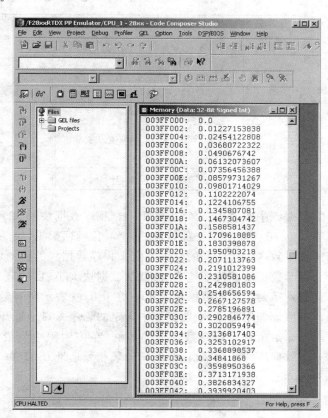

图 15.20　ROM 固化的正弦表数据

此外，在 ROM 中还包含以 IQ29 格式表示的 264 个 32 位取反表（0x3F F502～0x3F F711）、IQ30 格式表示的 145 个 32 位开方表（0x3F F712～0x3F F833）、IQ30 格式表示的迭代估计算法使用的反正切表（0x3F F834～0x3F F9E7）、IQ30 格式表示的舍入和饱和表（0x3F F9E8～0x3F FB4F）以及 Boot Loader 代码程序。

15.4.4　BootLoader 数据流

Bootloader 的数据结构如表 15.6 所列。在 Bootloader 数据流中的第一个 16 位字作为引导程序的特征值，该值主要用来确定引导程序采用 8 位还是 16 位宽度的数据进行装载程序，但是对于 SPI 引导只能支持 8 位的引导装载。如果系统采用 8 位宽度装载程序该值设置为 0x08AA，如果采用 16 位宽度装载程序该值设置为 0x10AA。如果 Bootloader 接收到无效的程序宽度标示字退出装载程序，系统从 Flash 存储空间执行。

第 2～9 个字用来初始化寄存器的值，或者用来改进 Bootloader 操作。如果不使用这些值则作为保留字，引导程序读到这些字后直接将其丢弃，只有在使用 SPI 模式引导时才会使用一个字初始化 SPI 寄存器。

第 10～11 个字构成 22 位入口地址，在引导程序加载程序完成后使用该值初始化程序指针，因此该值作为应用程序的入口地址。

表 15.6 BootLoader 的数据结构

字节	内容	字节	内容
1	0x10AA：存储器宽度＝16 bit	14	程序的目的地址：Addr[15～0]
2～9	保留	15	程序的第一个字
10	入口地址 PC[22～16]	⋮	⋮
11	入口地址 PC[15～0]	N	程序的最后一个字
12	程序数据块大小（字）；如果等于 0 传输结束	N+1	程序数据块大小(Word)
		N+2	程序的目的地址：Addr[31～16]
13	程序的目的地址：Addr[31～16]	N+3	程序的目的地址：Addr[15～0]

数据流中的第 12 个字表示第一个程序数据块的大小，无论采用 8 位还是 16 位的数据格式该值都以 16 位定义。例如传输 32 个 8 位程序数据，块的大小则定义为 0x0010 表示 16 个 16 位字的程序数据。接下来的 2 个字定义程序数据块的目的地址。

每个数据块都按上述格式组织（数据块大小、目的地址），系统在引导装载过程中重复传输。一旦遇到需要传输的数据块的大小等于 0，就表示所有数据块传输完成。然后转载程序将返回到入口地址调用程序，由数据流中确定的程序入口地址开始执行应用程序。

下面给出一个引导数据流的实例，在该例程中装载 2 个数据块到 C28x 不同的地址空间。第一个数据块的 5 个字(1、2、3、4、5)装载到地址 0x3F 9010，第二个数据块的 2 个字装载到地址 0x3F 8000。

```
10AA        ;16 位数据宽度
0000
0000
0000
0000
0000
0000
0000
0000
003F        ;PC－装载完成后程序的起始地址 0x3F 8000
8000
0005        ;数据块 1 中包含 5 个字
003F
9010        ;第一个数据块装载到地址 0x3F 9010
0001        ;第一个数据字
0002
0003
0004
0005        ;随后一个数据字
0002        ;第二个程序数据块包含 2 个字
```

```
003F              ;第二个数据块装载到 0x3F 8000
8000
7700              ;第一个数据字
7625              ;最后一个数据字
0000              ;下一个数据块的长度为 0 = 传输结束
```

15.4.5 BootLoader 传输流程

处理器的引导装载过程如图 15.21 所示,在处理器退出复位并根据 GPIO 状态确定了引导模式后完成该引导处理。引导程序读取第一个 16 位值同 0x10AA 比较,如果不相等则会读取第二个值并和第一个值共同组成一个 16 位字,然后再同 0x08AA 比较。如果引导程序发现该特征值同 8 位或 16 位的特征值不相符,或者同指定的引导模式不相符,将会自动退出引导程序。在这种情况下,系统将会从内部 Flash 存储器执行程序。

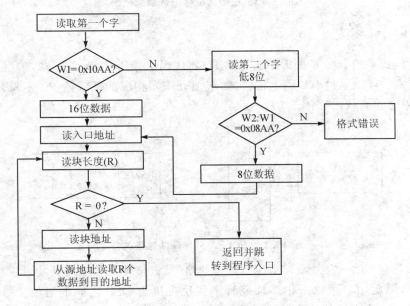

图 15.21 引导装载流程

15.4.6 初始引导汇编函数

系统复位完成后,首先调用 Boot - ROM 中的第一个汇编初始引导程序(InitBoot),该程序主要初始化 C28x 器件工作在目标模式。然后读取安全保护模块的密码,如果 CSM 密码被擦除(全部等于 0xFFFF)则自动解锁,否则 CSM 仍被锁定。

对 CSM 密码读取完成后,初始化例程调用模式选择功能函数(SelectBootMode),该函数根据 GPIO 引脚的状态确定处理器引导方式,一旦完成 SelectBootMode 将会把入口地址返回给初始引导函数(InitBoot)。然后初始引导函数调用恢复 CPU 寄存器的退出例程(ExitBoot)并退出到由引导模式确定的程序入口地址,如图 15.22 所示。

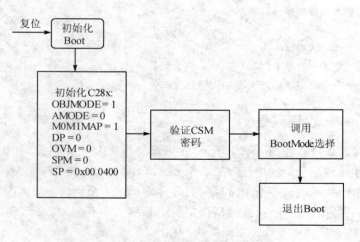

图 15.22 初始化引导函数功能框图

15.4.7 SCI 引导装载

SCI boot 模式采用异步方式从 SCI-A 端口将代码引导到 C28x 处理器,采用这种方式只支持 8 位数据模式。可以通过串口将上位机(如其他处理器构成的系统或 PC 主机)同 C28x 处理器连接,实现程序的加载,如图 15.23 所示。

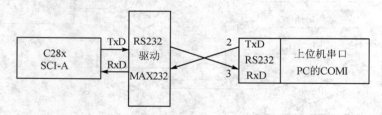

图 15.23 SCI-A 引导硬件连接关系

F2810/12 通过 SCI-A 外设同上位机进行通信,其波特率自动检测功能可以用来锁定上位机的通信速率,因此用户可以采用多种波特率实现主机与 DSP 之间的通信。每次数据传输,DSP 都会返回一个从主机接收到的 8 位字符,通过这种方式,主机可以检验 DSP 收到的字符。在高速率通信模式下,校验输入数据位可能会影响接收器和连接器的性能,但在低速通信时会建立良好的通信连接。SCI-A 的引导流程如图 15.24 所示。

15.4.8 并行 GPIO 装载

并行 GPIO 引导模式可以采用异步方式从端口 B 向 DSP 内部或 XINTF 扩展的外部存储器装载程序数据,每个数据可以是 8 位也可以是 16 位长度。图 15.25 给出了硬件连接关系。

F2810/12 处理器通过 GPIOD5 和 GPIOD6 引脚作为握手信号同外部上位机通信,传送数据时序图 15.26 给出了通过 GPIO 端口 B 的握手协议。该协议能够保证 F2810/12 处理器同快速或慢速的外设进行稳定通信。如果选择 8 位模式,两个连续读取的 8 位数据组成一个 16 位字,先读取的数据作为高字节,后一个数据作为低字节。在这种情况下,从 GPIO 端口 B 读取的 16 位数据的低位将被忽略。DSP 首先采用 GPIOD6 产生一个低电平通知上位机 DSP 已经准备

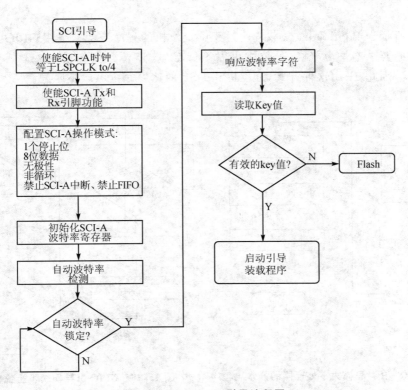

图 15.24　SCI-A 引导流程图

好接收数据，主机通过 GPIOD5 响应并标明主机的数据已经发送到端口上。

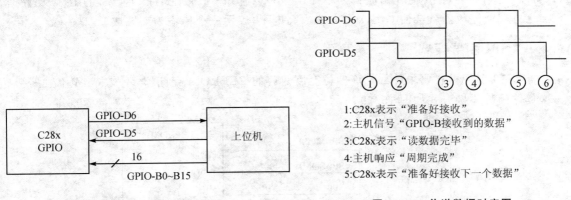

图 15.25　GPIO 引导硬件连接图　　　图 15.26　传送数据时序图

1. C28x 软件流程

图 15.27 给出了采用 GPIO 平行装载应用程序的 C28x 内部引导程序流程。系统退出复位将 GPIO 端口 B 初始化为输入端口，两个握手信号 GPIO-D5 和 D6 分别配置成输入和输出。然后根据给出的时序接收端口 B 上的第一个数据，如果数据等于 0x08AA 表示 8 位模式，等于 0x10AA 表示 16 位模式。接着读取连续 8 个保留字并丢弃，之后传送程序的入口地址、目的地址、数据块长度以及数据。所有数据块传送结束后，跳到应用程序的入口地址执行程序。

2. 主机软件流程

图 15.28 所示为 Bootloader 装载程序过程中上位机的程序流程。采用 GPIO 模式完成数据传输对于速度的要求不是很严格,上位机可以等待 C28x 申请数据传输,C28x 信号处理器也可以等待上位机。因此,采用这种方式,上位机和 DSP 的速度完全可以不匹配。

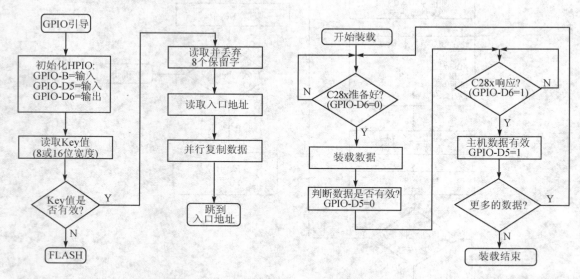

图 15.27　GPIO-B 引导模式下处理器的操作流程　　图 15.28　GPIO 引导模式下上位机操作流程

首先上位机等待 C28x 发出有效的装载信号(GPIO-D6=0),然后上位机将下一个数据写到并行端口上,同时主机通过响应信号(GPIO-D5)通知 C28x 在端口上已经存在有效数据。C28x 一旦获取完数据就会使 GPIO-D6 输出高电平,表示一个传输周期完成。

15.4.9　SPI 引导模式

采用 SPI 引导模式要求外部扩展 8 位宽度兼容的 EEPROM 存储器,不支持 16 位数据引导方式,具体硬件连接方式如图 15.29 所示。

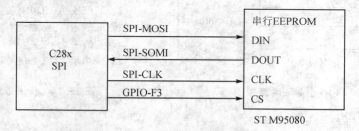

注:(1)SPI-只能装载8位数据,不支持16位数据流;
　　(2)EEPROM数据必须从0x0000地址开始。

图 15.29　SPI 同外部 EEPROM 接口

SPI Boot ROM 装载程序初始化 SPI 模块以便能够同 SPI EEPROM 接口,比如可以选用 Microchip 的 M95080 (1K×8)、Xicor 的 X25320 (4K×8) 和 Xicor X25256 (32K×8) 等芯片固

化程序。在初始化过程中主要完成 SPI 配置：FIFO 使能、8 位数据、内部 SPICLK 主模式、时钟相位等于 0、极性等于 0 以及最低的通信速率。EEPROM 内的数据存放如表 15.7 所列，SPI 引导模式下的数据流结构如图 15.30 所示。

表 15.7 EEPROM 内的数据存放方法

字节	内容	字节	内容
1	LSB = 0xAA（8 位传输的 Key 字的低字节）	20	入口地址[31～24]
2	MSB = 0x08（8 位传输的 Key 字的高字节）	21	入口地址[7～0]
3	LSB = LSPCLK 值	22	入口地址[15～8]
4	MSB = SPIBRR 值	23	数据块：块大小、目的地址、数据
5～18	保留	⋮	⋮
19	入口地址[23～16]		

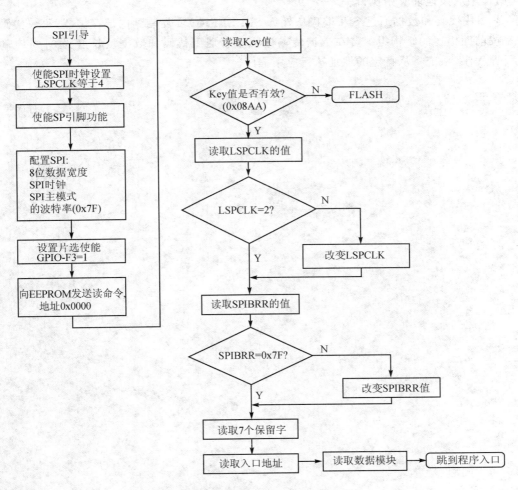

图 15.30 SPI Boot 模式加载流程

采用 SPI 引导整个数据传输都采用字节模式,具体操作过程如下。

(1) SPI-A 端口初始化。

(2) GPIOF3 引脚作为 SPI EEPROM 的片选信号。

(3) SPI-A 输出读命令到串行 SPI EEPROM 存储器。

(4) SPI-A 向 EEPROM 的 0x0000 地址发送命令,因此要求 EEPROM 的起始地址 0x0000 必须有可下载的空间。

(5) 紧接的地址空间的数据必须满足 8 位数据流的控制字(0x08AA),先读取高字节再读取低字节组成整个数据,所有 SPI 的数据传输都如此。如果 Key 的值不满足要求,则系统会从内部 Flash(0x3F 7FF6)执行应用程序。

(6) 接下来的 2 个字节可以改变低速外设时钟寄存器(LOSPCP)和 SPI 波特率设置寄存器(SPIBRR)的值,后面的 7 个字作为保留字,SPI 引导装载程序读取其内容后直接将其丢弃。

(7) 下面 2 个字组成 32 位的入口地址,引导装载过程完成后该地址作为应用程序的入口地址,应用程序从该地址开始执行。

(8) 多块代码和数据通过 SPI 端口从外部 SPI EEPROM 复制到内部存储器,每块代码和数据都是按前面描述的结构组织。在数据传输过程中若遇到代码和数据块长度为 0,则传输结束退出引导程序,系统将从特定的地址执行应用程序。

参 考 文 献

[1] C281x C/C++ Header Files and Peripheral Examples. Texas Instruments，2003.
[2] C280x，C2801x C/C++ Header Files and Peripheral Examples. Texas Instruments，2005.
[3] C2804x C/C++ Header Files and Peripheral Examples. Texas Instruments，Nov 2005.
[4] TMS320X28xx, 28xxx Serial Communications Interface (SCI) Reference Guide. Texas Instruments，05 Nov 2004.
[5] TMS320X28xx, 28xxx Enhanced Controller Area Network (eCAN) Reference Guide. Texas Instruments，Nov 2005.
[6] TMS320X280x DSP Boot ROM Reference Guide. Texas Instruments，30 Nov 2004.
[7] TMS320X281x Event Manager (EV) Reference Guide (Rev. C). Texas Instruments，08 Nov 2004.
[8] TMS320X280x Enhanced Capture (ECAP) Module Reference Guide. Texas Instruments，05 Nov 2004.
[9] TMS320X280x Analog to Digital Converter (ADC) Module Reference Guide. Texas Instruments，05 Nov 2004.
[10] TMS320X280x Enhanced PWM Module. Texas Instruments，5 Nov 2004.
[11] TMS320X280x Enhanced Quadrature Encoder Pulse (QEP) Module Reference Guide. Texas Instruments，05 Nov 2004.
[12] TMS320X280x Inter-Integrated Circuit Reference Guide. Texas Instruments，5 Nov 2004.
[13] TMS320X280x System Control and Interrupts Reference Guide. Texas Instruments，05 Nov 2004.
[14] TMS320X281x Analog-to-Digital Converter (ADC) Reference Guide (Rev. C). Texas Instruments，05 Nov 2004.
[15] TMS320X281x Multichannel Buffered Serial Port (McBSP) Reference Guide (Rev. B). Texas Instruments，05 Nov 2004 .
[16] TMS320X281x System Control and Interrupts Reference Guide (Rev. B). Texas Instruments，05 Nov 2004.
[17] TMS320X281x, 280x Enhanced Controller Area Network (eCAN) Reference Guide (Rev. B). Texas Instruments，05 Nov 2004.
[18] TMS320X281x, 280x Peripherals Reference Guide (Rev. B). Texas Instruments，05 Nov 2004.
[19] TMS320X281x, 280x Serial Peripheral Interface (SPI) Reference Guide (Rev. B). Texas Instruments，05 Nov 2004.
[20] TMS320C28x DSP CPU and Instruction Set Reference Guide (Rev. D). Texas Instruments，31 Mar 2004 .
[21] TMS320C28x DSP/BIOS Application Programming Interface (API) Reference Guide (Rev. A). Texas Instruments，31 Dec 2003.
[22] TMS320C28x Instruction Set Simulator Technical Overview (Rev. A). Texas Instruments，30 Nov 2002.
[23] DSP/BIOS Device Driver Developer's Guide. Texas Instruments，30 Sep 2002 .
[24] Software Development Systems Customer Support Guide (Rev. D). Texas Instruments，21 Dec 2001.
[25] TMS320C28x Assembly Language Tools User's Guide. Texas Instruments，27 Aug 2001 .
[26] TMS320C28x Optimizing C/C++ Compiler User's Guide. Texas Instruments，27 Aug 2001.
[27] DSP Glossary (Rev. A). Texas Instruments，01 Sep 1997 .
[28] Synchronous Buck Converter Design Using TPS56xx Controllers in SLVP10x EVMs User's Guide. Texas Instrument，01 Jul 2000.
[29] TPS5210 Programmable Synchronous-buck Regulator Controller Data Sheet. Texas Instrument，01 Nov 1997.
[30] TMS320F/C240 DSP Controllers Peripheral Library and Specific Devices Ref. Guide (Rev. D). Texas In-

参考文献

struments, 08 Nov 2002.

[31] TMS320F/C24x DSP Controllers CPU & Instr. Set RG-Manual Update Sheet (SPRU160C) (Rev. A). Texas Instruments, 01 Jul 2002.

[32] Software Development Systems Customer Support Guide (Rev. D). Texas Instruments, 21 Dec 2001.

[33] TMS320LF/LC240xA DSP Controllers System and Peripherals Reference Guide (Rev. B). Texas Instruments, 30 Sep 2001.

[34] TMS320C2xx/TMS320C24x Code Composer User's Guide. Texas Instruments, 30 Nov 2000.

[35] 'F243/F241/C242 DSP Controllers System and Peripherals Ref. Guide (Rev. C). Texas Instruments, 30 Oct 1999.

[36] TMS320C2x/C2xx/C5x Optimizing C Compiler User's Guide (Rev. E). Texas Instruments, 02 Aug 1999.

[37] TMS320F240 DSP Controllers Evaluation Module Technical Reference (Rev. B). Texas Instruments, 31 Jul 1999.

[38] TMS320F/C24x DSP Controllers CPU and Instruction Set Reference Guide (Rev. C). Texas Instruments, 31 Mar 1999.

[39] TMS320F20x/F24x DSP Embedded Flash Memory Technical Reference. Texas Instruments, 01 Sep 1998.

[40] TMS320X281x Boot ROM Reference Guide (Rev. B). Texas Instruments, 05 Nov 2004.

[41] TMS320X281x External Interface (XINTF) Reference Guide (Rev. C). Texas Instruments, 05 Nov 2004.

[42] TMS320F2810, TMS320F2811, TMS320F2812 ADC Calibration (Rev. A). Texas Instruments, 30 Nov 2004.

[43] Reliability Data for TMS320LF24x and TMS320F281x Devices. Texas Instruments, 10 Nov 2003.

[44] Controlling the ADS8342 with TMS320 Series DSP's. Texas Instruments, 22 Sep 2003.

[45] Interfacing the ADS8361 to the TMS320F2812 DSP. Texas Instruments, 10 Feb 2003.

[46] Interfacing the ADS8364 to the TMS320F2812 DSP. Texas Instruments, 11 Dec 2002.

[47] Programming C2000 Flash DSPs using the SoftBaugh SUP2000 and GUP2000 in SCI Mode. Texas Instruments, 18 Nov 2004.

[48] Field Orientated Control of Three phase AC-motors. Texas Instruments, December 1997.

[49] DSP solution for Permanent Magnet Synchronous Motor. Texas Instruments, 1996.

[50] Clarke & Park Transforms on the TMS320C2xx. Texas Instruments, Nov. 1996.

[51] 3-phase Current Measurements using a Single Line Resistor on the TMS320F240 DSP. Texas Instruments, May 1998.

[52] T. J. E. Miller, Brushless Permanent-Magnet and Reluctance Motor Drives. Oxford Science Publications, ISBN 0-19-859369-4..

[53] Riccardo Di Gabriele, Controllo vettoriale di velocit di un motore asincrono mediante il Filtro di Kalman Esteso, Tesi di Laurea, Universit degli Studi di L'Aquila, Anno Accademico 1996-97.

[54] Roberto Petrella, Progettazione e sviluppo di un sistema digitale basato su DSP e PLD per applicazione negli azionamenti elettrici, Tesi di Laurea, Universit degli Studi di L'Aquila, Anno Accademico 1995-96.

[55] Guy Grellet, Guy Clerc. Actionneurs electriques. Eyrolles, Nov 1996.

[56] Jean Bonal. Entrainements electriques a vitesse variable. Lavoisier, Jan 1997.

[57] Philippe Barret. Regimes transitoires des machines tournantes electriques. Eyrolles, Fev. 1987.

[58] 苏奎峰,吕强,等. TMS320F2812原理与开发[M]. 北京:电子工业出版社,2005.

[59] 史久根,张培仁,陈真勇. CAN现场总线系统设计技术[M]. 北京:国防工业出版社,2004.

[60] 邬宽明. CAN总线原理和应用系统设计[M]. 北京:北京航空航天大学出版社,1996.

[61] 张雄伟. DSP芯片的原理与开发应用[M]. 北京:电子工业出版社,1997.

[62] 刘和平. TMS320LF240x DSP结构、原理及应用[M]. 北京:北京航空航天大学出版社,2002.

[63] 潘新民,王燕芳. 单片微型计算机实用系统设计[M]. 北京:人民邮电出版社,1992.